21世纪高等学校计算机专业实用规划教材

# .NET应用程序开发技术与项目实践（C#版）

曾宪权　曹玉松　编著

清華大學出版社
北京

## 内容简介

C#语言是目前 Windows 平台下开发应用程序的主流语言之一，应用领域非常广泛，目前已成为ECMA(国际信息和通信系统标准化组织)与ISO标准规范。本书主要以 Visual Studio 2013 和 SQL Server 2008 作为开发工具，以工作过程为导向，围绕学生成绩管理系统开发来组织内容，实现了项目开发和理论知识的有机融合，由浅入深地介绍了利用C#开发应用程序的相关技术。

全书共13章。第1～3章以开发基于控制台的学生成绩管理系统为主线，深入讨论了C#程序的结构、数据类型和表达式、程序流程控制以及数组、字符串和集合等内容。第4章围绕改进的控制台学生成绩管理系统的开发，介绍了C#面向对象程序设计的核心技术和知识，包括类、继承性、多态性和接口、委托和事件等。第5～10章围绕基于 WinForm 的学生成绩管理系统的开发，全面介绍了 Windows 应用程序开发、数据库应用开发、文件与数据流技术、图形图像处理等核心技术。学完这一部分后，读者即可开发出一个功能较为完备的学生管理系统。第11～12章介绍了多线程和网络编程以及 WPF 程序开发技术。第13章给出了基于三层架构的学生成绩管理系统的完整设计与实现以及部署。通过这样由点到面的介绍，读者既可以学习C#程序设计的理论知识，又能运用所介绍的知识来解决实际问题，提高项目开发能力。

本书内容全面新颖，结构安排合理，案例丰富实用，有些案例可以直接应用到项目开发中。本书可以作为高等学校计算机及其相关专业的教材，也可以作为相关培训机构和软件开发人员的参考用书。

**本书封面贴有清华大学出版社防伪标签，无标签者不得销售。**
**版权所有，侵权必究。举报：010-62782989，beiqinquan@tup.tsinghua.edu.cn。**

**图书在版编目(CIP)数据**

.NET应用程序开发技术与项目实践：C#版/曾宪权，曹玉松编著. —北京：清华大学出版社，2017 (2022.2重印)
(21世纪高等学校计算机专业实用规划教材)
ISBN 978-7-302-45199-0

Ⅰ. ①N… Ⅱ. ①曾… ②曹… Ⅲ. ①网页制作工具－程序设计－教材 ②C语言－程序设计－教材 Ⅳ. ①TP393.092 ②TP312

中国版本图书馆CIP数据核字(2016)第239553号

**责任编辑**：黄 芝 张爱华
**封面设计**：刘 键
**责任校对**：梁 毅
**责任印制**：丛怀宇

**出版发行**：清华大学出版社
**网　　址**：http://www.tup.com.cn，http://www.wqbook.com
**地　　址**：北京清华大学学研大厦A座　　**邮　　编**：100084
**社 总 机**：010-62770175　　**邮　　购**：010-62786544
**投稿与读者服务**：010-62776969，c-service@tup.tsinghua.edu.cn
**质量反馈**：010-62772015，zhiliang@tup.tsinghua.edu.cn
**课件下载**：http://www.tup.com.cn，010-83470236
**印 装 者**：三河市金元印装有限公司
**经　　销**：全国新华书店
**开　　本**：185mm×260mm　　**印　　张**：25.25　　**字　　数**：613千字
**版　　次**：2017年2月第1版　　**印　　次**：2022年2月第5次印刷
**印　　数**：4001～4500
**定　　价**：69.80元

---

产品编号：069236-02

# 出版说明

随着我国改革开放的进一步深化，高等教育也得到了快速发展，各地高校紧密结合地方经济建设发展需要，科学运用市场调节机制，加大了使用信息科学等现代科学技术提升、改造传统学科专业的投入力度，通过教育改革合理调整和配置了教育资源，优化了传统学科专业，积极为地方经济建设输送人才，为我国经济社会的快速、健康和可持续发展以及高等教育自身的改革发展做出了巨大贡献。但是，高等教育质量还需要进一步提高以适应经济社会发展的需要，不少高校的专业设置和结构不尽合理，教师队伍整体素质亟待提高，人才培养模式、教学内容和方法需要进一步转变，学生的实践能力和创新精神亟待加强。

教育部一直十分重视高等教育质量工作。2007 年 1 月，教育部下发了《关于实施高等学校本科教学质量与教学改革工程的意见》，计划实施"高等学校本科教学质量与教学改革工程(简称'质量工程')"，通过专业结构调整、课程教材建设、实践教学改革、教学团队建设等多项内容，进一步深化高等学校教学改革，提高人才培养的能力和水平，更好地满足经济社会发展对高素质人才的需要。在贯彻和落实教育部"质量工程"的过程中，各地高校发挥师资力量强、办学经验丰富、教学资源充裕等优势，对其特色专业及特色课程(群)加以规划、整理和总结，更新教学内容、改革课程体系，建设了一大批内容新、体系新、方法新、手段新的特色课程。在此基础上，经教育部相关教学指导委员会专家的指导和建议，清华大学出版社在多个领域精选各高校的特色课程，分别规划出版系列教材，以配合"质量工程"的实施，满足各高校教学质量和教学改革的需要。

本系列教材立足于计算机专业课程领域，以专业基础课为主、专业课为辅，横向满足高校多层次教学的需要。在规划过程中体现了如下一些基本原则和特点。

(1) 反映计算机学科的最新发展，总结近年来计算机专业教学的最新成果。内容先进，充分吸收国外先进成果和理念。

(2) 反映教学需要，促进教学发展。教材要适应多样化的教学需要，正确把握教学内容和课程体系的改革方向，融合先进的教学思想、方法和手段，体现科学性、先进性和系统性，强调对学生实践能力的培养，为学生知识、能力、素质协调发展创造条件。

(3) 实施精品战略，突出重点，保证质量。规划教材把重点放在公共基础课和专业基础课的教材建设上；特别注意选择并安排一部分原来基础比较好的优秀教材或讲义修订再版，逐步形成精品教材；提倡并鼓励编写体现教学质量和教学改革成果的教材。

(4) 主张一纲多本，合理配套。专业基础课和专业课教材配套，同一门课程有针对不同层次、面向不同应用的多本具有各自内容特点的教材。处理好教材统一性与多样化，基本教材与辅助教材、教学参考书，文字教材与软件教材的关系，实现教材系列资源配套。

(5) 依靠专家，择优选用。在制定教材规划时要依靠各课程专家在调查研究本课程教材建设现状的基础上提出规划选题。在落实主编人选时，要引入竞争机制，通过申报、评审确定主题。书稿完成后要认真实行审稿程序，确保出书质量。

繁荣教材出版事业，提高教材质量的关键是教师。建立一支高水平教材编写梯队才能保证教材的编写质量和建设力度，希望有志于教材建设的教师能够加入到我们的编写队伍中来。

21 世纪高等学校计算机专业实用规划教材

联系人：魏江江 weijj@tup.tsinghua.edu.cn

# 前　　言

C＃(发音为 C Sharp)语言是微软公司专为 .NET 平台量身定做的编程语言，是一种简洁、类型安全的面向对象的编程语言，开发人员通过它可以编写在 .NET Framework 上运行的各种安全可靠的应用程序。自 2002 年推出以来，C＃语言以其易学易用、功能强大的优势被广泛应用。目前，C＃语言已经成为 ECMA 与 ISO 标准规范，是当前最主流的开发语言之一。因此，学习和掌握 C＃程序开发技术，对于在校学生和求职应聘者来说都具有极其重要的意义。

为了帮助读者掌握 C＃程序开发技术，提高软件开发能力，结合学习 .NET 技术以及多年程序开发和教学的经验，编者编写了本书。全书以项目为载体，以工作过程为导向，将学生成绩管理系统项目分解成不同的知识单元，分散到不同的章节，强调理论和实践的有机融合，注重编码规范，突出软件开发能力的训练与培养，使读者养成良好的软件开发规范，更快步入软件开发的大门。

本书具有以下特点：

(1) 紧贴市场需求，内容实用新颖。全书以企业对 .NET 开发人员要求的知识和技能来精心选择内容，由浅入深地介绍了 .NET 开发人员必备的 C＃程序设计基本知识和技能，突出重点，强调实用。

(2) 按照“教-学-做”一体化设计教学单元。全书按照“提出问题(任务描述)—解决问题(任务实现)—问题探究(知识链接)—拓展与提高”来安排每一节内容，符合学习者的认知规律，能够有效提高读者的学习兴趣，培养读者自主学习和探究能力。

(3) 以实际项目为载体，注重案例的实用性。全书以学生成绩管理系统开发为载体，以系统功能模块的设计和开发为案例，强调案例的实用性，将实例融入到知识讲解中，使知识和实例相辅相成，既有利于读者学习知识，又能为读者进行实际项目开发提供实践指导。

(4) 配套资源丰富。本书提供教学课件、教学设计以及所有实例的源代码以方便读者使用。有需要的读者可以到清华大学出版社网站下载或者与作者联系。

本书以 C＃ 4.5 及 Visual Studio 2013 为例全面介绍了利用 C＃语言开发应用程序的相关技术。全书共 13 章，第 1～3 章以开发基于控制台的学生成绩管理系统为主线，深入讨论了 C＃程序的结构、数据类型和表达式、程序流程控制以及数组、字符串和集合等内容；第 4 章围绕改进的控制台学生成绩管理系统的开发，介绍了 C＃面向对象程序设计的核心技术和知识；第 5～10 章围绕基于 WinForm 的学生成绩管理系统的开发，全面介绍了 Windows 应用程序开发、数据库应用开发、文件与数据流技术、图形图像处理等核心技术；第 11～12 章介绍了多线程和网络编程以及 WPF 程序开发技术；第 13 章给出了基于三层架构的学生成绩管理系统的完整设计与实现以及部署。

本书由许昌学院曾宪权、曹玉松编写,具体分工如下:第1～3章由曹玉松编写,第4～13章由曾宪权编写。全书由曾宪权统稿、修改和定稿。本书在编写过程中,参考了大量的相关书籍和网络资源,在此对相关作者表示感谢。

在编写过程中,尽管我们已经很努力,但由于水平的限制,疏漏之处在所难免,恳请广大读者批评指正。如有什么意见和建议,请联系我们,邮箱是 xianquanzeng@126.com。

编　者

2016年8月

# 目　录

# 第 1 章　.NET 平台和 C＃语言

.NET 平台利用互联网为基础的计算和通信的特点，通过先进的软件技术和众多的智能设备，提供更简单、更个性化、更有效的互联网服务。.NET 的战略目标是在任何时候(When)、任何地方(Where)、使用任何工具(What)都能通过 .NET 的服务获得网络上的任何信息，享受网络带给人们的便捷与快乐。通过本章的学习，读者可以：

- 了解 .NET 平台和 .NET Framework 的关系。
- 理解 .NET 应用程序的工作原理。
- 熟悉 .NET 应用程序开发工具 Visual Studio。
- 掌握 C＃程序的基本结构。

## 1.1　.NET 软件开发工具与环境

### 1.1.1　任务描述：建立 .NET 软件开发环境

“工欲善其事，必先利其器。”作为一名软件开发人员，灵活运用各种开发工具可以给自己带来事半功倍的效果。在众多的 .NET 程序开发工具中，Visual Studio 是目前最流行的 Windows 平台应用程序的集成开发环境。目前，最新版本为基于 .NET Framework 4.5.2 的 Visual Studio 2015。本任务学习在 Windows 7 下如何安装和配置 Visual Studio 2013 集成开发环境，如图 1-1 所示。

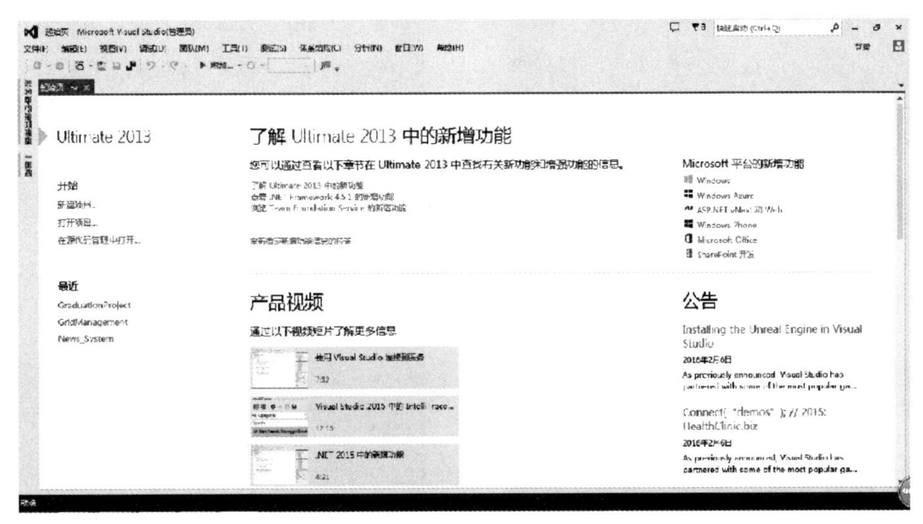


图 1-1　Visual Studio 2013 集成开发环境

### 1.1.2 任务实现

(1) 将 Visual Studio 2013 的安装盘放到光驱中(也可以利用虚拟光驱来安装),光盘自动运行后进入安装程序界面(如果不能自动运行,可以双击 vs_ultimate.exe),开始安装。

(2) 选择安装路径(非中文路径)并选择“我同意许可条款和隐私策略”复选框,再单击“下一步”按钮,如图 1-2 所示。

(3) 选择安装功能和组件,单击“安装”按钮开始安装,如图 1-3 所示。

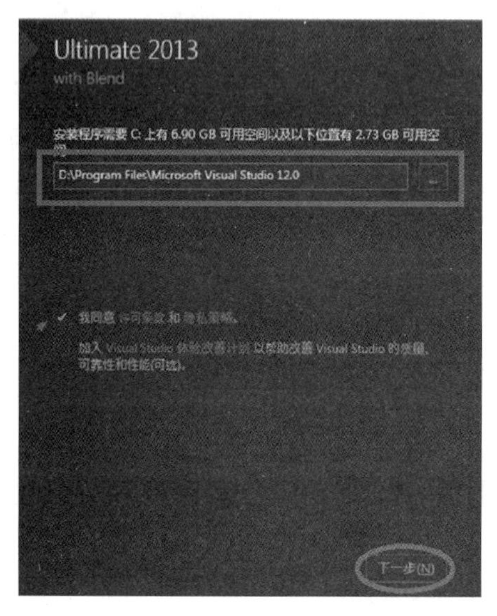


图 1-2　选择安装位置

图 1-3　选择安装功能和组件

(4) 等待创建系统还原点,并开始安装选择的功能和组件,如图 1-4 所示。

(5) 组件安装完成后,出现“安装成功”界面,单击“启动”按钮启动 Visual Studio 2013,如图 1-5 所示。

图 1-4　正在安装组件

图 1-5　安装完成

（6）在登录界面选择登录或者以后再说，开始设置默认环境，如图 1-6 和图 1-7 所示。

图 1-6　登录界面

图 1-7　设置默认环境

## 1.1.3　知识链接

### 1.1.3.1　什么是.NET 平台

2000 年，微软向全球宣布其革命性的软件和服务平台——Microsoft .NET。微软官方文档表明：.NET 是 Microsoft XML Web Services 平台。该平台将信息、设备和人以一种统一的、个性化的方式联系起来。.NET 提供创建 XML Web Services 并将这些服务集成在一起，如图 1-8 所示，它允许应用程序通过 Internet 进行通信及共享数据，不管所采用的是哪种操作系统、设备或编程语言。

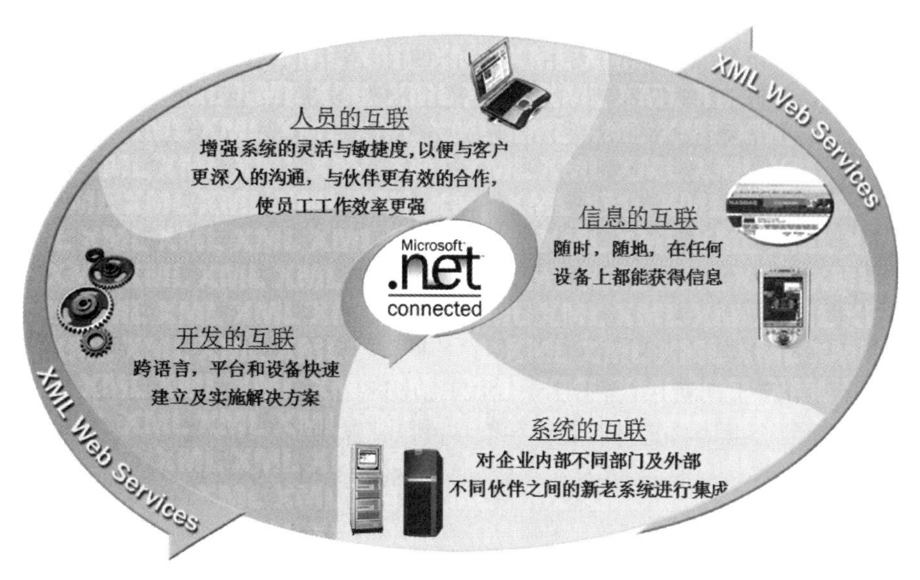


图 1-8　.NET 平台概貌

.NET 平台不仅使计算机的功能得到大幅度的提升,还让计算机的操作变得简单。更重要的是,用户将完全摆脱人为硬件束缚,可以自由冲浪于因特网中,自由访问,自由查看,自由使用自己的数据,不束缚在 PC(个人计算机)的方寸空间,可以通过任何桌面系统、任何便携式计算机、任何移动电话或者 PDA 访问。.NET 的战略目标是在任何时候(When)、任何地方(Where),使用任何工具(What)都能通过.NET 的服务获得网络上的任何信息,享受网络带给人们的便捷与快乐。

.NET 包括一个相当广泛的产品家族,它们构建于 XML 和 Internet 产业标准之上,为用户提供 Web 服务的开发、管理和应用环境。.NET 平台主要由以下 5 部分组成。

(1) .NET 开发平台:由一组用于建立 Web 服务应用程序和 Windows 桌面应用程序的软件组件构成,包括.NET Framework、.NET 开发者工具和 ASP.NET。

(2) .NET 服务器:能够提供广泛聚合和集成 Web 服务的服务器,是搭建.NET 平台的后端基础。

(3) .NET 基础服务:提供了诸如密码认证、日历、文件存储、用户信息等必不可少的功能。

(4) .NET 终端设备:提供 Internet 连接并实现 Web 服务的终端设备是.NET 的前端基础。个人计算机、个人数据助理设备 PDA,以及各种嵌入式设备将在这个领域发挥作用。

(5) .NET 用户服务:能够满足人们各种需求的用户服务是.NET 的最终目标,也是.NET 的价值实现。

在这 5 个组成部分中,.NET 开发平台中的.NET Framework 是.NET 软件构造中最具挑战性的部分,其他 4 部分紧紧围绕.NET Framework 来进行组织整合。

#### 1.1.3.2 认识.NET Framework

.NET Framework 是微软为开发应用程序而创建的一个具有革命意义的平台,目前的版本是 4.6。这句话最有趣的地方是它的广义性,因为它没有说在 Windows 操作系统下开发应用程序。尽管.NET Framework 的 Microsoft 版本,运行在 Windows 操作系统和 Windows Phone 操作系统,但它也有运行在其他操作系统上的版本,如 Mono,它是.NET Framework 的开源版本,该版本可以运行在几个操作系统上,包括各种 Linux 发行版和 Mac OS。另外,Mono 还有一些版本可以运行在 iPhone(Mono Touch)和 Android(Mono for Android)智能手机上。

.NET Framework 包括公共语言运行时(Common Language Runtime,CLR)和.NET Framework 类库(Framework Class Library,FCL),如图 1-9 所示。

**1. 公共语言运行时**

公共语言运行时是.NET Framework 的基础,是所有.NET 应用程序的执行引擎,用于加载和执行.NET 应用程序,为每一个.NET 应用程序准备一个独立、安全、稳定的执行环境。读者可以将公共语言运行时看作一个在执行时管理代码的代理,它提供内存管理、线程管理和远程处理等核心服务,并且还强制实施严格的类型安全以及可提高安全性和可靠性的其他形式的代码准确性。

事实上,代码管理的概念是公共语言运行时的基本原则。以公共语言运行时为目标的代码称为托管代码(Managed Code),而不以公共语言运行时为目标的代码称为非托管代码

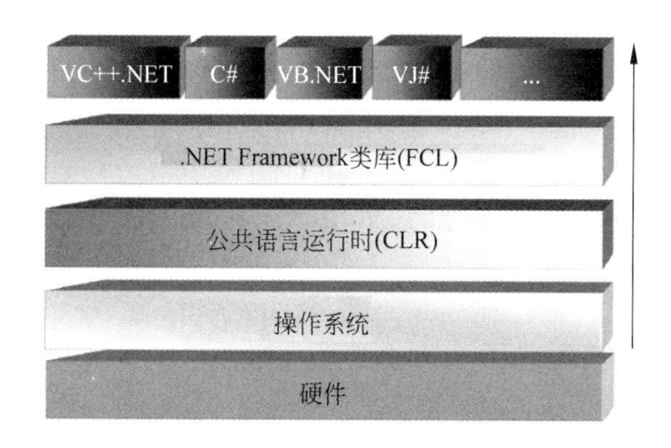


图 1-9　.NET Framework 的体系结构

(Unmanaged Code)。托管代码应用程序可以获得公共语言运行时的服务,例如自动垃圾回收、运行库类型检查和支持等。这些服务帮助提供独立于平台和语言的、统一的托管代码应用程序行为。非托管应用程序不能使用公共语言运行时的服务,需要直接与底层的应用接口打交道,自己直接管理内存和安全等。

**2. .NET Framework 类库**

.NET Framework 类库是一个由类、接口和值类型组成的库,通过该库中的内容可访问系统功能。.NET Framework 类库是生成 .NET Framework 应用程序、组件和控件的基础。.NET Framework 类库是一个综合性的类型集合,用于应用程序开发的一些支持性的通用功能。开发人员可以使用它开发多种模式的应用程序,可以是命令行形式,也可以是图形界面形式的应用。.NET Framework 中主要包括以下类库:数据库访问(ADO .NET 等)、XML 支持、目录服务(LDAP 等)、正则表达式和消息支持等。灵活地运用类库可以节省开发时间,提高开发效率。

最新.NET 类库 MSDN 资料可参见如下网址:https://msdn.microsoft.com/zh-cn/library/gg145045(v=vs.110).aspx。

### 1.1.3.3 .NET 程序的工作原理

为执行.NET 应用程序,必须把它们转化成本地计算机能够理解的语言,即本地代码(Native Code)。这种转化称为编译代码,通常由编译器来完成。在.NET 环境中,这个过程包括两个阶段。

(1) 使用某种.NET 兼容的语言(本书使用 C#)编写应用程序源代码,编译器首先将代码编译为通用中间语言(Common Intermediate Language,CIL)代码,并存储在一个程序集中,如图 1-10 所示。程序集包括可执行的应用程序文件(其扩展名为.exe)和应用程序使用的类库(其扩展名为.dll)。程序集除包含 CIL 外,还包含元数据(即程序集中包含的数据的

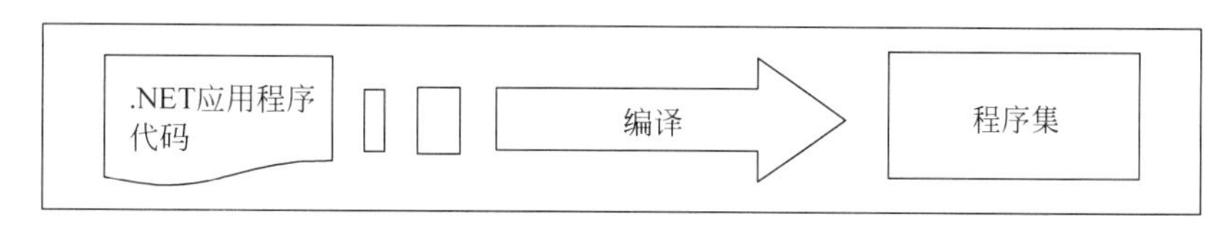


图 1-10　.NET 应用程序编译过程(1)

信息)和可选的资源(CIL 使用的其他数据,如声音文件和图片)。元数据允许程序完全是自描述的,不需要其他信息就可以使用程序集,也就是说,我们不会遇到没有把需要的数据添加到系统注册表中这样的问题。

(2) 应用程序执行时,由即时(Just-In-Time,JIT)编译把 CIL 编译成专用于 OS 和目标机器结构的本地代码,以便在 CLR 环境下运行本机代码以及其他应用程序,如图 1-11 所示。

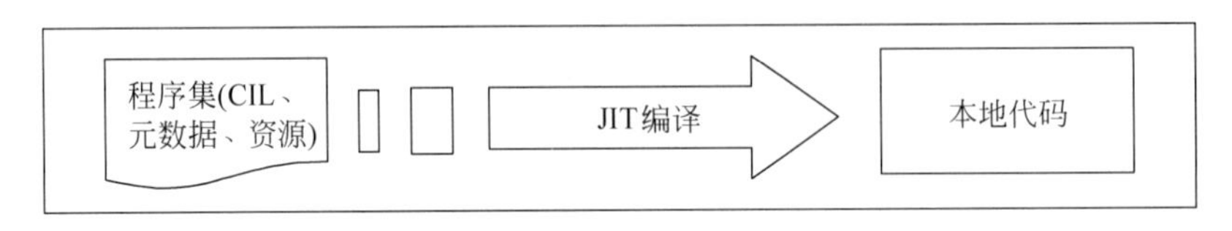


图 1-11 .NET 应用程序编译过程(2)

#### 1.1.3.4 .NET 软件开发工具 Visual Studio

Microsoft Visual Studio(简称 VS)是美国微软公司的开发工具包系列产品,是一个基本完整的开发工具集,它包括了整个软件生命周期中所需要的大部分工具,如 UML 工具、代码管控工具、集成开发环境(IDE)等。所写的目标代码适用于微软支持的所有平台,包括 Microsoft Windows、Windows Mobile、Windows CE、.NET Framework、.NET Compact Framework 和 Microsoft Silverlight 及 Windows Phone。

1998 年,微软发布 Visual Studio 6.0 版本。经过多年的积累,Visual Studio 凭借其良好的易用性和用户友好性成为目前最流行的 Windows 平台应用程序集成开发环境。随着软件技术的发展,Visual Studio 与时俱进,不断推出新的版本来支持新技术开发。目前 Visual Studio 最新版本为 2015 年发布的基于 .NET Framework 4.5.2 的 Visual Studio 2015。Visual Studio 2015 可用于创建面向 Windows、Android 和 iOS 的新式应用程序以及 Web 应用程序和云服务。

下面以 Visual Studio 2013 为例来介绍 Visual Studio 开发环境的安装、配置和使用,以便编写 .NET 应用程序。

**1. 安装 Visual Studio 2013**

要在你的计算机上安装 Visual Studio 2013,首先要看一下你的计算机是否满足要求。Visual Studio 2013 的系统要求如下:

- Windows 8.1(x86 和 x64)。
- Windows 8(x86 和 x64)。
- Windows 7 SP1(x86 和 x64)。
- Windows Server 2012 R2(x64)。
- Windows Server 2012(x64)。
- Windows Server 2008 R2 SP1(x64)。

如果你的系统满足 Visual Studio 2013 的安装要求,你可以参考前面的安装步骤完成你的系统安装。

**2. 配置 Visual Studio 2013 开发环境**

在首次启动 Visual Studio 2013 时,它会提示选择一些默认设置,如开发语言、背景。如

何选择完全取决于自己喜好，只要符合具体开发习惯即可。当然，也可以重置 Visual Studio 默认的开发设置。为此，需要选择“工具”|“导入和导出设置”命令，在“导入和导出设置向导”对话框中选中“重置所有设置”，如图 1-12 所示。

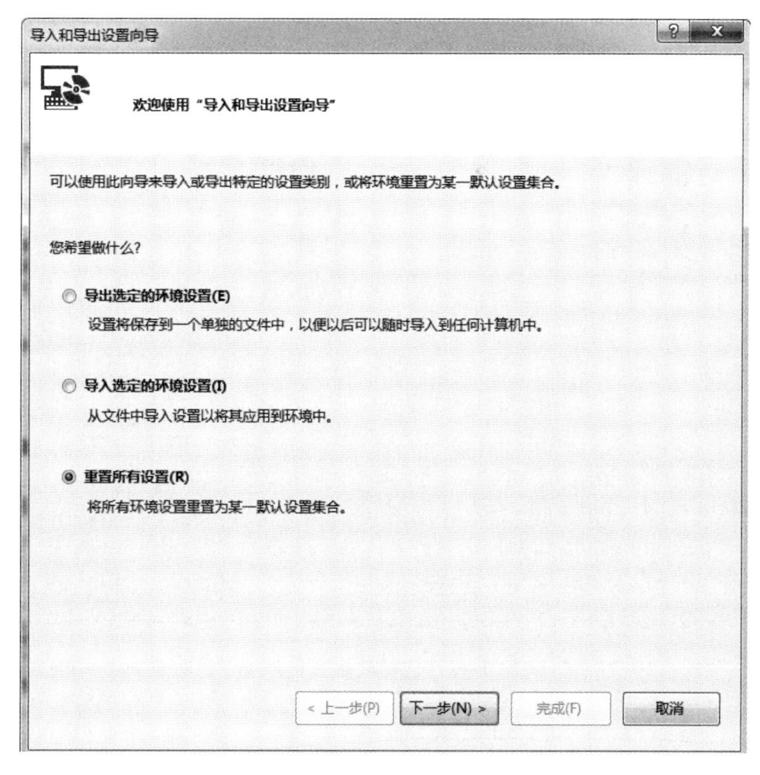


图 1-12　导入和导出设置向导

单击“下一步”按钮，选择是否要在继续之前保存已有的设置。如果对设置进行了定制，就保存设置，否则选择“否，仅重置设置，从而覆盖我的当前设置”，再次单击“下一步”按钮，在下一个对话框中选择合适的开发设置集合(本书选择 Visual C#)，如图 1-13 所示，最后单击“完成”按钮完成开发应用设置。

Visual Studio 开发环境是完全可以定制的，但默认的设置很适合我们。在 Visual C# 开发设置下，其布局如图 1-14 所示。由于设置的差异，窗口布局可能会有所不同，读者可以在需要的时候通过“视图”菜单来选择打开相应的窗口。

所有的代码都显示在主窗口中。在 Visual Studio 启动时，主窗体会默认显示一个提供帮助的起始页。主窗口可以包含许多文档，每个文档独有一个选项卡。单击文件名可以在文件之间切换。在主窗口的上面是工具栏和菜单。利用这些工具栏和菜单，可以实现打开和保存文件、生成和运行项目、调试项目等任务。

下面简要说明 Visual Studio 的最常用功能。

解决方案资源管理器窗口显示当前加载的解决方案的信息。在 Visual Studio 术语中，解决方案不仅是一个应用程序，它还可以包含多个项目及其配置。解决方案资源管理器窗口显示了解决方案中包含的各个项目的各种视图，例如项目中包含了哪些文件，这些文件又包含了哪些内容。

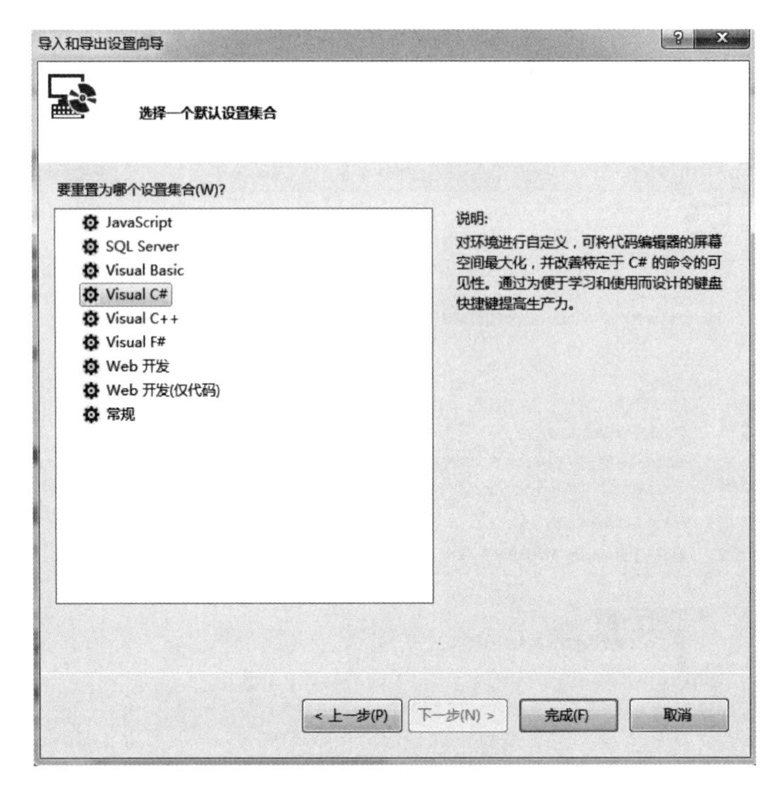


图 1-13　选择默认开发环境

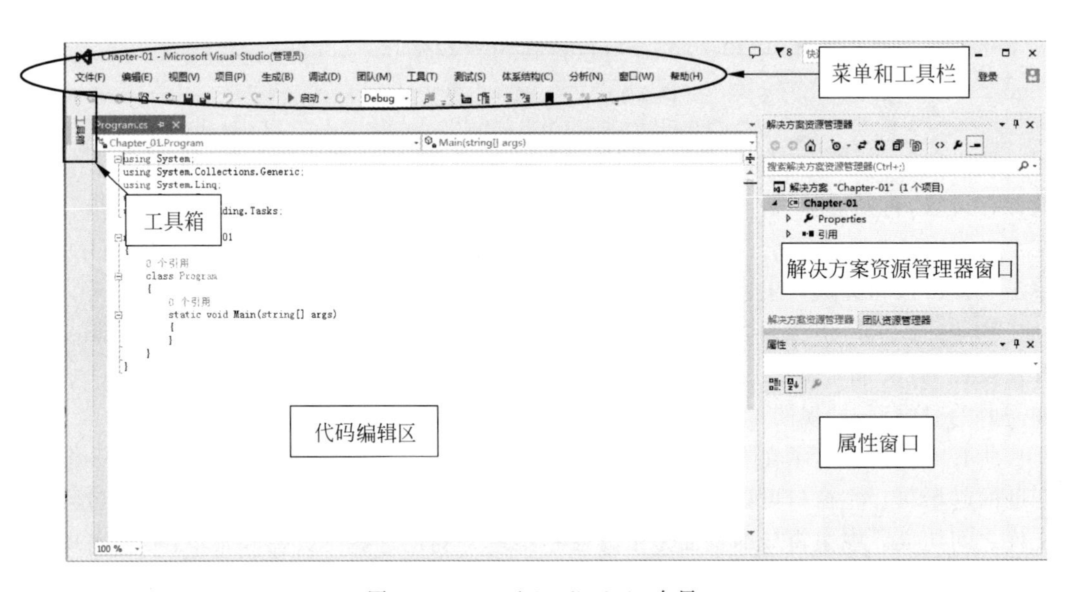


图 1-14　Visual Studio 2013 布局

“工具箱”选项卡提供了桌面应用程序的用户界面构成组件，是 Visual Studio 的重要组成部分。通过“工具箱”选项卡，可以很方便地对窗体进行设计，简化程序设计的工作量。当需要某个组件时，选择“工具箱”选项卡打开“工具箱”工具栏，双击组件或者用鼠标将组件拖到窗体上就可以实现界面的设计。

属性窗口提供了更为详细的项目内容视图,允许单独设置某个元素。例如,使用这个窗口设置桌面应用程序中按钮的外观,添加事件等功能。属性窗口是 Windows 可以方便地管理桌面应用程序的组件,提高了 Windows 程序开发的效率。

**【说明】** 如果需要定制 Visual Studio 开发环境,可以选择"工具"|"选项"命令,打开"选项"对话框,在该对话框左侧导航栏中选中相应的选项,进行详细的设置。

### 1.1.4 拓展与提高

(1) 在深入学习本节教学内容的基础,借助 Internet 等工具,掌握 .NE 和.NET Framework 的相关知识,了解常用.NET Framework 基础类库的功能。

(2) 学习利用 MSDN 来查找相关资料。MSDN 的全称是 Microsoft Developer Network,是一个以 Visual Studio 和 Windows 平台为核心整合的开发虚拟社区,包括了许多技术文档,是微软公司面向软件开发者的一种信息服务。

(3) 在了解 Windows 版 .NET Framework 的基础上,借助 Internet 来学习和了解 Mono 的知识,了解 .NET 跨平台开发的相关知识。参考网址为:http://www.mono-project.com/。

(4) 查阅网络资源,学习和掌握 Visual Studio 2015 开发环境的安装、配置和使用。

## 1.2 欢迎进入 C#编程世界

### 1.2.1 任务描述:设计学生成绩管理系统 V0.8 启动界面

通常情况下,应用程序在启动时会显示一个启动界面。在该界面显示一些软件的基本信息,如名称、开发者等。本情景实现学生成绩管理系统 V0.8 的启动界面,如图 1-15 所示。

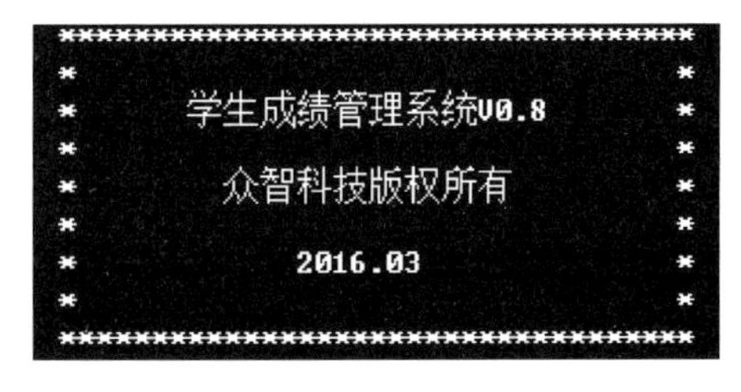

图 1-15 学生成绩管理系统 V0.8 启动界面

### 1.2.2 任务实现

(1) 启动 Visual Studio 2013,在主窗口选择"文件"|"新建"|"项目"命令,打开"新建项目"对话框,在显示的窗体的左侧选择 Visual C# 节点,在中间窗格选择控制台项目类型,如图 1-16 所示。把"位置"文本框改为 E:\Books\Program\Chapter01(如果该目录不存在,会自动创建),在"名称"文本框中输入 Chapter01,其他设置保持不变,单击"确定"按钮。

(2) 项目初始化以后,在主窗口显示的文件中添加如下代码:

```
namespace Chapter01
{
    class Program
    {
        static void Main(string[ ] args)
        {
            Console.WriteLine("      ***************************************");
            Console.WriteLine("      *                                     *");
```

```
                Console.WriteLine("    *          学生成绩管理系统 V0.8        *");
                Console.WriteLine("    *                                       *");
                Console.WriteLine("    *           众智科技版权所有            *");
                Console.WriteLine("    *                                       *");
                Console.WriteLine("    *              2016.03                  *");
                Console.WriteLine("    *                                       *");
                Console.WriteLine("    *****************************************");
                Console.ReadKey();
            }
        }
    }
```

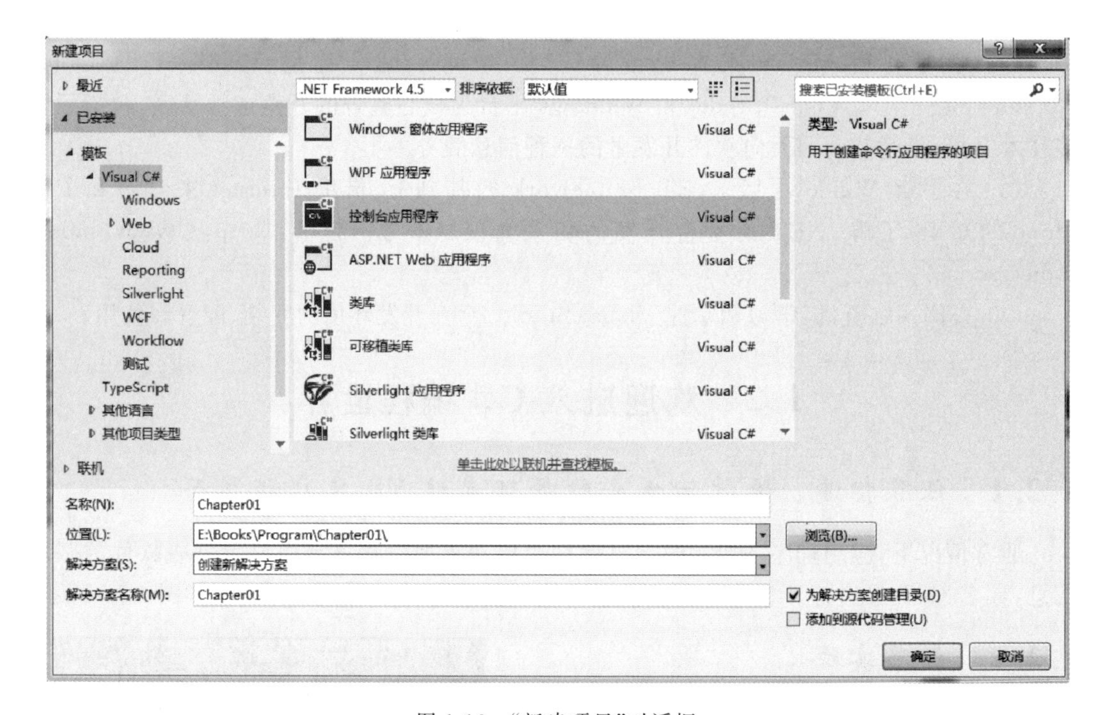

图 1-16 “新建项目”对话框

(3) 选择“调试”|“启动调试”命令，稍后会看到如图 1-15 所示的结果。

## 1.2.3 知识链接

### 1.2.3.1 什么是 C#

C#是微软公司在 2000 年 7 月发布的一种全新的简单、安全、面向对象的程序设计语言，由原 Broland 公司的首席研发设计师安德斯·海尔斯伯格(Anders Hejlsberg)主持开发，是微软专门为.NET 的应用而开发的语言，已成为 ECMA 与 ISO 标准规范。

C#是由 C 和 C++衍生出来的面向对象的编程语言。它继承了 C 语言的语法风格，同时又继承了 C++的面向对象特性。不同的是，C#的对象模型已经面向 Internet 进行了重新设计，使用的是.NET Framework 的类库，而且 C#不再提供对指针类型的支持，使得程序不能随便访问内存地址空间，从而更加健壮。C#不再支持多重继承，避免了以往类层次结构中由于多重继承带来的可怕后果。.NET Framework 为 C#提供了一个强大的、易用的、逻辑结构一致的程序设计环境。同时，公共语言运行时为C#程序语言提供了一个托管的运行时环境，使程序比以往更加稳定、安全。

C#吸收了C++、Visual Basic、Delphi、Java等语言的优点，体现了当今最新的程序设计技术的功能和精华，是目前主流的开发语言之一。C#可以用来开发桌面应用程序、Web应用程序、RIA应用程序和智能手机应用程序等各种类型的应用程序，可以说是当前应用领域最广、最全面的高级开发语言。C#语言的主要开发应用领域如下：

(1) 桌面应用程序，如中国移动的飞信等。

(2) Web应用程序，如当当网、新浪网等。

(3) RIA(Rich Internet Application)应用程序，如PPTV、江苏卫视、新浪财经等。

(4) 智能手机应用。

### 1.2.3.2 C#程序结构

一个简单的C#程序通常由命名空间、标识符和关键字、类、Main()方法、语句及注释等组成。图1-17描述了一个基本的C#程序的结构。

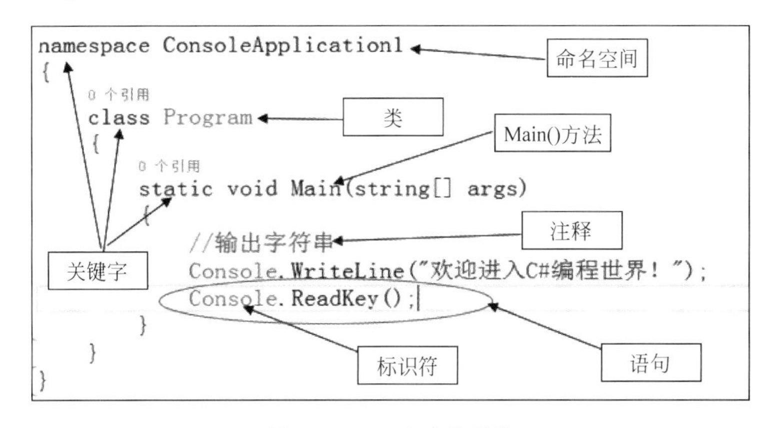


图1-17　C#程序的结构

**1. 命名空间**

命名空间是.NET应用程序代码的一种容器，用于对程序代码及其内容进行分类管理。命名空间类似于存放零件的仓库，各种零件存放在不同仓库中，方便管理和标识。

使用命名空间，还可以有效分割具有相同名称的相同代码，就像你和我具有相同的书和笔，但是它们分别属于不同的命名空间——"你"、"我"，这样就可以很容易区分出你的书和笔，我的书和笔。

C#利用命名空间来组织程序代码，相关的代码放在一个命名空间中，该命名空间的其他代码通过代码中的项目名称就可以引用该数据项。但是，如果在该命名空间代码外部使用命名空间的名称，就必须写出该命名空间的限定名称。限定名称包括它所有的分层信息，在不同的级别名字空间级别之间使用句点符号(.)。如果一个命名空间中的代码需要使用另一个命名空间中定义的名称，就必须包括对该命名空间的引用。在C#中，使用using引入其他命名空间到当前编辑单元，从而可以直接使用被导入命名空间的标识符，而不需要加上它完整的限定名称。using指令就像一把钥匙，命名空间就像仓库，可以用钥匙打开指定仓库(命名空间),从而取出并使用仓库中的零件(名称)。

using 指令的基本格式为:

```
using  命名空间;
```

C#语言使用关键字 namespace 来定义一个新的命名空间。下列代码描述了命名空间的用法。

```
using  N;                                              //引入命名空间 N
namespace UseNamespace
{
 class Program
  {
     static void Main()(string[ ] args)
      {
         A oa = new A();                                //实例化 N 中的类 A
         oa.Display();                                  //调用 A 中的方法 Display
      }
  }
}
namespace N                                             //定义命名空间 N
{
 class  A                                               //定义类 A
  {
     public void Dispaly( )
      {
         Console.WriteLine("欢迎进入 C#世界!");  //输出字符串
      }
  }
}
```

**2. 标识符和关键字**

标识符(Identifier)是用来对程序中的各个元素进行标识的名称,这些元素包括变量、常量和其他各种用户定义对象。C#语言有自己的标识符命名规则,如果命名时不遵守这些规则,程序就会出错。C#标识符的命名规则如下:

(1) 标识符只能由英文字母、数字和下画线(_)组成,不能包括空格和其他字符。

(2) 标识符只能以字母、下画线和@字符开头,不能以数字开头。

(3) 标识符不能是关键字,但 C#规范中@ 可以作为 C#标识符(类名、变量名、方法名等)的第一个字符,以允许 C# 中保留关键字作为自己定义的 C#标识符。

关键字是对编译器具有特殊意义的预定义保留标识符,它们被 C#设为保留字,不能随意使用。关键字不能在程序中用作标识符,除非它们有一个@ 前缀。例如,@if 是一个合法的标识符,而 if 不是合法的标识符,因为它是关键字。

C#语言有 90 多个关键字,图 1-18 列出了 C# 中的部分关键字。关键字更为详细的内容读者可参考微软的 MSDN,其网址为 https://msdn.microsoft.com/zh-cn/library/x53a06bb(VS.80).aspx。

**3. 类**

C#是一种纯面向对象程序设计语言,类是 C#语言的核心和基本构成单元,C#中的

| abstract | as | base | bool | break | byte | case | catch | char | checked |
|---|---|---|---|---|---|---|---|---|---|
| class | const | continue | decimal | default | delegate | do | double | else | enum |
| ecent | explicit | extern | false | finally | fixed | float | for | foreach | get |
| goto | if | implicit | in | int | interface | internal | is | lock | long |
| namespace | new | null | object | out | override | partial | private | protected | public |
| readonly | ref | return | sbyte | sealed | set | short | sizeof | stackalloc | static |
| struct | switch | this | throw | true | try | typeof | uint | ulong | unchecked |
| unsafe | ushort | using | value | virtual | volatile | volatile | void | where | while |
| yield | | | | | | | | | |

图 1-18　C#常用关键字

所有语句都必须包含在某个类中,用 C#编程实际就是自定义类来解决实际问题。

在 C#中,类是一种封装了数据和方法的新数据类型,和其他数据类型一样,在使用之前也必须事先声明。C#语言使用关键字 class 来声明一个类,具体格式如下:

```
[类修饰符] class <类名>
{
  //类的成员
}
```

在 C#中,类名是一种标识符,必须符合标识符的命名规则。类名要能够体现类的含义和用途,通常采用 Pascal 命名的方法,即首字母大写,如 TeacherInfo,NewsInfo、Student 等都属于有效规范的类名。

**4. Main()方法**

Main()方法是 C#程序的入口点,程序在执行时首先执行 Main()方法中的代码。C#程序中必须包含一个 Main()方法,在该方法中可以创建对象和调用其他方法。一个 C#程序中只能有唯一的 Main()方法,并且 Main()方法的首字母必须大写,如果小写编译时就会产生错误消息,编译失败。

C#中的 Main()方法有以下 4 种形式:

(1) static void Main(string[ ] args){　　}。

(2) static void Main( ){　　}。

(3) static int Main( ){　　}。

(4) static int Main(string[ ] args){　　}。

【说明】　C#是一种面向对象的语言,即使是程序的启动入口点也必须是一个类的成员。由于程序启动时还没有创建任何类的对象,因此,必须将入口点 Main()方法定义为 Static,使它不依赖类的实例对象而执行。

**5. 语句**

语句是构成 C#程序的基本单位。语句通常以分号作为结束标志。语句可以声明变量或常量、创建对象、调用方法或将某个值赋给变量。例如,下列代码就是一条典型的 C#语句:

```
Console.WriteLine("欢迎开始 C#美好旅程!");
```

**6. 注释**

在程序开发中,为了方便日后的维护和增强代码的可读性,我们必须养成在代码中加入注释的习惯。在代码的关键位置加入注释,可以帮助我们理解代码要实现的功能,使程序工作流程更加清晰明了。编译器在编译程序时不执行注释的代码和文字,其主要任务是对某行或某段代码进行说明,方便对代码的理解与维护,这一过程类似于展览馆中各展品下面的说明标签,是对展品进行简单介绍,方便参观者了解展品的基本信息。

C#语言中提供了多种注释类型,其中行注释使用//表示,块注释使用/*…*/表示,文档注释使用///表示,且文档的每一行都以///开头。如果注释的行数较少,通常使用当行注释。对于连续多行的大段注释,则使用多行注释。多行注释通常以/*开始,以*/结束,注释的内容放在它们中间。

下列代码说明了在程序中如何使用注释。代码如下:

```
static void Main(string[] args)                    //程序的入口 - Main()方法
{
  /* 下面的代码是注释内容,不会被执行                  //块注释开始
  Console.WriteLine("开启 C#美妙之旅!");
  Console.ReadLine();                              //等待从键盘输入数据
 */                                                //块注释结束
}
```

**【说明】** 在 Visual Studio 开发环境中,如果对一段代码整体进行注释,可以在其上方输入///,这时会在相应位置自动编写注释语句,开发人员在其中填入相应文字即可。另外,在 Visual Studio 开发环境中,可以使用关键字#region 和#endregion 来展开或折叠代码。

#### 1.2.3.3 控制台输入输出

**1. 从控制台获取输入**

从控制台获取输入,就是从控制台输入数据给程序。在 C#中,使用 Console 类的 ReadLine()和 Read()方法来获取用户在控制台输入的文本。

Console.ReadLine()方法从控制台读取一行字符。该方法将暂停程序执行,以便用户输入字符。一旦用户按 Enter 键,就会创建一个新行,程序就会继续执行。Console.ReadLine()方法的输出(又称返回值)就是用户输入的文本字符串。其定义如下:

```
Public static string ReadLine();
```

Console.Read()方法返回的数据类型是与读取的字符值对应的一个整数,如果没有更多的字符可用,就返回 1。为了获取实际的字符,需要首先将整数转型为一个字符。Console.Read()方法定义如下:

```
Public static int Read();
```

**注意**,除非用户按 Enter 键,否则 Console.Read()方法不会返回输入。在按 Enter 键之前,不会开始对字符进行处理,即使用户已经输入了多个字符。

C# 2.0 新增了一个 System.Console.ReadKey()方法。它和 System.Console.Read()相反,返回的是用户的一次按键之后的输入。它允许开发人员拦截用户的按键操作,并执行相应的行动,例如限制只能按数字键等。

**2. 将输出写入控制台**

将输出写入控制台就是把数据输出到控制台并显示出来。在 C#程序中,使用 Console

类的 Write 和 WriteLine 来实现这个任务。

Console.Write()方法用来向控制台输出一个字符，但控制台的光标不会移到下一行。其定义如下：

```
public static void Write(XXX value);
public static void Write(string format,object o1, … );
```

Console.WriteLine()方法用来向控制台输出一行字符，即 WriteLine()方法在输出信息之后，在信息的尾部自动添加\r\n 字符，表示按 Enter 键换行。其定义如下：

```
public static void WriteLine(XXX value);
public static void WriteLine(string format,object o1, … );
```

format 符号格式字符串用来在输出字符串中插入变量。其格式如下：

```
{N[,M][:formatstring]}
```

其中，字符 N 表示输出变量的序号，从 0 开始。M 表示输入变量在控制台中所占的字符空间，如果这个数字为负数，则按照左对齐的方式输出，若为正数，则按照右对齐方式输出。格式字符串用来控制输出格式。表 1-1 给出了常用的格式控制符的含义及用法。

**表 1-1　常用的格式控制符的含义及用法**

| 格式字符 | 说明 | 注　释 | 示　例 | 示例输出 |
|---|---|---|---|---|
| C | 区域指定的货币格式 | | Console.Write("{0:C}",3.1);<br>Console.Write("{0:C}",-3.1); | $3.1<br>$3.1 |
| D | 整数，用任意的 0 填充 | 若给定精度指定符，如{0:D5}，输出将以前导 0 填充 | Console.Wirte("{0:D5}",31); | 00031 |
| E | 科学表示 | 精度指定符设置小数位数，默认为 6 位，在小数点前面总是 1 位数 | Console.Write("{0:E}",310000); | 3.100000E+005 |
| F | 定点表示 | 精度指定符控制小数位数，可接受 0 | Console.Write("{0:F2}",31);<br>Console.Write("{0:F0}",31); | 31.00<br>31 |
| G | 普通表示 | 使用 E 或 F 格式取决于哪一种是最简捷的 | ConsoleWrite("{0:G}",3.1); | 3.1 |
| N | 数字 | 产生带有嵌入逗号的值，如 3,100,000.00 | Console.Write("{0:N}",3100000); | 3,100,000.00 |

**【例 1.1】** 创建一个控制台程序，从键盘上输入你的姓名和生日，然后在控制台输出。代码如下：

```
namespace Example1.1
{
    class Program
    {
        static void Main(string[] args)
        {
            //Console.ReadLine()的方法
            Console.Write("请输入你的姓名: ");      //Console.Write()方法是不换行输出信息
```

```
                string s = Console.ReadLine();
                //此方法是读取输入的名字并把它存入到字符串s中;
                Console.WriteLine("Hi,{0}.Welcome", s);  //Console.WriteLine()是先输出信息再
                                                          //换行
                //Console.read()方法
                Console.Write("请输入你的生日:");
                int i = Console.Read();     //不论输入的是单个字符还是一个字符串,均只输出第
                                            //一个字符串
                Console.Write("您的生日是:{0}!", i);
                Console.ReadKey();
            }
        }
    }
```

### 1.2.4 拓展与提高

复习本节内容,掌握C#控制台程序的结构,熟悉C#控制台程序的开发流程,思考并完成以下问题:

(1) 编写一个控制台程序,输入并显示您的个人信息。

(2) 借助MSDN深入了解Console类的相关知识,掌握Console的WriteLine()方法的使用格式和功能,能够根据需要选择合适的格式进行数据输出。

## 1.3 知识点提炼

(1) .NET代表一个集合,一个环境,一个可以作为平台支持下一代Internet的可编程架构。.NET Framework是.NET环境的基础和核心,它主要由CLR和FCL组成。

(2) Visual Studio是微软公司推出的软件开发环境,目前已成为.NET软件开发的首选平台。它可以实现对软件生命周期的完整管理。

(3) C#是微软专为.NET平台量身定制的开发语言,是.NET软件开发的首选语言,是一种类型安全、简单的纯面向对象程序设计语言,综合了VB的高生产率和C/C++的行动力。

(4) 一个C#程序通常与命名空间、类、Main()方法等组成。Main()方法是C#程序唯一的入口和启动点,一个程序中必须要有一个静态的Main()方法。

# 第2章 C#程序开发基础

程序通常由顺序结构、选择结构和循环结构3种基本结构组成。本章介绍C#语言中的数据类型、常量和变量、运算符及其优先级和程序流程控制语句。通过本章的学习,读者可以:

- 掌握C#数据类型。
- 掌握C#常量、变量的使用。
- 掌握C#运算符及其优先级。
- 掌握C#选择结构的用法。
- 掌握C#循环结构的用法。

## 2.1 变量和表达式

### 2.1.1 任务描述:学生信息输入

在学生成绩管理系统中,需要输入学生成绩等相关信息。本情景完成学生成绩管理系统V0.8学生信息的输入和输出,如图2-1所示。

图2-1 学生成绩输出

### 2.1.2 任务实现

(1) 启动Visual Studio 2013,新建一个Visual C#控制台项目Project0201。

(2) 项目初始化以后,在主窗口显示的文件的Main()方法中添加如下代码行:

```
static void Main(string[ ] args)    //程序入口 Main()方法
{
    string stuid;                   //学生学号
    string name;                    //学生姓名
```

```
        string chinese;                //语文
        string math;                   //数学
        string english;                //英语
         int total;                    //总分
         double average;               //平均成绩
        //学生信息输入
        Console.Write("学号: ");
        stuid = Console.ReadLine();
        Console.Write("姓名: ");
        name = Console.ReadLine();
        Console.Write("语文: ");
        chinese = Console.ReadLine();
        Console.Write("数学: ");
        math= Console.ReadLine();
        Console.Write("英语: ");
        english = Console.ReadLine();
       //计算学生总成绩
       total = Int32.Parse(chinese) + Int32.Parse(math) + Int32.Parse(english);
       average = total / 3.0;
       //输出学生成绩
       Console.WriteLine("                                          学生成绩单");
       Console.WriteLine("|-------------------------------------------------|");
       Console.WriteLine("| 学   号 | 姓名 |语文|数学|英语|总 分|平均分|");
       Console.WriteLine("|-------------------------------------------------|");
       Console.WriteLine("|{0,8}|{1,3}|{2,4}|{3,4}|{4,4}|{5,5}|{6,6:f2}|",stuid,name,chinese,
              math,english,total,average);
       Console.WriteLine("|-------------------------------------------------|");
       Console.ReadKey();
    }
```

## 2.1.3 知识链接

### 2.1.3.1 数据类型

C#语言是一种强类型语言,在程序中用到的变量、表达式和数值等都必须有类型,编译器检查所有数据类型操作的合法性,非法数据类型操作不会被编译。C#中,有两种不同性质的数据类型,分别是值类型和引用类型。对于值类型的变量,其中存放变量的真实值;对引用类型来说,其中存放的是值的引用。

**1. 值类型**

值类型变量直接存储实际数据的值。定义一个值类型的变量时,根据它所声明的类型,以堆栈方式分配一块大小相适应的存储区域给这个变量,随后对这个变量的读或写操作就直接在这块内存区域进行。值类型包括基本数据类型、结构类型和枚举类型。

1) 基本数据类型

基本数据类型包括整数类型、浮点类型、字符类型和布尔类型等。

(1) 整数类型。整数类型的数据值只能是整数。数学上的整数可以是负无穷大到正无穷大,但计算机的存储单元是有限的,因此计算机语言所提供的数据类型都是有一定范围的。C#中提供了8种整数类型,它们的取值范围如表2-1所示。

表 2-1　C#的整数类型

| 类型标识符 | 描　述 | 可表示的数值范围 |
|---|---|---|
| sbyte | 8 位有符号整数 | －128～＋127 |
| byte | 8 位无符号整数 | 0～255 |
| short | 16 位有符号整数 | －32768～＋32767 |
| ushort | 16 位无符号整数 | 0～65535 |
| int | 32 位有符号整数 | －2147483648～＋2147483647 |
| uint | 32 位无符号整数 | $0 \sim 2^{32}-1$ |
| long | 64 位有符号整数 | －9223372036854775805～＋9223372036854775807 |
| ulong | 64 位无符号整数 | $0 \sim 2^{64}-1$ |

(2) 浮点类型。浮点类型变量主要用来处理含有小数的数值型数据。C#浮点类型的数据包括 float、double 和 decimal 这 3 种数值类型，其区别在于取值范围和精度的不同。float 类型是 32 位单精度浮点数，其精度为 7 位，取值范围在 $+1.5\times10^{-45}\sim3.4\times10^{38}$ 之间；double 类型是 64 位双精度浮点数，其精度为 15～16 位，取值范围为 $+5.0\times10^{-324}\sim1.7\times10^{308}$ 之间；decimal 类型数据是高精度的类型数据，占用 16 个字节(128 位)，主要为了满足需要高精度的财务和金融计算机领域，取值范围在 $+1.0\times10^{-28}\sim7.9\times10^{28}$ 之间，精度为 29 位。

计算机对浮点数据的运算速度远远低于对整数的运算速度，数据的精度越高对计算机的资源要求越高，因此在对精度要求不高的情况下，我们可以采用单精度类型，而在精度要求较高的情况下可以使用双精度类型。如果不做任何设置，包含小数点的数值都被认为是 double 类型，例如，9.27 就是一个 double 类型，如果要将数值以 float 类型来处理，就应在数值的后面加上后缀 f 或者 F。例如：

```
float mySum = 9.27F;                //使用 F 强制指定为 float 类型
float mySum = 9.27f;                //使用 f 强制指定为 float 类型
```

**【说明】** 如果需要使用 float 类型变量时，必须在数值的后面跟随 f 或者 F，否则编译器会直接将其作为 double 类型处理；也可以在 double 类型的值前面加上(float)，对其进行强制类型转换。

(3) 字符类型。C#提供的字符类型数据按照国际上公认的标准，采用 Unicode 字符集。一个 Unicode 字符的长度为 16 位(bit)，它可以用来表示世界上大部分语言种类。所有 Unicode 字符的集合构成字符类型。字符类型的类型标识符是 char，因此又称 char 类型。凡是在单引号中的一个字符，就是一个字符常数，例如'a'、'p'、'*'、'0'、'8'都是合法的 C#字符。在表示一个字符常数时，单引号内的有效字符数量必须且只能是一个，并且不能是单引号或者反斜杠(\)。

为了表示单引号和反斜杠等特殊的字符常数，C#提供了转义符，在需要表示这些特殊常数的地方，可以使用这些转义符来替代字符，如表 2-2 所示。

(4) 布尔类型。布尔类型数据用于表示逻辑真和逻辑假。布尔类型数据主要应用在流程控制中。程序员往往通过读取或设定布尔类型数据的方式来控制程序的执行方向。

布尔类型的类型标识符是 bool，只有 true(代表"真")和 false(代表"假")两个值。不能将其他的值指定给布尔类型变量，布尔类型变量也不能与其他类型进行转换。

**【说明】** 在定义全局变量时,如果没有特定的要求不用对其进行初始化,整数类型和浮点类型默认为 0,布尔类型默认为 false。

**表 2-2 C#常用的转义字符**

| 转义字符 | 意 义 |
| --- | --- |
| \a | 响铃(BEL) |
| \b | 退格(BS),将当前位置移到前一列 |
| \f | 换页(FF),将当前位置移到下页开头 |
| \n | 换行(LF),将当前位置移到下一行开头 |
| \r | 按 Enter 键(CR),将当前位置移到本行开头 |
| \t | 水平制表(HT)(跳到下一个 TAB 位置) |
| \v | 垂直制表(VT) |
| \\ | 代表一个反斜线字符'\' |
| \' | 代表一个单引号(撇号)字符 |
| \" | 代表一个双引号字符 |
| \? | 代表一个问号 |

2) 结构类型

结构是可以包含数据成员和函数成员的数据结构,实际上是将多个相关变量包装成为一个整体使用。在结构体中的变量,可以是相同、部分相同或者完全不同的数据类型。例如,公司的职员可以看作一个结构体,在该结构体中可以包含职工姓名、性别、籍贯等信息。

在 C# 中,使用关键字 struct 来声明结构。具体语法如下:

```
<结构限定符> struct <结构名称>
{
   //字段、属性、方法、事件
}
```

下列代码定义了一个职工结构。该结构定义了职工信息,并定义了一个方法用来显示职工信息。具体代码如下:

```
public struct Employee                          //定义结构 Employee
{
  public string name;                           //职工姓名
  public string sex;                            //职工性别
  public int age;                               //职工年龄
  public Employee(string n,string s,int a)  //职工信息
  {
    name = n;
    sex = s;
    age = a;
  }
  public void Show()                            //输出职工信息
  {
   Console.WriteLine("{0} {1} {2}",name,sex,age);
  }
}
```

3）枚举类型

枚举类型(又称枚举)为定义一组可以赋给变量的命名整数常量提供了一种有效的方法。例如,假设必须定义一个变量,该变量的值表示一周中的一天。该变量只能存储 7 个有意义的值。若要定义这些值,可以使用枚举类型。

枚举类型是使用 enum 关键字声明的。其具体形式如下：

```
enum <枚举名> {list1 = value1, … , listN = valueN}
```

例如：

```
enum Days { Sunday, Monday, Tuesday, Wednesday, Thursday, Friday, Saturday };
```

如果不为枚举数列表中的元素指定值,则它们的值将以 1 为增量自动递增。在前面的示例中,Days. Sunday 的值为 0,Days. Monday 的值为 1,依此类推。创建新的 Days 对象时,如果不显式为其赋值,则它将具有默认值 Days. Sunday(0)。创建枚举时,应选择最合理的默认值并赋给它一个零值。这便使得只要在创建枚举时未为其显式赋值,则所创建的全部枚举都将具有该默认值。

如果变量 meetingDay 的类型为 Days,则只能将 Days 定义的某个值赋给它(无须显式强制转换)。如果会议日期更改,可以将 Days 中的新值赋给 meetingDay。例如：

```
Days meetingDay = Days.Monday;
//…
meetingDay = Days.Friday;
```

**【说明】** 可以将任意整数值赋给 meetingDay。例如,代码行 meetingDay =(Days) 42 不会产生错误。但也不应该这样做,因为默认约定的是枚举变量只容纳枚举定义的值之一。将任意值赋给枚举类型的变量很有可能会导致错误。

**2. 引用类型**

引用类型是 C# 中和值类型并列的类型,引用类型所存储的实际数据是当前引用值的地址,因此引用类型数据的值会随所指向的值的不同而变化,同一个数据也可以有多个引用。这与值类型是不同的,值类型数据存储的是自身的值,而引用类型存储的是将自身的值直接指向到某个对象的值。C# 中引用类型数据有 4 种：类类型(Class-type)、数组类型(Array-type)、接口类型(Interface-type)和委托类型(Delegate-type)。

C# 支持两种预订的应用类型：object 和 string。Object 类型是在.NET 中 object 类的别名。在 C# 的统一类型系统中,object 类是所有类型的基类,C# 中其他所有的类型都直接或间接派生于 object 类型。因此,对于任一 object 变量,均可以赋以任何类型的值。String 类型表示零个或者多个 Unicode 字符组成的序列。

### 2.1.3.2 数据类型转换

数据类型在一定条件下是可以相互转换的,如将 int 型数据转换成 double 型数据。C# 允许使用两种转换方式：隐式转换(Implicit Conversion)和显式转换(Explicit Conversion)。

**1. 隐式转换**

隐式转换是系统默认的、不需要加以声明就可以进行的转换。在隐式转换过程中,编译器不需要对转换进行详细的检查就能安全地执行转换。例如：

```
int   i = 10;
double d = i;                      //自动进行类型转换
```

**2. 显式转换**

显式转换又称强制类型转换。与隐式转换相反，显式转换需要用户明确地指定转换类型，一般在不存在该类型的隐式转换的时候才使用。显式转换可以将一种数值类型强制转换成另一种数值类型。格式如下：

```
(类型标识符) 表达式
```

例如：

```
(int)3.14                     //把 double 类型的 3.14 转换成 int 类型
```

使用显式转换时需要提醒注意以下几点：

(1) 显式转换可能会导致错误。进行这种转换时编译器将对转换进行溢出检测。如果有溢出，说明转换失败，就表明源类型不是一个合法的目标类型。转换当然无法进行。

(2) 对于从 float、double、decimal 到整型数据的转换，将通过舍入得到最接近的整型值，如果这个整型值超出目标域，则出现转换异常。例如，如果将 float 的数据 3e25 转换成整数，则将产生溢出错误，因为 3e25 超过了 int 类型所能表示的范围。

装箱(Boxing)和拆箱(Unboxing)是显式转换，同时也是 C# 类型系统中重要的概念。装箱允许将任何值类型的数据转换为对象，同时也允许任何类型的对象转换到与之兼容的数据类型。拆箱是装箱的逆过程。装箱转换是指将一个值类型的数据隐式地转换成一个对象类型(object)的数据。把一个值类型装箱，就是创建一个 object 类型的实例，并把该值类型的值复制给该这个 object。

例如，下面的两条语句就执行了装箱：

```
int k = 100;
object obj = k;
```

上面的两条语句中，第 1 条语句先声明一个整型变量 k 并对其赋值，第 2 条语句则先创建一个 object 类型的实例 obj，然后将 k 的值复制给 obj。在执行装箱转换时，也可以使用显式转换。例如：

```
int k = 100;
object obj = (object) k;
```

**【例 2.1】** 在程序中执行装箱转换，程序代码如下：

```
class BoxingDemo
{
  static void Main()
  {
     Console.WriteLine("执行装箱转换：");
     int k = 200;
     object obj = k;
```

```
        k = 300;
        Console.WriteLine("obj = {0}",obj);
        Console.WriteLine("k = {0}", k); }
}
```

拆箱是指将一个对象类型的数据显式地转换成一个值类型数据。拆箱操作包括分为两步：首先检查对象实例，确保它是给定值类型的一个装箱值，然后把实例的值复制到值类型数据中。例如，下面两条语句就执行了拆箱转换：

```
object obj = 228;
int k = (int)obj;
```

拆箱需要（而且必须）执行显式转换，这是它与装箱转换的不同之处。

**【例 2.2】** 在程序中使用拆箱转换，程序代码如下：

```
class UnboxingDemo
{
  static void Main()
   {
     int k = 228;
     object obj = k;              //装箱转换
     int j = (int ) obj;          //拆箱转换
    Console.WriteLine("k = {0}\tobj = {1}\tj = {2}", k, obj, j);
    }
  }
```

**3. 不同类型数据与 string 之间的相互转换**

在 C# 中可以使基本数据类型的 Parse()方法来实现字符转换为基本数据类型的操作。转换格式为：xx. Parse()。例如：

```
int i  =  int32.Parse("10");
double d  =  double.Parse("10.5");
bool b  =  bool.Parse("true");
```

另外，C# 的 Convert 类提供了很多更丰富的类型转换的方法。例如：

```
int i  =  Convert.ToInt32("10");
DateTime time  =  Convert.ToDateTime("2000 - 2 - 2");
```

相反，如果将原始值转换成 string 类型，统一用 ToString()方法即可。例如：

```
int i  =  10;   double d  =  10.5;
string si  =  i.ToString();
string sd  =  d.ToString();
```

### 2.1.3.3　常量与变量

**1. 常量**

在 C# 中，常量在程序的运行过程中其值是不能改变的，例如，数字 100 就是一个常量，这样的常量一般被称作常数。可以通过关键字 const 来声明常量，格式如下：

```
const  类型标识符  常量名 = 表达式;
```

常量名必须是C#的合法标识符,在程序中通过常量名来访问该常量。类型标识符用来说明所定义的常量的数据类型,而表达式的计算结果是所定义的常量的值。例如:

```
const double PI = 3.14159265;
```

上面的语句定义了一个double型的常量PI,它的值是3.14159265。

常量有如下特点:

(1) 在程序中,常量只能被赋予初始值。一旦赋予一个常量初始值,这个常量的值在程序的运行过程中就不允许改变,即无法再对一个常量赋值。

(2) 定义常量时,表达式中的运算符对象只允许出现常量和常数,不能有变量存在。

例如:

```
int b = 30;
const int a = 60;
const int k = b + 20;           //错误,表达式中不允许出现变量
const int d = a + 60;           //正确,因为a是常量
a = 100;                        //错误,不能修改常量的值
```

**2. 变量**

变量是程序运行过程中用于存放数据的临时存储单元,它的值在程序的运行过程中是可以改变的。简单来说,变量就是表示内存当中的一块存储区域,会对应一个唯一的内存地址。但是我们在使用程序的时候,内存地址不好理解也不好记忆,那怎么办呢?

在日常生活中我们都有一个名字,如张三、李四等,这些名字就是为了便于记忆。同样,在程序当中,为了区别多个变量,就需要为每个变量赋值一个简短、便于记忆的名字,这就是变量名。在计算机中,变量名代表存储地址。在定义变量的时候,首先必须给每一个变量起名,称为变量名,以便区分不同的变量。C#中的变量名只能由字母、数字或下画线(_)组成,必须由字母或下画线开头,不能以数字开头,也不能是C#中的关键字,而且区分大小写。

想取得较好的学习效果,建议遵守下列变量命名规范:

(1) 变量的名字要有意义,尽量用对应的英语命名,具有"见名知意"的作用。例如:姓名变量取名为name或者用拼音xingMing,避免用a、b、c来进行命名。

(2) 避免使用单个字符作为变量名(除在循环里面定的变量)。

(3) 当使用多个单词组成变量名时,应该使用骆驼(Camel)命名法。骆驼(Camel)命名法是第一个单词的首字母小写,其他单词的首字母大写。例如:myName,myAge。

C#中的变量必须先声明,后使用。其语法声明格式为:

```
"访问修饰符"  数据类型  变量名1,"变量名2,"
```

其中,访问修饰符包括public、private、protected 3种,可以省略。数据类型可以是int、float、string等。例如:

```
float fsum;
string strName;
char a;
int j;
```

变量本身只是一个能保存某种类型的具体数据的内存单元(这里所说的内存单元不一定以字节为单位),对于程序而言,可以使用变量名来访问这个具体的内存单元。变量的赋值,就是将数据保存到变量中的过程。

在 C# 中,给一个变量赋值的格式如下:

```
变量名 = 表达式;
```

例如,事先定义了一个 double 型的变量 nAverage 和一个 int 型的变量 nAgeSum:

```
double  nAverage;
int  nAgeSum;
```

如果要给 nAgeSum 变量赋予数值 210,应该写成:

```
nAgeSum = 210;
```

在对变量进行赋值时,表达式的值的类型必须同变量的类型相同。

```
string  sName;
int  nScore;
```

则以下赋值是正确的:

```
sName = "Jack";
sName = "Tom";
nScore = 98;
```

但是,以下赋值是错误的:

```
sName = 5;                    //不能将整数赋予字符串对象
nScore = "Hello";             //不能将字符串赋予整型变量
```

在定义变量的同时,可以对变量赋值,称为变量的初始化。在 C# 中,对变量进行初始化的格式如下:

```
类型标识符  变量名 = 表达式;
```

例如:

```
double  nScore = 98.5;
```

这代表定义一个 double 型变量 nScore,并将其赋予初始值 98.5。

#### 2.1.3.4 运算符及其优先级

**1. 运算符**

运算符是用来实现数值或表达式的运算规则的符号,运算符操作的数值称为运算数。C# 运算符可以分为算术运算符、赋值运算符、关系运算符、逻辑运算符、条件运算符等。

1) 算术运算符

算术运算符用于对操作数进行算术运算。C# 的算术运算符同数学中的算术运算符是很相似的。表 2-3 列出了 C# 中允许使用的所有算术运算符。

表 2-3　C#算术运算符

| 运算符 | 意　　义 | 运算对象数目 | 运算对象类型 | 运算结果类型 | 实　　例 |
|---|---|---|---|---|---|
| + | 取正或加法 | 1 或 2 | 任何数值类型 | 数值类型 | +5、6+8+a |
| - | 取负或减法 | 1 或 2 | | | -3、a-b |
| * | 乘法 | 2 | | | 3*a*b、5*2 |
| / | 除法 | 2 | | | 7/4、a/b |
| % | 求余(求整数除法的余数,如 7 除以 3 的余数为 1,则 7%3 等于 1) | 2 | | | a%(2+5)<br>a%b<br>3%2 |
| ++ | 自增运算 | 1 | | | a++、++b |
| -- | 自减运算 | 1 | | | a--、--b |

尽管+、-、*和/这些运算符的意义和数学上的运算符是一样的。但是在一些特殊的环境下,有一些特殊的解释。

当对整数进行/运算时,余数都被舍去了。例如,10/3 在整数除法中等于 3。可以通过模运算符%来获得这个除法的余数。运算符%可以应用于整数和浮点类型,例如,10%3 的结果是 1,10.0%3.0 的结果也是 1。

**【例 2.3】** 用数学运算符处理变量。新建一控制台程序 Chapter0203,在 Program.cs 中添加如下代码:

```
static void Main(string[] args)
{
double firstNumber, secondNumber;
string userName;
Console.Write("Enter your name:");
userName = Console.ReadLine();
Console.WriteLine("Welcome {0}!", userName);
Console.Write("Now give me a number:");
firstNumber = Convert.ToDouble(Console.ReadLine());
Console.Write("Now give me another number:");
secondNumber = Convert.ToDouble(Console.ReadLine());
Console.WriteLine("The sum of {0} and {1} is {2}.",firstNumber,secondNumber,
                  firstNumber + secondNumber);
Console.WriteLine("The result of suntracting {0} from {1} is {2}.", firstNumber, secondNumber,
                 firstNumber - secondNumber);
Console.WriteLine("The product  of {0} and {1} is {2}.", firstNumber, secondNumber,
                  firstNumber * secondNumber);
Console.WriteLine("The result of dividing {0} by {1} is {2}.", firstNumber, secondNumber,
                 firstNumber / secondNumber);
Console.WriteLine("The remainder after dividing {0} by {1} is {2}.", firstNumber, secondNumber,
                 firstNumber % secondNumber);
Console.ReadKey();
}
```

执行代码,程序的运行结果如图 2-2 所示。

C#还有两种特殊的算术运算符:++(自增运算符)和--(自减运算符),其作用是使变量的值自动增加 1 或者减少 1。因此,x=x+1 和 x++是一样的;x=x-1 和 x--是一

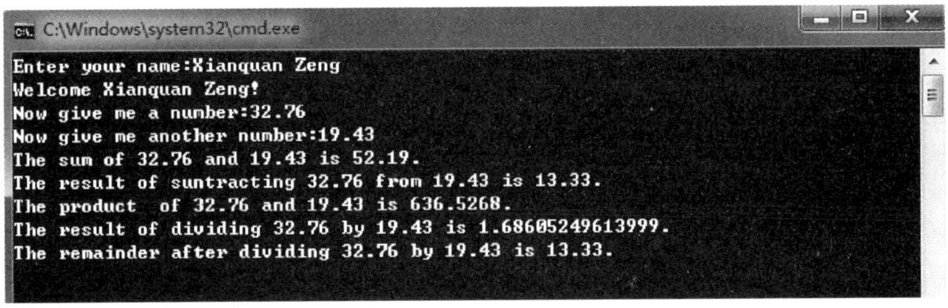

```
C:\Windows\system32\cmd.exe
Enter your name:Xianquan Zeng
Welcome Xianquan Zeng!
Now give me a number:32.76
Now give me another number:19.43
The sum of 32.76 and 19.43 is 52.19.
The result of suntracting 32.76 from 19.43 is 13.33.
The product  of 32.76 and 19.43 is 636.5268.
The result of dividing 32.76 by 19.43 is 1.68605249613999.
The remainder after dividing 32.76 by 19.43 is 13.33.
```

图 2-2　程序 Chapter0203 的运行结果

样的。自增和自减运算符既可以在操作数前面(前缀),也可以在操作数后面(后缀)。例如,"x＝x＋1;"可以被写成

```
++x;                                //前缀格式
```

或者

```
x++;                                //后缀格式
```

当自增或自减运算符用在一个较大的表达式中一部分时,存在着重要的区别。当一个自增或自减运算符在它的操作数前面时,C＃将在取得操作数的值前执行自增或自减操作,并将其用于表达式的其他部分。如果运算符在操作数的后面,C＃将先取得操作数的值,然后进行自增或自减运算。

例如:

```
x = 16; y = ++x;
```

在这种情况下,y 被赋值为 17。但是,如果代码如下所写:

```
x = 16; y = x++;
```

那么 y 被赋值为 16。在这两种情况下,x 都被赋值为 16,不同之处在于发生的时机。自增运算符和自减运算符发生的时机有非常重要的意义。

**【说明】**

(1) 两个整数相除的结果始终为一个整数。如果要获取有理数或分数的商,应将除数或被除数设置为 float 类型或者 double 类型,这可以通过在数字后面添加一个小数点来隐式执行该操作。

(2) ＋＋、－－只能用变量,而不能用于常量或表达式,例如 12＋＋或－－(x＋y)都是错误的。

2) 赋值运算符

赋值运算符用于将一个数据赋予一个变量,赋值操作符的左操作数必须是一个变量,赋值结果是将一个新的数值存放在变量所指示的内存空间中。其中＝是简单的赋值运算符,它的作用是将右边的数据赋值给左边的变量。数据可以是常量,也可以是表达式。例如,x＝8 或者 x＝9－x 都是合法的,它们分别执行了一次赋值操作。表 2-4 列出了 C＃赋值运算符的用法。

表 2-4　C#赋值运算符的用法

| 类　　型 | 符　　号 | 说　　明 |
| --- | --- | --- |
| 简单赋值运算符 | = | x=1 |
| 复合赋值运算符 | += | x+=1 等价于 x=x+1 |
| | -= | x-=1 等价于 x=x-1 |
| | * =1 | x * =1 等价于 x=x * 1 |
| | /= | x/=1 等价于 x=x/1 |
| | %= | x%=1 等价于 x=x%1 |

复合赋值运算符的运算非常简单,例如,x * =5 就等价于 x=x * 5,它相当于对变量进行一次自乘操作。复合赋值运算符的结合方向为自右向左。同样,也可以把表达式的值通过复合赋值运算符赋予变量,这时复合赋值运算右边的表达式是作为一个整体参加运算的,相当于表达式有括号。

例如,a%=b * 2-5 相当于 a%=(b * 2-5),它与 a=a%(b * 2-5)是等价的。

C#语言可以对变量进行连续赋值,这时赋值操作符是右关联的,这意味着从右向左运算符被分组。例如 x=y=z 等价于 x=(y=z)。

3) 关系运算符

关系运算符用于在程序中比较两个值的大小,关系运算的结果类型是布尔型。也就说,结果不是 true 就是 false。表 2-5 给出了 C#常见关系运算符的含义与用法。

表 2-5　C#常用关系运算符的用法

| 符号 | 意　　义 | 运算结果类型 | 运算对象个数 | 实　　例 |
| --- | --- | --- | --- | --- |
| > | 大于 | 布尔型。如果条件成立,结果为 true,否则结果为 false | 2 | 3>6,x>2,b>a |
| < | 小于 | | | 3.14<3,x<y |
| >= | 大于等于 | | | 3.26>=b |
| <= | 小于等于 | | | PI<=3.1416 |
| == | 等于 | | | 3==2,x==2 |
| != | 不等于 | | | x!=y, 3!=2 |

一个关系运算符两边的运算对象如果是数值类型的对象,则比较的是两个数的大小;如果是字符型对象,则比较的是两个字符的 Unicode 编码的大小。例如:字符 x 的 Unicode 编码小于 y,则关系表达式'x'<'y'的结果为 true。

关系运算可以同算术运算混合,这时候,关系运算符两边的运算对象可以是算术表达式的值,C#先求表达式的值,然后对这些值做关系运算。例如:3+6>5-2 的结果是 false。

**【例 2.4】** 在程序中使用算术运算和关系运算,程序代码如下:

```
class RelationalOperator
{
  static void Main( )
  {
    int a = 100,x = 60,y = 70,b;
   bool j;
   b = x + y;
   j = a > b;
```

```
        Console.WriteLine("a>b is {0}", j);
    }
}
```

该程序运行后，输出结果为：

```
a>b is False
```

4）逻辑运算符

逻辑运算符用于表示两个布尔值之间的逻辑关系，逻辑运算结果是布尔类型。表2-6给出了C#逻辑运算符的含义与用法。

**表2-6　C#逻辑运算符的用法**

| 符号 | 意　义 | 运算对象类型 | 运算结果类型 | 运算对象个数 | 实　例 |
|---|---|---|---|---|---|
| ! | 逻辑非 | 布尔类型 | 布尔类型 | 1 | !(i>j) |
| && | 逻辑与 | | | 2 | x>y&&x>0 |
| \|\| | 逻辑或 | | | 2 | x>y\|\|x>0 |

逻辑非运算的结果是原先的运算结果的逆，即：如果原先运算结果为false，则经过逻辑非运算后，结果为true；原先为true，则结果为false。

逻辑与运算含义是，只有两个运算对象都为true，结果才为true；只要其中有一个是false，结果就为false。

逻辑或运算含义是，只要两个运算对象中有一个为true，结果就为true，只有两个条件均为false，结果才为false。

当需要多个判定条件时，可以很方便地使用逻辑运算符将关系表达式连接起来。例如，在表达式x>y&&x>0中，只有当x>y并且x>0两个条件都满足时，结果才为true，否则结果就为false；在表达式x>y||x>0中，只要x>y或者x>0这两个条件中的任何一个成立，结果就为true，只有在x>y并且x>0都不成立的条件下结果才为false；在表达式!(x>y)中，如果x>y则返回false，如果x<=y则返回true，即表达式!(x>y)同表达式x<=y是等同的。

如果表达式中同时存在着多个逻辑运算符，逻辑非的优先级最高，逻辑与的优先级高于逻辑或。

5）条件运算符

条件运算符由?和:组成，条件运算符是一个三元运算符。条件运算符的一般格式为：

```
操作数1?操作数2:操作数3
```

其中，操作数1的值必须为布尔值。进行条件运算时，首先判断问号前面的布尔值是true还是false，如果是true，则条件运算表达式的值等于操作数2的值；如果为false，则条件表达式的值等于操作数3的值。例如，条件表达式“6>8?15+a:39”，由于6>8的值为false，所以整个表达式的值是39。

**2. 运算符的优先级**

表达式是运算符、常量和变量等组成的符号序列。当一个表达式包含多个运算符时，就会出现运算符的运算次序问题。在C#中，使用运算符的优先级来解决运算的次序问题。

运算符的优先级控制着单个运算符求值的顺序。每一个运算符都有它自己一定的优先级,决定了它在表达式中的运算次序。在对包含多种运算符的表达式求值时,如果有括号,先计算括号里面的表达式,然后先执行运算优先级别高的运算,再执行运算优先级别低的。当运算符两边的运算对象的优先级别一样时,由运算符的结合性来控制运算执行的顺序。除了赋值运算符,所有的二元运算符都是左结合,即运算按照从左到右的顺序来执行。赋值运行符和条件运算符是右结合的,即运算按照从右到左的顺序来执行。

表2-7给出了C#运算符的优先级和结合性。

**表2-7 C#运算符的优先级和结合性**

| 优先级 | 说明 | 运算符 | 结合性 |
|---|---|---|---|
| 1 | 括号 | ( ) | 从左到右 |
| 2 | 自增/自减运算符 | ++/-- | 从右到左 |
| 3 | 乘法运算符<br>除法运算符<br>取模运算符 | *<br>/<br>% | 从左到右 |
| 4 | 加法运算符<br>减法运算符 | +<br>- | 从左到右 |
| 5 | 小于<br>小于等于<br>大于<br>大于等于 | <<br><=<br>><br>>= | 从左到右 |
| 6 | 等于<br>不等于 | =<br>!= | 从左到右<br>从左到右 |
| 7 | 逻辑与 | && | 从左到右 |
| 8 | 逻辑或 | ‖ | 从左到右 |
| 9 | 赋值运算符 | = += *=<br>/= %= -= | 从右到左 |

## 2.1.4 拓展与提高

(1) 查找相关资料,结合自己的开发实践,撰写适合自己团队的C#编码规范,并在以后的程序设计中严格遵守自己制定的规范,养成良好的软件开发习惯。

(2) 任意输入一个三位整数,将其加密后输出。方法是将该数每一位上的数字加9,然后除以10取余,作为该位上的新数字,将第一位上的数字和第三位上的数字交换组成加密后的新数。提示:采用整除和求余分离各位上的数字。

(3) 输入一个人的身高(m)和体重(kg),计算他的BMI指数并输出。BMI指数(即身体质量指数,简称体质指数,又称体重,英文为Body Mass Index,简称BMI)的定义如下:

体质指数(BMI)=体重(kg)÷身高^2(m)

(4) 从键盘输入圆的半径,定义常量PI的值为3.14159,计算并输出圆的周长和面积。

## 2.2 智能决策——选择结构

### 2.2.1 任务描述：用户登录验证

为了保证系统安全，在登录系统时，系统要求用户输入正确的用户名和密码。只有用户名和密码正确时，才能正常使用系统。否则，会给出提示或者直接关闭系统。本情景实现学生成绩管理系统 V0.8 的用户登录验证模块，如图 2-3 所示。

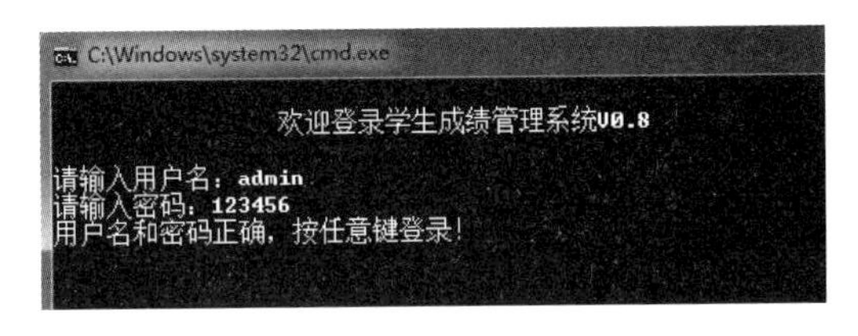


图 2-3　登录验证模块执行结果

### 2.2.2 任务实现

（1）启动 Visual Studio 2013，新建控制台项目 Project0202。

（2）项目初始化以后，在主窗口显示的文件的 Main()方法中添加如下代码行：

```
static void Main(string[] args)
{
    string username;                        //用户名
    string passwd;                          //密码
    //提示输入用户名和密码
    Console.WriteLine("\n" + "欢迎登录学生成绩管理系统 V0.8" + "\n");
    Console.Write("请输入用户名：");
    username = Console.ReadLine();
    Console.Write("请输入密码：");
    passwd   = Console.ReadLine();
    if (username == "admin" && passwd == "123456")     //判断用户名和密码是否正确
    {
        Console.WriteLine("用户名和密码正确，按任意键登录!");
    }
    else
    {
        Console.WriteLine("用户名或和密码错误，请核对信息!");
    }
    Console.ReadKey();
}
```

（3）执行程序，显示如图 2-3 所示的效果。

### 2.2.3 知识链接

介绍选择结构之前先看一个生活中的例子。

小明：明天都干什么呀？

小红：如果明天下雨，就去教室上自习。

小丽：如果明天下雨，就去图书馆看书，不下雨的话就去爬山。

三人的对话关系可以用图 2-4 表示，这就是选择结构。选择结构用于根据表达式的值执行不同的语句，常见的选择语句有 if 和 switch 语句。

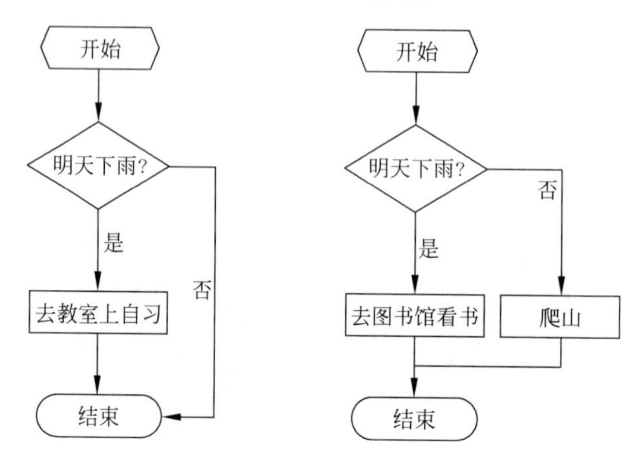


图 2-4　选择语句

### 2.2.3.1　if 语句

if 语句的功能比较多，是有效的决策方式。if 语句没有结果(所以在赋值语句中使用它)，使用该语句是为了根据条件执行其他语句。if 语句最简单的语法如下：

```
if  (<表达式>)
    <语句>
```

if 语句的执行流程是：先计算表达式的值，如果表达式的计算结果是 true，就执行 if 语句之后的代码(如果是多条语句，必须用{}括起来)。这段代码执行结束后或者因为表达式的计算结果为 false，则继续执行后面的代码，如图 2-5 所示。

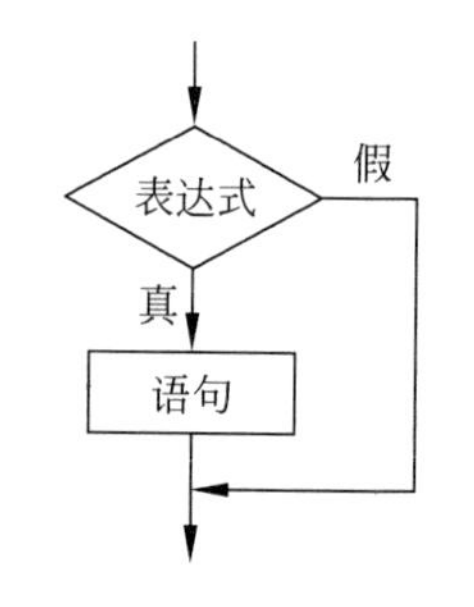


图 2-5　if 语句执行流程

例如：

```
if(weather == "阴天")
{
    Console.WriteLine("去教室上自习。");
}
```

也可以将 else 语句和 if 结合起来使用，构成 if-else 双分支选择结构。if-else 双分支选择结构的基本语法如下：

```
if  (<表达式>)
    <语句 1 >
else
    <语句 2 >
```

双分支选择结构的执行流程是：先计算表达式的值，如果表达式的计算结果是 true，执行语句 1；如果表达式的计算结果为 false，执行语句 2，如图 2-6 所示。

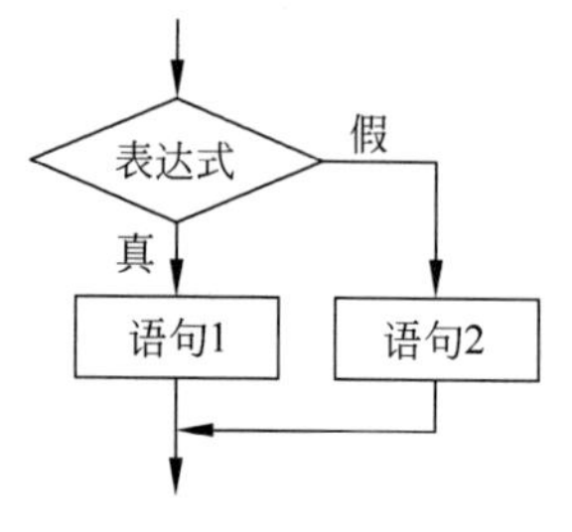


图 2-6　if-else 语句执行流程

例如：

```
if(weather == "阴天")
{
  Console.WriteLine("去教室上自习。");
 }
else
{
  Console.WriteLine("去爬山。");
 }
```

**【例 2.5】** 输出 3 个数中的最大值和最小值。新建控制台程序 Chapter0205，在 Program.cs 中添加如下代码：

```
static void Main(string[] args)
{
int max, min;
Console.Write("请输入第一个数字: ");
int a = int.Parse(Console.ReadLine());
Console.Write("请输入第二个数字: ");
int b = int.Parse(Console.ReadLine());
Console.Write("请输入第三个数字: ");
int c = int.Parse(Console.ReadLine());

if (a > b)
{
  max = a;  min = b;
}
else
{
  max = b;   min = a;
}
if (max < c)
{
   max = c;
}
else  if (min > c)
{
      min = c;
}
 Console.WriteLine("最大的数字是: {0},最小的数字是: {1}", max, min);
 Console.ReadKey();
 }
```

该程序的执行结果如图 2-7 所示。

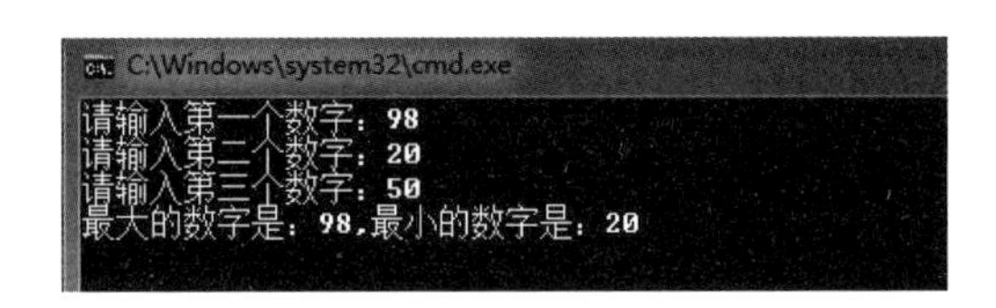


图 2-7　程序 Chapter0205 的执行结果

在上面的程序中,选择的情况仅限于 2 种或 3 种。如果选择的情况多于 3 种时,就需要使用嵌套的分支语句结构,即在 if 或者 else 子句中仍然包含 if-else 语句。在嵌套的 if 语句中,else 总是与距离它最近的 if 语句配对构成一个完整的分支选择语句。随着嵌套层数的增加,程序之间的逻辑关系越来越复杂,代码的行数随之增多。通常采用的方式是缩短 else 字句的代码块,即在 else 后面使用一行代码,而不是代码块,这样就得到了 else if 语句。

**【例 2.6】** 下面的代码演示了 else if 语句的用法。新建控制台程序 Chapter0206,在 Program.cs 中添加如下代码:

```
static void Main(string[ ] args)
 {
   Console.Write("请输入你的年龄: ");
   int number = Convert.ToInt32(Console.ReadLine());
  if (number >= 18)
 {
  if (number >= 18 && number <= 30)        //判断是否在 18 岁和 30 岁之间
  Console.WriteLine("你的年龄为{0},你现在正处于努力奋斗的黄金阶段,继续努力!", number);
 else if (number >= 18 && number <= 50) //判断是否在 18 岁和 50 岁之间
  Console.WriteLine("你的年龄为{0},你现在正处于人生的黄金阶段,珍惜当下!", number);
   else
     Console.WriteLine("你的年龄为{0},最美不过夕阳红!", number);
   }
  else if (number < 6 && number > 0)        //判断是否在 0 岁和 6 岁之间
  {
     Console.WriteLine("你的年龄为{0},呵呵,你还是个小朋友呢!", number);
  }
  else
  {
  Console.WriteLine("你的年龄为{0},不好意思,你还没成年!", number);
  }
}
```

按 Ctrl+F5 组合键运行该程序,就会得到如图 2-8 所示的结果。

图 2-8　程序 Chapter0206 的运行效果

### 2.2.3.2　switch 语句

switch 语句与 if 语句非常类似,也是根据测试的值来有条件地执行代码,但是,switch 语句可以一次将测试变量与多个值进行比较,而不是仅测试一个条件。这种测试仅限于离散的值,而不是像“大于 X”这样的字句,所以它的用法与 if 语句有点不同。switch 语句的基本结构如下:

```
switch  <测试变量>
{
  case <比较值 1>
```

```
        <语句块 1>
        break;
    case <比较值 2>
        <语句块 2>
        break;
    ⋮
    case <比较值 n>
        <语句块 n>
        break;
    default:
        <语句块 n+1>
        break;
}
```

switch 语句的执行流程是：测试变量中的值与每个比较值(在 case 语句中指定)进行比较，如果有一个匹配，就执行该匹配提供的语句。如果没有匹配，但有 default 语句，就执行 default 部分的代码，如图 2-9 所示。每个 case 字句的执行代码后面需要有 break 语句。在执行完一个 case 块后，再执行第二个 case 语句是非法的。这里的 break 语句将中断 switch 语句的执行，而执行该结构后面的语句。

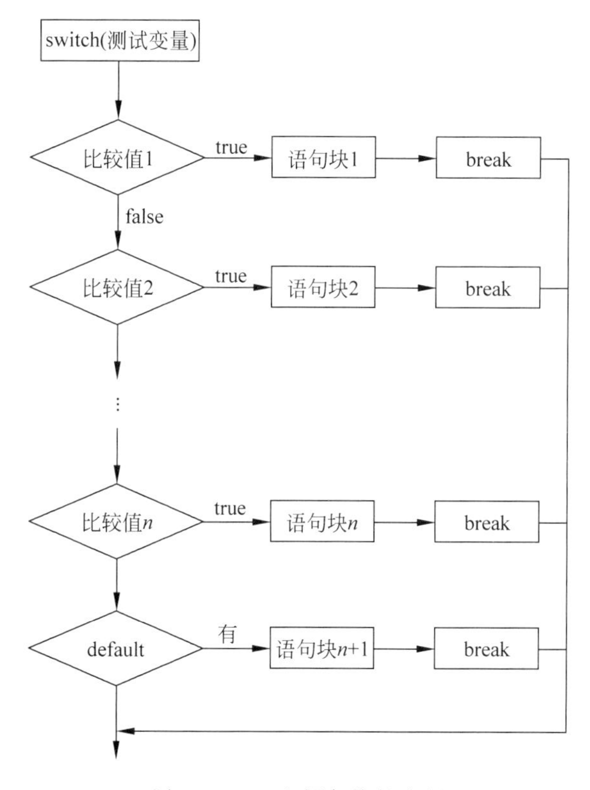


图 2-9　switch 语句执行流程

一个 case 语句处理完后，不能自由地进入下一个 case 语句，但这个规则有一个例外。如果把多个 case 语句放在一起，其后加一个代码块，实际上就是一次检查多个条件。如果满足这些条件中的任何一个，就会执行代码。例如：

```
switch <测试变量>
{
    case   <比较值 1>:
    case   <比较值 2>:
           <语句块>
           break;
  …
}
```

**【例 2.7】** 输入学员的成绩,输出学员的测试等级。如果成绩>=90,则为 A 等;如果 90 >成绩>=80,则为 B 等;如果 80 >成绩>=70,则为 C 等;如果 70 >成绩>=60,则为 D 等;如果成绩< 60,则为 E 等。新建控制台程序 Chapter0207,在 Program.cs 中添加如下代码:

```
static void Main(string[] args)
{
Console.Write("输入学员成绩: ");
int grade = Convert.ToInt32(Console.ReadLine());
switch (grade / 10)
{
  case 10:
  case 9:
    Console.WriteLine("成绩: {0}   等级: A", grade);
     break;
  case 8:
    Console.WriteLine("成绩: {0}   等级: B", grade);
    break;
  case 7:
     Console.WriteLine("成绩: {0}   等级: C", grade);
     break;
  case 6:
      Console.WriteLine("成绩: {0}   等级: D",grade);
      break;
           case 5:
           case 4:
           case 3:
           case 2:
           case 1:
           case 0:
           Console.WriteLine("成绩: {0}   等级: E",grade);
           break;
      default:
           Console.WriteLine("输入成绩错误!");
           break;
      }
   }
```

按 Ctrl+F5 组合键运行该程序,结果如图 2-10 所示。

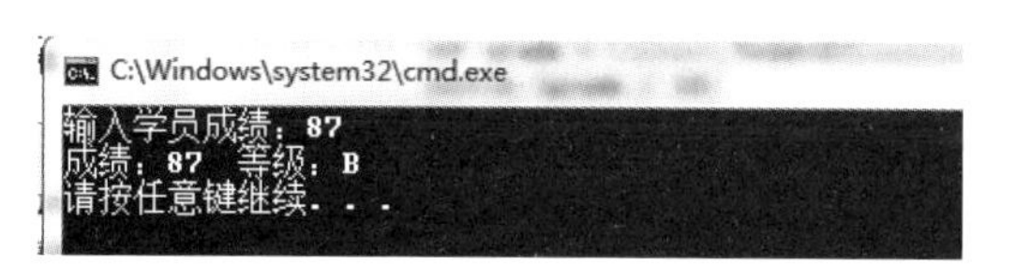


图 2-10 程序 Chapter0207 的运行结果

### 2.2.4 拓展与提高

复习本节内容，掌握 C＃语言中流程控制语句的用法，编写程序解决下列问题：

(1) 输入三个整数 x，y，z，请把这三个数由小到大输出。

(2) 判断一个正整数是否为“水仙花数”，所谓“水仙花数”是指一个三位数，其各位数字立方和等于该数本身。

(3) 输入一个字母字符，如果是大写字母，则输出其小写字母；如果是小写字母，则输出其大写字母。

(4) 企业发放的奖金根据利润提成。利润低于或等于 10 万元时，奖金可提成 10%；利润高于 10 万元，低于 20 万元时，低于 10 万元的部分按 10%提成，高于 10 万元的部分，可提成 7.5%；利润在 20 万元到 40 万元之间时，高于 20 万元的部分，可提成 5%；利润在 40 万元到60 万元之间时高于 40 万元的部分，可提成 3%；利润在 60 万元到 100 万元之间时，高于60 万元的部分，可提成 1.5%，利润在高于 100 万元时，超过 100 万元的部分按 1%提成。从键盘输入当月利润，求应发放奖金总数。

## 2.3 重复迭代——循环结构

### 2.3.1 任务描述：多个学生信息输入

在学生成绩管理系统中，需要输入多个学生的信息，即需要对相同的操作重复多次，这就需要使用循环结构。本情景完成学生成绩管理系统 V0.8 中的多个学生信息的输入，如图 2-11 所示。

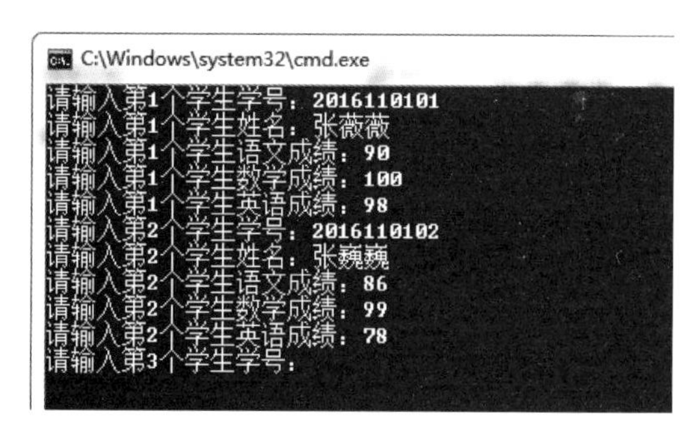


图 2-11 多个学生信息输入

### 2.3.2 任务实现

(1) 启动 Visual Studio 2013，新建控制台项目 Project0203。

(2) 项目初始化以后，在主窗口显示的文件的Main()方法中添加如下代码行：

```
static void Main(string[] args)
{
  const int NUM = 5;                    //学生人数
  string stuID;                         //学生学号
  string name;                          //学生姓名
   string chinese;                      //语文
   string math;                         //数学
   string english;                      //英语
   int i;                               //循环变量
  for (i = 0; i < NUM; i++)             //开始迭代重复
 {
   Console.Write("请输入第{0}个学生学号：",i + 1);
   stuID = Console.ReadLine();
   Console.Write("请输入第{0}个学生姓名：",i + 1);
   name = Console.ReadLine();
   Console.Write("请输入第{0}个学生语文成绩：",i + 1);
   chinese = Console.ReadLine();
   Console.Write("请输入第{0}个学生数学成绩：",i + 1);
   math = Console.ReadLine();
   Console.Write("请输入第{0}个学生英语成绩：",i + 1);
   english = Console.ReadLine();
  }
  Console.ReadKey();
}
```

## 2.3.3 知识链接

循环就是重复执行语句，这对于需要完成任意次的重复操作来说，不需要每次都编写相同的代码。例如，编写程序计算一个银行账户在10年后的余额，如果不采用循环结构的话，需要将代码balance *=interestRate重复写10遍(balance表示余额，interestRate表示每年的利率)。如果把10年改成更长的时间，那就需要将该代码手工复制需要的次数，这是一件多么痛苦的事情！幸运的是，完全不需要这样做，使用循环结构就可以让相同的代码重复需要的次数。C#常用的循环结构包括do-while、while、for和foreach 4种。

### 2.3.3.1 do-while 循环

do-while循环的基本结构如下：

```
do
{
    //循环体
} while(测试条件);
```

其中，测试条件的结果是一个布尔值，while语句后面必须使用分号(;)。

do-while循环的执行流程是：先执行循环体代码，然后测试循环条件。如果测试结果为true，再次执行循环体，并重复这一过程，直到循环条件为false。如果测试结果为false，就退出循环。

例如，输出1～10之间的数字，可使用如下do-while结构。

```
int i = 1;
do
{
   Console.Write("  {0}", i++);
} while( i <= 10);
```

**【例 2.8】** 输入账户的本金和固定利率,编写程序计算该账户的余额需要多长时间才能达到指定的数值。新建控制台程序 Chapter0208,在 Program.cs 中添加如下代码:

```
static void Main(string[] args)
{
double balance, interestRate, targeBalance;
Console.Write("请输入账户本金: ");
balance = Convert.ToDouble (Console.ReadLine());
Console.Write("请输入当前固定利率(%): ");
interestRate = 1 + Convert.ToDouble(Console.ReadLine()) / 100.0;
Console.Write("请输入您的预期余额: ");
targeBalance = Convert.ToDouble(Console.ReadLine());
int totalYears = 0;
do
{
   balance *= interestRate;
   ++totalYears;
 }
while (balance < targeBalance);
 Console.WriteLine("In {0} year{1} you'll have a balance of {2}.",totalYears,totalYears ==
1?"":"s",balance);
Console.ReadKey();
  }
```

程序的运行结果如图 2-12 所示。

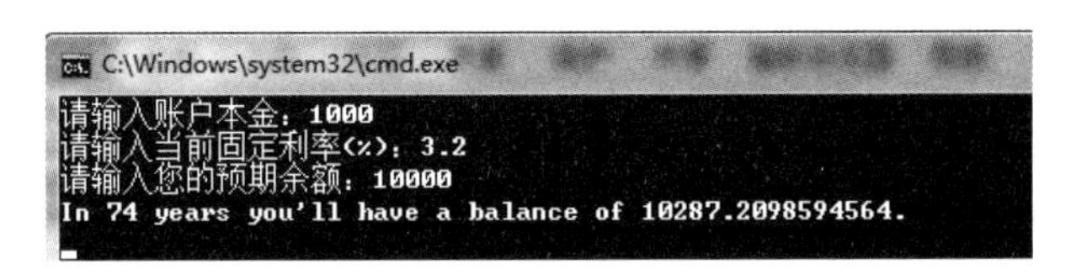


图 2-12 程序 Chapter0208 的运行结果

这段代码并不完美,当目标余额少于当前余额时,程序应该不执行循环代码,可是由于 do-while 循环至少要执行一次循环,循环代码还是要执行,从而出现与实际不符的问题。为了解决这个问题,可以使用 while 循环结构。

#### 2.3.3.2 while 循环

while 循环类似于 do-while 循环,但有一个明显的区别:while 循环中的条件测试是在循环开始时进行,而不是最后。如果测试结果为 false,就不会执行循环,程序会直接跳转到循环之后的代码。While 循环的基本结构如下:

```
while (测试条件)
{
```

```
    //循环体
}
```

while 循环的使用方式几乎与 do-while 循环完全相同。例如：



```
int i = 1;
while(i <= 10)
{
  Console.WriteLine("{0}",i + 1);
}
```

这段代码的执行结果与前面的 do-while 循环相同，也是输出从 1～10 的数字。

下面使用 while 循环修改例 2.8，主要代码如下：

```
static void Main(string[] args)
{
double balance, interestRate, targeBalance;
Console.Write("请输入账户本金: ");
balance = Convert.ToDouble (Console.ReadLine());
Console.Write("请输入当前固定利率( % ): ");
interestRate = 1 + Convert.ToDouble(Console.ReadLine()) / 100.0;
Console.Write("请输入您的预期余额: ");
targeBalance = Convert.ToDouble(Console.ReadLine());
int totalYears = 0;
while(balance < targeBalance)
{
   balance * = interestRate;
   ++totalYears;
 }
Console.WriteLine("In {0} year{1} you'll have a balance of {2}.",totalYears,totalYears ==
1?"":"s",balance);
Console.ReadKey();
}
```

#### 2.3.3.3 for 循环

for 循环要求只有在对特定条件进行判断后才允许执行循环。这种循环用于将某个语句或语句块重复执行预定次数的情形。要定义 for 循环，需要下列信息：

- 初始化计数器变量的一个起始值。
- 继续循环的条件，它涉及计数器变量。
- 在每次循环的最后，对计数器变量执行一个操作。

这些信息必须放在 for 循环的结构中，如下所示：

```
for (初始化表达式; 条件表达式; 迭代表达式)
{
    //循环语句体
}
```

初始化表达式由一个局部变量声明或者由一个逗号分隔的表达式列表组成。用初始化表达式声明的局部变量的作用域从变量的声明开始，一直到嵌入语句的结尾。条件表达式必须是一个布尔表达式。迭代表达式必须包含一个用逗号分隔的表达式列表。

例如,下面一段代码利用 for 循环输出 1～10 之间的数字。

```
for (int i = 1;i <= 10;i++)
{
  Console.WriteLine("{0}",i);
}
```

for 循环执行的过程如下：

(1) 如果有初始化表达式,则按照变量初始值设定项或语句表达式的书写顺序指定它们,此步骤只执行一次。

(2) 如果存在条件表达式,则计算它。

(3) 如果不存在条件表达式,则程序转移到循环体。如果程序到达了循环语句的结束点,按顺序计算 for 迭代表达式,然后从步骤 2 的 for 条件计算开始,执行另一次循环。

**【例 2.9】** 使用 for 语句实现 1!+2!+…+10! 的和。新建控制台程序 Chapter0209,在 Program.cs 中添加如下代码：

```
static void Main(string[] args)
{
    int i, j, p, sum = 0;                              //变量定义
    //使用 for 循环计算 1 到 10 以内的数字的阶乘
    for (i = 1; i <= 10; i++)
    {
       p = 1;
       for(j = 1;j <= i;j++)
       {
          p = p * j;
       }
        sum = sum + p;
      }
   Console.WriteLine("1! + 2! + ... + 10!= {0}", sum);       //输出结果
   Console.ReadKey();
 }
```

程序的运行结果如图 2-13 所示。

图 2-13　程序 Chapter0209 的运行结果

**【说明】** 在循环结构的循环体中,还可以包含循环语句,从而构成循环的嵌套。这种循环中再嵌套循环的现象称为多重循环。由于循环嵌套会消耗很大的资源,因此在实际的软件开发中,尽量避免使用循环的嵌套。

#### 2.3.3.4　foreach 循环

foreach 循环用于枚举一个集合的元素,并对该集合中的每个元素执行一次相关的语

句。但是,foreach 语句不应用于修改集合内容,以避免产生不可预知的错误。foreach 语句的基本格式为:

```
foreach (类型 迭代变量 in 集合类型表达式)
{
   //语句块
}
```

其中,类型和迭代变量名用于声明迭代变量,而且迭代变量类型一定要与集合类型相同。例如,如果遍历一个字符串数组中的每一个值,那么该变量类型就应该是 string 类型。

**【例 2.10】** 利用 foreach 循环实现统计字符串中字母、数字和标点符号的个数。新建控制台程序 Chapter0210,在 Program.cs 中添加如下代码:

```
static void Main(string[] args)
{
    int Letters = 0;                                    //存放字母的个数
    int Digits = 0;                                     //存放数字的个数
    int Punctuations = 0;                               //存放标点符号的个数
    Console.Write("请输入一个字符串: ");
    string  inString = Console.ReadLine();
    //声明 foreach 循环以遍历输入的字符串中的每个字符。
    foreach(char ch in inString)
     {
        if(char.IsLetter(ch))                           //检查字母
            Letters++;
        if(char.IsDigit(ch))                            //检查数字
            Digits++;
        if(char.IsPunctuation(ch))                      //检查标点符号
          Punctuations++;
    }
    Console.WriteLine("字母个数为: {0}", Letters);
    Console.WriteLine("数字个数为: {0}", Digits);
    Console.WriteLine("标点符号个数为: {0}", Punctuations);
}
```

程序的运行结果如图 2-14 所示。

图 2-14　程序 Chapter0210 的运行结果

### 2.3.3.5　循环的中断

为了对循环语句进行精确控制以实现一些特殊的应用,C# 提供了 4 个命令: break、continue、goto 和 return。其中,break 用于立即终止循环,继续执行循环后面的第一行代码; continue 用于终止当前的循环,继续执行下一次循环; goto 可以跳出循环到已标记好的位置上(通常不建议使用)；return 跳出循环及包含该循环的函数。下面通过一个例子详细说明 break 和 continue 命令的用法。

**【例 2.11】** 输入若干个非负整数，输出奇数的平均数，当输入到－1 时，程序结束。新建控制台程序 Chapter0211，在 Program.cs 文件中添加如下代码：

```
static void Main(string[] args)
{
  int count = 0;                              //统计奇数的个数
  float sum = 0;                              //奇数的和
      int number;
      bool flag = true;                       //循环结束标志
      while(flag == true)                     //无限循环
      {
         Console.Write("请输入整数: ");
          number = Convert.ToInt32(Console.ReadLine());
          if (number == - 1)
          {
             break;                           //输入 - 1,结束循环
           }
           else if (number % 2 == 0)
          {
             continue;                        //如果是偶数,开始下一次循环
           }
           count++;                           //计算器增加
           sum += number;                     //计算奇数和
        }
        Console.WriteLine("您一共输入了{0}个奇数,它们的平均值为{1:F2}.", count, sum /
count);
        Console.ReadKey();
}
```

程序的运行结果如图 2-15 所示。

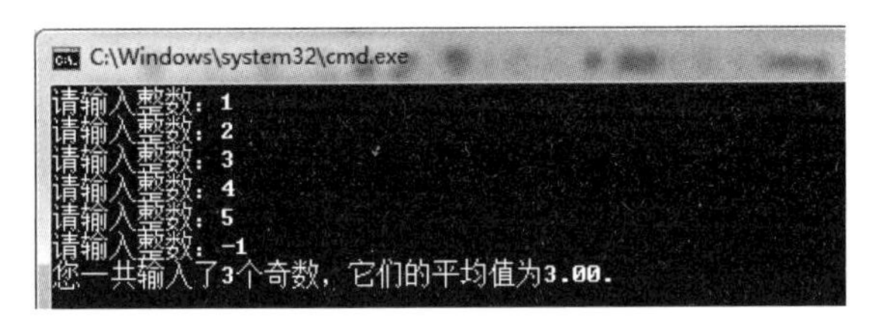


图 2-15　程序 Chapter0211 的运行结果

## 2.3.4 拓展与提高

复习本节内容，编写程序实现下列任务：

(1) 统计从键盘输入的一行字符中大写字母、小写字母和数字字符的个数。

(2) 从键盘上输入若干学生的成绩，当输入负数时结束输入，统计并输出最高成绩、最低成绩以及平均成绩。

(3) 打印出所有的“水仙花数”，所谓“水仙花数”是指一个三位数，其各位数字立方和等

于该数本身。例如,153 是一个“水仙花数”,因为 $153=1^3+5^3+3^3$。

(4) 判断 101～200 之间有多少个素数,并输出所有素数。提示:素数是只能被 1 和它自身整除的数。

(5) 输入两个正整数 m 和 n,求其最大公约数和最小公倍数。

(6) 编程求 s=a+aa+aaa+aaaa+aa…a 的值,其中 a 是一个数字。例如 2+22+222+2222+22222(此时共有 5 个数相加),几个数相加由键盘控制。

(7) 一球从 100 米高度自由落下,每次落地后反跳回原高度的一半;再落下。求它在第 10 次落地时,共经过多少米?第 10 次反弹多高?

(8) 猴子吃桃问题:猴子第一天摘下若干个桃子,当即吃了一半,还不过瘾,又多吃了一个,第二天早上又将剩下的桃子吃掉一半,又多吃了一个。以后每天早上都吃了前一天剩下的一半零一个。到第 10 天早上想再吃时,见只剩下一个桃子了。求第一天共摘了多少个桃子。

# 2.4 程序调试与异常处理

## 2.4.1 任务描述:用户登录模块的调试

在软件开发过程中,程序调试是检查代码并验证其正常运行的有效方法。本任务通过学生成绩管理系统 V0.8 中用户登录模块的调试过程来说明如何使用 Visual Studio 2013 调试应用程序,如图 2-16 所示。

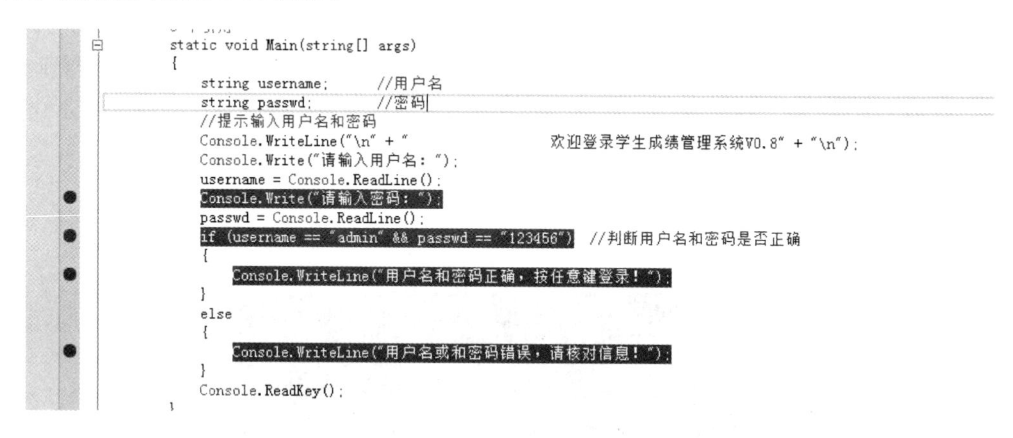


图 2-16　调试用户登录模块

## 2.4.2 任务实现

(1) 启动 Visual Studio 2013,打开控制台项目 Project0202,右击所需代码行,以设置断点,如图 2-17 所示。

(2) 选择“调试”|“启动调试”命令,如图 2-18 所示。程序执行到第一断点处暂停,然后按 F5 键继续执行到下一个断点处。

(3) 重复这一过程,直到找出所有的错误并修正。

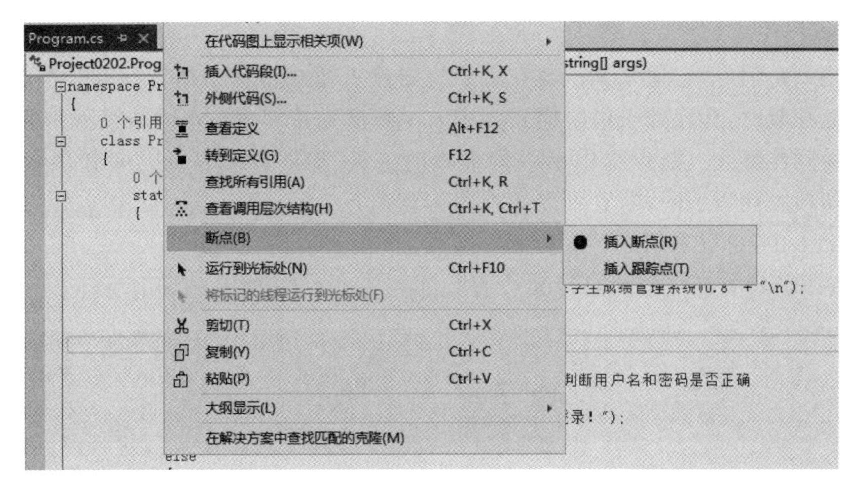


图 2-17　设置断点

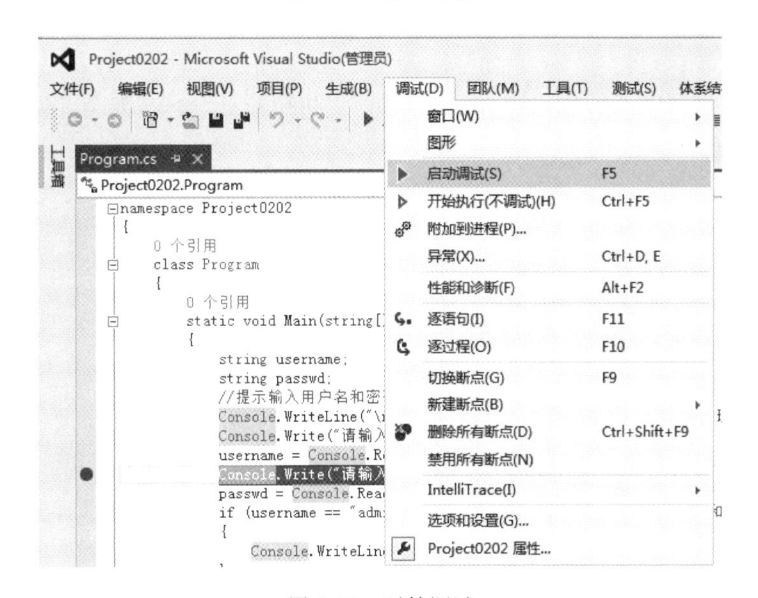


图 2-18　开始调试

## 2.4.3　知识链接

### 2.4.3.1　程序调试及操作

在软件开发周期中，测试和修正缺陷的时间远多于写代码的时间。通常，调试是指发现缺陷并改正的过程。修正缺陷紧随调试之后，或者说二者是相关的。如果代码中存在缺陷，首先要查找造成缺陷的根本原因，这个过程称为调试(Debugging)。找到根本原因后，就可以修正缺陷。

在软件开发过程中，程序调试是检查代码并验证它能正常运行的有效方法。程序调试就像组装完一辆汽车后对其进行测试，检查一下汽车各个部件能否正常工作。如果发生异常，要对其进行修正。那么如何调试代码呢？Visual Studio 提供了很多用于调试的工具，极大地提高了程序调试的效率。

**1. 断点操作**

断点是一个信号,它通知调试器在某个特定点上暂时将程序执行挂起。当程序执行在某个断点处挂起时,程序处于中断模式。进入中断模式并不会终止或结束程序的执行,执行可以在任何时候继续。断点提供了一种强大的工具,能够在需要的时间和位置挂起执行。与逐条语句检查代码不同,断点可以让程序一直执行,直到遇到下一个断点,然后暂停。在 Visual Studio 中,可以采用以下方法插入断点:

(1) 在需要设置断点的代码行旁边的灰色空白处单击,如图 2-19 所示。

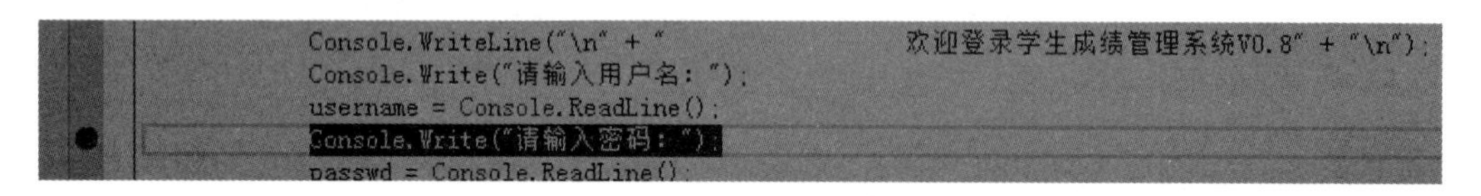


图 2-19　在代码行灰色处单击设置断点

(2) 选择某行代码,右击,在弹出的快捷菜单中选择“断点”|“插入断点”命令,如图 2-20 所示。

(3) 选中要设置断点的代码行,选择“调试”|“切换断点”命令,如图 2-21 所示。

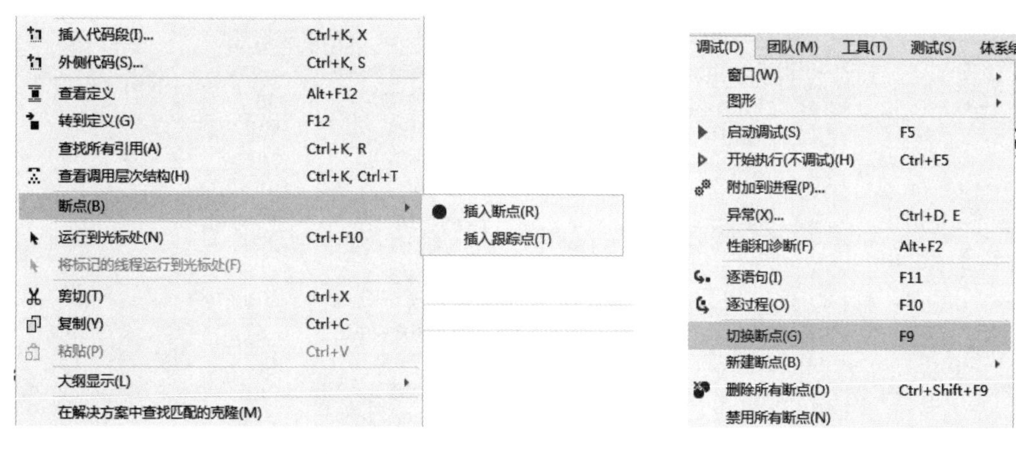


图 2-20　右键插入断点　　　　图 2-21　菜单插入断点

如果要删除设置的断点,可以单击设置了断点的代码行左侧的红色圆点或者在设置了断点的代码行上右击,在弹出的快捷菜单中选择“断点”|“删除断点”命令。

**2. 使用断点进行调试**

如果已经在想要暂停执行的地方设置了断点,按 F5 键启动调试。当程序执行到断点处时,自动暂停执行。此时你有多种方式来检查代码。命中断点(Hit the Breakpoint)后,加断点的行变为黄色,意指下一步将执行此行。在中断模式下,有多条可使用的命令,可使用相应命令进行进一步的调试。

1) 逐过程

调试器执行到断点后,可能需要一条一条地执行代码。逐过程命令用于一条一条地执行代码,快捷键为 F10。这将执行当前高亮的行,然后暂停。如果在一条方法调用语句高亮时按 F10,执行会停在调用语句的下一条语句上,如图 2-22 所示。

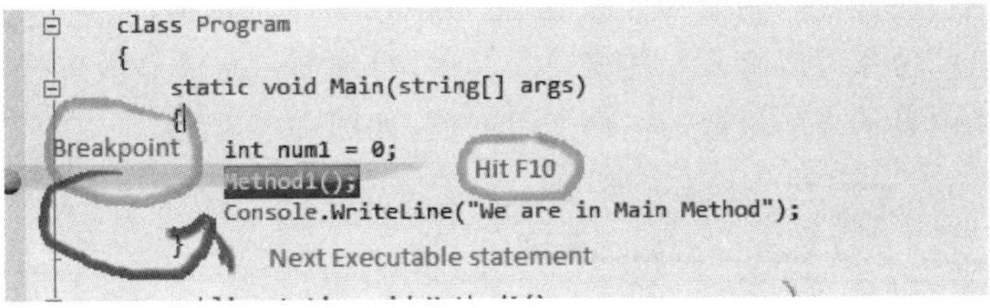

图 2-22　逐过程(Step Over-F10)

2) 逐语句

它与逐过程有点相似,其快捷键为 F11。唯一的不同是,如果当前高亮语句是方法调用,调试器会进入方法内部,如图 2-23 所示。

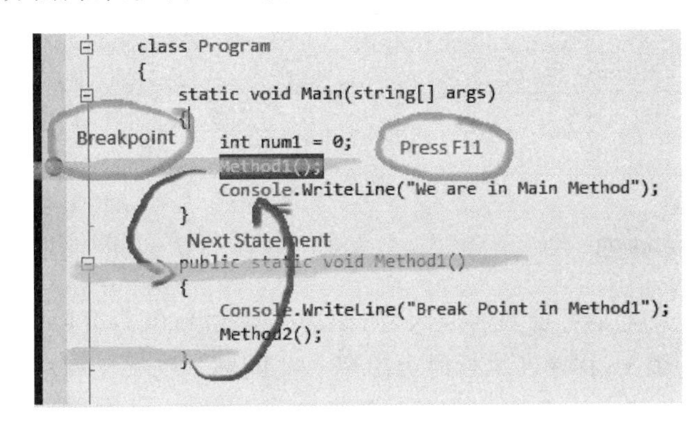


图 2-23　逐语句(Step Into-F11)

3) 跳出

当在一个方法内部调试时会用到它。如果在当前方法内按 Shift+F11 组合键,调试器会完成此方法的执行,之后在调用此方法的语句的下一条语句处暂停。

4) 继续

它像是重新执行程序。它会继续程序的执行直到遇到下一个断点,它的快捷键是 F5。

**3. 查看变量的值**

数据便签是应用程序调试期间用于查看对象和变量的一种高级便签消息。当调试器执行到断点时,将鼠标移到对象或者变量上方时,会看到它们的当前值,如图 2-24 所示。甚至可以看到一些复杂对象(如 dataset,datatable 等)的细节。数据便签左上角有一个+号用于展开它的子对象或者值。

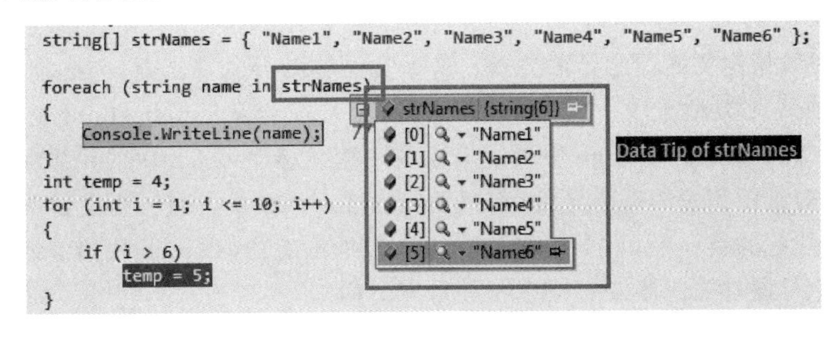


图 2-24　调试时的数据便签

当设置好断点,进行代码调试的时候,菜单栏中"调试"菜单的内容会发生相应的变化,选择"调试"|"窗口"命令可以打开一些窗口。其中,自动窗口自动显示当前范围内的可见变量的值,局部窗口中显示当前函数的局部变量的值,如图 2-25 所示。

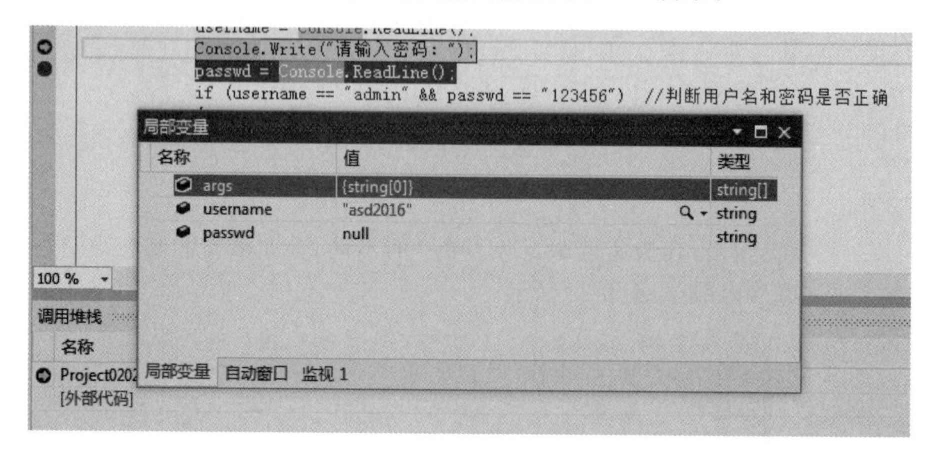


图 2-25　局部变量窗口

### 2.4.3.2　异常处理

由于种种可控制或者不可控制的原因,例如遇到除数为 0、打开一个不存在的文件、网络断开等不可预料的情况,程序在执行时会出现一些问题。这些在程序执行期间出现的问题称为异常。异常是对程序运行时出现的特殊情况的一种响应,提供了一种把程序控制权从某个部分转移到另一个部分的方式。C#语言的异常处理使用 try、catch 和 finally 关键字来尝试某些操作,以处理失败情况。其基本语法如下:

```
try
{
   //可能出现异常的代码块
}
catch( ExceptionName e )
{
   //捕获异常并进行处理
}
finally
{
   //负责最终清理操作
}
```

catch 块可以指定要捕捉的异常类型。这个类型称为异常筛选器,它必须是 Exception 类型,或者必须从此类型派生。应用程序定义的异常应当从 ApplicationException 派生。具有不同异常筛选器的多个 catch 块可以串联在一起。多个 catch 块的计算顺序是从顶部到底部,但是,对于所引发的每个异常,都只执行一个 catch 块。与所引发异常的准确类型或其基类最为匹配的第一个 catch 块将被执行。如果没有任何 catch 块指定匹配的异常筛选器,那么将执行没有筛选器的 catch 块(如果有的话)。

finally 块允许清理在 try 块中执行的操作。如果存在 finally 块,它将在执行完 try 和

catch 块之后执行。finally 块始终会执行，而与是否引发异常或者是否找到与异常类型匹配的 catch 块无关。可以使用 finally 块释放资源（如文件流、数据库连接和图形句柄），而不用等待由运行库中的垃圾回收器来完成对象。

**【例 2.12】** 使用一个方法检测是否有被零除的情况。如果有，则捕获该错误。如果没有异常处理，此程序将终止并产生"DivideByZeroException 未处理"错误。新建控制台程序 Chapter0212，代码初始化后，在 Program.cs 中添加如下代码：

```
static void Main(string[] args)
 {                                                    //定义两个数
 double a = 98, b = 0;
 double result = 0;
 try
 {
    result = SafeDivision(a, b);
   Console.WriteLine("{0} divided by {1} = {2}", a, b, result);
   }
  catch (DivideByZeroException e)
  {
   Console.WriteLine("除数为零!");
  }
   Console.ReadKey();
}
static double SafeDivision(double x, double y)
{
  if (y == 0)
       throw new System.DivideByZeroException();
  return x / y;
}
```

程序的运行结果如图 2-26 所示。

图 2-26　程序 Chapter0212 的运行效果

### 2.4.4　拓展与提高

(1) 借助网络或其他资源，深入学习利用 Visual Studio 进行程序调试的技巧，提高发现程序中缺陷和错误的能力。

(2) 借助网络或其他资源，深入学习利用 C# 异常处理机制，掌握异常处理语句的常用格式和处理流程，学会自己定义异常处理类。

## 2.5　知识点提炼

(1) C# 中的变量必须先声明，后使用。C# 使用 const 关键字声明常量，声明常量时必须初始化。C# 的标识符是大小写敏感的。

(2) C#中数据类型分为值类型和引用类型两种。值类型表示实际数据,只是将值存放在内存中;引用类型表示指向数据的指针或引用。

(3) 数据类型可以相互转换。其中,装箱是将值类型转换为引用类型,拆箱是将引用类型转换为值类型。

(4) C#中常见的选择语句有 if 和 switch。if 语句是最常用的条件选择语句,它的常用形式有 if、if-else 等。switch 语句是多路选择语句,它是根据某个值来使程序从多个分支中选择一个用于执行。

(5) 常用的循环结构的类型分为 do-while 循环、while 循环、for 循环和 foreach 循环。在重复次数不确定的情况下,通常使用 while 和 do-while 循环。foreach 循环用于列举一个集合的元素,并对该集合中的每个元素执行一次相关的操作。

(6) 程序调试和异常处理机制可以帮助程序开发出稳健的程序。C#使用 try、catch 和 finally 关键字来进行异常处理。

# 第3章 数组、字符串和集合

C#程序设计中,数组和字符串是最常用的数据类型。数组能够按照一定的规律把相关的数据组织起来,利用字符串可以处理大量与文本相关的问题,集合可以存储多个数据。本章将对数组、字符串和集合的相关知识进行详细介绍。通过本章的学习,读者可以:

- 了解数组的基本概念。
- 掌握一维数组和二维数组的使用。
- 了解字符串的概念,熟悉字符串的声明和使用。
- 掌握常用字符串的操作方法。
- 掌握可变字符串类 StringBuilder 的定义和用法。
- 掌握常用集合类的功能和用法。

## 3.1 数 组

### 3.1.1 任务描述:学生信息输入和输出

学生成绩管理系统需要输入学生的信息并保存,然后按照一定的格式进行输出。本情景完成学生成绩管理系统 V0.8 学生信息的输入和输出,如图 3-1 所示。

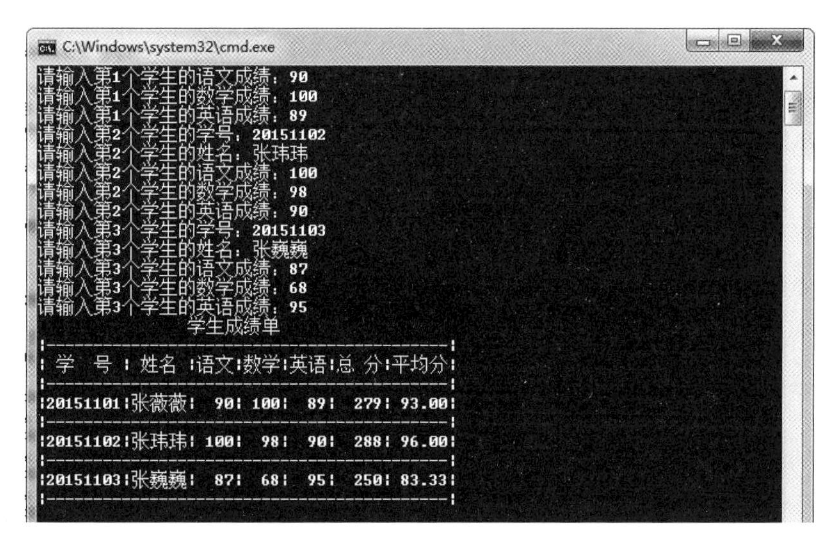


图 3-1 学生信息输入和输出

### 3.1.2 任务实现

(1) 启动 Visual Studio 2013,新建控制台项目 Project0301。

(2) 项目初始化以后,在主窗口显示的文件的 Main()方法中添加如下代码行:

```
static void Main(string[] args)
{
  const int NUM = 3;                                 //学生人数
  string[,] student = new string[NUM, 7];            //二维数组声明
  InputStudent(student,NUM);                         //调用学生信息输入方法
  OutputStudent(student,NUM);                        //调用学生信息输出方法
 }
 //学生信息输入方法
 static void InputStudent(string[,] student, int num)
 {
  for (int i = 0; i < num; i++)                      //重复输入学生信息
  {
  Console.Write("请输入第{0}个学生的学号: ", i + 1);
  student[i, 0] = Console.ReadLine();
  Console.Write("请输入第{0}个学生的姓名: ", i + 1);
  student[i, 1] = Console.ReadLine();
  Console.Write("请输入第{0}个学生的语文成绩: ", i + 1);
  student[i, 2] = Console.ReadLine();
  Console.Write("请输入第{0}个学生的数学成绩: ", i + 1);
 student[i, 3] = Console.ReadLine();
  Console.Write("请输入第{0}个学生的英语成绩: ", i + 1);
  student[i, 4] = Console.ReadLine();
   //计算总分
  int temp = Convert.ToInt32(student[i, 2]) + Convert.ToInt32(student[i, 3]) + Convert
.ToInt32(student[i, 4]);
  student[i, 5] = Convert.ToString(temp);
  student[i, 6] = string.Format("{0:F2}", temp / 3.0);
  }
 }
 //学生信息输出
 static void OutputStudent(string[,] student, int num)
 {
  //输出学生成绩
  Console.WriteLine("                                    学生成绩单");
  Console.WriteLine("|----------------------------------------|");
  Console.WriteLine("| 学   号 | 姓 名 |语文|数学|英语|总 分|平均分|");
  Console.WriteLine("|----------------------------------------|");
  for (int i = 0; i < num; i++)
  {
     Console.WriteLine("|{0,8}|{1,3}|{2,4}|{3,4}|{4,4}|{5,5}|{6,6:f2}|", student[i, 0],
student[i, 1],
                       student[i, 2], student[i, 3], student[i, 4], student[i, 5], student[i, 6]);
      Console.WriteLine("|----------------------------------------|");
   }
 }
```

## 3.1.3 知识链接

数组是一组具有相同类型和名称的变量的集合。这些变量称为数组的元素。通常情况下，数组的元素类型必须相同。数组中的每个元素都有一个编号，这个编号称为下标，可以通过下标来区别数组元素。数组的下标从 0 开始。数组元素的个数称为数组的长度。数组可以分为一维数组、多维数组和交错数组等。

### 3.1.3.1 一维数组

一维数组是只含有一个下标的数组，在 C#语言中，采用下列方式来声明一个一维数组：

```
<baseType>[] <arrayName>
```

其中，<baseType>是数组存储元素的数据类型，可以是任何类型。<arrayName>是数组的名称。数组必须在访问之前初始化。数组的初始化有两种方式。可以给定数组元素值的形式来指定数组的完整内容，也可以指定数组的大小，再使用关键字 new 初始化所有数组元素。

使用给定元素值的指定数组，只需要提供一个用逗号分隔的元素值列表，该列表必须放在花括号{}中，例如：

```
int[] myIntArray = {5,9, 10, 2, 99};
```

其中，数组 myIntArray 有 5 个元素，每个元素被赋予了一个整数值。

另一种数组初始化方式的语法如下：

```
int[] myIntArray = new int[5];
```

这里使用关键字 new 显示初始化数组，用一个常量值定义其大小。这种方法会给所有数组元素赋予同一个默认值，对于数值类型来说，其默认值是 0。

还可以将这两种初始化方式组合在一起使用。例如：

```
int[] myIntArray = new int[5] {5,9, 10, 2, 99};
```

使用这种方式，数组大小必须与元素个数相匹配。例如，不能编写如下代码：

```
int [] myInyArray = new int[10] {5,9,10,2,99};
```

其中，数组有 10 个元素，但只定义了 5 个元素，所以会编译失败。也可以使用常量来定义数组的大小。例如：

```
const int arraySize = 5;
int [] myIntArray = new int[arraySize] {5,9, 10, 2, 99};
```

与其他变量一样，并非必须在声明数组的代码行中初始化数组，下列代码也是合法的：

```
int [] myInyArray;
myIntArray = new int[5];
```

**【例 3.1】** 使用随机数生成一个含有 10 个元素的整数数组，接收插入数据的位置和数据，将数据插入到指定位置，然后输出数组。新建控制台程序 Chapter0301，在 Program. cs

文件中添加如下代码：

```
static void Main(string[ ] args)
{
  int[ ] myIntArray = new int[11];                      //声明数组
  Random  ram = new Random ();                          //随机数对象
  for (int i = 0; i < 10; i++)                          //利用循环完成数组初始化
  {
    myIntArray[i] = ram.Next(100, 999);                 //随机生成(100,99)之间的整数
  }
  Console.WriteLine("插入前的数组：");
  foreach (int m in myIntArray )                        //遍历数组
  {
     Console.Write("{0,4}",m);                          //输出数组元素的值
   }
  Console.Write("\n 输入插入位置(0 - 9)：");
  int pos = Convert.ToInt32(Console.ReadLine());
  Console.Write(" 输入插入数据：");
  int number = Convert.ToInt32(Console.ReadLine());
  for(int k = myIntArray.Length - 1;k > pos;k -- )      //数组元素移位
  {
     myIntArray[k] = myIntArray[k - 1];
  }
  myIntArray[pos] = number;
  Console.WriteLine("插入后的数组：");
  foreach (int m in myIntArray)                         //遍历数组
  {
     Console.Write("{0,4}", m);                         //输出数组元素的值
   }
 Console.ReadKey();
}
```

程序的运行结果如图 3-2 所示。

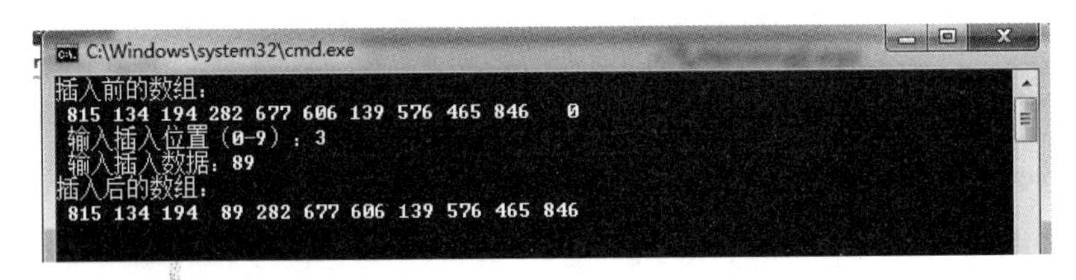


图 3-2　程序 Chapter0301 的运行结果

【说明】 .NET Framework 中提供了一个专门产生随机数的类 System.Random。在 C# 中利用 Random 类产生随机数的步骤如下：

(1) 创建 Random 对象：Random ran=new Random()；

(2) 使用 Random 类的 Next 方法生成指定范围的随机数。具体用法如下：

- Random.Next()：返回非负随机数。
- Random.Next(Int)：返回一个小于所指定最大值的非负随机数。
- Random.Next(Int,Int)：返回一个指定范围内的随机数，例如(-100,0)返回负数。

### 3.1.3.2　多维数组

多维数组是使用多个下标访问其元素的数组。例如，要确定一座山相对于某位置的高度，可以使用两个坐标 x 和 y 来确定位置。把这两个坐标用作下标，就可以定义二维数组来存储大山的高度。在 C# 中，可以采用下列方式来声明一个二维数组：

```
<baseType>[,]  <arrayName>;
```

类似的，声明多维数组只需要使用多个逗号(,)。例如：

```
<baseType>[,,,]  <arrayName>;
```

该语句声明了一个 4 维数组。多维数组的初始化和一维数组类似，可以使用关键字 new 来动态初始化数组或者通过给定值的形式来指定数组中的全部内容。例如：

```
double[,] hillHeight  =  new double[3,4]{1,2,3,4},{2,3,4,5},{3,4,5,6}};
double[,] hillHeight  =  {1,2,3,4},{2,3,4,5},{3,4,5,6}};
```

图 3-3 给出了上面声明的数组 hillHeight 的存储结构。

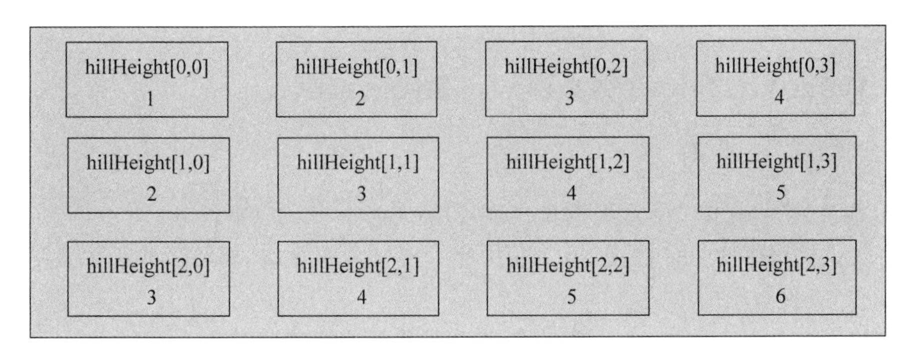


图 3-3　二维数组的存储结构

要访问多维数组中的元素，只需要指定它们的下标，并用逗号(,)分开，例如，表达式 hillHeight[2,1]将访问上面定义的数组 hillHeight 的第 3 行中的第 2 个元素(它的值是 4)。

### 3.1.3.3　交错数组

前面介绍的多维数组每一行的元素都相同，因此可称为矩形数组。如果多维数组中每一行的元素个数不同，这样就构成了交错数组。交错数组被称为数组中的数组，因为它的每个元素都是另一数组。图 3-4 比较了有 3×3 个元素的二维数组和交错数组。图中的交错数组有 3 行，第一行有 2 个元素，第二行有 6 个元素，第三行有 3 个元素。

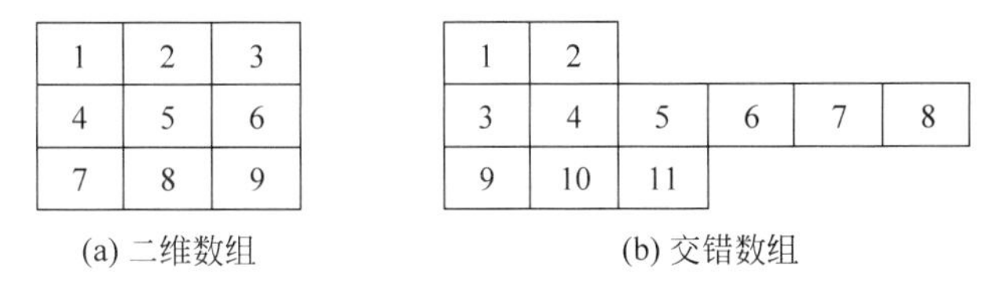


图 3-4　交错数组示例

在声明交错数组时,要依次放置开闭括号。在初始化交错数组时,先设置该数组包含的行数。定义各行中元素个数的第二个括号设置为空,因为这类数组的每一行包含不同的元素数。然后,为每一行指定行中的元素个数。例如:

```
int[][] jagged = new int[3][];
jagged[0] = new int[2] {1, 2};
jagged[1] = new int[6] {3, 4, 5, 6, 7, 8};
jagged[2] = new int[3] {9, 10, 11};
```

迭代交错数组中所有元素的代码可以放在嵌套的 for 循环中。在外层的 for 循环中,迭代每一行,内层的 for 循环迭代一行中的每个元素。例如:

```
for ( int row = 0; row < jagged.Length; row++ )
 {
 for ( int element = 0; element < jagged[row].Length; element++ )
 {
    Console.WriteLine( "row: {0}, element: [1], value: {2}", row, element, < jagged[row].
[element]);
 }
}
```

在交错数组中,数组中的数组都必须具有相同的数据类型。

### 3.1.4 拓展与提高

复习本节内容,掌握 C# 数组的定义与使用,思考并完成以下任务:

(1) 数组常用的操作有查找、插入和排序。定义一个数组,在该数组上实现查询、插入和排序操作,掌握数组的用法。

(2) 输入一个 $m*n$ 和 $n*p$ 的矩阵,编程计算两个矩阵的乘积。

(3) 输入一个 $m$ 行和 $n$ 列的矩阵,编写程序计算每一行和每一列的和,并存储在该矩阵的最后一行和最右边一列。

(4) 输入若干个学生的学号、姓名和三门课程的成绩,计算学生的总分,并按照总分由高到低的顺序输出学生信息表。

## 3.2 字符串处理

### 3.2.1 任务描述:学生信息输入和输出

学生成绩管理系统需要输入学生的信息并保存,然后按照一定的格式进行输出。本情景进一步完善学生信息的输入和输出,将学生信息作为一个整体进行输入和处理,如图 3-5 所示。

### 3.2.2 任务实现

(1) 启动 Visual Studio 2013,新建控制台项目 Project0302。

(2) 项目初始化以后,在主窗口显示的文件的 Main()方法中添加如下代码行:

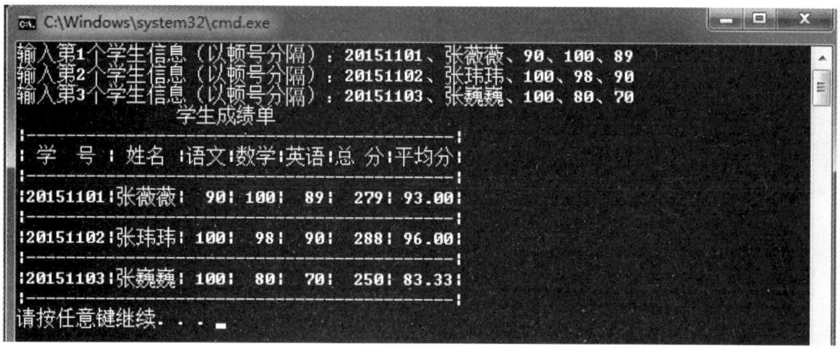

```
C:\Windows\system32\cmd.exe
输入第1个学生信息（以顿号分隔）：20151101、张薇薇、90、100、89
输入第2个学生信息（以顿号分隔）：20151102、张玮玮、100、98、90
输入第3个学生信息（以顿号分隔）：20151103、张巍巍、100、80、70
            学生成绩单
|-----------------------------------|
| 学  号 | 姓名 |语文|数学|英语|总 分|平均分|
|-----------------------------------|
|20151101|张薇薇|  90| 100|  89|  279| 93.00|
|-----------------------------------|
|20151102|张玮玮| 100|  98|  90|  288| 96.00|
|-----------------------------------|
|20151103|张巍巍| 100|  80|  70|  250| 83.33|
|-----------------------------------|
请按任意键继续. . .
```

图 3-5　学生信息输入和输出

```
static void Main(string[] args)
{
  const int NUM = 3;                                  //学生人数
  string[,] student = new string[NUM, 7];             //二维数组声明
  InputStudent(student, NUM);                         //调用学生信息输入方法
  OutputStudent(student, NUM);                        //调用学生信息输出方法
}
//学生信息输入方法
static void InputStudent(string[,] student, int num)
{
  int temp;
  string strStudent = string.Empty;
  string[] strInfo;
  for (int i = 0; i < num; i++)                       //输入学生信息
  {
   Console.Write("输入第{0}个学生信息(以顿号分割)：", i + 1);
   strStudent = Console.ReadLine();
   strInfo = strStudent.Split('、');                  //分隔字符串
   for (int j = 0; j < strInfo.Length; j++)
   {
          student[i, j] = strInfo[j];
    }
  //计算总分
  temp = Convert.ToInt32(student[i, 2]) + Convert.ToInt32(student[i, 3]) + Convert.
ToInt32(student[i, 4]);
  student[i, 5] = Convert.ToString(temp);
  student[i, 6] = string.Format("{0:F2}", temp/3.0);
  }
 }
//学生信息输出
static void OutputStudent(string[,] student, int num)
{
  //输出学生成绩
  Console.WriteLine("                              学生成绩单");
  Console.WriteLine("|-----------------------------------|");
  Console.WriteLine("| 学  号 | 姓 名 |语文|数学|英语|总 分|平均分|");
  Console.WriteLine("|-----------------------------------|");
  for (int i = 0; i < num; i++)
```

```
    {
        Console.WriteLine("|{0,8}|{1,3}|{2,4}|{3,4}|{4,4}|{5,5}|{6,6:f2}|", student[i, 0],
student[i, 1],
                    student[i, 2], student[i, 3], student[i, 4], student[i, 5], student[i, 6]);
        Console.WriteLine("|--------------------------------------------------|");
    }
}
```

## 3.2.3 知识链接

### 3.2.3.1 字符串概述

字符串是 C# 最重要的数据类型之一，是 .NET Framework 中 String 类的对象。String 对象是 System.Char 对象的有序集合，它的值是该有序集合的内容，而且该值是不能改变的。System.Char 类只定义了一个 Unicode 字符。Unicode 字符是目前计算机中通用的字符编码，它为不同语言中的每个字符设定了统一的二进制编码，用于满足跨平台、跨语言的文本转换和处理要求。

由于字符串是由零个或多个字符组成，可以根据字符在字符串的索引值来获取字符串中的某个字符。字符在字符串中的索引从 0 开始。例如，字符串 Hello C#！中第一个字符是 H，它在字符串中的索引值为 0。字符串中可以包含转义字符对其中的内容进行转义，也可以在前面加@符号使其中的所有内容不再进行转义。例如：

```
string path = "C:\\xcu\\xcu.java";                    //使用转义字符
string path = @"C:\xcu\xcu.java";                     //前面加上@
```

在 C# 中，string 关键字是 String 的别名。因此，String 与 string 等效，可以根据自己的喜好选择命名约定。可以通过各种方式来声明和初始化字符串，例如：

```
string message1;                                      //没有初始化
string message2 = null;                               //将字符串初始化为 null
string message3 = System.String.Empty;                //将字符串初始化为空字符""
string oldPath = "c:\\Program Files\\Microsoft Visual Studio 13.0";//用转义字符初始化字符串
string newPath = @"c:\Program Files\Microsoft Visual Studio 9.0"; //用@来实现转义字符
System.String greeting = "Hello World!";                    //使用系统 String 类
//使用字符数组初始化字符串
char[] letters = { 'A', 'B', 'C' };
string alphabet = new string(letters);
```

**注意：**除了在使用字符数组初始化字符串时以外，不要使用 new 关键字创建字符串对象。

使用 Empty 常量值初始化字符串可新建字符串长度为零的 String 对象。零长度字符串的字符串表示形式为""。使用 Empty 值（而不是 null）初始化字符串可以降低发生 NullReferenceException 的可能性。请在尝试访问字符串之前使用静态 IsNullOrEmpty (String)方法验证字符串的值。

C# 字符串末尾没有以 null 结尾的字符，因此 C# 字符串可以包含任意数目的嵌入式 null 字符(\0)。字符串的 Length 属性代表它包含的 Char 对象的数量，而不是 Unicode 字符的数量。

C# 中提供了比较全面的字符串处理方法，字符串类 String 封装了大量的字符串操作方法，利用这些方法，开发者可以完成完成绝大部分的字符串操作功能。

### 3.2.3.2 字符串操作

**1. 字符串比较**

比较字符串时，产生的结果会是一个字符串大于或小于另一个字符串，或者两个字符串相等。根据执行的是序号比较还是区分区域性比较，确定结果时所依据的规则会有所不同。对特定的任务使用正确类型的比较十分重要。在 String 类中，常见的比较字符串的方法有 Compare()、CompareTo()、CompareOrdinal()以及 Equals()等。

1) Compare()方法

Compare()方法是 String 类的静态方法，用于全面比较两个字符串对象。它有多个重载形式，其中最常用的两种方法如下：

```
Int Compare(string strA, string strB)
Int Compare(string strA, string strB, bool ignoreCase)
```

其中，strA、strB 为待比较的两个字符串，ignoreCase 指定是否考虑大小写，当其值取 true 时忽略大小写。表 3-1 给出了 Compare()方法可能的返回值。

**表 3-1 Compare()方法可能的返回值**

| 返　回　值 | 条　　件 |
|---|---|
| 负整数 | 在排序顺序中，第一个字符串在第二个字符串之前，或者第一个字符串是 null |
| 0 | 第一个字符串和第二个字符串相等，或者两个字符串都是 null |
| 正整数或者 1 | 在排序顺序中，第一个字符串在第二个字符串之后或者第二个字符串是 null |

下列示例使用 Compare()方法来确定两个字符串的相对值。

```
string MyString = "Hello World!";
Console.WriteLine(String.Compare(MyString, "Hello World?"));     //此示例向控制台显示 -1
```

2) CompareTo()方法

CompareTo()方法比较当前字符串对象封装到另一个字符串或对象的字符串。此方法的返回值与表 3-1 中 Compare()方法返回的值相等。下列示例使用 CompareTo()方法来比较 MyString 对象和 OtherString 对象。

```
string MyString = "Hello World";
string OtherString = "Hello World!";
int MyInt = MyString.CompareTo(OtherString);
Console.WriteLine( MyInt );                                //向控制台显示 1
```

3) CompareOrdinal()方法

CompareOrdinal()方法比较两个字符串对象而不考虑本地区域性。此方法的返回值与表 3-1 中 Compare()方法返回的值相等。下列示例使用 CompareOrdinal()方法来比较两个字符串的值。

```
string MyString = "Hello World!";
Console.WriteLine(String.CompareOrdinal(MyString, "hello world!")); //向控制台显示 -32
```

4) Equals()方法

Equals方法能够轻松确定两个字符串是否相等。这个区分大小写的方法返回true或false布尔值。它可以在现有类中使用,如下面的示例所示。下面的示例使用Equals()方法来确定一个字符串对象是否包含短语Hello World。

```
string MyString = "Hello World";
Console.WriteLine(MyString.Equals("Hello World"));        //此示例向控制台显示true
```

此方法还可作为静态方法使用。下列示例使用静态方法比较两个字符串对象:

```
string MyString = "Hello World";
string YourString = "Hello World";
Console.WriteLine(String.Equals(MyString, YourString)); //向控制台显示true
```

**2. 字符串的搜索**

1) IndexOf方法

可以使用IndexOf方法来确定特定字符在字符串中的第一个匹配项的位置。这个区分大小写的方法使用从零开始的索引从字符串的开头开始计数,并返回所传递字符的位置。如果无法找到该字符,则返回值−1。

以下示例使用IndexOf()方法搜索字符l在字符串中的第一个匹配项。

```
string MyString = "Hello World";
Console.WriteLine(MyString.IndexOf('l'));                //向控制台显示2
```

2) LastIndexOf方法

LastIndexOf方法类似于IndexOf()方法,但它返回特定字符在字符串中的最后一个匹配项的位置。它不区分大小写,并且使用从零开始的索引。

以下示例使用LastIndexOf()方法搜索字符l在字符串中的最后一个匹配项。

```
string MyString = "Hello World";
Console.WriteLine(MyString.LastIndexOf('l'));            //向控制台输出9
```

**3. 格式化字符串**

格式字符串是内容可以在运行时动态确定的一种字符串。使用String类的静态方法Format并在大括号中嵌入占位符来格式化字符串,这些占位符将在运行时替换为其他值。Format方法的基本语法如下:

```
public static string Format(string format,object obj);
```

其中,Format用来指定字符串要格式化的形式,由零个或多个固定文本段与一个或多个格式项混和组成,其中索引占位符称为格式项,对应于列表中的对象。obj代表要格式化的对象列表。

下列示例说明了格式字符串的用法:

```
//数值化输出
Console.WriteLine(string.Format("{0:C2}",2));         //C2表示货币,其中2表示小数点后位数
Console.WriteLine(string.Format("{0:D2}",2));         //D2表示十进制位数,其中2表示位数,
                                                      //不足用0占位
```

```
Console.WriteLine(string.Format("{0:E3}",22233333220000));
//E3 表示科学计数法,其中 3 表示小数点后保留位数
Console.WriteLine(string.Format("{0:N}",2340000));  //N 表示用分号隔开的数字
Console.WriteLine(string.Format("{0:X}",12345));    //X 表示十六进制
Console.WriteLine(string.Format("{0:G}",12));       //常规输出
//按提供的格式(000.00 -> 012.00,0.0 -> 12.0)格式化的形式输出
Console.WriteLine(string.Format("{0:000.00}",12));
Console.WriteLine(string.Format("{0:F3}",12));      //F 浮点型,其中 3 表示小数点位数
```

**4. 截取字符串**

截取字符串需要使用 string 类的 Substring()方法,该方法从原始字符串中指定位置截取和指定长度的字符,返回一个新的字符串。该方法的基本语法如下:

```
Substring(int startindex, int length)
```

其中,参数 startindex 索引从 0 开始,且最大值必须小于源字符串的长度,否则会编译异常;参数 length 的值必须不大于源字符串索引指定位置开始之后的字符串字符总长度,否则会出现异常。例如:

```
string s4 = "VisualC# Express";
System.Console.WriteLine(s4.Substring(7,2)) ;        //outputs  "C#"
```

下列示例演示了如何从文件全名中获取文件的路径和文件名。

```
string strAllPath = "D:\\DataFiles\\Test.mdb";        //定义一个字符串,存储文件全名
string strPath = strAllPath.Substring(0, strAllPath.LastIndexOf("\\") + 1);//获取文件路径
string strPath = strAllPath.Substring(strAllPath.LastIndexOf("\\") + 1);   //获取文件名
```

**5. 拆分字符串**

String 类的 Split()方法用于拆分字符串,此方法的返回值是包含所有拆分子字符串的数组对象,可以通过数组取得所有分隔的子字符串。其基本语法如下:

```
public string[ ] Split(params char[ ] separator)
```

例 3.2 演示如何使用 Split()方法分析字符串。作为输入,Split()方法采用一个字符数组指示哪些字符被用作分隔符。本示例中使用了空格、逗号、句点、冒号和制表符。一个含有这些分隔符的数组被传递给 Split,并使用结果字符串数组分别显示句子中的每个单词。

**【例 3.2】** 新建控制台程序 Chapter0302,在 Program.cs 文件中输入如下代码:

```
static void Main()
{
   char[ ] delimiterChars = { ' ', ',', '.', ':', '\t' };
   string text = "one\ttwo three:four,five six seven";
   System.Console.WriteLine("Original text: '{0}'", text);
   string[ ] words = text.Split(delimiterChars);
   System.Console.WriteLine("{0} words in text:", words.Length);
   foreach (string s in words)
   {
        System.Console.WriteLine(s);
   }
}
```

程序的运行结果如图 3-6 所示。

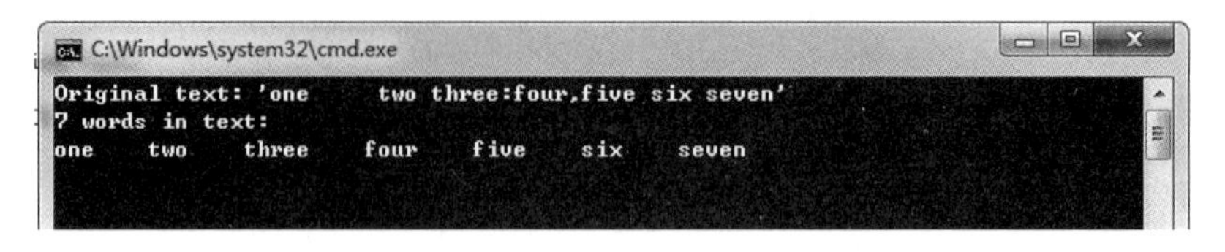


图 3-6　程序 Chapter0302 的运行结果

**6. 串联多个字符串**

串联是将一个字符串追加到另一个字符串末尾的过程。若要串联字符串变量,可以使用+或+=运算符,也可以使用字符串的 Concat()、Join()方法。+运算符容易使用,且有利于提高代码的直观性。

**注意**:在字符串串联操作中,C#编译器对 null 字符串和空字符串进行相同的处理,但它不转换原始 null 字符串的值。

1) Concat()方法

Concat()方法用于连接两个或多个字符串。Concat()方法也有多个重载形式,最常用的格式如下:

```
public static string Concat(paramsstring[ ] values);
```

其中,参数 values 用于指定所要连接的多个字符串。例如:

```
newStr = String.Concat(strA," ",strB);
Console.WriteLine(newStr);                          //"Hello World"
```

2) Join()方法

Join()方法利用一个字符数组和一个分隔符串构造新的字符串,常用于把多个字符串连接在一起,并用一个特殊的符号来分隔开。Join 方法的常用形式如下:

```
public static string Join(stringseparator,string[ ] values);
```

其中,参数 values 为指定的分隔符,而 values 用于指定所要连接的多个字符串数组。下例用^^分隔符把 Hello 和 World 连起来。

```
newStr = "";
String[ ] strArr = {strA,strB};
newStr = String.Join("^^",strArr);
Console.WriteLine(newStr);                          //"Hello^^World"
```

3) 连接运算符+

String 类支持连接运算符+,可以方便地连接多个字符串。例如,下例把 Hello 和 World 连接起来。

```
newStr = "";
newStr = strA + strB;
Console.WriteLine(newStr);                          //"HelloWorld"
```

**7. 插入和填充字符串**

String 类包含了在一个字符串中插入新元素的方法,可以用 Insert()方法在任意插入任意字符。Insert 方法用于在一个字符串的指定位置插入另一个字符串，从而构造一个新的串。Inse()rt 方法也有多个重载形式，最常用的格式如下：

```
public string Insert(int startIndex,string value);
```

其中，参数 startIndex 用于指定所要插入的位置，从 0 开始索引；value 指定所要插入的字符串。下列示例在 Hello 的字符 H 后面插入 World，构造一个串 HWorldello。

```
newStr = "";
newStr = strA.Insert(1,strB);
Console.WriteLine(newStr);                    //"HWorldello"
```

**8. 删除和剪切字符串**

1) Remove()方法

Remove 方法从一个字符串的指定位置开始，删除指定数量的字符。最常用的形式为：

```
public string Remove(int startIndex,int count);
```

其中，参数 startIndex 用于指定开始删除的位置，从 0 开始索引；count 指定删除的字符数量。下例中把 Hello 中的 ell 删掉。

```
newStr = strA.Remove(1,3);      Console.WriteLine(newStr);      //"Ho"
```

2) Trim()方法

若想把一个字符串首尾处的一些特殊字符剪切掉，例如去掉一个字符串首尾的空格等，可以使用 String 的 Trim()方法。其格式如下：

```
public string Trim();
public string Trim(paramschar[] trimChars);
```

其中，参数 trimChars 数组包含了指定要去掉的字符，如果默认，则删除空格符号。下面的示例中实现了对@Hello# $的净化，去掉首尾的特殊符号。

```
newStr = "";
char[] trimChars = {'@','#','$',' '};
String strC = "@Hello#  $";
newStr = strC.Trim(trimChars);
Console.WriteLine(newStr);                    //"Hello"
```

**9. 复制字符串**

String 类包括了复制字符串方法 Copy()和 CopyTo()，可以完成对一个字符串及其一部分的复制操作。

1) Copy()方法

若想把一个字符串复制到另一个字符数组中，可以使用 String 的静态方法 Copy()方法来实现，其形式为：

```
public string Copy(string str);
```

其中，参数 str 为需要复制的源字符串，方法返回目标字符串。

2) CopyTo()方法

CopyTo()方法可以实现与 Copy()同样的功能,但功能更为丰富,可以复制字符串的一部分到一个字符数组中。另外,CopyTo()方法不是静态方法,其形式为:

```
public void CopyTo(int sourceIndex,char[] destination,int destinationIndex,int count);
```

其中,参数 sourceIndex 为需要复制的字符起始位置,destination 为目标字符数组,destinationIndex 指定目标数组中的开始存放位置,而 count 指定要复制的字符个数。

下面的示例中,把 strA 字符串 Hello 中的 ell 复制到 newCharArr 中,并在 newCharArr 中从第 2 个元素开始存放。

```
char[] newCharArr = new char[100];
strA.CopyTo(2,newCharArr,0,3);
Console.WriteLine(newCharArr);                //"Hel"
```

**10. 替换字符串**

要替换一个字符串中的某些特定字符或者某个子串,可以使用 Replace()方法来实现,其形式为:

```
public string Replace(char oldChar, char newChar);
public string Replace(string oldValue, string newValue);
```

其中,参数 oldChar 和 oldValue 为待替换的字符和子串,而 newChar 和 newValue 为替换后的新字符和新子串。下面的示例把 Hello 通过替换变为 Hero。

```
newStr = strA.Replace("ll","r");
Console.WriteLine(newStr);
```

由于字符串是不可变的,因此一个字符串对象一旦创建,值就不能再更改(在不使用不安全代码的情况下)。在使用其他方法(如插入、删除操作)时,都要在内在中创建一个新的 String 对象,而不是在原对象的基础上进行修改,这就需要开辟新的内存空间。如果需要经常进行串修改操作,使用 String 类无疑是非常耗费资源的,这时需要使用 StringBuilder 类。

### 3.2.3.3 可变字符串

与 String 类相比,StringBuilder 类可以实现动态字符串。此外,动态的含义是指在修改字符串时,系统不需要创建新的对象,不会重复开辟新的内存空间,而是直接在原 StringBuilder 对象的基础上进行修改。

**1. 创建可变字符串**

StringBuilder 类位于命名空间 System. Text 中,使用时,可以在文件头通过 using 语句引入该空间。创建一个可变字符串 StringBuilder 对象需要使用 new 关键字,并可以对其进行初始化。下面的语句声明了一个 StringBuilder 对象 myStringBuilder,并初始化为 Hello:

```
StringBuilder myStringBuilder = new StringBuilder("Hello");
```

如果不使用 using 语句在文件头引入 System. Text 命名空间,也可以通过空间限定来声明 StringBuilder 对象：

```
System.Text.StringBuilder  myStringBuilder = new StringBuilder("Hello");
```

在声明时，也可以不给出初始值，然后通过其他方法进行赋值。

**2. 设置可变字符串容量**

StringBuilder 对象为动态字符串，可以对其设置好的字符数量进行扩展。另外，还可以设置一个最大长度，这个最大长度称为该 StringBuilder 对象的容量(Capacity)。为 StringBuilder 设置容量的意义在于，当修改 StringBuilder 字符串时，当其实际字符长度(即字符串已有的字符数量)未达到其容量之前，StringBuilder 不会重新分配空间；当达到容量时，StringBuilder 会在原空间的基础之上，自动进行设置。StringBuilder 默认初始分配 16 个字符长度。有两种方式来设置一个 StringBuilder 对象的容量。

1) 使用构造函数

StringBuilder 构造函数可以接受容量参数。例如，下面声明一个 StringBuilder 对象 sb2，并设置其容量为 100。

```
//使用构造函数
  StringBuilder sb2 = new StringBuilder("Hello",100);
```

2) 使用 Capacity 读/写属性

Capacity 属性指定 StringBuilder 对象的容量。例如，下面语句首先声明一个 StringBuilder 对象 sb3，然后利用 Capacity 属性设置其容量为 100。

```
//使用 Capacity 属性
  StringBuilder sb3 = new StringBuilder("Hello");
  sb3.Capacity = 100;
```

**3. 追加操作**

追加一个 StringBuilder 是指将新的字符串添加到当前 StringBuilder 字符串的结尾处，可以使用 Append()和 AppendFormat()方法来实现这个功能。

1) Append()方法

Append 方法实现简单的追加功能，常用形式为：

```
public StringBuilder Append(object value);
```

其中，参数 value 既可以是字符串类型，也可以是其他的数据类型，如 bool、byte、int 等。例如，把一个 StringBuilder 字符串"Hello"追加为"Hello World!"。

```
//Append
StringBuilder sb4 = new StringBuilder("Hello");
sb4.Append(" World!");
```

2) AppendFormat()方法

AppendFormat()方法可以实现对追加部分字符串的格式化，可以定义变量的格式，并将格式化后的字符串追加在 StringBuilder 后面。常用的形式为：

```
StringBuilder AppendFormat(string format,params object[] args);
```

其中,args 数组指定所要追加的多个变量。format 参数包含格式规范的字符串,其中包括一系列用大括号括起来的格式字符,如{0:u}。这里,0 代表对应 args 参数数组中的第0个变量,而 u 定义其格式。下例中,把一个 StringBuilder 字符串 Today is 追加"Today is *当前日期*\"。

```
//AppendFormat
StringBuilder sb5 = new StringBuilder("Today is ");
sb5.AppendFormat("{0:yyyy - MM - dd}",System.DateTime.Now);
Console.WriteLine(sb5);                    //形如: "Today is 2008 - 10 - 20"
```

**4. 插入操作**

StringBuilder 的插入操作是指将新的字符串插入到当前的 StringBuilder 字符串的指定位置,如 Hello 变为 Heeeello。可以使用 StringBuilder 类的 Insert()方法来实现这个功能。常用形式为:

```
public StringBuilder Insert(int index, object value);
```

其中,参数 index 指定所要插入的位置,并从 0 开始索引,如 index=1,则会在原字符串的第 2 个字符之前进行插入操作;同 Append 一样,参数 value 并不仅是只可取字符串类型。

通过上面的介绍,可以看出 StringBuilder 与 String 在许多操作上是非常相似的。在操作性能和内存效率方面,StringBuilder 要比 String 好得多,可以避免产生太多的临时字符串对象,特别是对于经常重复进行修改的情况更是如此。而另一方面,String 类提供了更多的方法,可以使开发能够更快地实现应用。在两者的选择上,如果应用对于系统性能、内存要求比较严格,以及经常处理大规模的字符串,推荐使用 StringBuilder 对象;否则,可以选择使用 String。

### 3.2.4 拓展与提高

在编写字符串的处理程序时,经常会有查找符合某些复杂规则的字符串的需要。正则表达式就是用于描述这些规则的工具。换句话说,正则表达式就是记录文本规则的代码。

到目前为止,许多编程语言和工具都包含对正则表达式的支持,C#也不例外,C#基础类库中包含有一个命名空间(System.Text.RegularExpressions)和一系列可以充分发挥正则表达式威力的类(Regex、Match、Group 等)。借助网络资源,了解 C#正则表达式的用法,提高程序设计技能。

## 3.3 集　合

### 3.3.1 任务描述:学生信息存储

在学生成绩管理系统中,需要将学生信息保存起来以便进行相应的处理。本情景利用集合来存储学生的信息,并按照一定的格式将信息输出,如图 3-7 所示。

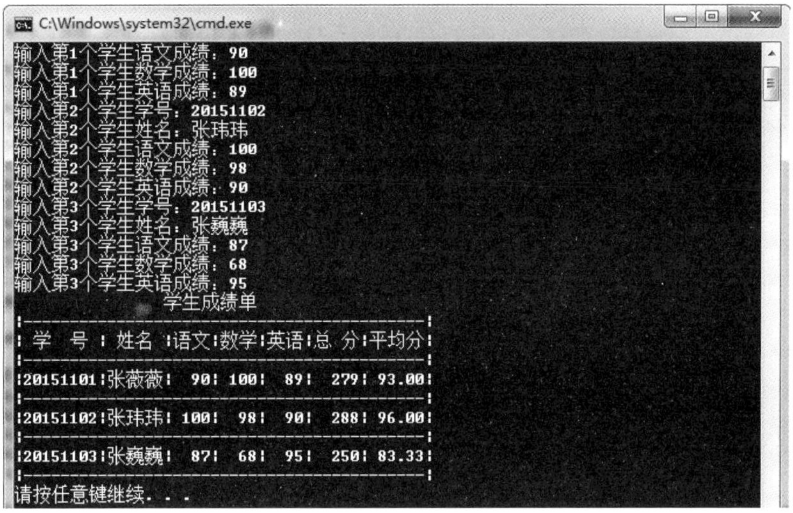

```
C:\Windows\system32\cmd.exe
输入第1个学生语文成绩: 90
输入第1个学生数学成绩: 100
输入第1个学生英语成绩: 89
输入第2个学生学号: 20151102
输入第2个学生姓名: 张玮玮
输入第2个学生语文成绩: 100
输入第2个学生数学成绩: 98
输入第2个学生英语成绩: 90
输入第3个学生学号: 20151103
输入第3个学生姓名: 张巍巍
输入第3个学生语文成绩: 87
输入第3个学生数学成绩: 68
输入第3个学生英语成绩: 95
             学生成绩单
|---------------------------------------|
| 学  号 | 姓名 |语文|数学|英语|总 分|平均分|
|---------------------------------------|
|20151101|张薇薇|  90| 100|  89|  279| 93.00|
|---------------------------------------|
|20151102|张玮玮| 100|  98|  90|  288| 96.00|
|---------------------------------------|
|20151103|张巍巍|  87|  68|  95|  250| 83.33|
|---------------------------------------|
请按任意键继续. . .
```

图 3-7　学生列表

### 3.3.2　任务实现

(1) 启动 Visual Studio 2013,新建控制台项目 Project0303。

(2) 项目初始化以后,在主窗口显示的 Program.cs 文件中添加如下代码:

```
public struct Student                                  //学生结构体定义
{
  public   string id;
  public   string name;
  public   string grade1;
  public   string grade2;
  public   string grade3;
  public   int total;
  public   float average;
 }
 static void Main(string[] args)
 {
  const int NUM = 3;                                   //学生人数
  Student stu;                                         //声明学生结构
  List<Student> listStudent = new List<Student>();     //建立学生列表

  for (int i = 0; i < NUM; i++)                        //输入学生信息
  {
    Console.Write("输入第{0}个学生学号: ", i + 1);
    stu.id = Console.ReadLine();
    Console.Write("输入第{0}个学生姓名: ", i + 1);
    stu.name = Console.ReadLine();
    Console.Write("输入第{0}个学生语文成绩: ", i + 1);
    stu.grade1 = Console.ReadLine();
    Console.Write("输入第{0}个学生数学成绩: ", i + 1);
    stu.grade2 = Console.ReadLine();
   Console.Write("输入第{0}个学生英语成绩: ", i + 1);
   stu.grade3 = Console.ReadLine();
```

```
        //计算总分和平均分
        stu.total = Convert.ToInt32(stu.grade1) + Convert.ToInt32(stu.grade2) + Convert.
ToInt32(stu.grade3);
        stu.average = (float)(stu.total / 3.0);
        listStudent.Add(stu);                            //添加学生到学生列表
      }
    //输出学生成绩
    Console.WriteLine("                  学生成绩单");
    Console.WriteLine("|---------------------------------------------|");
    Console.WriteLine("| 学   号 | 姓名 |语文|数学|英语|总 分|平均分|");
    Console.WriteLine("|---------------------------------------------|");
    foreach (var s in listStudent)                       //遍历学生列表
     {
        Console.WriteLine("|{0,8}|{1,3}|{2,4}|{3,4}|{4,4}|{5,5}|{6,6:f2}|", s.id, s.name, s.
grade1, s.grade2,s.grade3, s.total, s.average);
        Console.WriteLine("|---------------------------------------------|");
      }
    }
```

## 3.3.3 知识链接

### 3.3.3.1 集合类

对于很多应用程序,需要创建和管理相关对象组。有两种方式可以将对象分组:创建对象数组以及创建对象集合。数组对于创建和处理固定数量的强类型对象最有用。集合提供一种更灵活的处理对象组的方法。与数组不同,处理的对象组可根据程序更改的需要动态地增长和收缩。

集合是类,因此必须声明新集合后,才能向该集合中添加元素。许多常见的集合是由.NET Framework 提供的。每一类型的集合都是为特定用途设计的。可以通过使用 System.Collections.Generic 命名空间中的类来创建泛型集合。在.NET 2.0 之前,不存在泛型。现在泛型集合类通常是集合的首选类型。泛型集合类是类型安全的,如果使用值类型,是不需要装箱操作的。如果要在集合中添加不同类型的对象,且这些对象不是相互派生的,例如在集合中添加 int 和 string 对象,就只需基于对象的集合类。

表 3-2 列出了 System.Collections.Generic 命名空间中一些常用集合类的功能。

**表 3-2 System.Collections.Generic 命名空间中一些常用集合类的功能**

| 类 | 描　　述 |
|---|---|
| Dictionary<TKey,TValue> | 表示根据键进行组织的键/值对的集合 |
| List<T> | 表示可通过索引访问的对象的列表。提供用于对列表进行搜索、排序和修改的方法 |
| Queue<T> | 表示对象的先进先出(FIFO)集合 |
| SortedList<TKey,TValue> | 表示根据键进行排序的键/值对的集合,而键基于的是相关的 IComparer<T>实现 |
| Stack<T> | 表示对象的后进先出(LIFO)集合 |

在.NET Framework 4 中,System.Collections.Concurrent 命名空间中的集合可提供有效的线程安全操作,以便从多个线程访问集合项。当有多个线程并发访问集合时,应使用

System.Collections.Concurrent 命名空间中的类代替 System.Collections.Generic 和 System.Collections 命名空间中的对应类型。

System.Collections 命名空间中的类不会将元素存储为指定类型的对象，而是存储为 Object 类型的对象。只要有可能，就应使用 System.Collections.Generic 或 System.Collections.Concurrent 命名空间中的泛型集合来替代 System.Collections 命名空间中的旧类型。

表 3-3 列出了一些 System.Collections 命名空间中常用的集合类。

**表 3-3　System.Collections 命名空间中常用的集合类**

| 类 | 描　　述 |
| --- | --- |
| ArrayList | 表示大小根据需要动态增加的对象数组 |
| Hashtable | 表示根据键的哈希代码进行组织的键/值对的集合 |
| Queue | 表示对象的先进先出(FIFO)集合 |
| Stack | 表示对象的后进先出(LIFO)集合 |

### 3.3.3.2　列表

.NET Framework 为动态列表提供了类 ArrayList 和 List。ArrayList 代表了可被单独索引的对象的有序集合。它基本上可以替代一个数组。但是，与数组不同的是，可以使用索引在指定的位置添加和移除项目，动态数组会自动重新调整它的大小。它也允许在列表中进行动态内存分配、增加、搜索、排序各项。System.Collections.Generic 命名空间中的类 List 的用法非常类似于 System.Collections 命名空间中的 ArrayList 类，这个类实现了 IList、ICollection 和 IEnumerable 接口。

对于新的应用程序，通常可以使用泛型类 List<T>替代非泛型类 ArrayList，而且 ArrayList 类的方法与 List<T>非常相似，所以本节将只讨论如何使用 List<T>类。

**1. 创建列表**

调用默认的构造函数就可以创建对象列表。在泛型类 List<T>中，必须在声明中为列表的值指定类型。下面的代码说明了如何声明一个包含 int 和 string 的列表。

```
List<int> intList = new List<int>();
List<string> strList = new List<string>();
```

使用默认的构造函数创建一个空列表。元素添加到列表中后，列表的容量就会扩大为可接纳 4 个元素。如果添加了第 5 个元素，列表的大小就重新设置为包含 8 个元素。如果 8 个元素还不够，列表的大小就重新设置为 16。每次都会将列表的容量重新设置为原来的 2 倍。为节省时间，如果事先知道列表中元素的个数，就可以用构造函数定义其容量。下面的代码创建了一个容量为 10 个元素的集合。如果该容量不足以容纳要添加的元素，就把集合的大小重新设置为 20 或者 40，每次都是原来的 2 倍。

```
List<int> intList = new List<int>(10);
```

使用 Capacity 属性可以获取和设置集合的容量。

```
intList.Capacity = 20;
```

容量与集合中元素的个数不同。集合中元素的个数可以用 Count 属性读取。当然，容量总是大于或等于元素个数。只要不把元素添加到列表中，元素个数就是 0。其格式如下：

```
Console.WriteLine(intList.Count);
```

如果已经将元素添加到列表中，且不希望添加更多的元素，就可以调用 TrimExcess()方法，去除不需要的容量。但是，重新定位是需要时间的，所以如果元素个数超过了容量的 90%，TrimExcess()方法将什么也不做。其格式如下：

```
intList.TrimExcess();
```

**2. 添加元素**

使用 Add()方法可以给列表添加元素。Add()方法将对象添加到列表的结尾处。例如：

```
List<int> intList = new List<int>();
intList.Add(1);
intList.Add(2);

List<string> strList = new List<string>();
strList.Add("one");
strList.Add("two");
```

使用 List<T>类的 AddRange()方法可以一次给集合添加多个元素。AddRange()方法的参数是 IEnumerable<T>类型对象，所以也可以传送一个数组。例如：

```
strList.AddRange(new string[ ]{"one","two","three"});
```

**3. 插入元素**

使用 Insert()方法可以在列表的指定位置插入元素，位置从 0 开始索引。例如：

```
intList.Insert(3,6);
```

InsertRange()方法提供了插入大量元素的容量，类似于前面的 AddRange()方法。如果索引集大于集合中的元素个数，就抛出 ArgumentOutOfRangeException 类型的异常。

**4. 访问元素**

执行了 IList 和 IList 接口的所有类都提供了一个索引器，所以可以使用索引器，通过传送元素号来访问元素。第一个元素可以用索引值 0 来访问。例如，指定 intList[3]，可以访问列表 intList 中的第 4 个元素：

```
intnum = intList[3];
```

可以用 Count 属性确定元素个数，再使用 for 循环迭代集合中的每个元素，使用索引器访问每一项。例如：

```
for (int i = 0; i < intList.Count; i++)
{
    Console.WriteLine(intList[i]);
}
```

List 执行了接口 IEnumerable，所以也可以使用 foreach 语句迭代集合中的元素。编译器解析 foreach 语句时，利用了接口 IEnumerable 和 IEnumerator。例如：

```
foreach (int i in intList)
{
    Console.WriteLine(i);
}
```

**5. 删除元素**

删除元素时，可以利用索引或传送要删除的元素。下列代码把 3 传送给 RemoveAt()，删除第 4 个元素：

```
intList.RemoveAt(3);
```

也可以直接把对象传送给 Remove()方法，删除这个元素。例如：

```
intList.Remove(3);                              //删除列表中元素 3
```

RemoveRange()方法可以从集合中删除许多元素。它的第一个参数指定了开始删除的元素索引，第二个参数指定了要删除的元素个数。例如：

```
int index = 3;
int count = 5;
intList.RemoveRange(index, count);
```

要删除集合中的所有元素，可以使用 ICollection<T>接口定义的 Clear()方法。

**6. 搜索**

有不同的方式在集合中搜索元素。可以获得要查找的元素的索引，或者搜索元素本身。可以使用的方法有 IndexOf()、LastIndexOf()、FindIndex()、FindLastIndex()、Find()和 FindLast()。如果只检查元素是否存在，List<T>类提供了 Exists()方法。

IndexOf()方法需要将一个对象作为参数，如果在集合中找到该元素，这个方法就返回该元素的索引。如果没有找到该元素，就返回－1。IndexOf()方法使用 IEquatable 接口来比较元素。例如：

```
int index = intList.IndexOf(3);
```

使用 IndexOf()方法，还可以指定不需要搜索整个集合，但必须指定从哪个索引开始搜索以及要搜索的元素个数。

### 3.3.3.3 队列

队列是其元素以先进先出(FIFO)的方式来处理的集合。先放在队列中的元素会先读取。队列的例子有在机场排的队、人力资源部中等待处理求职信的队列、打印队列中等待处理的打印任务、以循环方式等待 CPU 处理的线程等。另外，还常常有元素根据其优先级来处理的队列。例如，在机场的队列中，商务舱乘客的处理要优先于经济舱的乘客。这里可以使用多个队列，一个队列对应一个优先级。在机场，这是很常见的，因为商务舱乘客和经济舱乘客有不同的登记队列。打印队列和线程也是这样。可以为一组队列建立一个数组，数组中的一项代表一个优先级。在每个数组项中，都有一个队列，其处理按照 FIFO 的方式进行。

在.NET 的 System.Collections 命名空间中有非泛型类 Queue,在 System.Collections.Generic 命名空间中有泛型类 Queue<T>。这两个类的功能非常类似,但泛型类是强类型化的,定义了类型 T,而非泛型类基于 Object 类型。

在内部,Queue<T>类使用 T 类型的数组,这类似于 List<T>类型。另一个类似之处是它们都执行 ICollection 和 IEnumerable 接口。Queue 类执行了 ICollection、IEnumerable 和 ICloneable 接口。Queue<T>类执行了 IEnumerable 和 ICloneable 接口。Queue<T>泛型类没有执行泛型接口 ICollection<T>,因为这个接口用 Add()和 Remove()方法定义了在集合中添加和删除元素的方法。

队列与列表的主要区别是队列没有执行 IList 接口,所以不能用索引器访问队列。队列只允许添加元素,该元素会放在队列的尾部[使用 Enqueue()方法],从队列的头部获取元素[使用 Dequeue()方法]。

图 3-8 显示了队列的元素。Enqueue()方法在队列的一端添加元素,Dequeue()方法在队列的另一端读取和删除元素。用 Dequeue()方法读取元素,将同时从队列中删除该元素。再调用一次 Dequeue()方法,会删除队列中的下一项。

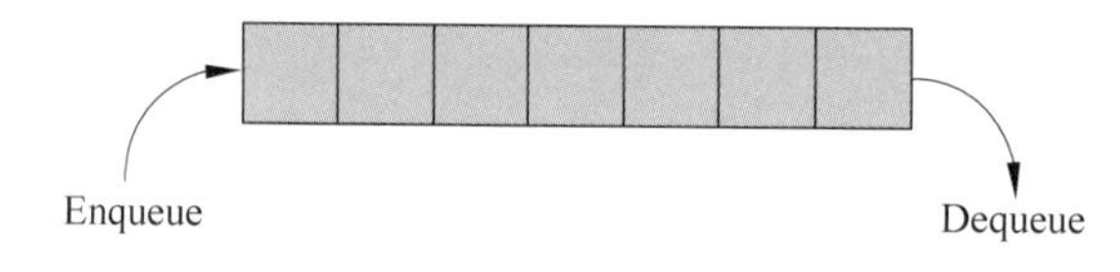


图 3-8　队列

Queue 和 Queue<T>类的方法如表 3-4 所示。

**表 3-4　Queue 和 Queue<T>类的方法**

| 成员 | 说　明 |
|---|---|
| Enqueue() | 在队列一端添加一个元素 |
| Dequeue() | 在队列的头部读取和删除一个元素。如果在调用 Dequeue()方法时,队列中不再有元素,就抛出 InvalidOperationException 异常 |
| Peek() | 在队列的头部读取一个元素,但不删除它 |
| Count | 返回队列中的元素个数 |
| TrimExcess() | 重新设置队列的容量。Dequeue()方法从队列中删除元素,但不会重新设置队列的容量。要从队列的头部去除空元素,应使用 TrimExcess()方法 |
| Contains() | 确定某个元素是否在队列中,如果是,就返回 true |
| CopyTo() | 把元素从队列复制到一个已有的数组中 |
| ToArray() | ToArray()方法返回一个包含队列元素的新数组 |

下列代码演示了 Queue<T>类的基本用法。

```
Queue<string> numbers = new Queue<string>();          //实例化队列对象
//向队列中添加元素
numbers.Enqueue("one");
numbers.Enqueue("two");
numbers.Enqueue("three");
numbers.Enqueue("four");
numbers.Enqueue("five");
```

```
//遍历队列中的元素
foreach( string number in numbers )
{
     Console.Write("{0} ",number);
 }
//调用队列方法
Console.WriteLine("\nDequeuing '{0}'", numbers.Dequeue());
Console.WriteLine("Peek at next item to dequeue: {0}", numbers.Peek());
Console.WriteLine("Dequeuing '{0}'", numbers.Dequeue());
```

上面代码会产生如下的输出结果：

```
one two three four five
Dequeuing 'one'
Peek at next item to dequeue: two
Dequeuing 'two'
```

### 3.3.4 拓展与提高

借助网络资源，了解C#中其他集合类的用法，列表比较各种集合类的特点，提高数据处理的能力。

## 3.4 知识点提炼

(1) C#提供了能够存储多个相同类型变量的集合，这种集合就是数组。数组是同一数据类型的一组值，它属于引用类型。

(2) 数组在使用之前必须先定义。一个数组的定义必须包含元素类型、数组维数和每个维数的上下限。

(3) 数组在使用之前必须进行初始化。初始化数组有两种方法：动态初始化和静态初始化。动态初始化需要借助new关键字，为数组元素分配内存空间，并为数组元素赋初值。静态初始化数组时，必须与数组定义结合在一起，否则会出错。

(4) C#中的字符包括数字字符、英文字母、标点符号等，C#提供的字符类型按照国际上公认的标准，采用Unicode字符集。要得到字符的类型，可以使用System.Char命名空间中的内置静态方法。

(5) C#语言中，string类型是引用类型，其表示零或更多个Unicode字符组成的序列。利用字符串类的方法可以实现对字符串的处理操作。

(6) 可变字符串类StringBuilder创建了一个字符串缓冲区，允许重新分配个别字符，这些字符是内置字符串数据类型所不支持的。

(7) 集合提供一种动态对数据分组的方法。.NET Framework提供了常用集合操作类。

# 第4章 C#面向对象程序编程

面向对象程序设计已经成为当前软件开发方法的主流技术,它将数据和对数据的操作封装成为一个不可分割的整体。面向对象的程序设计思想不仅符合人们的思维习惯,而且也可以提高软件的开发效率,方便后期的维护。本章对面向对象编程的基本知识进行详细说明。通过本章的学习,读者可以:

- 了解面向对象编程的基本概念。
- 掌握类与对象的使用。
- 掌握方法的声明和调用。
- 掌握字段、属性和索引器的用法。
- 掌握面向对象的基本特征。
- 掌握接口的概念及用法。
- 了解委托和事件的基本用法。

## 4.1 类和对象

### 4.1.1 任务描述:建立学生对象

在学生管理系统的开发中,学生是一个具有某些特征和行为的实体。为了准确地描述学生,需要将学生的信息封装成一个数据结构——对象。本情景实现学生成绩管理系统V0.9中建立学生对象的任务,如图4-1所示。

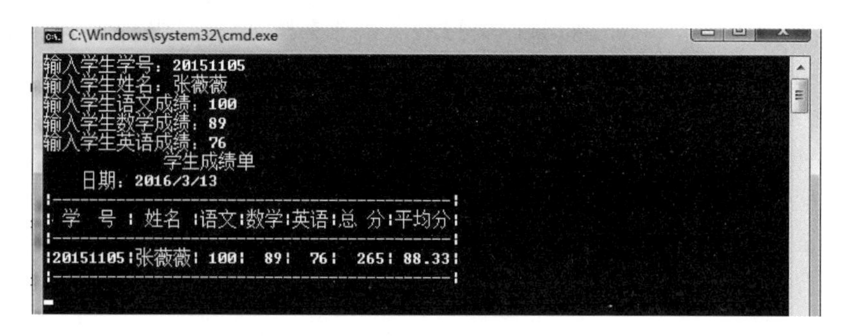


图4-1 建立学生对象

### 4.1.2 任务实现

(1) 启动 Visual Studio 2013,新建控制台项目 Project0401。

(2) 在解决方案资源管理器窗口右击，在弹出的快捷菜单中选择“添加”|“类”命令，如图 4-2 所示。在打开的对话框中的名称框中输入类名 Student。

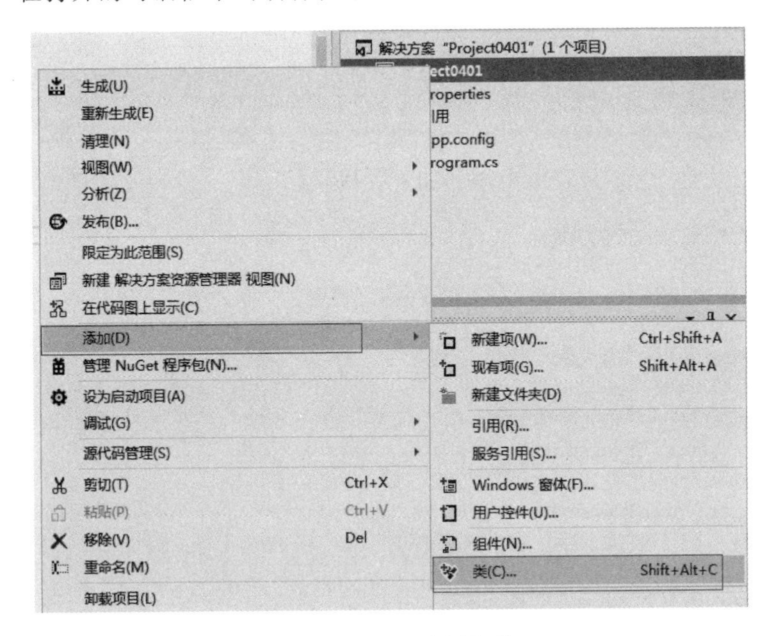


图 4-2　在项目中添加类

(3) 在生成的类文件 Student.cs 中添加如下代码：

```
internal class Student
{   //字段定义
    string id;                                        //学号
    string name;                                      //姓名
    string chinese;                                   //语文成绩
    string math;                                      //数学成绩
    string english;                                   //英语成绩
    int total;                                        //总分
    float average;                                    //平均分
    //构造函数
    public Student(string id,string name,string g1,string g2,string g3)
    {
        this.id = id;
        this.name = name;
        chinese = g1;
        math = g2;
        english = g3;
        total = Convert.ToInt32(g1) + Convert.ToInt32(g2) + Convert.ToInt32(g3);
        average = (float) (total / 3.0);
    }
    //学生成绩输出
    public void OutputStudent()
    {
        Console.WriteLine("              学生成绩单              ");
        Console.WriteLine("     日期: " + DateTime.Now.ToShortDateString());
        Console.WriteLine("|-------------------------------------|");
```

```
        Console.WriteLine("| 学  号 | 姓 名 |语文|数学|英语|总 分|平均分|");
        Console.WriteLine("|------------------------------------|");
        Console.WriteLine("|{0,8}|{1,3}|{2,4}|{3,4}|{4,4}|{5,5}|{6,6:f2}|", id, name,
chinese, math,
        english, total, average);
        Console.WriteLine("|----------------------------------------------|");
    }
```

(4) 在项目文件 Program.cs 中添加如下代码:

```
static void Main(string[] args)
  {
     string id,name,c1,c2,c3;

     Console.Write("输入学生学号: ");
     id = Console.ReadLine();
     Console.Write("输入学生姓名: ");
     name = Console.ReadLine();
     Console.Write("输入学生语文成绩: ");
     c1 = Console.ReadLine();
     Console.Write("输入学生数学成绩: ");
     c2 = Console.ReadLine();
     Console.Write("输入学生英语成绩: ");
     c3 = Console.ReadLine();
     Student student = new Student(id, name, c1, c2, c3);     //建立学生对象
     student.OutputStudent();                                  //调用方法
     Console.ReadKey();
  }
```

## 4.1.3 知识链接

### 4.1.3.1 面向对象编程

面向对象编程(Object-oriented Programming,OOP)是一种程序设计范型,同时也是一种程序开发的方法。OOP的一条基本原则是,计算机程序是由单个能够起到子程序作用的单元或对象组合而成。对象指的是类的实例,是程序的基本单元,将程序和数据封装其中,以提高软件的重用性、灵活性和扩展性。

面向对象编程可以看作一种在程序中包含各种独立而又互相调用的对象的思想,这与传统的面向过程的编程思想刚好相反,更符合人类的思维习惯。传统的程序设计主张将程序看作一系列函数的集合,或者直接就是一系列对计算机下达的指令。面向对象程序设计中的每一个对象都应该能够接收数据、处理数据并将数据传达给其他对象,因此它们都可以被看作一个小型的"机器",即对象。

**1. 面向对象编程的基本概念**

1) 类

类(Class)定义了一件事物的抽象特点。具有相同特性(数据元素)和行为(功能)的事物的抽象就是类。通常来说,类定义了事物的属性和它的行为。例如,"狗"这个类会包含狗的一切基础特征,即所有狗都共有的特征或行为,例如它的孕育、毛皮颜色和吠叫的能力。类可以为程序提供模板和结构。一个类的方法和属性被称为成员。

2）对象

对象(Object)是类的实例。例如,“狗”这个类列举了狗的特点,从而使这个类定义了世界上所有的狗。而莱丝这个对象则是一条具体的狗,它的属性也是具体的。狗有皮毛颜色,而莱丝的皮毛颜色是棕白色的。因此,莱丝就是狗这个类的一个实例。一个具体对象属性的值被称作它的状态(系统给对象分配内存空间,而不会给类分配内存空间。这很好理解,类是抽象的系统,不可能给抽象的东西分配空间,而对象则是具体的)。

类和对象就好像是实型和1.23,实型是一种数据的类型,而1.23是一个真正的实数(即对象)。所有的实数都具有实型所描述的特征,如实数的大小,系统则分配内存给实数存储具体的数值。

3）消息传递

一个对象通过接受消息、处理消息、传出消息或使用其他类的方法来实现一定功能,这称为消息传递机制(Message Passing)。例如:莱丝可以通过吠叫引起人的注意,从而导致一系列的事发生。

**2. 面向对象编程的基本特征**

1）继承性

继承性(Inheritance)是指,在某种情况下,一个类会有子类。子类比原本的类(称为父类)要更加具体化。例如,“狗”这个类可能会有它的子类“牧羊犬”和“吉娃娃犬”。在这种情况下,“莱丝”可能就是牧羊犬的一个实例。子类会继承父类的属性和行为,并且也可包含它们自己的。我们假设“狗”这个类有一个方法(行为)称为“吠叫()”和一个属性称为“毛皮颜色”。它的子类(前例中的牧羊犬和吉娃娃犬)会继承这些成员。这意味着程序员只需要将相同的代码写一次。

2）封装性

封装性(Encapsulation)是指将现实世界中存在的某个客体的属性与行为绑定在一起,并放置在一个逻辑单元内。该逻辑单元负责将所描述的属性隐藏起来,外界对客体内部属性的所有访问只能通过提供的用户接口实现。具备封装性的面向对象程序设计隐藏了某一方法的具体执行步骤,取而代之的是通过消息传递机制传送消息给它。例如,“狗”这个类有“吠叫()”的方法,这一方法定义了狗具体该通过什么方法吠叫。但是,莱丝的朋友并不知道它到底是如何吠叫的。封装是通过限制只有特定类的对象可以访问这一特定类的成员,而它们通常利用接口实现消息的传入和传出。

3）多态性

多态性(Polymorphism)是指由继承而产生的相关的不同的类,其对象对同一消息会做出不同的响应。例如,狗和鸡都有“叫()”这一方法,但是调用狗的“叫()”,狗会吠叫;调用鸡的“叫()”,鸡则会啼叫。因此,虽然同样是做出叫这一种行为,但狗莱丝和鸡鲁斯特具体做出的表现方式将大不相同。

### 4.1.3.2 类的定义

在C#语言中,使用关键字class来定义类,其基本语法如下:

```
<访问修饰符>  class <类名>
{
```

```
    //类成员声明;
}
```



默认情况下,类声明为内部的,即只有当前项目中的代码才能访问它。也可以使用 internal 访问修饰符关键字来显式地指定这一点,例如(但这是不必要的):

```
internal class MyClass
{
    //类成员
}
```

另外,还可以用关键字 public 来指定类是公共的,可由其他项目中的代码来访问。例如:

```
public class MyClass  { //类成员}
```

除了这两个类的访问修饰符关键字外,还可以用关键字 abstract 指定类是抽象的(不能实例化,只能继承,可以有抽象成员)或用关键字 sealed 指定类密封的(不能继承)。例如:

```
public abstact class MyClass
{
    //类的成员,可以是抽象成员
}
```

表 4-1 给出了类定义中可以使用的访问修饰符的组合及其含义。

表 4-1 类定义中可以使用的访问修饰符

| 修 饰 符 | 含 义 |
|---|---|
| 无或者 internal | 只能在当前项目中访问类 |
| public | 可以在任何地方访问类 |
| abstract 或者 internal abstact | 类只能在当前项目中访问,不能实例化,只能被继承 |
| public abstact | 类可以在任何项目中访问,不能实例化,只能被继承 |
| sealed 或者 internal sealed | 类只能在当前项目中访问,只能实例化,不能被继承 |
| public sealed | 类可以在任何项目中访问,只能实例化,不能被继承 |

**1. 构造函数**

所有的类定义都至少包含一个构造函数。构造函数是用于初始化数据的函数。在类的构造函数中,可能有一个默认的构造函数,该函数没有参数,与类同名。类定义还可能包含几个带有参数的构造函数,成为非默认的构造函数。例如:

```
class CupCoffee
{
    string BeanType;                        //品牌
    bool IsInstant;                         //是否速溶

    public CupCoffee()                      //默认构造函数
    {
        BeanType = "";
        IsInstant = false;
    }
```

```
    public CupCoffee(string type)                    //非默认构造函数
    {
      BeanType = type;
      IsInstant = false;
    }
}
```

构造函数可以是公共的或者私有的。在类外部的代码不能使用私有构造函数实例化对象,而必须使用公共构造函数。这样,通过把默认构造函数设置为私有的,就可以强制用户使用非默认构造函数。

**2. 析够函数**

.NET Framework 使用析构函数来清理对象。析构函数以类名加～来命名。一般情况下,不需要提供析构函数的代码,而是由默认的析构函数自动执行操作。但是,如果在删除对象之前,要完成一些重要的操作,就需要提供具体的析构函数。例如,如果变量超出了范围,代码就不能访问它,但该变量仍然存在于计算机内存的某个地方。只有.NET 运行垃圾回收程序时,该实例才被彻底删除。例如:

```
class CupCoffee
{
   string BeanType;                                  //品牌
   bool IsInstant;                                   //是否速溶

  public CupCoffee()                                 //默认构造函数
  {
    BeanType = "";
    IsInstant = false;
 }
～ CupCoffee                                         //析构函数
{
   //信息清理工作
 }
}
```

### 4.1.3.3 对象的声明

定义了一个类以后,就可以在项目中能访问该定义的其他位置对该类进行实例化。通过实例化,就会创建类的一个实例——对象。在 C# 中,使用关键字 new 来实例化具体的对象。例如,通过类默认的构造函数实例化一个 CupCoffee 对象:

```
CupCoffee  myCup  =  new CupCoffee();
```

还可以用非默认的构造函数来实例化对象。例如,CupCoffee 类有一个非默认的构造函数,它使用一个参数在初始化时设置咖啡的品牌:

```
CupCoffee  myCup  =  new CupCoffee("BlueMountain");
```

创建了对象以后,就可以是用圆点(.)来引用对象的数据,实现对象之间的交互。例如:

```
Console.WriteLine("我喜欢喝{0}牌咖啡!",myCup.BeanType);
```

### 4.1.4 拓展与提高

结合本节内容,利用 C#语言设计一个银行账户类 Account,这个类包括:

- 一个名为 id 的 int 型数据域,表示账户的账号(默认为 0)。
- 一个名为 balance 的 double 型数据域,表示账户余额(默认为 0)。
- 一个无参构造函数,创建一个默认账户。
- 一个有参构造函数,创建带有账号和余额的账号。
- 一个名为 withDraw 的函数,从账户中支取指定金额。
- 一个名为 deposit 的函数,向账户中存入指定金额。

编写程序实现类,设计测试程序,它创建一个 Account 对象,id 为 1001,账户余额为 10000。使用 withDraw 函数取出 1000 元,使用 deposit 函数存入 2500 元,然后输出账户余额。

## 4.2 定义类成员

### 4.2.1 任务描述:学生对象的完善

在面向对象的程序设计中,将数据和方法封装到类中,提供接口以供用户访问。本情景将进一步完善学生类的定义,以保证学生对象数据的合理性,如图 4-3 所示。

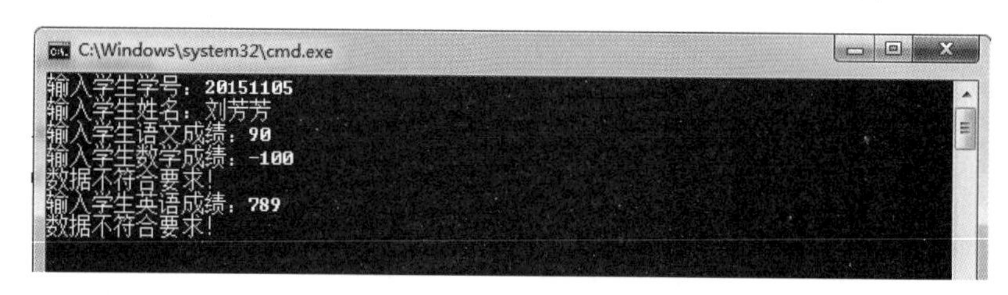


图 4-3 学生对象的完善

### 4.2.2 任务实现

(1) 启动 Visual Studio 2013,新建控制台项目 Project0402。在解决方案资源管理器窗口右击,在弹出的快捷菜单中选择“添加”|“类”命令,在打开的对话框中的名称框中输入类名 Student。

(2) 在类文件 Student.cs 中添加如下代码:

```
class Student
{                                                  //字段定义
    string id;
    string name;
    int grade1;
    int grade2;
    int grade3;
    //属性定义
```

```
    public string ID
    {
      get { return id; }
      set { id = value; }
    }
    public string Name
    {
        get { return name; }
        set { name = value; }
    }
    public int Grade1
    {
        get { return grade1; }
        set
        {
            if (value >= 0 && value <= 100) grade1 = value;
            else
            {
                Console.WriteLine("数据不符合要求!"); return;
            }
        }
    }
    public int Grade2
    {
        get { return grade2; }
        set
        {
            if (value >= 0 && value <= 100) grade2 = value;
            else
            {
                Console.WriteLine("数据不符合要求!"); return;
            }
        }
    }
    public int Grade3
    {
        get { return grade3; }
        set
        {
            if (value >= 0 && value <= 100) grade3 = value;
            else
            {
                Console.WriteLine("数据不符合要求!"); return;
            }
        }
    }
}
```

(3) 在 Program.cs 文件的 Main()方法中添加如下代码:

```
static void Main(string[] args)
 {
```

```
    Student student = new Student();                        //实例化学生对象
    Console.Write("输入学生学号: ");
    student.ID = Console.ReadLine();
    Console.Write("输入学生姓名: ");
    student.Name = Console.ReadLine();
    Console.Write("输入学生语文成绩: ");
    student.Grade1 = Convert.ToInt32(Console.ReadLine());
    Console.Write("输入学生数学成绩: ");
    student.Grade2 = Convert.ToInt32(Console.ReadLine());
    Console.Write("输入学生英语成绩: ");
    student.Grade3 = Convert.ToInt32(Console.ReadLine());
}
```

## 4.2.3 知识链接

在面向对象编程中,类是一种数据类型,它定义了数据类型的数据和行为。字段、属性和索引器是类中用于存储数据的重要成员。方法是实现对象和类的行为的计算和操作成员,是类的外部界面。类中所有的成员都有自己的访问级别,访问级别有以下 4 种。

- public:可以由任何代码访问。
- private:只能由类中的代码访问。
- internal:只能由定义它的项目访问。
- protected:成员可以由类或派生类成员中的代码访问。

### 4.2.3.1 定义字段

字段是直接在类或结构中声明的任何类型的变量。字段是其包含类型的“成员”。类或结构可以拥有实例字段或静态字段(在字段声明中使用关键字 static),或同时拥有两者。实例字段特定于类型的实例。如果拥有类 T 和实例字段 F,可以创建类型 T 的两个对象,并修改每个对象中 F 的值,这不影响另一对象中的该值。相比之下,静态字段属于类本身,在该类的所有实例中共享,从实例 A 所做的更改将立刻呈现在实例 B 和 C 上(如果它们访问该字段)。

字段通常存储必须可供多个类方法访问的数据,并且其存储期必须长于任何单个方法的生存期。例如,表示日历日期的类可能有 3 个整数字段:一个表示月份,一个表示日期,还有一个表示年份。不在单个方法范围外部使用的变量,应在方法体自身范围内声明为局部变量。字段是类的成员,局部变量是块的成员。

在类块中通过指定字段的访问级别,然后指定字段的类型,再指定字段的名称来声明字段。例如:

```
public class CalendarEntry
{
    private DateTime date;                               //私有字段
    public string day;                                   //公共字段 (通常不推荐)
}
```

若要访问对象中的字段,请在对象名称后面添加一个句点,然后添加该字段的名称,如 objectname.fieldname。例如:

```
CalendarEntry birthday = new CalendarEntry();
birthday.day = "Saturday";
```

声明字段时可以使用赋值运算符为字段指定一个初始值。例如,若要自动将"Monday"赋给 day 字段,需要声明 day:

```
public class CalendarDateWithInitialization
{
    public string day = "Monday";
    //…
}
```

字段的初始化紧靠调用对象实例的构造函数之前。如果构造函数为字段赋值,则该值将覆盖字段声明期间给出的任何值。字段初始值设定项不能引用其他实例字段。

字段可标记为 public、private、protected、internal 或 protected internal。这些访问修饰符定义类的使用者访问字段的方式,也可以选择将字段声明为 static。这使得调用方在任何时候都能使用字段,即使类没有任何实例。

可以将字段声明为 readonly(只读)。readonly 字段只能在初始化期间或在构造函数中赋值。static readonly(静态只读)字段非常类似于常数,只不过 C# 编译器不能在编译时访问静态只读字段的值,而只能在运行时访问。

#### 4.2.3.2 定义方法

方法是类或结构的一种成员,用来定义类可执行的操作。它是包含一系列语句的代码块。从本质上讲,方法就是和类相关联的动作,是类的外部界面,用户通过外部界面来操作类中的字段。在 C# 中,每个执行指令都是在方法的上下文中执行的。Main()方法是每个 C# 应用程序的入口点,在启动程序时由公共语言运行时(CLR)调用。

**1. 方法的声明**

方法需要在类或结构中声明,声明时需要指定方法的访问级别(例如 public 或 private)、可选修饰符(例如 abstract 或 sealed)、返回值类型、名称和方法参数。方法参数括在括号中,并用逗号隔开。空括号表示方法不需要参数。方法声明的基本格式如下:

```
<修饰符> <返回值类型> <方法名> (参数列表)
{
   //方法的具体实现
}
```

下面的类中包含 3 种方法:

```
abstract class Motorcycle
{
    public void StartEngine() {/* Method statements here */}  //任何地方都可以调用该方法
    protected void AddGas(int gallons) { /* Method statements here */ }  //仅在子类中可以调
                                                                          //用此方法
    //子类可以重写此方法
     public virtual int Drive(int miles, int speed) { /* Method statements here */ return 1; }
    public abstract double GetTopSpeed();     //子类必须实现此方法
}
```

方法可以向调用方返回值。如果返回值类型不是 void,则方法可以使用 return 关键字来返回值。如果语句中 return 关键字的后面是与返回类型匹配的值,则该语句将该值返回给方法调用方。return 关键字还会停止方法的执行。如果返回类型为 void,则可使用没有值的 return 语句来停止方法的执行。如果没有 return 关键字,方法执行到代码块末尾时即会停止。具有非 void 返回类型的方法才能使用 return 关键字返回值。

**2. 方法访问**

在对象上调用方法类似于访问字段,在对象名称之后,依次添加句点、方法名称和括号,参数在括号内列出,并用逗号隔开。因此,可以按以下示例中的方式调用 Motorcycle 类的方法:

```
class TestMotorcycle : Motorcycle
{
    public override double GetTopSpeed()                    //重写基类的方法
    {
        return 108.4;
    }

    static void Main()
    {
        TestMotorcycle moto = new TestMotorcycle();         //实例化类的对象
        //方法调用
        moto.StartEngine();
        moto.AddGas(15);
        moto.Drive(5, 20);
        double speed = moto.GetTopSpeed();
        Console.WriteLine("My top speed is {0}", speed);
    }
}
```

**3. 参数传递**

在方法声明中指定的参数名称和类型,称为形式参数。调用代码在调用方法时为每个形式参数提供的具体值,称为实际参数。实际参数必须与形式参数类型兼容,但调用代码中使用的实际参数的名称(如果有)不必与方法中定义的形式参数名称相同。例如:

```
public void Caller()
{
    int numA = 4;
    int productA = Square(numA);                            //变量作为实际参数
    int productC = Square(12);                              //常数作为实际参数
    productC = Square(productA * 3);                        //表达式作为实际参数
}

int Square(int i)                                           //方法声明
{
    int input = i;
    return input * input;                                   //返回值
}
```

在 C# 中，既可以通过值也可以通过引用传递参数。通过引用传递参数允许函数成员（方法、属性、索引器、运算符和构造函数）更改参数的值，并保持该更改。若要通过引用传递参数，请使用 ref 或 out 关键字。

向方法传递值类型变量意味着向方法传递变量的一个副本，方法内发生的对参数的更改对该变量中存储的原始数据无任何影响。

**【例 4.1】** 演示通过值传递值类型参数。通过值将变量 n 传递给 SquareIt()方法。方法内发生的任何更改对变量的原始值无任何影响。代码如下：

```
class PassingValByVal
{
    static void SquareIt(int x)                    //参数 x 通过值传递
     {
        x *= x;
        System.Console.WriteLine("The value of n is {0} inside the method.", x);
    }
    static void Main()
    {
        int n = 5;                                 //局部变量的定义
        System.Console.WriteLine("The value of n is {0} before calling the method. ", n);

        SquareIt(n);                               //通过值传递调用方法
        System.Console.WriteLine("The value of n is {0} after calling the method.", n);

        System.Console.ReadKey();
    }
}
```

程序的运行结果如图 4-4 所示。

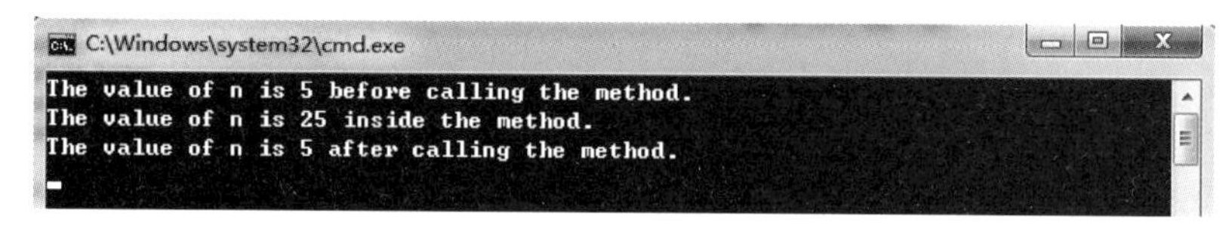


图 4-4　例 4.1 的运行结果

引用类型的变量不直接包含其数据，它包含的是对其数据的引用。使用 ref 或 out 关键字传递参数，方法内发生的对参数的更改对该变量中存储的原始数据产生影响。引用参数 ref 和输出参数的区别在于输出参数不需要先初始化变量。

更改所传递参数的值的常见示例是 Swap()方法。在该方法中传递 x 和 y 两个变量，然后使用方法交换它们的内容。必须通过引用向 Swap()方法传递参数；否则，方法内所处理的将是参数的本地副本。以下是使用引用参数的 Swap()方法的示例：

```
static void SwapByRef(ref int x, ref int y)
{
    int temp = x;
    x = y;
    y = temp;
}
```

调用该方法时，请在调用中使用 ref 关键字。例如：

```
static void Main()
{
    int i = 2, j = 3;
    System.Console.WriteLine("i = {0}  j = {1}", i, j);

    SwapByRef (ref i, ref j);

    System.Console.WriteLine("i = {0}  j = {1}", i, j);

    System.Console.ReadKey();
}
```

程序的输出结果如下：

```
i = 2  j = 3
i = 3  j = 2
```

**4. 方法重载**

同一个类中，可以定义多个名称相同、但参数不同的方法，这就是方法重载(OverLoad)。方法重载可有效解决对不同数据执行相似功能的目的。例如：

```
Class Payment
{
void PayBill(int telephoneNumber)
{
    //此方法用于支付固定电话话费
 }
 void PayBill(long consumerNumber)
 {
    //此方法用于支付电费
  }
  void PayBill(long consumerNumber, double amount)
  {
    //此方法用于支付移动电话话费
    }
}
```

当程序中按名称调用重载的方法时，编译器将根据参数的个数、类型和顺序，选择执行与之匹配的方法。

#### 4.2.3.3 定义属性

属性是字段的扩展，提供灵活的机制来读取、编写或计算私有字段的值。属性可以提供公共数据成员的便利，而又不会带来不受保护、不受控制以及未经验证访问对象数据的风险。这是通过访问器来实现的：访问器是为基础数据成员赋值和检索其值的特殊方法。使用 set 访问器可以为数据成员赋值，使用 get 访问器可以检索数据成员的值。

属性声明的基本语法如下：

```
<访问修饰符>   <类型>  <属性名>
{
 get { get 访问器体; };
 set { set 访问器体; }
}
```

不具有 set 访问器的属性被视为只读属性，不具有 get 访问器的属性被视为只写属性，同时具有这两个访问器的属性是读写属性。当读取属性时，执行 get 访问器的代码块；当向属性分配一个新值时，执行 set 访问器的代码块。下列代码演示了属性的用法。

```
public class Date
{
    private int month = 7;

    public int Month
    {
        get
        {
            return month;
        }
        set
        {
            if ((value > 0) && (value < 13))
            {
                month = value;
            }
        }
    }
}
```

在此示例中，Month 是作为属性声明的，这样 set 访问器可确保 Month 值设置为 1～12 之间。Month 属性使用私有字段来跟踪实际值。属性的数据的真实位置经常称为属性的后备存储。属性使用作为后备存储的私有字段是很常见的。将字段标记为私有可确保该字段只能通过调用属性来更改。

可将属性标记为 public、private、protected、internal 或 protected internal。这些访问修饰符定义类的用户如何才能访问属性。同一属性的 get 和 set 访问器可能具有不同的访问修饰符。例如，get 可能是 public 以允许来自类型外的只读访问；set 可能是 private 或 protected。

当属性访问器中不需要其他逻辑时，自动实现的属性可使属性声明变得更加简洁。当声明属性时，编译器将创建一个私有的匿名后备字段，该字段只能通过属性的 get 和 set 访问器进行访问。

下列示例演示了一个具有某些自动实现的属性的简单类：

```
class LightweightCustomer
{
    public double TotalPurchases { get; set; }
    public string Name { get; private set; }        //read-only
    public int CustomerID { get; private set; }     //read-only
}
```

自动实现的属性必须同时声明 get 和 set 访问器。若要创建 readonly 自动实现属性，请给予它 private set 访问器。

#### 4.2.3.4 索引器

类中有数组类型的字段被访问时，使用索引器。索引器定义的格式如下：

```
<修饰符>  <类型>  this [参数表]
{
  //get 和 set 访问器代码;
}
```

下面的示例说明了索引器的用法。

**【例 4.2】** 创建控制台程序 Chapter0402，定义照片类 Photo，用来存放照片的信息。在类 Album 中定义索引器分别来按索引和名称检索照片。

主要代码如下：

```
class Photo                                         //定义照片类
{
    string _title;                                  //照片标题
    public Photo(string title)                      //构造函数
    {
        this._title = title;
    }
    public string Title                             //只读属性
    {
        get
        {
            return _title;
        }
    }
}
class Album                                         //类的定义
{
   Photo[] photos;                                  //该数组用于存放照片
   public Album(int capacity)
  {
    photos = new Photo[capacity];
   }
 //带有 int 参数的 Photo 读写索引器
  public Photo this[int index]
 {
    get
     {                                              //验证索引范围
        if (index < 0 || index >= photos.Length)
        {
            Console.WriteLine("索引无效");
            //使用 null 指示失败
            return null;
        }
```

```
            //对于有效索引,返回请求的照片
            return photos[index];
        }
        set
        {
            if (index < 0 || index >= photos.Length)
            {
                Console.WriteLine("索引无效");
                return;
            }
            photos[index] = value;
        }
}
//带有 string 参数的 Photo 只读索引器
public Photo this[string title]
{
        get
        {
            //遍历数组中的所有照片
            foreach (Photo p in photos)
            {
                //将照片中的标题与索引器参数进行比较
                if (p.Title == title)
                return p;
            }
            Console.WriteLine("未找到");
            //使用 null 指示失败
            return null;
        }
}
}
//主函数
static void Main(string[] args)
{
    Album family = new Album(3);                   //创建一个容量为 3 的相册
    //创建 3 张照片
    Photo first = new Photo("Jeny");
    Photo second = new Photo("Smith");
    Photo third = new Photo("Lono");
    //向相册加载照片
    family[0] = first;
    family[1] = second;
    family[2] = third;
    //按索引检索
    Photo objPhoto1 = family[2];
    Console.WriteLine(objPhoto1.Title);
    //按名称检索
    Photo objPhoto2 = family["Jeny"];
    Console.WriteLine(objPhoto2.Title);
}
```

程序的运行效果如图 4-5 所示。

图 4-5　例 4.2 的运行结果

### 4.2.3.5　静态类和静态成员

静态类和静态成员用于创建无须创建类的实例就能够访问的数据和函数。静态类成员可用于分离独立于任何对象标识的数据和行为：无论对象发生什么更改，这些数据和函数都不会随之变化。当类中没有依赖对象标识的数据或行为时，就可以使用静态类。

**1. 静态类**

类可以声明为 static，以指示它仅包含静态成员。不能使用 new 关键字创建静态类的实例。静态类在加载包含该类的程序或命名空间时由 .NET Framework 公共语言运行库(CLR)自动加载。静态类的主要功能如下：

- 它们仅包含静态成员。
- 它们不能被实例化。
- 它们是密封的。
- 它们不能包含实例构造函数。

因此，创建静态类与创建仅包含静态成员和私有构造函数的类大致一样。私有构造函数阻止类被实例化。使用静态类的优点在于，编译器能够执行检查以确保不致偶然地添加实例成员。编译器将保证不会创建此类的实例。

静态类是密封的，因此不可被继承。静态类不能包含构造函数，但仍可声明静态构造函数以分配初始值或设置某个静态状态。

使用静态类作为不与特定对象关联的方法的组织单元。例如，创建一组不操作实例数据并且不与代码中的特定对象关联的方法是很常见的要求。此外，静态类能够使操作更简单、迅速，因为不必创建对象就能调用其方法。

假设有一个类 CompanyInfo，它包含用于获取有关公司名称和地址信息的方法，不需要将这些方法附加到该类的具体实例。因此，可以将它声明为静态类，而不是创建此类的不必要实例。例如：

```
static class CompanyInfo
{
    public static string GetCompanyName() { return "CompanyName"; }
    public static string GetCompanyAddress() { return "CompanyAddress"; }
    //…
}
```

**2. 静态成员**

即使没有创建类的实例，也可以调用该类中的静态方法、字段、属性或事件。如果创建了该类的任何实例，不能使用实例来访问静态成员。只存在静态字段和事件的一个副本，静态方法和属性只能访问静态字段和静态事件。静态成员通常用于表示不会随对象状态而变化的数据或计算。例如，数学库可能包含用于计算正弦和余弦的静态方法。在成员的返回类型之前使用 static 关键字来声明静态类成员。例如：

```
public class Automobile
{
    public static int NumberOfWheels = 4;
    public static int SizeOfGasTank
    {
        get {  return  15; }
    }
    public static void Drive() { }
    public static event EventType RunOutOfGas;
    //other non - static fields and properties…
}
```

静态成员在第一次被访问之前并且在任何静态构造函数（如调用的话）之前初始化。若要访问静态类成员，应使用类名而不是变量名来指定该成员的位置。例如：

```
Automobile.Drive();
int i = Automobile.NumberOfWheels;
```

### 4.2.4 拓展与提高

（1）在 C＃程序中，方法的参数可以分为值参数（默认）、引用参数、输出参数和数组参数。请查阅相关资料，掌握这 4 种参数的用法。

（2）查阅相关资料，了解 C＃方法重载以及运算符重载的知识，深刻理解类成员的定义，为后续课程的学习奠定基础。

## 4.3 继承性、多态性和接口

### 4.3.1 任务描述：简单工资管理系统

某企业的管理人员、销售人员和计件工人的工资计算方法各不相同。管理人员采用固定月薪，销售人员的工资是固定工资加上销售提成，计件工人的工资取决于他生产的产品数量。请结合上述描述，使用面向对象的方法开发一个简单的工资管理系统，如图 4-6 所示。

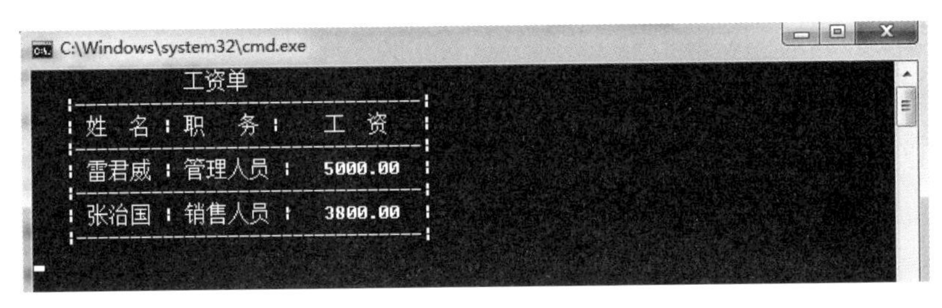


图 4-6 工资管理系统

### 4.3.2 任务实现

(1) 启动 Visual Studio 2013，新建控制台项目 Project0403，然后在项目中添加类 Employee、Boss 和 CommissionWorker。

(2) 在生成的类文件中添加下列代码：

```
//声明类 Employee
 class Employee
 {
        protected  string name;                    //姓名
        protected  float  salary;                  //工资
        public Employee(string name)
        {
            this.name = name;
            salary = 0F;
        }
         public virtual void  Earnings()           //计算工资虚方法
        {
        }
         public void PrintSalary()                 //输出工资
        {
          Console.WriteLine("              工资单");
          Console.WriteLine("   |------------------------|");
          Console.WriteLine("   |姓  名|职   务|    工  资   |");
          Console.WriteLine("   |------------------------|");
        }
    }
//声明 Boss 类
class Boss:Employee
{
        public Boss(string name) : base(name) { }
        public override void Earnings()            //重写基类同名虚方法
        {
            this.salary = 5000.00F;
        }
        new public void PrintSalary()
        {
            Console.WriteLine("   |{0,3}|管理人员|  {1,8:F2}  |",name,salary);
            Console.WriteLine("   |------------------------------|");
        }
  }
//声明 CommissionWorker
class CommissionWorker : Employee
{
        private int quantity;
        public CommissionWorker(string name, int quantity)
            : base(name)
        {
            this.quantity = quantity;
        }
        public override void Earnings()            //重写基类同名虚方法
        {
```

```
            this.salary = (float) (2000 + quantity * 12.00 * 0.05);
        }
        new public void PrintSalary()
        {
            Console.WriteLine("    | {0,3} | 销售人员 |   {1,8:F2}   |", name, salary);
            Console.WriteLine("    |-----------------------------------|");
        }
    }
```

(3) 在 Program.cs 文件的 Main()方法中添加如下代码：

```
static void Main(string[] args)
 {
  Boss boss = new Boss("雷君威");                                      //实例化对象
  CommissionWorker comm = new CommissionWorker("张治国", 3000);   //实例化对象
  Employee e = boss as Employee;                                      //子类转化为基类
   //调用方法,计算工资
   boss.Earnings();
  comm.Earnings();
  //输出工资
  e.PrintSalary();
  boss.PrintSalary();
  comm.PrintSalary();
  }
```

## 4.3.3 知识链接

为了提高软件模块的可复用性和可扩充性,以便提高软件的开发效率,我们总是希望能够利用前人或自己以前的开发成果,同时又希望在自己的开发过程中能够有足够的灵活性,不拘泥于复用的模块。C#这种完全面向对象的程序设计语言提供了两个重要的特性:继承性(Inheritance)和多态性(Polymorphism)。

### 4.3.3.1 继承性

在现实世界中,许多实体之间不是相互孤立的,它们往往具有共同的特征,也存在内在的差别,可以采用层次结构来描述这些实体之间的相似之处和不同之处,图 4-7 给出了交通工具实体之间的层次结构。最高的实体交通工具具有最一般最普遍的特征,下层的实体越来越具体,下层不但包含了上层的特征,而且也拥有自己的特征。它们之间的关系是基类与派生类之间的关系。

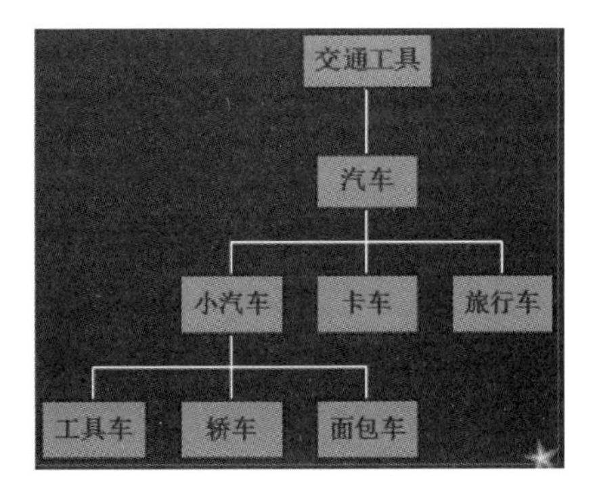

图 4-7 交通工具之间的层次关系

为了用软件语言对现实世界中的层次结构进行模型化,面向对象的程序设计技术引入了继承的概念。继承性是面向对象程序设计的主要特征之一,它可以实现重用代码,节省程序设计的时间。继承就是在类之间建立一种相交关系,使得新定义的派生类的实例可以继承已有的基类的特征和能力,而且可以加入新的特性或者是修改已有的特性建立起

类的新层次。

C#中提供了类的继承机制,但只支持单继承,而不支持多继承,即在C#中一次只允许继承一个类,不能同时继承多个类。C#中的继承符合下列规则:

- 继承是可传递的。如果C从B中派生,B又从A中派生,那么C不仅继承了B中声明的成员,同样也继承了A中的成员。Object类作为所有类的基类。
- 派生类应当是对基类的扩展。派生类可以添加新的成员,但不能除去已经继承的成员的定义。
- 构造函数和析构函数不能被继承。除此之外的其他成员,不论对它们定义了怎样的访问方式,都能被继承。基类中成员的访问方式只能决定派生类能否访问它们。
- 派生类如果定义了与继承而来的成员同名的新成员,就可以覆盖已继承的成员。但这并不因为派生类删除了这些成员,只是不能再访问这些成员。
- 类可以定义虚方法、虚属性以及虚索引指示器,它的派生类能够重写这些成员,从而实现类可以展示出多态性。

在C#语言中,可以采用以下方式来实现一个类从其他类继承:在声明类时,在类名称后放置一个冒号,然后在冒号后指定要从中继承的类(即基类)。例如:

```
public class A                              //基类
{
    public A() { }
}
public class B : A                          //派生类
{
    public B() { }
}
```

新类(即派生类)将获取基类的所有非私有数据和行为以及新类为自己定义的所有其他数据或行为。因此,新类具有两个有效类型:新类的类型和它继承的类的类型。

下列代码描述了图4-7中交通工具之间的继承关系。Vehicle作为基类,体现了汽车这个实体具有的公共性质:汽车都有轮子和重量。Car类继承了Vehicle的这些性质,并且添加了自身的特性:可以搭载乘客。

```
class Vehicle                               //定义交通工具(汽车)类
{
   protected int wheels ;                   //公有成员: 轮子个数
   protected float weight ;                 //保护成员: 重量
   public Vehicle( ){;}
   public Vehicle(int w,float g)
   {
       wheels = w ;
       weight = g ;
  }
  public void Speak( )
  {
    Console.WriteLine( "交通工具的轮子个数是可以变化的! " ) ;
  }
}
```

```
class Car:Vehicle                              //定义轿车类：从汽车类中继承
{
  int passengers ;                             //私有成员：乘客数
  public Car(int w, float g, int p) : base(w, g)
  {
       passengers = p ;
   }
 }
```

**1. 派生类对基类成员的访问**

定义一个类从其他类派生时，派生类隐式获得基类的除构造函数和析构函数以外的所有成员。派生类可以访问基类的公共成员，不能访问基类的私有成员。但是，所有这些私有成员在派生类中仍然存在，且执行与基类自身中相同的工作。为了解决基类成员访问问题，C#还提供了另外一种可访问行：protected。只有子类（派生类）才能访问 protected 成员，基类和外部代码都不能访问 protected 成员。

除了成员的保护级别外，还可以为成员定义其继承的行为。基类的成员可以是虚拟的（virtual），成员可以由继承它的类重写（Override）。子类（派生类）可以提供成员的其他执行代码，这种执行代码不会删除原来的代码，仍可以在类中访问原来的代码，但外部代码不能访问他们。如果没有提供其他执行方式，外部代码就直接访问基类中成员的执行代码。

另外，基类还可以定义为抽象类（abstract class）。抽象类不能直接实例化。抽象类的用途是提供多个派生类可共享的基类的公共定义。例如，类库可以定义一个作为其多个函数的参数的抽象类，并要求程序员使用该库通过创建派生类来提供自己的类实现。要使用抽象类就必须继承这个类，然后再实例化。

在 C#中使用 abstract 关键字来定义抽象类和抽象方法。抽象方法没有实现，所以方法定义后面是分号，而不是常规的方法块。抽象类的派生类必须实现所有抽象方法。当抽象类从基类继承虚方法时，抽象类可以使用抽象方法重写该虚方法。例如：

```
public class D
{
    public virtual void DoWork(int i)     { //Original implementation. }
}
public abstract class E : D
{
    public abstract override void DoWork(int i);
}

public class F : E
{
    public override void DoWork(int i)   { //New implementation. }
}
```

**2. 访问与隐藏基类成员**

1）访问基类成员

在派生类中，可以通过 base 关键字访问基类的成员，调用基类上已被其他方法重写的方法或者指定创建派生类实例时应调用的基类构造函数。但是，基类访问只能在构造函数、实例方法或实例属性访问器中进行。在静态方法中使用 base 关键字是错误的。下面程序中基类 Person 和派生类 Employee 都有一个名为 Getinfo 的方法。通过使用 base 关键字，可以从派生类中调用基类上的 Getinfo()方法。

```
public class Person                                //基类定义
{
   protected string ssn = "111-222-333-444" ;
   protected string name = "张三" ;
   public virtual void GetInfo()
   {
       Console.WriteLine("姓名: {0}", name) ;
       Console.WriteLine("编号: {0}", ssn) ;
   }
}
class Employee: Person                             //派生类定义
{
   public string id = "ABC567EFG23267" ;
   public override void GetInfo()
   {
     base.GetInfo();                               //调用基类的 GetInfo 方法
     Console.WriteLine("成员 ID: {0}", id) ;
   }
}
```

2）隐藏基类成员

使用 new 修饰符可以显式隐藏从基类继承的成员。若要隐藏继承的成员，请使用相同名称在派生类中声明该成员，并用 new 修饰符修饰它。例如：

```
public class MyBase                                //基类
{
public int x ;
public void MyVoke() ;
}
```

在派生类中用 MyVoke 名称声明成员会隐藏基类中的 MyVoke()方法，即：

```
public class MyDerived : MyBase
{
   new public void MyVoke();
}
```

但是，因为字段 x 不是通过类似名隐藏的，所以不会影响该字段。

**3. 密封类**

继承机制可以实现代码重用，但是如果滥用继承也会造成类的层次体系庞大，各个类之间的关系变得杂乱无章，从而影响类的理解和使用。为了防止一个类被继承，C#提出密封类(Sealed Class)的概念。

密封类在声明中使用 sealed 修饰符，这样就可以防止该类被其他类继承。如果试图将一个密封类作为其他类的基类，C#将提示出错。理所当然，密封类不能同时又是抽象类，因为抽象总是希望被继承的。

在哪些场合下使用密封类呢？密封类可以阻止其他程序员在无意中继承该类，而且密封类可以起到运行时优化的效果。实际上，密封类中不可能有派生类。如果密封类实例中存在虚成员函数，该成员函数可以转化为非虚的，函数修饰符 virtual 不再生效。例如：

```
abstract class A                              //抽象类 A
{
public abstract void F( ) ;
}
sealed class B: A                             //定义密封类 B,从 A 继承
{
  public override void F( ) { //F 的具体实现代码 }
}
```

如果我们尝试写下列代码：

```
class C: B{ }
```

C＃会指出这个错误，告诉你 B 是一个密封类，不能试图从 B 中派生任何类。

#### 4.3.3.2 多态性

多态性常被视为自封装和继承之后，面向对象的编程的第三个支柱。Polymorphism（多态性）是一个希腊词，指多种形态。在 C＃中，多态性是指同一操作作用于不同的类的实例，不同的类将进行不同的解释，最后产生不同的执行结果。C＃支持以下两种类型的多态性：

- 编译时的多态性。编译时的多态性是通过重载来实现的。对于非虚的成员来说，系统在编译时，根据传递的参数、返回的类型等信息决定实现何种操作。
- 运行时的多态性。运行时的多态性是指直到系统运行时，才根据实际情况决定实现何种操作。在 C＃中，运行时的多态性通过在派生类重写基类虚方法来实现。

虚方法允许以统一方式处理多组相关的对象。例如，假定有一个绘图应用程序，允许用户在绘图图面上创建各种形状。在编译时不知道用户将创建哪些特定类型的形状，但应用程序必须跟踪创建的所有类型的形状，并且必须更新这些形状以响应用户鼠标操作。可以使用多态性来解决这一问题。下面的示例演示了多态的用法。

**【例 4.3】** 新建控制台程序 Chapter0403，创建一个名为 Shape 的基类，并创建一些派生类，例如 Rectangle、Circle 和 Triangle。为 Shape 类提供一个名为 Draw 的虚方法，并在每个派生类中重写该方法以绘制该类表示的特定形状。创建一个 List < Shape >对象，并向该对象添加 Circle、Triangle 和 Rectangle。若要更新绘图图面，请使用 foreach 循环对该列表进行循环访问，并对其中的每个 Shape 对象调用 Draw 方法。虽然列表中的每个对象都具有声明类型 Shape，但调用的将是运行时类型（该方法在每个派生类中的重写版本）。

主要代码如下：

```
public class Shape
 {
   public virtual void Draw()                  //定义虚方法
    {
        Console.WriteLine("完成基类的画图任务!");
```

```
        }
    }

    class Circle : Shape
    {
        public override void Draw()                    //重写虚方法
        {
            //画圆的代码
            Console.WriteLine("正在绘制圆形!");
            base.Draw();
        }
    }
    class Rectangle : Shape
    {
        public override void Draw()
        {
            //画矩形代码
            Console.WriteLine("正在绘制矩形!");
            base.Draw();
        }
    }
    class Triangle : Shape
    {
        public override void Draw()
        {
            //多边形代码
            Console.WriteLine("正在绘制多边形!");
            base.Draw();
        }
    }

    class Program
    {
        static void Main(string[] args)
        {
            System.Collections.Generic.List<Shape> shapes = new System.Collections.Generic.
List<Shape>();
            shapes.Add(new Rectangle());
            shapes.Add(new Triangle());
            shapes.Add(new Circle());
            //多态机制：调用每个派生类重写的虚方法
            foreach (Shape s in shapes)
            {
                s.Draw();
            }
            Console.ReadKey();
        }
    }
```

程序的运行结果如图 4-8 所示。

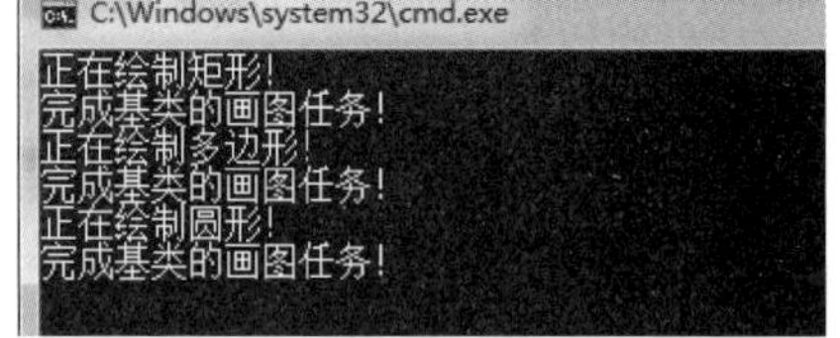


图 4-8　程序 Chapter0403 的运行结果

仅当基类成员声明为 virtual 或 abstract 时，派生类才能重写基类成员。派生成员必须使用 override 关键字显式指示该方法将参与虚调用。字段不能是虚拟的，只有方法、属性、事件和索引器才可以是虚拟的。当派生类重写某个虚拟成员时，即使该派生类的实例被当作基类的实例访问，也会调用该成员。例如：

```
public class BaseClass                          //基类定义
{
    public virtual void DoWork() { }
    public virtual int WorkProperty
    {
        get { return 0; }
    }
}
public class DerivedClass : BaseClass           //派生类定义
{
    public override void DoWork() { }
    public override int WorkProperty
    {
        get { return 0; }
    }
}
//实例化对象
DerivedClass B = new DerivedClass();
B.DoWork();                                     //调用新方法

BaseClass A = (BaseClass)B;
A.DoWork();                                     //也调用新方法
```

如果希望派生成员具有与基类中的成员相同的名称，但又不希望派生成员参与虚调用，则可以使用 new 关键字。new 关键字放置在要替换的类成员的返回类型之前。通过将派生类的实例强制转换为基类的实例，仍然可以从客户端代码访问隐藏的基类成员。例如：

```
public class BaseClass
{
    public void DoWork() { WorkField++; }
    public int WorkField;
    public int WorkProperty
    {
        get { return 0; }
    }
}

public class DerivedClass : BaseClass
{
    public new void DoWork() { WorkField++; }
    public new int WorkField;
    public new int WorkProperty
    {
        get { return 0; }
    }
```

```
}
DerivedClass B = new DerivedClass();
B.DoWork();                                  //调用新方法

BaseClass A = (BaseClass)B;
A.DoWork();                                  //调用老方法
```

#### 4.3.3.3 接口

C#不支持多重继承,但是客观世界出现多重继承的情况又比较多。为了避免传统的多重继承给程序带来的复杂性等问题,C#提出了接口的概念。通过接口可以实现多重继承的功能。

接口包含类或结构可以实现的一组相关功能的定义,实现接口的类或结构要与接口的定义严格一致。接口中只能包含方法、属性、索引器和事件的声明,不允许声明成员上的修饰符,即使是 pubilc 都不行,因为接口成员总是公有的,也不能声明为虚拟和静态的。如果需要修饰符,最好让实现类来声明。在 C#中,可以使用 interface 关键字定义接口,具体语法如下:

```
修饰符 interface 接口名称: 继承的接口列表
{
//接口内容;
}
```

其中,除 interface 和接口名称,其他的都是可选项。例如,下列代码声明了银行账户的接口:

```
public interface IBankAccount
{
    void PayIn(decimal amount);
    bool Withdraw(decimal amount);
    decimal Balance    {   get;    }
}
```

接口也可以彼此继承,就像类的继承一样。例如,声明一个接口 ITransferBank Account,它继承于 IBankAccount 接口:

```
interface ITransferBankAccount : IBankAccount
{
    bool TransferTo(IBankAccount destination, decimal amount);
}
```

类和结构可以像类继承基类或结构一样从接口继承,而且可以继承多个接口。当类或结构继承接口时,它继承成员定义但不继承实现。若要实现接口成员,类中的对应成员必须是公共的、非静态的,并且与接口成员具有相同的名称和签名。类的属性和索引器可以为接口上定义的属性或索引器定义额外的访问器。例如,接口可以声明一个带有 get 访问器的属性,而实现该接口的类可以声明同时带有 get 和 set 访问器的同一属性。但是,如果属性或索引器使用显式实现,则访问器必须匹配。

接口可以继承其他接口。类可以通过其继承的基类或接口多次继承某个接口。在这种情况下，如果将该接口声明为新类的一部分，则类只能实现该接口一次。如果没有将继承的接口声明为新类的一部分，其实现将由声明它的基类提供。基类可以使用虚拟成员实现接口成员，在这种情况下，继承接口的类可通过重写虚拟成员来更改接口行为。

下面的例子说明了接口的用法。一个银行账户的接口(声明如上文所述)，两个不同银行账户的实现类，都继承于这个接口。两个账户类类的定义如下：

```
//定义账户类 SaverAccount
class SaverAccount : IBankAccount
{
    private decimal balance;
    public decimal Balance
    {
        get    { return balance;  }
    }
    public void PayIn(decimal amount)
   {
      balance += amount;
   }
   public bool Withdraw(decimal amount)
   {
         if (balance >= amount)
         {
             balance -= amount;
             return true;
        }
   Console.WriteLine("Withdraw failed.");
   return false;
  }
    public override string ToString()
    {
        return String.Format("Venus Bank Saver:Balance = {0,6:C}", balance);
    }
}
//定义账户类 GoldAccount
class GoldAccount : IBankAccount
{
  private decimal balance;
  public decimal Balance
 {
    get   {   return balance;   }
 }
 public void PayIn(decimal amount)
 {
    balance += amount;
  }
 public bool Withdraw(decimal amount)
 {
   if (balance >= amount)
   {
   balance -= amount;
```

```
return true;
}
Console.WriteLine("Withdraw failed.");
return false;
}
public override string ToString()
{
   return String.Format("Jupiter Bank Saver:Balance = {0,6:C}", balance);
}
}
```

可见,这两个实现类多继承了 IBankAccount 接口,因此它们必须要实现接口中的所有声明的方法。要不然,编译就会出错。通过下面的测试代码来测试一下:

```
static void Main(string[] args)
{
  IBankAccount venusAccount  =  new SaverAccount();
  IBankAccount jupiterAccount  =  new GoldAccount ();
   venusAccount.PayIn(200);
   jupiterAccount.PayIn(500);
  Console.WriteLine(venusAccount.ToString());
   jupiterAccount.PayIn(400);
   jupiterAccount.Withdraw(500);
   jupiterAccount.Withdraw(100);
   Console.WriteLine(jupiterAccount.ToString());
}
```

请注意开头两句,我们把它们声明为 IBankAccount 引用的方式,而没有声明为类的引用,为什么呢? 因为,这样我们就可以让它指向执行这个接口的任何类的实例,比较灵活。但这样也有缺点,如果我们要执行不属于接口的方法,例如这里重载的 ToString()方法,就要先把接口的引用强制转换成合适的类型。

### 4.3.4 拓展与提高

设计一个抽象基类 Worker,并从该基类中派生出计时工人类 HourlyWorker 和计薪工人类 SalariedWorker。每名工人都具有姓名 name、年龄 age、性别 sex 和小时工资额 pay_per_hour 等属性和周薪计算成员函数 void Compute_pay(double hours),其中,参数 hours 为每周的实际工作时数。工人的薪金等级以小时工资额划分:计时工人的薪金等级分为每小时 10 元、20 元和 40 元三个等级;计薪工人的薪金等级分为每小时 30 元和 50 元两个等级。

不同类别和等级工人的周薪计算方法不同,计时工人周薪的计算方法是:如果每周的工作时数(hours)在 40 小时以内,则周薪=小时工资额×实际工作时数;如果每周的工作时数(hours)超过 40 小时,则周薪=小时工资额×40+1.5×小时工资额×(实际工作时数-40)。

而计薪工周薪的计算方法是:如果每周的实际工作时数不少于 35 小时,则按 40 小时计周薪(允许有半个工作日的事/病假),超出 40 小时部分不计薪,即周薪=小时工资额×40;如果每周的实际工作时数少于 35 小时(不含 35 小时),则周薪=小时工资额×实际工作时数+0.5×小时工资额×(35-实际工作时数)。

要求：

定义 Worker、HourlyWorker 和 SalariedWorker 类，并实现它们的不同周薪计算方法。

在主函数 main()中使用 HourlyWorker 和 SalariedWorker 类完成如下操作：

(1) 通过控制台输入、输出操作顺序完成对 5 个不同工人的基本信息(姓名、年龄、性别、类别和薪金等级)的注册。注意，5 个工人应分属于两类工人的 5 个等级。

(2) 通过一个菜单结构实现在 5 个工人中可以任意选择一个工人，显示该工人的基本信息，根据每周的实际工作时数(通过控制台输入)计算并显示该工人的周薪，直至选择退出操作。

## 4.4 委托和事件

### 4.4.1 任务描述：对象数组的排序

冒泡排序是计算机科学中常见的一种排序算法。通常情况下，排序是在简单数据(如整数、字符)中进行的。如果要实现任何对象数组的排序，就需要委托(Delagate)来实现。在.NET Framework 中，任何类或对象中的方法都可以通过委托来调用。本任务实现一个基于委托的对象数组冒泡排序算法，程序的运行结果如图 4-9 所示。

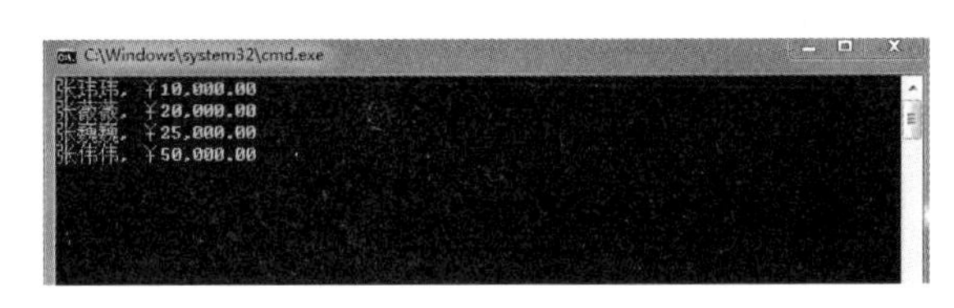


图 4-9 对象数组冒泡排序

### 4.4.2 任务实现

(1) 启动 Visual Studio 2013，新建控制台项目 Project0404，将 Program.cs 文件修改为以下列代码：

```
//定义委托类型
delegate bool Comparison(object x, object y);
class Program
{
static void Main(string[] args)
{
  Employee[] employees = {
        new Employee("张薇薇", 20000), new Employee("张玮玮", 10000),
        new Employee("张巍巍", 25000), new Employee("张伟伟", 50000) };
  //对象排序
  BubbleSorter.Sort(employees, Employee.CompareSalary);
  foreach (var employee in employees)
  {
      Console.WriteLine(employee); //输出对象
  }
  Console.ReadKey();
```

```
        }
      }
        //冒泡排序类
        class BubbleSorter
        {
         static public void Sort(object[] sortArray, Comparison comparison)
         {
            for (int i = 0; i < sortArray.Length; i++)
            {
                for (int j = i + 1; j < sortArray.Length; j++)
                {
                    if (comparison(sortArray[j], sortArray[i]))
                    {
                        object temp = sortArray[i];
                        sortArray[i] = sortArray[j];
                        sortArray[j] = temp;
                    }
                }
            }
         }
       }
    class Employee                                    //员工类定义
    {
        private string name;
        private decimal salary;
        //构造函数
        public Employee(string name, decimal salary)
        {
            this.name = name;
            this.salary = salary;
        }
        public override string ToString()
        {
            return string.Format("{0}, {1:C}", name, salary);
        }
     //薪资比较方法
      public static bool CompareSalary(object x, object y)
      {
          Employee e1 = (Employee)x;
          Employee e2 = (Employee)y;
          return (e1.salary < e2.salary);
      }
    }
```

(2) 按Ctrl+F5组合键运行程序,即可获得图4-9所示结果。

### 4.4.3 知识链接

委托和事件在.NET Framework中的应用非常广泛。委托是方法的引用,使用委托可以实现将方法本身作为参数进行传递。事件则是对象在运行过程中遇到的一些特殊事情,是一种封装的委托。下面对这两个概念进行介绍和分析。

#### 4.4.3.1 委托

在C#中,委托(Delegate)是一种引用类型,它实际上是一个能够持有对某个方法的引用的类，在委托对象中存放的不是对数据的引用，而是存放对方法的引用。通过使用委托把方法的引用封装在委托对象中，然后将委托对象传递给调用引用方法的代码。与其他的类不同，Delegate 类能够拥有一个签名(Signature)，并且只能持有与它的签名相匹配的方法的引用。它所实现的功能与 C/C++ 中的函数指针十分相似。它允许传递一个类 A 的方法 m 给另一个类 B 的对象，使得类 B 的对象能够调用这个方法 m。

**1. 委托类型的声明语法**

委托类型的声明语法如下：

```
delegate  <返回类型>  <委托名> (<参数列表>)
```

其中，参数列表用来指定委托所匹配的方法的参数列表，是可选项，而返回值类型和委托名是必须项。下面的例子定义了一个委托 CheckDelegate：

```
public delegate void CheckDelegate(int number);
```

**2. 委托的实例化**

委托在 .NET 内相当于声明了一个类。类如果不实例化为对象，很多功能没有办法使用，委托也是如此。委托实例化的语法格式如下：

```
<委托类型>  <实例化名> = new <委托类型>(<注册函数>)
```

下面的代码用函数 CheckMod 实例化上面的 CheckDelegate 委托为_checkDelegate：

```
CheckDelegate _checkDelegate = new CheckDelegate(CheckMod);
```

从 .NET 2.0 开始可以直接用匹配的函数实例化委托：

```
<委托类型>  <实例化名> = <注册函数>。
```

例如，用函数 CheckMod 实例化上面的 CheckDelegate 委托为_checkDelegate，也可以采用下列代码：

```
CheckDelegate _checkDelegate = CheckMod;
```

实例化委托对象以后，就可以像使用其他类型一样来使用委托，既可以把方法作为实体变量赋给委托，也可以将方法作为委托参数来传递。在上面的例子中现在执行 _checkDelegate()就等同于执行 CheckMod()，最关键的是现在函数 CheckMod 相当于放在了变量当中，它可以传递给其他的 CheckDelegate 引用对象，而且可以作为函数参数传递到其他函数内，也可以作为函数的返回类型。

**3. 用匿名函数初始化委托**

为了初始化委托要定义一个函数感觉有点麻烦，另外被赋予委托的函数一般都是通过委托实例来调用，很少会直接调用函数本身。在 .NET 2.0 的时候考虑到这种情况，于是匿名函数就诞生了。由于匿名函数没有名字，因此必须要用一个委托实例来引用它，定义匿名函数就是为了初始化委托。匿名函数初始化委托的原型如下：

```
<委托类型>  <实例化名> = new <委托类型>(delegate(<函数参数>){函数体});
```

当然，在 .NET2.0 后可以用：

```
<委托类型> <实例化名> = delegate(<函数参数>){函数体};
```

例如：



```
delegate void Func1(int i);
static Func1 t1  = new Func1(delegate(int i)  {  Console.WriteLine(i);  });
```

下面的程序代码说明了委托的定义与使用方法。首先定义一个类，在该类中定义了个方法求两个数的最大值和最小值。具体代码如下：

```
class TestClass
 {
      public void Max(int a, int b)
      {
          Console.WriteLine("now call max({0},{1})",a,b);
          int t  =  a > b?a:b;
          Console.WriteLine(t);
      }
      public void Min(int a, int b)
      {
          Console.WriteLine("now call min({0},{1})",a,b);
          int t  =  a < b?a:b;
          Console.WriteLine(t);
      }
 }
```

在主函数中定义并实例化委托来调用这两个方法，输出两个数的最大值和最小值。具体代码如下：

```
Class Program
{
public delegate void MyDelegeate(int a, int b); //定义一个委托用来引用 max,min
static void Main(string[ ] args)
{
  TestClass tc = new TestClass();
  int i  =  10;
  int j  =  55;
  MyDelegeate my = tc.Max;
  my(I,j);
  my = tc.Min;
  my(I,j);
  Console.ReadLine();
 }
}
```

图 4-10　委托用法程序的运行效果

程序的运行结果如图 4-10 所示。

**注意**：任何类或对象中方法都可以通过委托来调用，唯一的要求是方法的参数类型和返回值必须与委托的参数类型和返回值完全匹配。

#### 4.4.3.2　事件

事件(Event)可以理解为某个对象所发出的消息，以通知特定动作(行为)的发生或状态的改变。行为的发生可能是来自用户交互,如鼠标单击;也可能源自其他的程序逻辑。在这里,触发事件的对象被称为事件(消息)发出者(Sender),捕获和响应事件的对象被称为事件接收者。

在事件(消息)通信中,负责事件发起的类对象并不知道哪个对象或方法会接收和处理(Handle)这一事件。这就需要一个中介(类似指针处理的方式),在事件发起者与接收者之间建立关联。这个中介就是委托。无论哪种应用程序模型,事件在本质上都是利用委托来实现的。

**1. 事件的声明**

由于事件是利用委托来实现的,因此,在声明事件之前,需要先定义一个委托。例如:

```
public delegate void MyEventHandler();
```

定义了委托以后,就可以用 event 关键字声明事件。例如:

```
public event MyEventHandler handler;
```

若要引发该事件,可以定义引发该事件时要调用的方法。例如:

```
public void onHandler  {  handler();  }
```

在程序中,可以通过+=或者-=运算符向事件添加委托,来注册或取消对应的事件。例如:

```
myEvent.Handler += new MyEventHandler(myEvent.Method);
myEvent.Handler -= new MyEventHandler(myEvent.Method);
```

**2. 通过事件使用委托**

事件在类中声明且生成,且通过使用同一个类或其他类中的委托与事件处理程序关联。包含事件的类用于发布事件。这被称为发布器(Publisher)类。其他接受该事件的类被称为订阅器(Subscriber)类。事件使用发布-订阅(Publisher-Subscriber)模型。

发布器是一个包含事件和委托定义的对象。事件和委托之间的联系也定义在这个对象中。发布器类的对象调用这个事件,并通知其他对象。

订阅器是一个接受事件并提供事件处理程序的对象。在发布器类中的委托调用订阅器类中的方法(事件处理程序)。

根据上面的描述和委托的含义,使用自定义事件,需要完成以下步骤:

(1) 声明(定义)一个委托类(型),或使用.NET 程序集提供的委托类(型);

(2) 在一个类(事件定义和触发类,即事件发起者 Sender)中声明(定义)一个事件绑定到该委托,并定义一个用于触发自定义事件的方法;

(3) 在事件响应类(当然发起和响应者也可以是同一个类,不过一般不会这样处理)中定义与委托类型匹配的事件处理方法;

(4) 在主程序中订阅事件(创建委托实例,在事件发起者与响应者之间建立关联)。

(5) 在主程序中触发事件。

下面通过具体的例子来说明如何定义事件和自动引发事件。

**【例 4.4】** 自定义事件示例。启动 Visual Studio 2013,新建控制台项目 Chapter0404,

修改 Program.cs,添加如下代码:

```
public delegate void MyDelegate(string name);
public class PersonManager
{
    public event MyDelegate MyEvent;
    //执行事件
    public void Execute(string name)
    {
        if (MyEvent != null)
            MyEvent(name);
    }
}
class Program
{
    static void Main(string[] args)
    {
        PersonManager personManager = new PersonManager();
        //绑定事件处理方法
        personManager.MyEvent += new MyDelegate(GetName);
        personManager.Execute("Leslie");
        Console.ReadKey();
    }
    public static void GetName(string name)
    {
        Console.WriteLine("My name is " + name);
    }
}
```

程序的运行结果如图 4-11 所示。

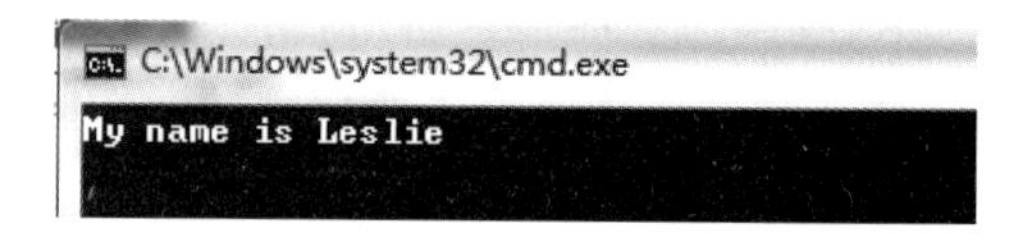


图 4-11 程序 Chapter0404 的运行结果

**3. 具有标准签名的事件**

在实际的应用开发中,绝大多数情况下,实际上使用的都是具有标准签名的事件。具有标准签名的事件的格式为:

```
public delegate void MyEventHandler(object sender, MyEventArgs e);
```

其中的两个参数,sender 代表事件发送者,e 是事件参数类。MyEventArgs 类用来包含与事件相关的数据,所有的事件参数类都必须从 System.EventArgs 类派生。当然,如果你的事件不含参数,那么可以直接用 System.EventArgs 类作为参数。

下面通过一个具体的例子来说明具有标准签名的事件的用法。具体步骤如下:

(1) 定义一事件类用来存储消息,代码如下:

```
//定义事件引发时,需要传的参数
class NewMailEventArgs:EventArgs
{
    private readonly string m_from;
    private readonly string m_to;
    private readonly string m_subject;
    public NewMailEventArgs(string from, string to, string subject)
```

```
    {
        m_from = from;
        m_to = to;
        m_subject = subject;
    }
    public string From      {   get{return m_from;}   }
    public string To        {   get{return m_to;}     }
    public string Subject   {   get{return m_subject;}   }
}
```

(2) 定义提供事件的类，代码如下：

```
delegate void NewMailEventHandler(object sender, NewMailEventArgs e); //事件所用的委托
class MailManager                                                    //提供事件的类
{
    public event NewMailEventHandler NewMail;
    //通知已订阅事件的对象
    protected virtual void OnNewMail(NewMailEventArgs e)
    {
        NewMailEventHandler temp = NewMail; //MulticastDelegate 一个委托链表
        //通知所有已订阅事件的对象
        if(temp != null)
            temp(this,e);          //通过事件 NewMail(一种特殊的委托)逐一回调客户端的方法
     }
    //提供一个方法,引发事件
    public void SimulateNewMail(string from, string to, string subject)
    {
        NewMailEventArgs e = new NewMailEventArgs(from,to,subject);
        OnNewMail(e);
    }
  }
```

(3) 定义使用事件的类，代码如下：

```
class Fax
{
    public Fax(MailManager mm)
    {                                   //订阅
         mm.NewMail += new NewMailEventHandler(Fax_NewMail);
    }
    private void Fax_NewMail(object sender, NewMailEventArgs e)
    {
        Console.WriteLine("Message arrived at Fax...");
        Console.WriteLine("From = {0}, To = {1}, Subject = '{2}'",e.From,e.To,e.Subject);
    }
    public void Unregister(MailManager mm)
    {
        mm.NewMail -= new NewMailEventHandler(Fax_NewMail);
    }
```

```
    }
    class Print
    {
        public Print(MailManager mm)
        {                           //Subscribe,在 mm.NewMail 的委托链表中加入 Print_NewMail 方法
            mm.NewMail += new NewMailEventHandler(Print_NewMail);
        }
        private void Print_NewMail(object sender, NewMailEventArgs e)
        {
            Console.WriteLine("Message arrived at Print…");
            Console.WriteLine("From = {0}, To = {1}, Subject = '{2}'",e.From,e.To,e.Subject);
        }
        public void Unregister(MailManager mm)
        {
            mm.NewMail -= new NewMailEventHandler(Print_NewMail);
        }
    }
```

(4) 在主方法中,输入如下代码:

```
MailManager mm = new MailManager();
 if(true)
 {
    Fax fax = new Fax(mm);
    Print prt = new Print(mm);
 }
 mm.SimulateNewMail("Zeng Xianquan","Cao Yusong","事件测试");
 Console.ReadLine();
```

运行该程序,结果如图 4-12 所示。

```
C:\Windows\system32\cmd.exe
Message arrived at Fax...
From=Zeng Xianquan, To=Cao Yusong, Subject='事件测试'
Message arrived at Print...
From=Zeng Xianquan, To=Cao Yusong, Subject='事件测试'
```

图 4-12 程序运行结果

### 4.4.4 拓展与提高

委托和事件应该是 C# 在 C++ 等之前的非托管的语言提出的一个新的术语。“旧瓶装新酒”这样的描述似乎有些贬义,但确实是这样。委托和事件的最初的起源是 C/C++ 中的函数指针,但委托和事件是面向对象的、类型安全的、可靠的受控对象。以下是网络上的一些资源,读者可参考这些资源进一步理解委托和事件的用法,提高程序设计技能。

(1) http://www.tracefact.net/CSharp-Programming/Delegates-and-Events-in-CSharp.aspx。

(2) http://www.cnblogs.com/leslies2/archive/2012/03/22/2389318.html。

(3) http://www.akadia.com/services/dotnet_delegates_and_events.html。

## 4.5 知识点提炼

(1) 面向对象编程是软件开发的一种新思想、新方法，其精要是“一切皆为对象”。面向对象的基本特征是封装性、继承性和多态性。

(2) 类是对象概念在面向对象编程语言中的反映。类描述了一系列在概念上有相同含义的对象，并为这些对象统一定义了编程语言的属性和方法。

(3) 类是一种数据结构，它可以包含字段、函数成员(方法、属性、事件、索引器、构造函数和析构函数)和嵌套类型。

(4) 对象是具有数据、行为和标识的编程结构，是类具体实例，是面向对象程序的重要组成部分。应用程序通过调用对象的方法来进行对象之间的通信，完成计算任务。

(5) 字段、属性和索引器是类中用来存储数据的重要成员。字段是成员变量，属性提供了一种安全访问对象数据的机制，索引器是“聪明”的数组，是一种特殊的属性。

(6) 继承和多态是面向对象的两个重要支柱。继承机制可以实现代码重用，多态机制使不同的对象对同一行为可以做出不同的反应。

(7) 委托是一种引用类型，它存储方法的引用。事件是一种受限的委托。当触发某个事件时，事件被转交给委托，委托再转交给事件处理方法进行处理。

# 第5章 Windows 应用程序开发基础

在微软的 Windows 环境中，主流的应用程序都是 Windows 窗体应用程序，如记事本、画图、计算器和写字板等。这类程序提供了友好的操作界面，完全可视化的操作，容易让用户理解，使用起来简单方便。本章将向读者介绍利用 C# 语言开发 Windows 应用程序的基础知识。通过阅读本章内容，读者可以：

- 了解 Windows Form 窗体的基本概念。
- 掌握窗体的常用属性、事件和方法。
- 了解 Windows 应用程序的执行流程。
- 掌握常用文本类控件的用法。
- 掌握常用选择类控件的用法。

## 5.1 Windows 应用程序基本结构

### 5.1.1 任务描述：学生成绩管理系统主窗体的设计

在学生成绩管理系统中，用户成功登录系统后，系统将显示一个主窗体。本情景完成学生成绩管理系统的主界面的初步设计，如图 5-1 所示。

图 5-1 学生成绩管理系统的主界面

## 5.1.2 任务实现

(1) 启动 Visual Studio 2013，在菜单栏中选择“文件”|“新建”|“项目”命令，打开“新建项目”对话框，如图 5-2 所示。在应用程序模板中选择“Windows 窗体应用程序”，在“名称”栏中输入应用程序名称 GradeManagement，选择保存位置后，单击“确定”按钮，创建一个 Windows 窗体应用程序。

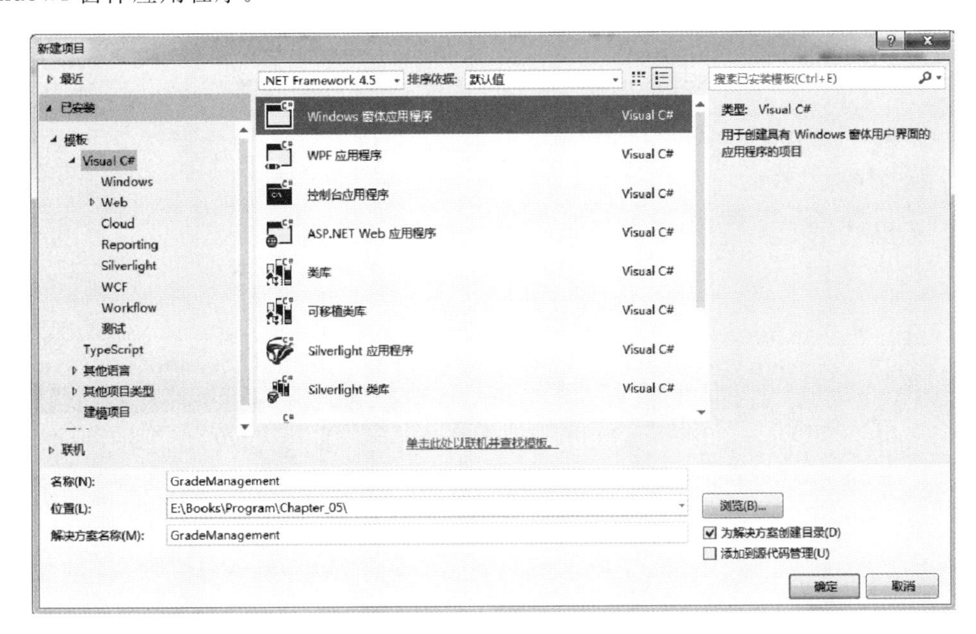


图 5-2 新建 Windows 项目

(2) 选中窗体，右击，在弹出的快捷菜单中选择“属性”命令，打开窗体属性面板，按照表 5-1 设置窗体的属性。

**表 5-1 学生成绩管理系统窗体属性设置表**

| 属性 | 属性值 | 说明 |
|---|---|---|
| (Name) | MainForm | 窗体名称 |
| StartPosition | CenterScreen | 窗体显示位置 |
| Text | 学生成绩管理系统 | 窗体的标题 |

## 5.1.3 知识链接

### 5.1.3.1 什么是窗体

**1. 窗体的概念**

在 Windows 应用程序中，窗体(Form)是屏幕上与一个应用程序相对应的矩形区域，是用户与产生该窗口的应用程序之间的可视界面，是 Windows 窗体应用程序的基本单元。每当用户开始运行一个应用程序时，应用程序就创建并显示一个窗口。当用户操作窗口中的对象时，程序会做出相应反应。用户通过关闭一个窗口来终止一个程序的运行；通过选择相应的应用程序窗口来选择相应的应用程序。窗体都具有自己的特征,开发人员可以通过编程方式来设置。

通常一个新建的窗体包含一些基本的组成元素,如图标、标题、位置、背景等。设置这些要素可以通过窗体的属性面板进行设置,也可以通过代码实现。为了快速开发Windows窗体应用程序,通常都是通过属性面板进行设置的。Visual Studio 2013开发环境中默认窗体及属性面板如图5-3所示。

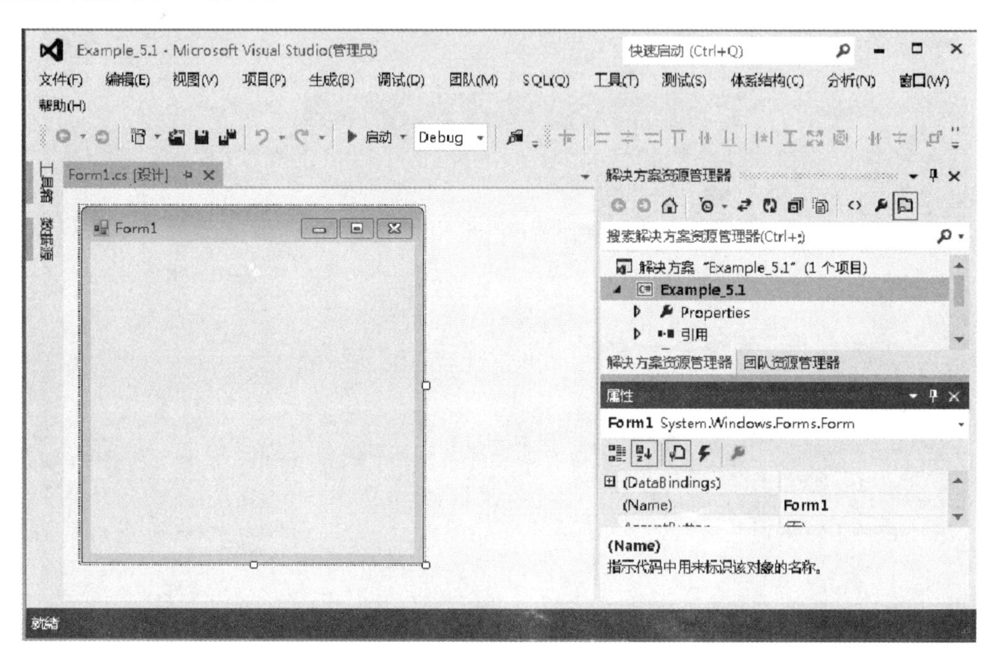


图5-3 Visual Studio 2013开发环境中默认窗体及属性面板

在C#中,窗体可分为单文档(Single Document Interface,SDI)窗体和多文档(Multiple Document Interface,MDI)窗体。单文档窗体又分为模式窗体和无模式窗体。模式窗体在屏幕上显示后用户必须响应,只有在它关闭后才能操作其他窗体或程序。而无模式窗体在屏幕上显示后用户可以不必响应,可以随意切换到其他窗体或程序进行操作。通常情况下,当建立新的窗体时,都默认设置为无模式窗体。多文档窗体用于同时显示多个文档,每个文档显示在各自的窗体中,如Word和Photoshop等Windows应用程序。

**2. 添加和删除窗体**

一个完整的Windows应用程序是由多个窗体组成。多窗体即是向项目中添加多个窗体,在这些窗体中实现不同的功能。

如果要向一个项目中添加一个新窗体,可在项目名称上右击,在弹出的快捷菜单中选择“添加”|“Windows窗体”或者“添加”|“新建项”命令,如图5-4所示。在打开的“添加新项”对话框中,选中“Windows窗体”,输入相应的窗体名称,单击“添加”按钮,即可向项目中添加一个新的窗体。

删除窗体时,只需要在需要删除的窗体名称上右击,在弹出的快捷菜单中选择“删除”命令,即可将窗体删除。

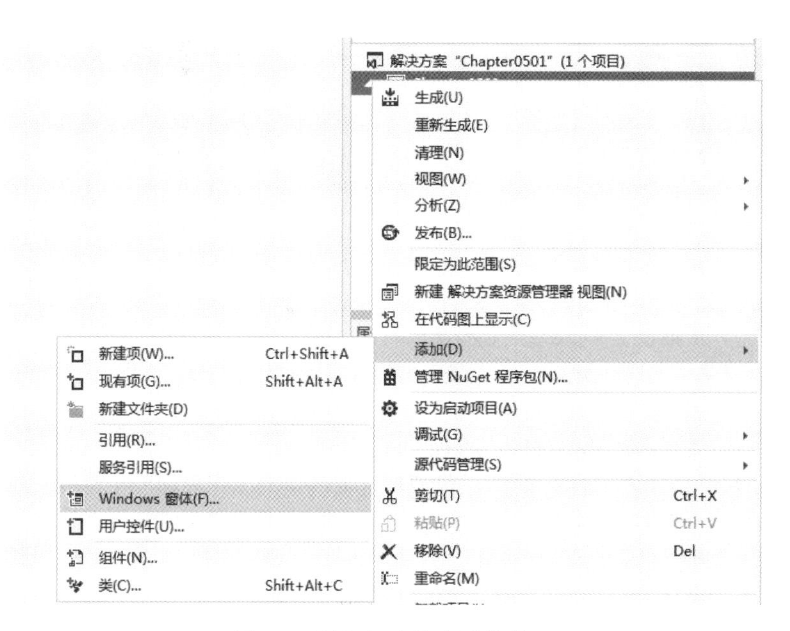


图 5-4 添加新窗体右键菜单

**3. 设置启动窗体**

当在应用程序中添加了多个窗体后,默认情况下,应用程序中的第一个窗体被自动指定为启动窗体。在应用程序开始运行时,此窗体就会首先显示出来。如果想实现在应用程序启动时,显示别的窗体,就需要设置启动窗体。项目的启动窗体是在 Program.cs 文件中设置的,在 Program.cs 文件中改变 Run()方法的参数,即可实现设置启动窗体。Application.Run()方法在当前线程上开始运行标准应用程序消息循环,并使指定窗体可见。其语法格式如下:

```
Application.Run(Form);
```

例如,下列代码设置登录窗体 LoginForm 为启动窗体:

```
Application.Run(new  LoginForm());  //设置启动窗体
```

### 5.1.3.2 认识窗体类

在.NET 环境中,窗体也是对象,窗体类定义了生成窗体的模板,每实例化一个窗体类,就产生一个窗体。.NET Framework 类库的 System.Windows.Forms 命名空间中定义的 Form 类是所有窗体类的基类。编写窗体应用程序时,首先要设计窗体的外观和在窗体中添加控件或组件。虽然可以通过编写代码来实现,但是不直观,也不方便,而且很难精确地控制界面。如果要编写窗体应用程序,推荐使用集成开发环境 Visual Studio 2013。Visual Studio 2013 提供了一个图形化的可视化窗体设计器,可以实现所见即所得的设计效果,以便快速开发窗体应用程序。

**1. 窗体的属性**

窗体都包含一些基本的组成要素,包括图标、标题、位置和背景等属性。窗体的属性决定了窗体的外观和操作,表 5-2 给出了 Windows 窗体的常用属性及其说明。

表 5-2 Windows 窗体的常用属性及其说明

| 属 性 | 说 明 |
|---|---|
| Name | 用来获取或设置窗体的名称。窗体的名称是用来标识该对象的属性的。任何对窗体的引用都需要使用窗体名称(在实际代码中引用属性时如果省略,默认为窗体名)。对象名不同于其他属性,在代码中窗体名称是不能修改的,只能在设计阶段设置对象名,在程序代码中通过对象名来引用对象及其属性、方法和事件 |
| WindowState | 用来获取或设置窗体的窗口状态。其属性有 Normal (正常,缺省值)、Minimized(最小化)和 Maximized (最大化) |
| StartPosition | 用来获取或设置运行时窗体的起始位置 |
| Text | 是一个字符串属性,用来设置或返回在窗口标题栏中显示的文字 |
| Width | 用来获取或设置窗体的宽度 |
| Heigth | 用来获取或设置窗体的高度 |
| Left | 用来获取或设置窗体的左边缘的 x 坐标(以像素为单位) |
| Top | 用来获取或设置窗体的上边缘的 y 坐标(以像素为单位) |
| ControlBox | 用来获取或设置一个值,该值指示在该窗体的标题栏中是否显示控制框。控制框可以包含 Minimize 按钮、Maximize 按钮、Help 按钮和 Close 按钮 |
| MaximumBox | 用来获取或设置一个值,该值指示是否在窗体的标题栏中显示最大化按钮 |
| MinimizeBox | 用来获取或设置一个值,该值指示是否在窗体的标题栏中显示最小化按钮 |
| Enabled | 用来获取或设置一个值,该值指示控件是否可以对用户交互作出响应。如果控件可以对用户交互作出响应,则为 true;否则为 false。默认值为 true |
| Font | 用来获取或设置控件显示的文本的字体。Font 属性实际上是返回一个 Font 对象,然后通过设置 Font 的属性来改变对象的字体 |
| ForeColor | 用来获取或设置控件的前景色 |
| ShowInTaskbar | 用来获取或设置一个值,该值指示是否在 Windows 任务栏中显示窗体 |
| Visible | 获取或设置一个值,该值指示是否显示该窗体或控件。该属性只有在运行阶段才起作用 |
| IsMdiChild | 获取一个值,该值指示该窗体是否为多文档界面(MDI)子窗体 |
| IsMdiContainer | 获取或设置一个值,该值指示窗体是否为多文档界面(MDI)中的子窗体的容器 |
| MdiParent | 用来获取或设置此窗体的当前多文档界面(MDI)父窗体 |
| Icon | 用来获取或设置窗体的图标 |
| FormBorderStyle | 设置窗体边框的外观、以前称窗体的风格 |
| ContextMenu | 用来获取或设置与控件关联的快捷菜单 |
| Opacity | 用来获取或设置窗体的不透明度,其默认值为 100% |
| AcceptButton | 用来获取或设置一个值,该值是一个按钮的名称,当用户按 Enter 键时就相当于单击了窗体上的该按钮。注意:窗体上必须至少有一个按钮时,才能使用该属性 |
| CancelButton | 用来获取或设置一个值,该值是一个按钮的名称,当用户按 Esc 键时就相当于单击了窗体上的该按钮 |
| BackColor | 用来获取或设置窗体的背景色。用户可以直接在背景属性文本框中输入颜色值,也可以通过系统颜色列表和调色板来选择。系统颜色列表和调色板可以通过单击文本框右侧的下拉箭头显示出来 |
| AutoScroll | 用来获取或设置一个值,该值指示窗体是否实现自动滚动 |
| BackgroundImage | 用来获取或设置窗体的背景图像 |
| KeyPreview | 用来获取或设置一个值,该值指示在将按键事件传递到具有焦点的控件前,窗体是否将接收该事件。值为 true 时,窗体将接收按键事件,值为 false 时,窗体不接收按键事件 |

设置窗体的属性可以通过窗体的“属性”面板进行设置，也可以通过代码实现。例如，下面的代码将窗体的位置设置为在父窗体的中间显示。

```
this.StartPosition = FormStartPosition.CenterParent;
```

为了快速开发窗体应用程序，通常都是通过“属性”面板设置窗体的属性。

**2. 窗体的常用方法、事件**

窗体的常用方法及其说明如表 5-3 所示。

**表 5-3　窗体的常用方法及其说明**

| 方　　法 | 说　　明 |
|---|---|
| Activate() | 激活窗体并给予它焦点。其调用格式为：窗体名. Activate()； |
| Close() | 关闭窗体。其调用格式为：窗体名. Close()； |
| Hide() | 把窗体隐藏起来。其调用格式为：窗体名. Hide()； |
| Refresh() | 刷新并重画窗体。其调用格式为：窗体名. Refresh()； |
| Show() | 让窗体显示出来。其调用格式为：窗体名. Show()； |
| ShowDialog() | 将窗体显示为模式对话框。其调用格式为：窗体名. ShowDialog()； |

Windows 应用程序的一个主要特点就是事件驱动，所以在开发 Windows 应用程序时，必须先处理各种各样的事件。窗体类中包含许多事件成员。例如，Click 事件、Load 事件和 FormClosed 事件等。在窗体事件中，有的事件由用户操作触发，有的事件则由系统触发。表 5-4 给出了窗体的常用事件及其说明。

**表 5-4　窗体的常用事件及其说明**

| 事　　件 | 说　　明 |
|---|---|
| Activated | 当使用代码激活或用户激活窗体时发生 |
| Click | 在单击窗体时发生 |
| Closed | 关闭窗体后发生 |
| Closing | 关闭窗体时发生 |
| Deactivate | 当窗体失去焦点并不再是活动窗体时发生 |
| KeyDown | 在窗体有焦点的情况下按下键时发生 |
| KeyPress | 在窗体有焦点的情况下输入字符、按下 Space 或 Backspace 键时发生 |
| Load | 在第一次显示窗体前发生 |

**【例 5.1】**　演示窗体事件的用法。创建一个 Window 应用程序 Chapter0501，在默认窗体中添加一个 Button 和两个 Label。

主要代码如下：

```
static int x = 200;
static int y = 200;
static int count = 0;
private void Button1_Click(System.Object sender, System.EventArgs e)
{
    Form1 form2 = new Form1();          //新建一个新的 Form1
    form2.Visible = true;
    form2.SetDesktopLocation(x, y);     //设置新窗体的位置
```

```
        x += 30;  y += 30;
        this.Activate();                    //激活当前窗体
        this.button1.Enabled = false;
    }
    private void Form1_Activated(object sender, System.EventArgs e)
    {
        label1.Text = "x: " + x + " y: " + y;
        label2.Text = "当前打开的窗体数为: " + count;
    }
    private void Form1_Closed(object sender, System.EventArgs e)
    {
        count -= 1;
    }
    private void Form1_Load(object sender, System.EventArgs e)
    {
        count += 1;
    }
```

程序的运行结果如图 5-5 所示。

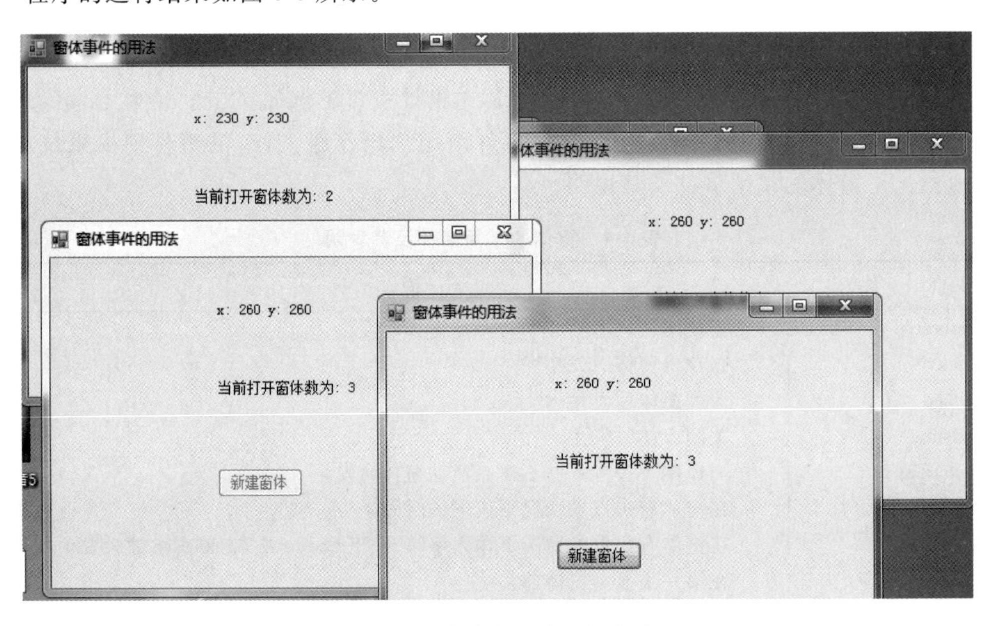


图 5-5　窗体事件程序运行结果

#### 5.1.3.3　Windows 应用程序的生命周期

Windows 应用程序和控制台应用程序的基本结构基本一样,程序的执行总是从 Main()方法开始,主函数 Main()必须在一个类中。但 Windows 应用程序使用图形界面,一般有一个主窗口和若干个窗体组成。用户通过窗体来与应用程序进行交互,完成计算任务。因此,Windows 应用程序的生命周期与主窗体的生命周期是一致的。

当 Windows 应用程序运行时,首先显示一个主窗体,然后等待事件的发生。当用户关闭主窗体,应用程序终止,释放资源。图 5-6 描述了一个典型 Windows 应用程序的生命周期。

```
static void Main()
{
    Application.EnableVisualStyles();
    Application.SetCompatibleTextRenderingDefault(false);
    Application.Run(new Form1());
}
   public Form1()
   {
      InitializeComponent();
   }
   //窗体装入事件
   1 个引用
   private void Form1_Load(object sender, EventArgs e)
   {
      MessageBox.Show("正在进行窗体初始化！","窗体初始化");
   }

   1 个引用
   private void Form1_Click(object sender, EventArgs e)
   {
      MessageBox.Show("开始响应窗体事件！","单击窗体");
   }
   //关闭窗
   1 个引用
   private void Form1_FormClosing(object sender, FormClosingEventArgs e)
   {
      MessageBox.Show("正在关闭窗体","关闭窗体");
   }
   //窗体关闭后事件
   1 个引用
   private void Form1_FormClosed(object sender, FormClosedEventArgs e)
```

① 执行 Application.Run()方法，调用主窗体构造函数

② 执行主窗体构造函数，完成窗体及其控件初始化，触发窗体 Load 事件，激活窗体，执行 Show()方法显示主窗体

③ 捕获窗体或者控件事件，并处理

④ 用户关闭主窗体，依次触发窗体 FormClosing 和 FormClosed 事件，应用程序结束

图 5-6　Windows 程序的生命周期

(1) 执行 Main()方法中的 Application. Run()方法，调用主窗体构造函数。

(2) 执行主窗体构造函数。完成窗体及其控件初始化，触发窗体 Load 事件，激活并显示主窗体。

(3) 主窗体显示，等待并捕获窗体或控件引发的事件，并进行事件处理。

(4) 关闭主窗体，触发窗体的 FormClosing 和 FormClosed 事件，主窗体关闭，释放资源，应用程序随之结束。

### 5.1.4　拓展与提高

(1) 借助 Internet 以及其他书籍了解和掌握 Windows 程序的常用属性、方法和事件的用法，在此基础上创建一个 Windows 应用程序，设置断点，并跟踪程序的执行，掌握 Windows 程序的执行流程。

(2) 查找相关资料，了解鼠标事件的用法，掌握鼠标事件参数 MouseEventArgs 参数的内容，能够根据应用合理选择鼠标事件。

## 5.2　文本类控件

### 5.2.1　任务描述：用户登录界面设计

用户登录是学生成绩管理系统的必不可少的功能模块。用户只有输入正确的用户名和密码，才能使用学生成绩管理系统。本任务完成学生成绩管理系统的用户登录界面，如图 5-7 所示。

图 5-7　用户登录界面

## 5.2.2　任务实现

(1) 启动 Visual Studio 2013,打开学生成绩管理系统项目文件 StudentGrade.sln,向项目中添加一个窗体,拖动窗体到合适位置,并按照表 5-5 设置窗体的属性。

表 5-5　用户登录窗体属性设置

| 属　　性 | 值 | 属　　性 | 值 |
|---|---|---|---|
| (Name) | LoginForm | Text | 用户登录 |
| StartPosition | CenterScreen | FormBorderStyle | Fixed3D |
| MaxmizeBox | False | | |

(2) 在窗体中加入如图 5-8 所示的控件,调整控件到合适位置,并按照表 5-6 来修改控件的属性。

图 5-8　用户登录界面的设计

表 5-6　用户登录界面控件属性设置

| 控　件　名 | 属　　性 | 值 |
|---|---|---|
| Label1 | Text | 用户名 |
| Label2 | Text | 密码 |
| TextBox2 | PasswordChar | * |
| Button1 | Text | 确定 |
| Button2 | Text | 取消 |
| PictureBox1 | Image | 选择图片 |

(3) 为 Button1 和 Button2 的 Click 事件分别生成事件处理函数,实现用户身份验证流程(假设正确的用户名为 admin,密码为 123)。主要代码如下:

```
private void btnLogin_Click(object sender, EventArgs e)
{
  string username = this.txtUserName.Text.Trim();     //用户名
  string passwd = this.txtPasswd.Text.Trim();         //密码

  if (username.Equals("admin") && passwd.Equals("123"))
  {
      MainForm mainform = new MainForm();             //建立主窗体
      this.Hide();                                    //隐藏登录窗体
      mainform.Show();                                //显示主窗体
  }
  else
  {
   MessageBox.Show("用户名或密码错误,请重新输入!","提示");
  }
}
//退出按钮事件响应函数
private void btnExit_Click(object sender, EventArgs e)
{
  Application.Exit();                                 //退出应用程序
}
```

## 5.2.3 知识链接

### 5.2.3.1 窗体控件基础

控件是指在.NET平台下用户可与之交互以输入或操作数据的对象。在C#中,所有的窗体控件,例如标签控件、文本框控件、按钮控件等都继承于System.Windows.Forms.Control。作为各种窗体控件的基类,Control类实现了所有窗体交互控件的基本功能。Control类的属性、方法和事件是所有窗体控件所共有的,而且其中很多是在编程中经常会遇到的。

**1. 控件的添加**

在开发Windows应用程序时,首先要向项目中添加窗体,然后再向窗体中添加各种控件以实现用户与程序之间的交互。向窗体中添加控件有如下几种方法:

- 双击工具箱中要使用的控件,此时会在窗体的默认位置(客户区的左上角)添加默认大小的控件。
- 在工具箱中选定一个控件,鼠标指针变成与该控件对应的形状,把鼠标指针移到窗体中要摆放控件的位置,按下鼠标左键并拖动鼠标画出控件大小后,释放鼠标即可在窗体的指定位置绘制指定大小的控件。
- 直接把控件从工具箱拖到窗体中,控件为默认大小。
- 直接使用代码来控制添加。例如,向窗体中添加一个按钮。

```
Button  btnExample = new Button();
btnExample.Text = "按钮示例";
this.Controls.Add(btnExample);
```

**2. 控件调整**

选中要调整的控件,使用“格式”菜单或者快捷菜单中的命令又或工具栏上的格式按钮进行调整。在调整控件的格式时,将按照基准控件对选择的多个控件进行调整。

按 Ctrl 键或者 Shift 键选择多个控件,也可以拖动鼠标选择一个控件范围,此时最先进入窗体的控件将作为调整的基准控件。被选中的控件中,基准控件周围是白色方框,其他控件周围是黑色方框。

**3. 控件的锚定和停靠**

.NET Framework 允许对子控件设置属性,命令在调整父窗体大小时,它们应该如何运作。用来命令控件在调整大小时动作的两个属性是 Anchor 和 Dock。Anchor 和 Dock 通过将控件连接到它们父窗体的某个位置,从而免除使应用程序具有不可预知界面的麻烦。

1) Anchor 属性

Anchor 属性用来确定控件与其容器控件的固定关系。所谓容器控件,就是像一般的容器一样可以存放别的控件的控件。例如,窗体控件中会包含很多控件,像标签控件、文本框等。称包含控件的控件为容器控件或父控件,而里面的控件为子控件。显然,这必然涉及一个问题,即子控件与父控件的位置关系问题。即当父控件的位置、大小变化时,子控件按照什么样的原则改变其位置、大小。Anchor 属性就用于设置此原则。

对于 Anchor 属性,可以设定 Top、Bottom、Right、Left 中任意的几种。使用 Anchor 属性使控件的位置相对于窗体某一边固定。改变窗体的大小时,控件的位置会随之改变以保持此距离不变。

- Top:表示控件中与父窗体(或父控件)相关的顶部应该保持固定。
- Bottom:表示控件中与父窗体(或父控件)相关的底边应该保持固定。
- Left:表示控件中与父窗体(或父控件)相关的左边缘应该保持固定。
- Right:表示控件中与父窗体(或父控件)相关的右边缘应该保持固定。

2) Dock 属性

Dock 属性迫使控件紧贴父窗体(或控件)的某个边缘。虽然 Anchor 属性也可以实现这一点,但是 Dock 属性能够使在父窗体中让子窗体可以在上方(或旁边)互相堆叠。如果某个子窗体改变了大小,其他停驻在它旁边的子窗体也会随之改变。和 Anchor 属性不同的是,可以将 Dock 属性设置为一个单值。

Dock 属性有效值如下:

- Top:迫使控件位于父窗体(或控件)的顶部。如果有同一个父窗体的其他子控件也被设置为停驻在顶部,那么控件将在彼此上方相互堆叠。
- Bottom:迫使控件位于父窗体(或控件)的底部。如果有同一个父窗体的其他子控件也被设置为停驻在底部,那么控件将在彼此上方相互堆叠。
- Left:迫使控件位于父窗体(或控件)的左边。如果有同一个父窗体的其他子控件也被设置为停驻在左边,那么控件将在彼此旁边相互堆叠。
- Right:迫使控件位于父窗体(或控件)的右边。如果有同一个父窗体的其他子控件也被设置为停驻在右边,那么控件将在彼此旁边相互堆叠。
- Fill:迫使控件位于父窗体(或控件)的上方。如果有同一个父窗体的其他子控件也被设置为停驻在上方,那么控件将在彼此上方相互堆叠。
- None:表示控件将会正常运转。

#### 5.2.3.2 标签控件

标签控件(Label 控件)是最简单最基本的一个控件,主要用于显示不能编辑的静态文本,例如为其他控件显示描述性信息或者根据应用程序状态显示相应的提示信息,一般不需要对标签进行事件处理。如果添加一个标签控件,系统会自动创建标签控件的对象。标签控件具有与其他控件相同的许多属性,但在程序中一般很少直接对其进行编程,表 5-7 给出了标签控件的常用属性、事件及其说明。

表 5-7 标签控件的常用属性、事件及其说明

| 名　称 | 说　明 |
|---|---|
| Text 属性 | 用来设置或返回标签控件中显示的文本信息 |
| AutoSize 属性 | 用来获取或设置一个值,该值指示是否自动调整控件的大小以完整显示其内容。取值为 true 时,控件将自动调整到刚好能容纳文本时的大小;取值为 false 时,控件的大小为设计时的大小。默认值为 false |
| Enabled 属性 | 用来设置或返回控件的状态。值为 true 时允许使用控件;值为 false 时禁止使用控件,此时标签呈暗淡色。一般在代码中设置 |
| Click 事件 | 用户单击该控件时发生该事件 |

#### 5.2.3.3 按钮控件

按钮控件(Button 控件)允许用户通过单击来执行操作。按钮控件既可以显示文本,又可以显示图像。当该控件被单击时,先被按下,然后释放。表 5-8 给出了按钮控件的常用属性、事件及其说明。

表 5-8 按钮控件的常用属性、事件及其说明

| 名　称 | 说　明 |
|---|---|
| Enabled 属性 | 用来设置或返回控件的状态。值为 true 时允许使用控件;值为 false 时禁止使用控件,此时按钮呈暗淡色。一般在代码中设置 |
| Image 属性 | 用来设置显示在按钮上的图像 |
| Click 事件 | 当用户用鼠标左键单击按钮控件时,将发生该事件 |
| MouseDown 事件 | 当用户在按钮控件上按下鼠标按钮时,将发生该事件 |
| MouseUp 事件 | 当用户在按钮控件上释放鼠标按钮时,将发生该事件 |

在任何 Windows 窗体上都可以指定某个 Button 控件为接受按钮(又称默认按钮)。每当用户按 Enter 键时,即单击默认按钮,而不管当前窗体上其他哪个控件具有焦点。在窗体设计器中指定接受按钮的方法是:选择按钮所驻留的窗体,在属性窗口中将属性的 AcceptButton 属性设置为 Button 控件的名称,也可以通过编程的方式指定接受按钮,在代码中将窗体的 AcceptButton 属性设置为适当的 Button。例如:

```
this.AcceptButton = this.btnLogin;
```

在任何 Windows 窗体上都可以指定某个 Button 控件为取消按钮。每当用户按 Esc 键时,即单击取消按钮,而不管当前窗体上其他哪个控件具有焦点。通常设计这样的按钮可以

允许用户快速退出操作而无须执行任何动作。在窗体设计器中指定取消按钮的方法是：选择按钮所驻留的窗体，在属性窗口中将窗体的 CancelButton 属性设置为 Button 控件的名称，也可以通过编程的方式指定取消按钮，在代码中将窗体的 CancelButton 属性设置为适当的 Button。例如：

```
this.CancelButton = this.btnExit;
```

**【例 5.2】** 创建一个 Windows 应用程序，在默认窗体中添加 4 个 Button 控件，然后设置这 4 个 Button 控件的样式来制作不同的按钮，并设置窗体的接受按钮和取消按钮。

主要代码如下：

```
private void Form1_Load(object sender, EventArgs e)
 {
 this.button1.BackgroundImage = Properties.Resources.bg;  //设置 Button1 的背景
 this.button1.BackgroundImageLayout = ImageLayout.Stretch;//设置 Button1 背景布局
 this.button2.Image = Properties.Resources.qie;           //设置 Button1 显示的图像
 this.button2.ImageAlign = ContentAlignment.MiddleCenter; //设置图像居中对齐
 this.button2.Text = "图像按钮";                          //设置 Button2 的文本
 this.button3.FlatStyle = FlatStyle.Flat;                 //设置 Button3 的样式
 this.button3.Text = "接受按钮";                          //设置 Button3 的文本
 this.button4.Text = "取消按钮";                          //设置 Button4 的文本
 this.AcceptButton = button3;                             //设置窗体的接受按钮为 button3
 this.CancelButton = button4;                             //设置窗体的取消按钮为 button4
}
//button3 的单击事件
 private void button3_Click(object sender, EventArgs e)
 {
   MessageBox.Show("接受按钮事件", "提示");               //消息提示框
 }
 //button4 的单击事件
 private void button4_Click(object sender, EventArgs e)
 {
   MessageBox.Show("取消按钮事件", "提示");
 }
```

程序的运行结果如图 5-9 所示。

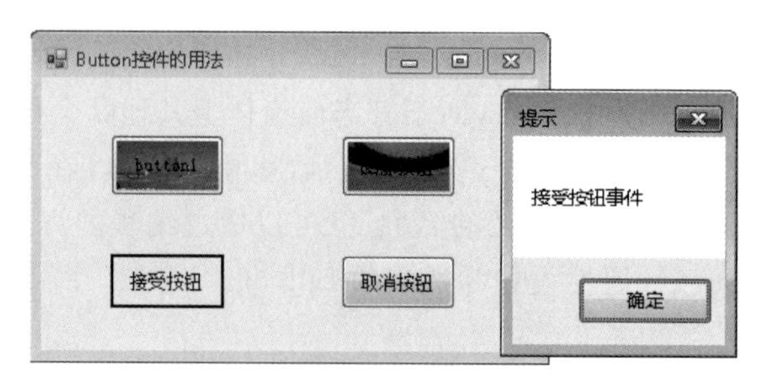


图 5-9 Button 控件的用法

### 5.2.3.4 文本框控件

文本框控件(TextBox 控件)用于获取用户的输入数据或者显示文本。文本框控件通常用于可编辑文本,也可以使其成为只读控件。文本框可以显示多个行,开发人员可以使文本换行以便符合控件的大小。表 5-9 给出了 TextBox 控件的常用属性、方法及其说明。

**表 5-9 TextBox 控件的常用属性、方法及其说明**

| 名　称 | 说　明 |
|---|---|
| Text 属性 | 设置或获取文本控件中输入的文本 |
| MaxLength 属性 | 用来设置文本框允许输入字符的最大长度,该属性值为 0 时,不限制输入的字符数 |
| MultiLine 属性 | 用来设置文本框中的文本是否可以输入多行并以多行显示。值为 true 时,允许多行显示; 值为 false 时不允许多行显示 |
| ReadOnly 属性 | 用来获取或设置一个值,该值指示文本框中的文本是否为只读。值为 true 时为只读,值为 false 时可读可写 |
| PasswordChar 属性 | 允许设置一个字符,运行程序时,将输入到 Text 的内容全部显示为该属性值,从而起到保密作用,通常用来输入口令或密码 |
| Clear()方法 | 从文本框控件中清除所有文本 |
| Focus()方法 | 为文本框设置焦点。如果焦点设置成功,值为 true,否则为 false |

**【例 5.3】** 新建 Windows 应用程序,在默认窗体 Form1 中添加两个 TextBox 控件 txtInput 和 txtHint。前者可编辑单行文本,用来获取用户输入; 后者用于显示数据,应设置为只读多行文本。同时,再添加一个 Label 控件 lblCopy,用来显示输入文本框中数据。

主要代码如下:

```
private void Form1_Load(object sender, EventArgs e)
 {
     //设置 2 个文本框的属性
     this.txtInput.ForeColor = Color.Blue;
     this.txtHint.BackColor = Color.White;
     this.txtHint.ForeColor = Color.Green;
     this.txtHint.ReadOnly = true;
 }
 private void txtInput_Enter(object sender, EventArgs e)
 {
     this.txtInput.Clear();                              //光标进入清除原有文本
 }
 private void txtInput_Leave(object sender, EventArgs e)
 {
     //焦点退出,将文本添加到 tbHint 新的一行
     this.txtHint.AppendText(this.txtInput.Text + "\n");
 }

 private void txtInput_TextChanged(object sender, EventArgs e)
 {
     //将当前 tbInput 中文本内容同步显示到 lblCopy 中
     this.lblCopy.Text = this.txtInput.Text;
 }
```

程序的运行结果如图 5-10 所示。

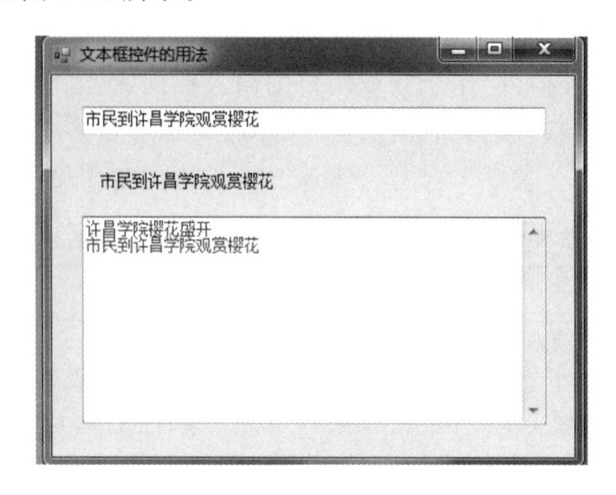


图 5-10　例 5.3 程序运行结果

### 5.2.3.5　多格式文本框控件

Windows 窗体多格式文本框控件(RichTextBox 控件)用于显示、输入和操作带有格式的文本。与 TextBox 控件一样,RichTextBox 控件也可以显示滚动条;但与 TextBox 控件不同的是,默认情况下,该控件将同时显示水平滚动条和垂直滚动条,并具有更多的滚动条设置。RichTextBox 控件除了执行 TextBox 控件的所有功能之外,它还可以显示字体、颜色和链接,从文件加载文本和嵌入的图像,撤销和重复编辑操作以及查找指定的字符。另外,RichTextBox 控件还可以打开、编辑和存储.rtf 格式文件、ASCII 文本格式文件及 Unicode 编码格式文件。下面简单介绍 RichTextBox 控件的常用属性与方法。

(1) Text 属性:用来返回或设置多格式文本框的文本内容。设置时可以使用属性窗口,也可以使用代码。代码示例如下:

```
rtxtNotepad.Text = "C# 5.0";
```

(2) SelectionColor 属性:用来获取或设置当前选定文本或插入点处的文本颜色。

(3) SelectionFont 属性:用来获取或设置当前选定文本或插入点处的字体。

(4) MaxLength 属性:用来获取或设置在多格式文本框控件中能够输入或者粘贴的最大字符数。

(5) MultiLine 属性:用来获取或设置多格式文本框控件的文本内容是否可以显示为多行。该属性有 True 和 False 两个值,默认值为 True,即默认以多行形式显示文本。

(6) ScrollBars 属性:用来设置文本框是否有垂直或水平滚动条。它有 7 种属性值:

- None,没有滚动条;
- Horizontal,多格式文本框有水平滚动条;
- Vertical,多格式文本框具有垂直滚动条;
- Both,多格式文本框既有水平滚动条又有垂直滚动条;
- ForceHorizontal,不管文本内容多少,始终显示水平滚动条;
- ForceVertical,不管文本内容多少,始终显示垂直滚动条;
- ForceBoth,不管文本内容多少,始终显示水平滚动条和垂直滚动条。

其默认值为 Both，显示水平滚动条和垂直滚动条。

(7) Anchor 属性：用来设置多格式文本框控件绑定到容器(例如窗体)的边缘，绑定后多格式文本框控件的边缘与绑定到的容器边缘之间的距离保持不变。可以设置 Anchor 属性的 4 个方向，分别为 Top、Bottom、Left 和 Right。

(8) Undo()方法：用来撤销多格式文本框中的上一个编辑操作。使用该方法的代码示例如下：

```
rtxtNotepad.Undo();
```

(9) Copy()方法：用来将多格式文本框中被选定的内容复制到剪贴板中。使用该方法的代码示例如下：

```
rtxtNotepad.Copy();
```

(10) Cut()方法：RichTextBox 控件的 Cut()方法用来将多格式文本框中被选定的内容移到剪贴板中。使用该方法的代码示例如下：

```
rtxtNotepad.Cut();
```

(11) Paste()方法：用来将剪贴板中的内容粘贴到多格式文本框中光标所在的位置。使用该方法的代码示例如下：

```
rtxtNotepad.Paste();
```

(12) SelectAll()方法：用来选定多格式文本框中的所有内容。使用该方法的代码示例如下：

```
rtxtNotepad.SelectAll();
```

(13) LoadFile()方法：用来将文件加载到 RichTextBox 对象中。其一般格式为：

```
RichTextBox 对象名.LoadFile(文件名,文件类型);
```

其中，文件类型是 RichTextBoxStreamType 枚举类型的值，默认为 rtf 格式文件。例如，使用打开文件对话框选择一个文本文件并加载到 richTextBox1 控件中，代码如下：

```
openFileDialog1.Filter = "文本文件(*.txt)|*.txt|所有文件(*.*)|*.*";
if (openFileDialog1.ShowDialog() == DialogResult.OK)
{
    string fName = openFileDialog1.FileName;
    richTextBox1.LoadFile(fName,RichTextBoxStreamType.PlainText);
}
```

(14) SaveFile()方法：用来保存 RichTextBox 对象中的文件。一般格式如下：

```
RichTextBox 对象名.SaveFile(文件名,文件类型);
```

例如，使用保存文件对话框选择一个文本文件，并将 RichTextBox1 控件的内容保存到该文件，代码如下：

```
//保存 rtf 格式文件
saveFileDialog1.Filter = "RTF 文件(*.rtf)|*.rtf";
```

```
saveFileDialog1.DefaultExt = "rtf";                          //默认的文件扩展名
if (saveFileDialog1.ShowDialog() == DialogResult.OK)
  richTextBox1.SaveFile(saveFileDialog1.FileName,RichTextBoxStreamType.RichText);
```



下面,通过一个例子来详细说明 RichTextBox 控件的用法。

**【例 5.4】** 编写一个 Windows 应用程序,在默认窗体中添加 3 个 Button 控件和一个 RichTextBox 控件,其中 Button 控件用来执行打开文件、设置字体属性和插入图片操作,RichTextBox 控件用来显示文件和图片。

程序的主要代码如下:

```
private void Form1_Load(object sender, EventArgs e)
{
  this.richTextBox1.BorderStyle = BorderStyle.Fixed3D;        //设置边框样式
  this.richTextBox1.DetectUrls = true;                        //设置自动识别超链接
  this.richTextBox1.ScrollBars = RichTextBoxScrollBars.Both; //设置滚动条
}
//打开文件
private void button1_Click(object sender, EventArgs e)
{
 OpenFileDialog openFile = new OpenFileDialog();              //实例化打开文件对话框
 openFile.Filter = "rtf 文件(*.rtf)|*.rtf";                  //设置文件筛选器

 if (openFile.ShowDialog() == DialogResult.OK)                //判断是否选中文件
 {
   this.richTextBox1.Clear();                                 //清空文本框
   //加载文件
   this.richTextBox1.LoadFile(openFile.FileName, RichTextBoxStreamType.RichText);
  }
 }
//设置字体属性
private void button2_Click(object sender, EventArgs e)
{
this.richTextBox1.SelectionFont = new Font("楷体", 12, FontStyle.Bold);//设置文本字体
this.richTextBox1.SelectionColor = System.Drawing.Color.Red;  //设置文本字体为红色
}
//插入图片
private void button3_Click(object sender, EventArgs e)
{
  OpenFileDialog openFile = new OpenFileDialog();             //实例化打开文件对话框
  openFile.Filter = "bmp 文件(*.bmp)|*.bmp|jpg 文件(*.jpg)|*.jpg";
  openFile.Title = "打开图片";
  if (openFile.ShowDialog() == DialogResult.OK)               //判断是否选中文件
  {
    Bitmap bmp = new Bitmap(openFile.FileName);               //使用选择图片实例化 Bitmap
    Clipboard.SetDataObject(bmp, false);                      //将图像放于系统剪贴板
      //判断控件是否可以粘贴图片信息
    if (this.richTextBox1.CanPaste(DataFormats.GetFormat(DataFormats.Bitmap)))
```

```
            this.richTextBox1.Paste();                         //粘贴图片
        }
    }
```

程序的运行结果如图 5-11 所示。

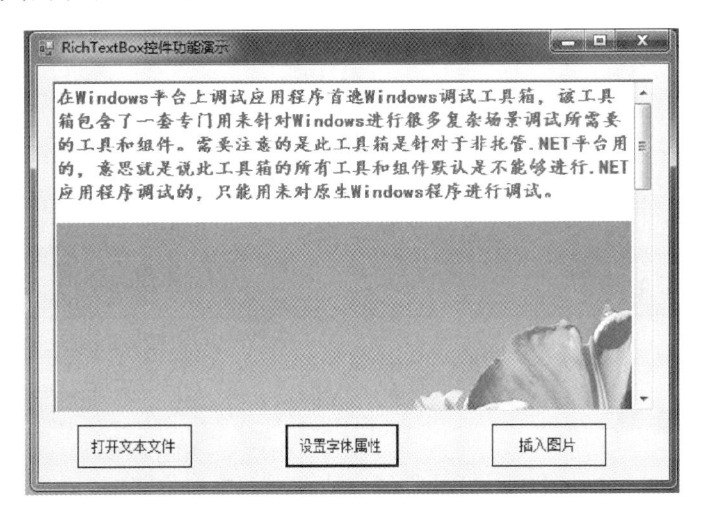


图 5-11　RichTextBox 控件的用法

### 5.2.4　拓展与提高

复习本节内容，借助网络或其他资源，了解和掌握 C# 常用文本类控件的用法，并编写程序完成下列问题。

(1) 创建一个 Windows 应用程序，添加 RichText 控件、Button 控件和 TextBox 控件。运行程序，打开一个文本文件，在文本框中输入查找的字符串，单击“查找”按钮开始在文本文件中查找。如果找到字符串，设置找到字符串的颜色为红色；如果没有找到，则给出提示信息。

(2) 编写程序实现自动删除 TextBox 控件中的非法字符。自动删除 TextBox 控件中的非法字符主要通过 TextBox 控件的 keyUp 事件、keyValue 属性、Select()方法、SelectAll()方法以及 SelectText 属性。KeyUp 事件是在控件有焦点的情况下释放按键时发生，KeyValue 属性主要获取 KeyUp 和 KeyDown 事件的键盘值，SelectText 属性用来获取控件中选定的文本。

(3) 设计色彩斑斓、颜色绚丽的按钮。利用 Button 控件的以下公共属性(例如 Image、ForeColor、FlatStyle 等)可以设计出漂亮的按钮。

## 5.3　选择类控件

### 5.3.1　任务描述：学生信息添加界面设计

在学生成绩管理系统中需要添加学生的基本信息，如学号、姓名等。本任务将利用相关控件完成学生信息添加界面，如图 5-12 所示。

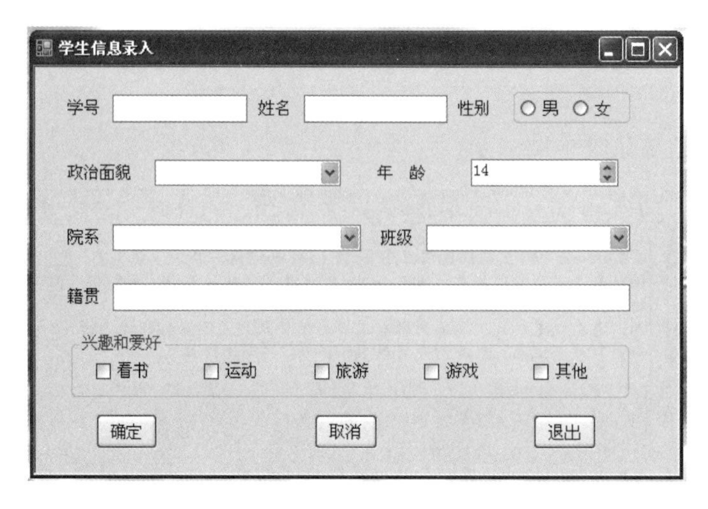


图 5-12 添加学生信息界面

### 5.3.2 任务实现

(1) 启动 Visual Studio 2013,打开学生成绩管理系统项目文件 StudentGrade.sln,向项目中添加一个窗体,拖动窗体到合适位置,并按照表 5-10 设置窗体的属性。

**表 5-10 添加窗体属性设置**

| 属 性 | 值 | 属 性 | 值 |
|---|---|---|---|
| (Name) | AddStudent | MaxmizeBox | false |
| StartPosition | CenterScreen | Text | 添加学生信息 |

(2) 按照图 5-12 在窗体中添加相关控件,调整控件到合适位置,按照表 5-11 来修改控件的属性。

**表 5-11 添加学生信息窗体控件属性设置**

| 控件类型 | 控 件 名 | 属 性 | 值 |
|---|---|---|---|
| Label | label1 | Text | 学号 |
| | label2 | Text | 姓名 |
| | Label3 | Text | 性别 |
| | Label4 | Text | 政治面貌 |
| | Label5 | Text | 年龄 |
| | Label6 | Text | 院系 |
| | Label7 | Text | 班级 |
| | Label8 | Text | 籍贯 |
| TextBox | txtStuID | | |
| | txtName | | |
| | txtLocation | | |
| ComboBox | comNation | Items | 中共党员 共青团员 学生 其他 |
| | comDepart | | |
| | comClass | | |

续表

| 控件类型 | 控 件 名 | 属 性 | 值 |
| --- | --- | --- | --- |
| RadioButton | rbtMale | Text | 男 |
| | rbtFemal | Text | 女 |
| CheckBox | checkbox1 | Text | 看书 |
| | checkbox2 | Text | 运动 |
| | checkbox3 | Text | 旅游 |
| | checkbox4 | Text | 游戏 |
| | checkbox5 | Text | 其他 |
| NumericUpDown | numAge | Maximun<br>Minmum<br>Value | 30<br>14<br>14 |
| Button | btnConfirm | Text | 确定 |
| | btnCancel | Text | 取消 |
| | btnClose | Text | 退出 |

(3) 在窗体 AddStudent 的 Load 事件中添加院系信息，主要代码如下：

```
private void AddStudent_Load(object sender, EventArgs e)
{
    this.txtStuID.Focus();
    this.rbtMale.Checked = true;
    comDepart.Items.Add("信息工程学院");
    comDepart.Items.Add("机电工程学院");
    comDepart.Items.Add("通信工程学院");
    comDepart.Items.Add("机械与自动化学院");
    comDepart.Items.Add("土木工程学院");
}
```

(4) 添加组合框 comDepart 的选择改变事件 SelectedValueChanged，用来向班级组合框中添加相应院系的班级，主要代码如下：

```
private void comDepart_SelectedValueChanged(object sender, EventArgs e)
{
if (this.comDepart.SelectedIndex < 0)
 {
      return;
 }
 string department = this.comDepart.Text.Trim();

if (department == "信息工程学院")
{
  this.comClass.Items.Add("2013 级计算机 1 班");
  this.comClass.Items.Add("2013 级网络工程 1 班");
  this.comClass.Items.Add("2013 级物联网工程 1 班");
  this.comClass.Items.Add("2013 级数字媒体技术 1 班");
 }
 //其他院系班级代码添加同上
 }
```

(5) 在后台代码中添加方法 GetHobby(),用来获取学生的兴趣和爱好。参考代码如下:

```
private string GetHobby()
{
  if (this.checkBox1.Checked == true)
   {
      hobby = hobby + this.checkBox1.Text.Trim() + "、";
    }
   if (this.checkBox2.Checked == true)
   {
      hobby = hobby + this.checkBox2.Text.Trim() + "、";
    }
   if (this.checkBox3.Checked == true)
   {
       hobby = hobby + this.checkBox3.Text.Trim() + "、";
    }
   if (this.checkBox4.Checked == true)
   {
     hobby = hobby + this.checkBox4.Text.Trim() + "、";
   }
  if (this.checkBox5.Checked == true)
  {
    hobby = hobby + this.checkBox5.Text.Trim() + "、";
   }
  return hobby;
  }
```

(6) 添加"确定"按钮的单击事件,显示添加的学生信息,主要代码如下:

```
private void btnConfirm_Click(object sender, EventArgs e)
{
  //收集控件的值
  string stuid = this.txtStuID.Text
  string name = this.txtName.Text;
  string gender = rbtMale.Checked == true?"男":"女";
  string nation = this.comNation.Text;
  string age = Convert.ToString(this.numAge.Value);
  string depart = this.comDepart.Text;
  string inclass = this.comClass.Text;
  string location = this.txtLocation.Text;
  string hobby = GetHobby();
  string stuinfo = "学号:" + stuid + "  姓名:" + name + "  性别:" + gender + "\n\n政治
面貌:" + nation + "  年龄:" + age + "    院系:" + depart + "\n\n班级:" + inclass + "
籍贯:" + location + "\n\n兴趣和爱好:" + hobby.Substring(0,hobby.Length-1);
   MessageBox.Show(stuinfo, "学生信息");
}
```

## 5.3.3 知识链接

### 5.3.3.1 单选按钮控件

单选按钮控件(RadioButton控件)为用户提供由两个或多个互斥选项组成的选项集。当用户选中某单选项按钮时,同一组中的其他单选项按钮不能同时选定,该控件以圆圈内加点的方式表示选中。通常情况下,单选按钮显示为一个标签,左边是一个圆点,该点可以是选中或未选中。

单选按钮用来让用户在一组相关的选项中选择一项，因此单选按钮控件总是成组出现。直接添加到一个窗体中的所有单选按钮将形成一个组。若要添加不同的组，必须将它们放到面板或分组框中。将若干 RadionButton 控件放在一个 GroupBox 控件内组成一组时，当这一组中的某个单选按钮控件被选中时，该组中的其他单选控件将自动处于未选中状态。

表 5-12 给出了 RadioButton 控件的常用属性、事件及其说明。

**表 5-12　RadioButton 控件的常用属性、事件及其说明**

| 属　性 | 说　明 |
|---|---|
| Appearance | RadioButton 可以显示为一个圆形选中标签，放在左边、中间或右边，或者显示为标准按钮。当它显示为按钮时，控件被选中时显示为按下状态，否则显示为弹起状态 |
| AutoCheck | 如果这个属性值为 true，用户单击单选按钮时，会显示一个选中标记。如果该属性值为 false，就必须在 Click 事件处理程序的代码中手工检查单选按钮 |
| CheckAlign | 使用这个属性，可以改变单选按钮和复选框的对齐形式，默认是 Content Alignment. MiddleLeft |
| Checked | 表示控件的状态。如果控件有一个选中标记，它就是 true，否则为 false |
| **事　件** | **说　明** |
| CheckedChanged | 当 RadioButton 的选中选项发生改变时，引发这个事件 |
| Click | 每次单击 RadioButton 时，都会引发该事件。这与 CheckedChanged 事件是不同的，因为连续单击 RadioButton 两次或多次只改变 Checked 属性一次，且只改变以前未选中的控件的 Checked 属性。而且，如果被单击按钮的 AutoCheck 属性是 false，则该按钮根本不会被选中，只引发 Click 事件 |

#### 5.3.3.2　复选框控件

复选框与单选按钮一样，也给用户提供一组选项供其选择。但它与单选按钮有所不同，每个复选框都是一个单独的选项，用户既可以选择它，也可以不选择它，不存在互斥的问题，可以同时选择多项。

复选框控件(CheckButton 控件)显示为一个标签，左边是一个带有标记的小方框。在希望用户可以选择一个或多个选项时，就应使用复选框。表 5-13 给出了 CheckButton 控件的常用属性、事件及其说明。

**表 5-13　CheckButton 控件的常用属性、事件及其说明**

| 属　性 | 说　明 |
|---|---|
| CheckState | 与 RadioButton 不同，CheckBox 有 3 种状态：Checked、Indeterminate 和 Unchecked。复选框的状态是 Indeterminate 时，控件旁边的复选框通常是灰色的，表示复选框的当前值是无效的，或者无法确定(例如，如果选中标记表示文件的只读状态，且选中了两个文件，则其中一个文件是只读的，另一个文件不是)，或者在当前环境下没有意义 |
| ThreeState | 这个属性为 false 时，用户就不能把 CheckState 属性改为 Indeterminate，但仍可以在代码中把 CheckState 属性改为 Indeterminate |
| Checked | 表示复选框是否被选择。True 表示复选框被选择，False 表示复选框未被选择 |

续表

| 事　件 | 说　明 |
|---|---|
| CheckedChanged | 当复选框的 Checked 属性发生改变时,就引发该事件。注意,在复选框中,当 ThreeState 属性为 true 时,选择复选框不会改变 Checked 属性。在复选框从 Checked 变为 indeterminate 状态时,就会出现这种情况 |
| CheckedStateChanged | 当 CheckedState 属性改变时,引发该事件。CheckedState 属性的值可以是 Checked 和 Unchecked。只要 Checked 属性改变了,就引发该事件。另外,当状态从 Checked 变为 indeterminate 时,也会引发该事件 |

#### 5.3.3.3 列表控件

列表控件(ListBox 控件)用于显示一个列表,用户可以从中选择一项或多项。如果选项总数超过可以显示的项数,则控件会自动添加滚动条。

在列表框内的项目称为列表框,列表项的加入是按一定的顺序进行的,这个顺序号称为索引号。列表框内列表项的索引号是从 0 开始的,即第一个加入的列表项索引号为 0,其余索引项的索引号依此类推。

**1. 列表控件的常用属性**

- Items 属性:用于存放列表框中的列表项,是一个集合。通过该属性,可以添加列表项、移除列表项和获得列表项的数目。
- MultiColumn 属性:用来获取或设置一个值,该值指示 ListBox 是否支持多列。值为 true 时表示支持多列,值为 false 时不支持多列。当使用多列模式时,可以使控件得以显示更多可见项。
- SelectionMode 属性:用来获取或设置在 ListBox 控件中选择列表项的方法。当 SelectionMode 属性设置为 SelectionMode. MultiExtended 时,按 Shift 键的同时单击鼠标或者同时按 Shift 键和箭头键之一(↑键、↓键、←键和→键),会将选定内容从前一选定项扩展到当前项;按 Ctrl 键的同时单击鼠标将选择或撤销选择列表中的某项。当该属性设置为 SelectionMode. MultiSimple 时,鼠标单击或按 Space 键将选择或撤销选择列表中的某项;该属性的默认值为 SelectionMode. One,则只能选择一项。
- SelectedIndex 属性:用来获取或设置 ListBox 控件中当前选定项的从零开始的索引。如果未选定任何项,则返回值为 1。对于只能选择一项的 ListBox 控件,可使用此属性确定 ListBox 中选定的项的索引。如果 ListBox 控件的 SelectionMode 属性设置为 SelectionMode. MultiSimple 或 SelectionMode. MultiExtended,并在该列表中选定多个项,此时应用 SelectedIndices 来获取选定项的索引。
- SelectedItem 属性:用来获取或设置 ListBox 中的当前选定项。
- SelectedItems 属性:用来获取 ListBox 控件中选定项的集合,通常在 ListBox 控件的 SelectionMode 属性值设置为 SelectionMode. MultiSimple 或 SelectionMode. MultiExtended(它指示多重选择 ListBox)时使用。
- Sorted 属性:用来获取或设置一个值,该值指示 ListBox 控件中的列表项是否按字母顺序排序。如果列表项按字母排序,该属性值为 true;如果列表项不按字母排序,该属性值为 false。默认值为 false。在向已排序的 ListBox 控件中添加项时,这些项会移动到排序列表中适当的位置。

- Text 属性:用来获取或搜索 ListBox 控件中当前选定项的文本。当把此属性值设置为字符串值时,ListBox 控件将在列表内搜索与指定文本匹配的项并选择该项。若在列表中选择了一项或多项,该属性将返回第一个选定项的文本。
- ItemsCount 属性:用来返回列表项的数目。

**2. 列表控件常用方法**

- Items.Add()方法:用来向列表框中增添一个列表项。其调用格式如下:

```
ListBox 对象.Items.Add(s);
```

- Items.Insert()方法:用来在列表框中指定位置插入一个列表项。其调用格式如下:

```
ListBox 对象.Items.Insert(n,s);
```

其中,参数 n 代表要插入的项的位置索引;参数 s 代表要插入的项,其功能是把 s 插入到 listBox 对象指定的列表框的索引为 n 的位置处。

- Items.Remove()方法:用来从列表框中删除一个列表项。其调用格式如下:

```
ListBox 对象.Items.Remove(k);
```

- Items.Clear()方法:用来清除列表框中的所有项。其调用格式如下:

```
ListBox 对象.Items.Clear();
```

- BeginUpdate()方法和 EndUpdate()方法:这两个方法均无参数。其调用格式分别如下:

```
ListBox 对象.BeginUpdate();
ListBox 对象.EndUpdate();
```

这两个方法的作用是保证使用 Items.Add()方法向列表框中添加列表项时,不重绘列表框。即在向列表框添加项之前,调用 BeginUpdate()方法,以防止每次向列表框中添加项时都重新绘制 ListBox 控件。完成向列表框中添加项的任务后,再调用 EndUpdate()方法使 ListBox 控件重新绘制。当向列表框中添加大量的列表项时,使用这种方法添加项可以防止在绘制 ListBox 时的闪烁现象。

ListBox 控件常用事件有 Click 和 SelectedIndexChanged。SelectedIndexChanged 事件在列表框中改变选中项时发生。

下面通过例 5.5 来说明如何使用 ListBox 控件。

**【例 5.5】** 创建一个 Windows 应用程序,在默认窗体中添加 2 个 ListBox 控件,4 个 Button 控件,其中一个 ListBox 控件用来显示课程列表,另外一个 ListBox 控件演示选择的课程列表,4 个 Button 按钮分别用来实现添加全部、删除全部、添加选定和删除选定。

主要代码如下:

```
private void Form1_Load(object sender, EventArgs e)
{
  //设置控件的特征
  this.lstLeft.HorizontalScrollbar = true;                    //显示水平滚动条
```

```
    this.lstLeft.ScrollAlwaysVisible = true;                    //使垂直滚动条可见
    this.lstLeft.SelectionMode = SelectionMode.MultiExtended;   //可以在控件中选择多项
    this.lstRight.HorizontalScrollbar = true;                   //显示水平滚动条
    this.lstRight.ScrollAlwaysVisible = true;                   //使垂直滚动条可见
    this.lstRight.SelectionMode = SelectionMode.MultiExtended;  //可以在控件中选择多项
    //向列表控件中添加选项
     this.lstLeft.Items.Clear();
     this.lstLeft.Items.Add("高级语言程序设计");
     this.lstLeft.Items.Add("数据结构与算法");
     this.lstLeft.Items.Add("操作系统原理与实践");
     this.lstLeft.Items.Add("计算机网络");
     this.lstLeft.Items.Add("计算机系统结构");
      this.lstLeft.Items.Add("数据库原理与应用");
    }

//添加全部按钮事件
private void btnAllSelction_Click(object sender, EventArgs e)
{
 //消除右边内容
 this.lstRight.Items.Clear();
  //循环遍历左边列表
  for (int i = 0; i < this.lstLeft.Items.Count; i++)
  {
     //将列表添加到右边列表
     this.lstRight.Items.Add(lstLeft.Items[i]);
  }
 }

//删除全部按钮事件
 private void btnClearAll_Click(object sender, EventArgs e)
{
    this.lstRight.Items.Clear();
  }

//添加选定项按钮事件
private void btnAddSelcted_Click(object sender, EventArgs e)
{
   for (int i = 0; i < lstLeft.SelectedItems.Count; i++)
   {
      this.lstRight.Items.Add(lstLeft.SelectedItems[i]);        //将列表添加到右边列表
    }
 }

//删除选定项按钮事件
private void btnClearSelected_Click(object sender, EventArgs e)
{
   for (int i = this.lstRight.SelectedItems.Count - 1; i >= 0; i--)
   {
      //移除选定项
      this.lstRight.Items.Remove(this.lstRight.SelectedItems[i]);
    }
 }
```

程序的运行结果如图 5-13 所示。

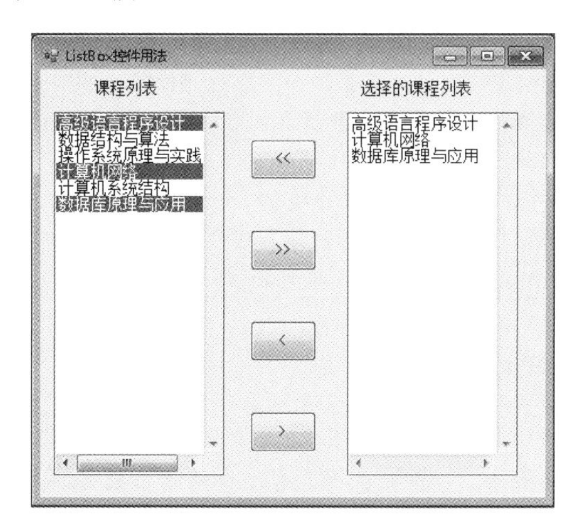


图 5-13 例 5.5 程序运行结果

#### 5.3.3.4 组合框控件

组合框控件(ComboBox 控件)用于在下拉组合框中显示数据。组合框控件是一个文本框和一个列表框的组合,结合了 TextBox 控件和 ListBox 控件的功能。在默认情况下,ComboBox 控件分两部分显示:顶部是一个允许用户输入列表项的文本框。第二部分是一个列表框,显示一个项列表,用户可从中选择一项。与列表框相比,组合框不能多选,它无 SelectionMode 属性。表 5-14 给出了组合框控件的常用属性、方法及其说明。

**表 5-14 组合框控件的常用属性、方法及其说明**

| 属 性 | 说 明 |
|---|---|
| DropDownStyle | 获取或设置指定组合框样式的值,确定用户能否在文本部分中输入新值以及列表部分是否总显示。有 3 种可选值:<br>• Simple:没有下拉列表框,所以不能选择,可以输入,和 TextBox 控件相似。<br>• DropDown:具有下拉列表框,可以选择,也可以直接输入选择项中不存在的文本。该值是默认值。<br>• DropDownList:具有下拉列表框,只能选择已有可选项中的值,不能输入其他的文本 |
| Items | 获取一个对象,该对象表示该 ComboBox 中所包含项的集合 |
| MaxDropDownItems | 下拉部分中可显示的最大项数。该属性的最小值为 1,最大值为 100 |
| Text | ComboBox 控件中文本输入框中显示的文本 |
| SelectedIndex | 返回一个表示与当前选定列表项的索引的整数值,可以编程更改它,列表中相应项将出现在组合框的文本框内。如果未选定任何项,则 SelectedIndex 为−1;如果选择了某个项,则 SelectedIndex 是从 0 开始的整数值 |
| SelectedItem | 属性与 SelectedIndex 属性类似,但是 SelectedItem 属性返回的是项 |
| SelectedText | 表示组合框中当前选定文本的字符串。如果 DropDownStyle 设置为 ComboBoxStyle. DropDownList,则返回值为空字符串。可以将文本分配给此属性,以更改组合框中当前选定的文本。如果组合框中当前没有选定的文本,则此属性返回一个零长度字符串 |

续表

| 方　　法 | 说　　明 |
|---|---|
| BeginUpdate ( ) 和 EndUpdate() | 当使用 Add()方法一次添加一个项时,则可以使用 BeginUpdate 方法,以防止每次向列表添加项时控件都重新绘制 ComboBox。完成向列表添加项的任务后,调用 EndUpdate()方法来启用 ComboBox 进行重新绘制。当向列表添加大量的项时,使用这种方法添加项可以防止绘制 ComboBox 时闪烁 |
| Add() | Items 属性的方法之一,通过该方法可以向控件中添加项,还可以使用 Items 属性的 Clear()方法来清除所有的列表项 |

### 5.3.3.5 数值选择控件

数值选择控件(NumericUpDown 控件)是一个显示和输入数值的控件。该控件提供一对↑、↓箭头,用户可以单击↑、↓箭头选择数值,也可以直接输入。该控件的 Maximum 属性可以设置数值的最大值,如果输入的数值大于这个属性的值,则自动把数值改为设置的最大值。该控件的 Minimum 属性可以设置数值的最小值,如果输入的数值小于这个属性的值,则自动把数值改为设置的最小值。InCrement 属性获取或设置向上或向下按钮时该控件递增或递减的值。通过控件的 value 属性,可以获取 NumericUpDown 控件中显示的数值。图 5-14 给出了 NumericUpDown 控件。

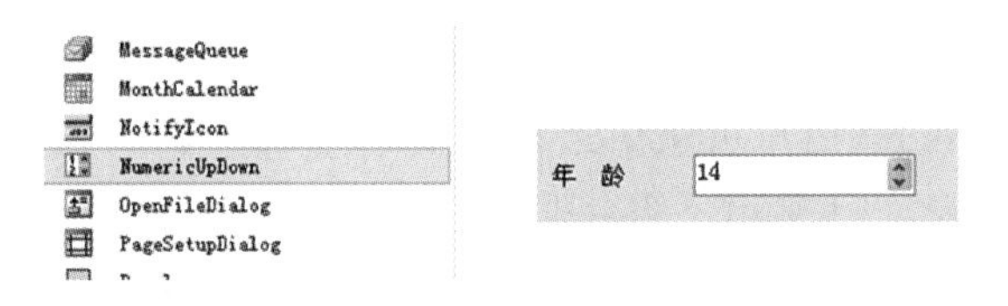


图 5-14　NumericUpDown 控件

与 TextBox 控件一样,NumericUpDown 控件的常用事件有 ValueChanged、GotFocus 和 LostFocus 等。

### 5.3.3.6 面板控件和分组框控件

面板控件(Panel 控件)和分组框控件(GroupBox 控件)是一种容器控件,可以容纳其他控件,同时为控件分组。通常情况下,单选按钮控件经常与 Panel 控件或 GroupBox 控件一起使用。另外,放在 Panel 控件或 GroupBox 控件内的所有对象将随着容器控件一起移动、显示、消失和屏蔽。这样,使用容器控件可将窗体的区域分割为不同的功能区,可以提供视觉上的区分和分区激活或屏蔽的功能。

Panel 控件常用的属性主要有如下几种:

(1) BorderStyle 属性:用于设置边框的样式,有 3 种设定值。

- None:无边框。
- Fixed3D:立体边框。
- FixedSingle:简单边框。

默认值是 None,不显示边框。

(2) AutoScroll 属性:用于设置是否在框内加滚动条。设置为 true 时,则加滚动条;设置为 false 时，则不加滚动条。

组合框控件最常用的是 Text 属性，该属性可用于在组合框控件的边框上设置显示的标题。

面板控件与组合框控件功能类似，都用来做容器来组合控件，但两者之间有 3 个主要区别：

- 面板控件可以设置 BorderStyle 属性，选择是否有边框。
- 面板控件可把其 AutoScroll 属性设置为 true，进行滚动。
- 面板控件没有 Text 属性，不能设置标题。

### 5.3.4 拓展与提高

(1) 根据 ListBox 控件的特点，编写程序实现拒绝向 ListBox 控件中添加重复信息。

(2) 利用所学知识完成，完成学生成绩管理系统中“编辑学生信息”界面的设计，为后续学习奠定基础。

(3) 了解进度条控件 ProgressBar、选项卡控件 TabControl 的用法，提高界面设计的水平。

## 5.4 Windows 窗体事件处理机制

### 5.4.1 任务描述：简易计算器

在 Windows 系统中，计算器是一个典型的窗体应用程序。本情景利用控件实现一个简易的计算器程序，如图 5-15 所示。

### 5.4.2 任务实现

(1) 启动 Visual Studio 2013，新建一个 Windows 窗体应用程序 Project0504，按照图 5-15 所示在默认窗体中添加一个 TextBox 控件和 17 个 Button 控件，将 10 个数字按钮的 name 分别设置为与 btnNumber0～btnNumber9 相对应，符号按钮 C、·、+、−、*、/和＝的 name 分别设置为 btnClear、btnPoint、btnAdd、btnSub、btnDouble、btnDivide 和 btnEqual。

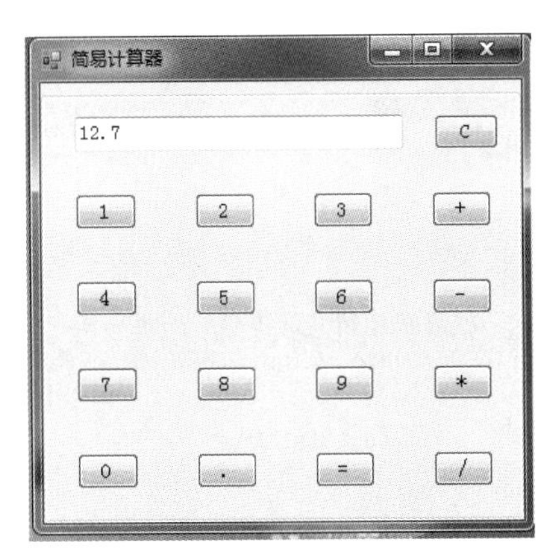

图 5-15 简易计算器程序

(2) 在程序中分别添加数字按钮、运算符按钮和清除按钮 C 的事件处理代码。主要代码如下：

```
//单击数字命令按钮的事件处理程序
private void btnNumber_Click(object sender, EventArgs e)
  {
    Button b1 = (Button)sender;
    if (textBox1.Text != "")
        textBox1.Text += b1.Text;
```

```
        else
            textBox1.Text = b1.Text;
    }
    //单击运算符命令按钮的事件处理程序
    private void btnOp_Click(object sender, EventArgs e)
    {
        Button btn = (Button)sender;
        if (btn.Name != "btnEqual")             //用户不是单击 = 命令按钮
        {
            firstNumber = Convert.ToDouble(textBox1.Text);
            textBox1.Text = "";
            op = btn.Name;                      //保存用户按键
        }
        else                                    //用户单击 = 命令按钮
        {
            secondNumber  = Convert.ToDouble(textBox1.Text);
            switch (op)
            {
                case "btnAdd":                  //用户刚前面单击 + 命令按钮
                    textBox1.Text = (firstNumber + secondNumber ).ToString();
                    break;
                case "btnSub":                  //用户刚前面单击 - 命令按钮
                    textBox1.Text = (firstNumber - secondNumber).ToString();
                    break;
                case "btnDouble":               //用户刚前面单击 × 命令按钮
                    textBox1.Text = (firstNumber * secondNumber).ToString();
                    break;
                case "btnDivide":               //用户刚前面单击/命令按钮
                    if (secondNumber == 0)
                     MessageBox.Show("除数为 0", 提示",MessageBoxButtons.OK);
                    else
                        textBox1.Text = (firstNumber/secondNumber).ToString();
                    break;
            }
        }
    }
    //清除按钮 C 的事件
    private void btnClear_Click(object sender, EventArgs e)
    {
        textBox1.Text = "";
    }
    //符号按钮.的单击事件处理程序
    private void btnPoint_Click(object sender, EventArgs e)
    {
        int n = textBox1.Text.IndexOf(".");

        if (n == -1)
            textBox1.Text = textBox1.Text + ".";
    }
```

(3) 分别把数字控件的 click 事件设置成第一个事件 btnNumber_Click,把运算符的 click 事件设置成第二个事件 btnOp_Click。

## 5.4.3 知识链接

### 5.4.3.1 事件处理概述

事件是可以通过代码响应或"处理"的操作。事件可由用户操作(例如单击鼠标或按某个键)、程序代码或系统生成。事件驱动的应用程序执行代码以响应事件。每个窗体和控件都公开一组预定义事件,可根据这些事件进行编程。如果发生其中一个事件并且在相关联的事件处理程序中有代码,则调用该代码。

对象引发的事件类型会发生变化,但对于大多数控件,很多类型都是通用的。例如,大多数对象都会处理 Click 事件。如果用户单击窗体,就会执行窗体的 Click 事件处理程序内的代码。

事件处理程序是绑定到事件的方法。当引发事件时,执行事件处理程序内的代码。每个事件处理程序提供两个使用户得以正确处理事件的参数。每个事件处理程序提供两个参数。例如,窗体中一个命令按钮 button1 的 Click 事件的事件处理程序如下:

```
private void button1_Click(object sender, System.EventArgs e)
{
}
```

其中,第一个参数 sender 提供对引发事件的对象的引用,第二个参数 e 传递特定于要处理的事件的对象。通过引用对象的属性(有时引用其方法)可获得一些信息,如鼠标事件中鼠标的位置或拖放事件中传输的数据。

### 5.4.3.2 事件处理程序

事件处理程序是代码中的过程,用于确定事件(例如用户单击按钮或消息队列收到消息)发生时要执行的操作。引发事件时,将执行收到该事件的一个或多个事件处理程序。可以将事件分配给多个处理程序,并且可以动态更改处理特定事件的方法,还可以使用 Windows 窗体设计器来创建事件处理程序。

**1. 在 Windows 窗体中创建事件处理程序**

在 Windows 窗体设计器上创建事件处理程序的过程如下:

(1) 单击要为其创建事件处理程序的窗体或控件。

(2) 在属性窗口中单击"事件"按钮 。

(3) 在可用事件的列表中,单击要为其创建事件处理程序的事件。

(4) 在事件名称右侧的框中,输入处理程序的名称,然后按 Enter 键。

图 5-16 所示是为 button1 命令按钮选择 button1_Click 事件处理程序,这样 C# 系统会在对应窗体的 Designer.cs 文件中自动添加以下语句:

```
this.button1.Click += new System.EventHandler(this.
button1_Click);
```

图 5-16 添加事件处理程序

(5) 将适当的代码添加到该事件处理程序中。

**2. 在运行时为 Windows 窗体创建事件处理程序**

在运行时为 Windows 窗体创建事件处理程序的过程如下:

(1) 在代码编辑器中打开要向其添加事件处理程序的窗体。

(2) 对于要处理的事件,将带有其方法签名的方法添加到窗体上。

例如,如果要处理命令按钮 button1 的 Click 事件,则需创建如下方法:

```
private void button1_Click(object sender, System.EventArgs e)
{
//输入相应的代码
}
```

(3) 将适合应用程序的代码添加到事件处理程序中。

(4) 确定要创建事件处理程序的窗体或控件。

(5) 打开对应窗体的.Designer.cs 文件,添加指定事件处理程序的代码处理事件。例如,以下代码指定事件处理程序 button1_Click 处理命令按钮控件的 Click 事件:

```
button1.Click += new System.EventHandler(button1_Click);
```

**3. 将多个事件连接到 Windows 窗体中的单个事件处理程序**

在应用程序设计中,可能需要将单个事件处理程序用于多个事件或让多个事件执行同一过程。例如,如果菜单命令与窗体上的按钮公开的功能相同,则让它们引发同一事件常常可以节省很多时间。在 C# 中,将多个事件连接到 Windows 窗体中的单个事件处理程序的过程如下:

(1) 选择要将事件处理程序连接到的控件。

(2) 在"属性"窗口中,单击"事件"按钮。

(3) 单击要处理的事件的名称。

(4) 在事件名称旁边的值区域中,单击下拉按钮显示现有事件处理程序列表,这些事件处理程序会与要处理的事件的方法签名相匹配。

(5) 从该列表中选择适当的事件处理程序。

完成后代码将添加到该窗体中,以便将该事件绑定到现有事件处理程序。

### 5.4.4 拓展与提高

(1) 编写程序实现一个简单的情人节彩蛋效果,即用户同时按下 Shift+Ctrl+Alt+A 组合键,在窗体上合适位置显示"情人节快乐!"。

(2) 编写程序实现一个多变窗体,当每次鼠标移动到窗体上时,随机更改窗体的颜色,当鼠标从窗体移开时,窗体背景恢复到一个固定颜色。

## 5.5 知识点提炼

(1) 在 Windows 窗体应用程序中,窗体实现用户显示信息的可视化界面,它是 Windows 程序窗体应用程序的基本单元。窗体通常由一系列控件组成。所有的可见控件都是由

Control 类派生而来,Control 基类包括了许多为控件所共享的属性、事件和方法的基本实现。

(2) 标签控件主要用来显示用户不能编辑的文本,标识窗体上的对象。文本框控件主要用于获取用户输入的数据或显示文本,它通常用于可编辑文本,也可以使其成为只读控件。

(3) 按钮控件允许用户通过单击来执行一些操作。单选按钮控件只能选择一个,选项之间互斥,显示为一个标签,左边是一个原点。复选框控件可以实现多个选项同时选择,复选框显示为一个标签,左边是一个带有标记的小方框。

(4) 列表控件显示一个项列表,用户可从中选择一项或多项。组合框控件用于在下拉组合框中显示数据,它结合了文本框和列表框控件的特点,用户可以在组合框内输入文本,也可以在列表框中选择项目。

# 第6章 Windows 应用程序开发进阶

Windows 应用程序提供丰富的用户接口对象，包括菜单、工具栏、状态栏以及对话框等。用户借助这些接口对象，可以方便地实现用户界面的设计，实现一些特殊的效果。本章将向读者介绍如何利用 C# 语言来完善 Windows 应用程序，更好地实现用户与系统交互。通过阅读本章内容，读者可以：

- 了解和掌握 Windows 菜单的运行机制以及利用 C# 控件来制作菜单。
- 了解和掌握如何向应用程序中添加工具栏和状态栏。
- 了解和掌握 C# 的高级数据显示控件(如 TreeView、ListView 等)的用法。
- 了解和掌握对话框控件的用法。

## 6.1 菜单、工具栏和状态栏

### 6.1.1 任务描述：学生成绩管理系统主窗体的完善

在学生成绩管理系统中，用户可以通过菜单、工具栏方便地与系统进行交互。本任务进一步完善学生成绩管理系统主界面的设计，向主窗体中添加标准的菜单、工具栏以及状态栏，如图 6-1 所示。

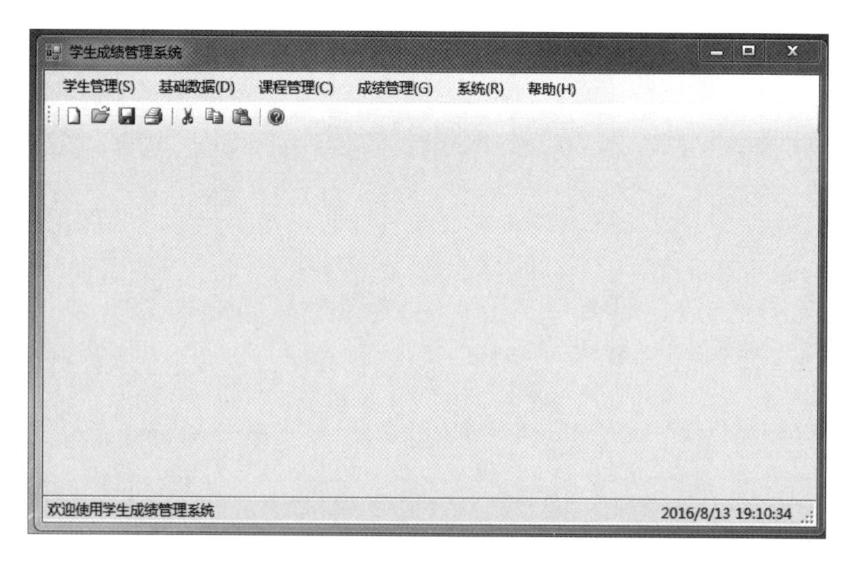


图 6-1 学生成绩管理系统主界面

### 6.1.2 任务实现

(1) 启动 Visual Studio 2013,打开学生成绩管理系统项目,选中主窗体 MainForm,然后在主窗体中添加主菜单控件 MenuStrip、工具栏控件 ToolStrip 和状态栏控件 StatusStrip。

(2) 主菜单的制作。将主菜单控件 MenuStrip 的 Name 属性设置为 mnusStudentGrade,按照表 6-1 设置学生成绩管理系统的菜单项,并为每个二级菜单项添加相应的单击事件。

**表 6-1 学生成绩管理系统菜单属性设置**

| 一级菜单项 | 二级菜单项 | |
|---|---|---|
| | Text 属性 | 备　注 |
| 基础数据(&D) | 添加院系 | 添加院系信息 |
| | 院系列表 | 修改、删除院系 |
| | 分隔符 | — |
| | 添加班级 | 添加班级信息 |
| | 班级列表 | 修改、删除班级 |
| 学生管理(&S) | 添加学生 | 添加学生信息 |
| | 编辑学生 | 修改和删除学生信息 |
| | 查询学生 | 查询学生信息 |
| 课程管理(&C) | 添加课程 | 添加课程信息 |
| | 课程列表 | 修改和删除课程信息 |
| | 查询课程 | 查询课程信息 |
| 成绩管理(&G) | 添加成绩 | 添加学生成绩 |
| | 成绩列表 | 修改和删除学生成绩 |
| | 成绩查询 | 查询学生成绩 |
| 系统(&R) | 修改密码 | 修改用户登录密码 |
| | 分隔符 | — |
| | 数据备份 | 备份数据 |
| | 数据恢复 | 恢复备份数据 |
| | 分隔符 | — |
| | 退出系统(&X) | 退出系统 |
| 帮助(&H) | 关于 | 关于对话框 |

(3) 工具栏的制作。首先将工具栏控件 ToolStrip 的 Name 属性设为 tlsStudentGrade,打开其属性窗口,然后单击属性 Items (Collection) [...] 右边的 [...] 按钮,打开"项集合编辑器"对话框,在下拉列表中选择默认的 Button,依次添加 11 个 Button 并重命名,再在下拉列表中选择 Separator,添加 3 个分隔符,并上移至适当的位置,设置各子项的属性后,如图 6-2 所示。

接下来为工具栏中的按钮设置不同的图片,单击"添加院系"按钮,在右边属性窗口中找到 ⊞ Image System.Drawin[...] 属性,打开选择资源对话框,从本机磁盘或者项目资源文件中导入图片,完成工具栏的图片设置;然后,按同样的方法设置其他按钮的 Image 属性。

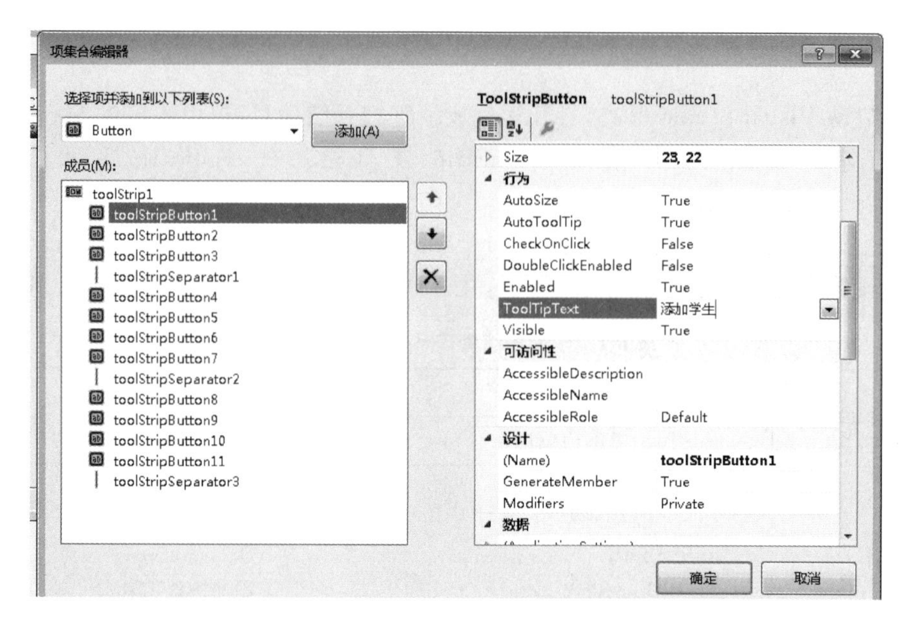


图 6-2　工具栏"项集合编辑器"对话框

(4) 状态栏的实现。选中 StatusStrip 控件,将其 Name 属性设为 stsStudentGrade,将 Dock 属性设为 Bottom,再将 Anchor 属性设为"Bottom, Left, Right",然后单击 Items (Collection) ... 右边的 ... 按钮,打开"项集合编辑器"对话框,如图 6-3 所示。

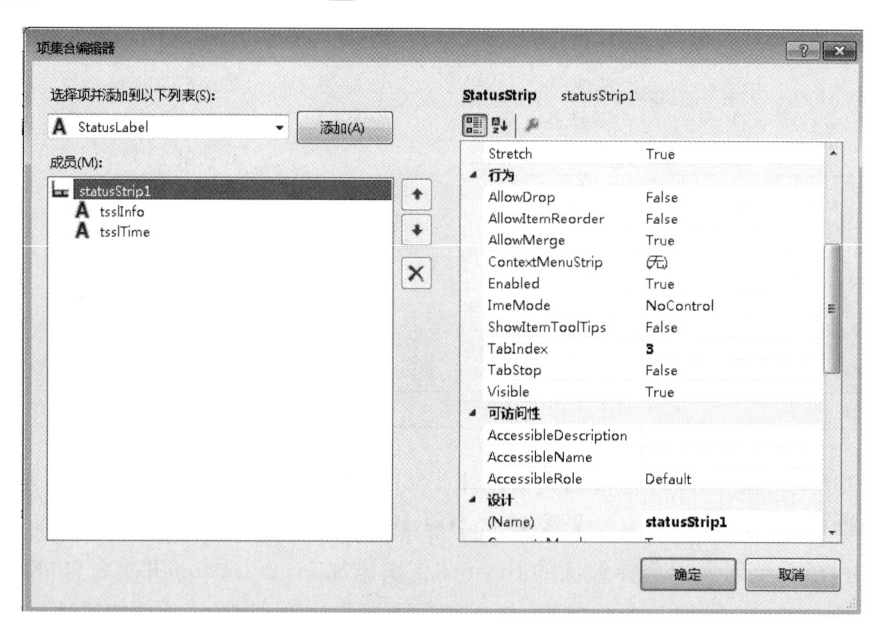


图 6-3　状态栏"项集合编辑器"窗口

下拉列表中保留默认的选择 StatusLabel,然后单击"添加"按钮,依次添加 2 个 StatusLabel,并分别命名为 tsslInfo 和 tsslTime,并将 tsslTime 的 Spring 属性设置为 True,以填充整个状态栏区域。

(5) 定时器控件属性设置。在状态栏中显示了时钟需要使用一个 Timer 控件来实现。

Timer 控件的 Name 属性设为 tmrStudentGrade，Enabled 属性设为 True，Interval 属性设为 1000，表示 1 秒钟触发一次 Tick 事件，即 1 秒钟改变一次时钟。

(6) 编写程序代码，实现相应功能。主要代码如下：

```
public partial class MainForm : Form
{
    private string name;                              //用户名
    //代参构造函数
    public MainForm(string name)
    {
        InitializeComponent();
        this.name = name;
    }
    //添加学生菜单单击事件代码
    private void 添加学生信息 AToolStripMenuItem_Click(object sender, EventArgs e)
    {
            AddStudent addFrom = new AddStudent();
            addFrom.Show();
    }
    //退出系统菜单项单击代码
    private void 退出系统 XToolStripMenuItem_Click(object sender, EventArgs e)
    {
            Application.Exit();
    }
    //窗体装入事件代码
    private void MainForm_Load(object sender, EventArgs e)
    {
        this.tsslInfo.Text = "你好：" + name;        //设置状态栏信息
        this.timer1.Enabled = true;                  //启动定时器
    }
    //定时器事件
    private void timer1_Tick(object sender, EventArgs e)
    {
        this.tsslTime.Text = DateTime.Now.ToString(); //设置状态栏信息为系统时间
    }
```

## 6.1.3 知识链接

### 6.1.3.1 菜单控件

菜单通过存放按照一般主题分组的命令将功能公开给用户，是 Windows 环境中最常见的元素，图 6-4 给出了一个标准的 Windows 菜单。在图 6-4 中，排在第一排的文字描述的命令都称为菜单项，并且第一排的是顶层菜单，而第一排的每个菜单项又有子菜单项，例如"查看"菜单下有"工具栏"等子菜单项。而这些子菜单项又可能仍然有子菜单项。

**1. 常见的菜单控件**

在 C# 应用程序中，可以使用菜单控件(MenuStrip 控件)轻松创建 Microsoft Office 中那样的菜单。除了 MenuStrip 控件之外，还有许多控件可用于填充菜单。3 个最常见的控件是 ToolStrip MenuItem、ToolStripDropDown 和 ToolStripSeparator。这些控件表示查看菜单或工具栏中某一项的特定方式。ToolStripMenuItem 表示菜单中的一项；ToolStripDropDown

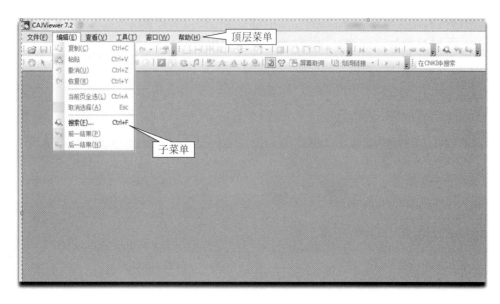


图 6-4　Windows 菜单

表示单击一项,就会显示包含其他项目的一个列表;ToolStripSeparator 表示菜单或工具栏中的水平或垂直分隔线。

**2. 使用菜单控件设计菜单栏**

使用 MenuStrip 控件设计菜单栏的具体步骤如下:

(1) 从工具箱中拖放一个 MenuStrip 控件置于窗体中,如图 6-5 所示。

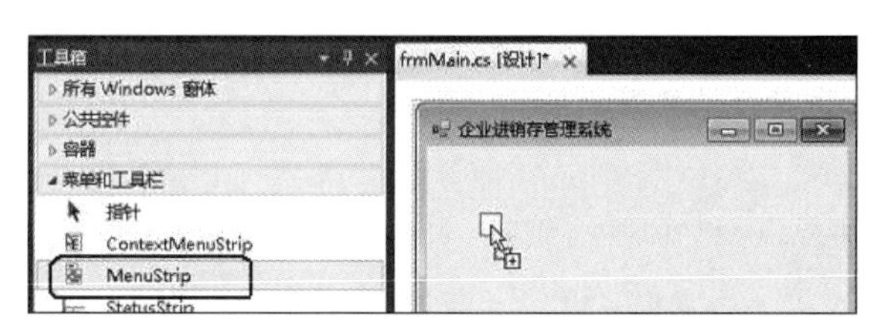


图 6-5　拖放 MenuStrip 控件

(2) 为菜单栏中的各个菜单项设置名称,如图 6-6 所示。在输入菜单项名称时,系统会自动产生输入下一个菜单项名称的提示。

图 6-6　为菜单栏添加菜单项

(3) 选中菜单项,单击其"属性"窗口中 DropDownItems 属性后面的按钮,打开"项集合编辑器"对话框,如图 6-7 所示。在该对话框中可以为菜单项设置 Name(名称),也可以继续通过单击其 DropDownItems 属性后面的按钮添加子项。

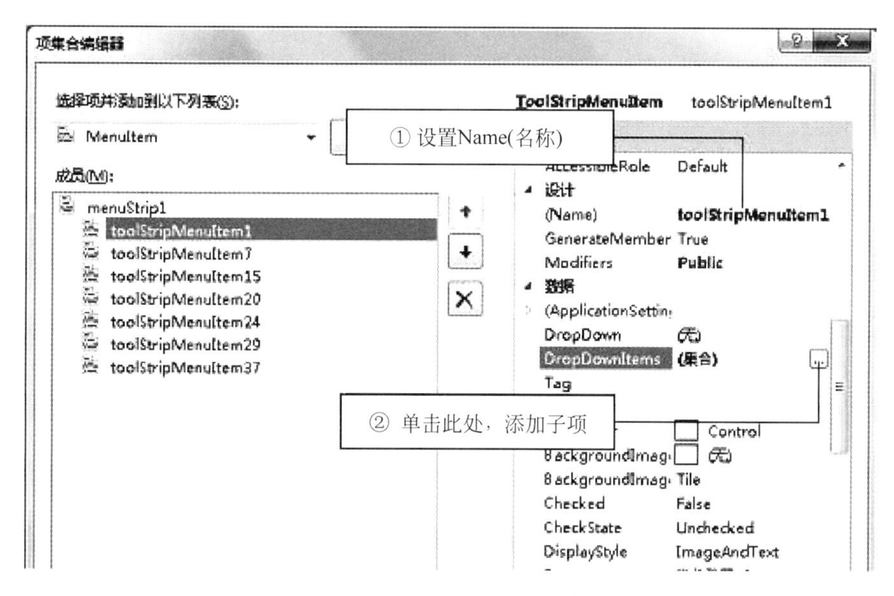


图 6-7 为菜单栏中的菜单项命名并添加子项

**3. ToolStripMenuItem 控件**

1）ToolStripMenuItem 控件的属性

表 6-2 给出了 ToolStripMenuItem 控件的常用属性及其说明，在创建菜单时应了解这些属性。表 6-2 并不完整，如果需要完整的列表，可参阅.NET Framework SDK 文档说明。

**表 6-2 ToolStripMenuItem 控件的常用属性及其说明**

| 属　　性 | 说　　明 |
|---|---|
| Text | 获取或设置一个值，通过该值指示菜单项标题。当使用 Text 属性为菜单项指定标题时，还可在字符前面加一个 & 来指定热键(访问键，即加下画线的字符) |
| ShortcutKeys | 获取或设置与菜单项相关联的快捷键 |
| Checked | 表示菜单是否被选中 |
| CheckOnClick | 这个属性是 true 时，如果菜单项左边的复选框没有打上标记，就打上标记；如果该复选框已经打上了标记，就去除该标记，否则该标记就被一个图像替代。使用 Checked 属性确定菜单项的状态 |
| Enabled | false，菜单项就会灰显，不能被选中 |
| DropDownItems | 返回一个集合，用作与菜单项相关的下拉菜单 |

2）给菜单添加功能

为了响应用户做出的选择，就应为 ToolStripMenuItems 发送的两个事件之一提供处理程序。表 6-3 给出了 ToolStripMenuItem 的事件。

**表 6-3 ToolStripMenuItem 的事件**

| 事　　件 | 描　　述 |
|---|---|
| Click | 在用户单击菜单项时，引发该事件。大多数情况下这就是要响应的事件 |
| CheckedChanged | 当单击带 CheckOnClick 属性的菜单项时，引发这个事件 |

#### 6.1.3.2 上下文菜单

上下文菜单,又称弹出式菜单、右键菜单或快捷菜单。该菜单不同于固定在菜单栏中的主菜单,它是在窗体上面的浮动式菜单,通常在单击鼠标右键时显示。菜单会因用户右击位置的不同而不同。图6-8所示的是Visual Studio上下文菜单。

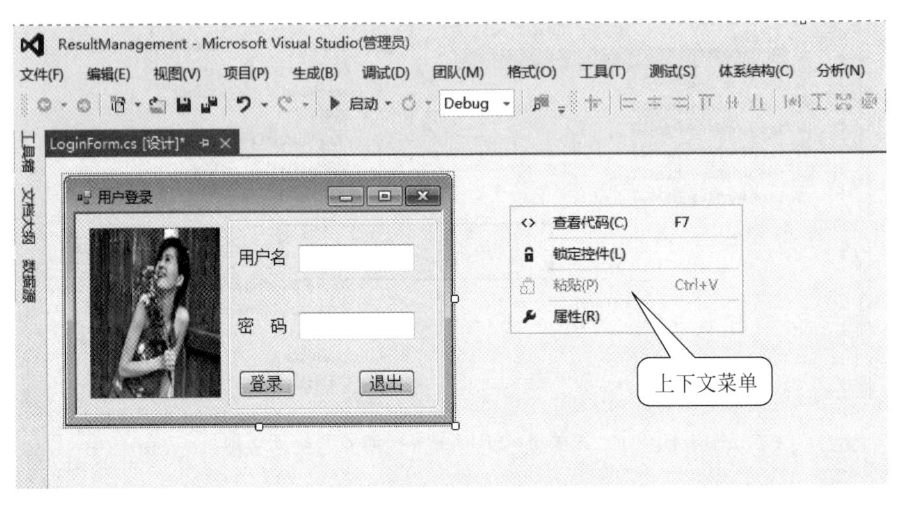


图6-8 Visual Studio上下文菜单

在C#应用程序中,可使用ContextMenuStrip控件为对象创建快捷菜单。具体步骤如下:

(1) 从工具箱中选取ContextMenuStrip控件并添加到窗体上,即为该窗体创建了快捷菜单。

(2) 单击窗体设计器下方窗格中的ContextMenuStrip控件,窗体上显示提示文本“请在此处输入”。单击此文本,然后输入所需菜单项的名称。

一个窗体只需要一个MenuStrip控件,但可以使用多个ContextMenuStrip控件,这些控件既可以与窗体本身相关联,也可以与窗体上的其他控件相关联。使上下文快捷菜单与窗体或控件关联的方法是使用窗体或控件的ContextMenu属性。也就是说,将窗体或控件的ContextMenu属性设置为前面定义的ContextMenu控件的名称即可。

#### 6.1.3.3 工具栏控件

通过菜单可以访问应用程序中的大多数功能,把一些菜单项放在工具栏中和放在菜单中有相同的作用。工具栏提供了单击访问程序中常用功能的方式,如Open和Save。图6-9显示了Word 2013中可见的工具栏部分。

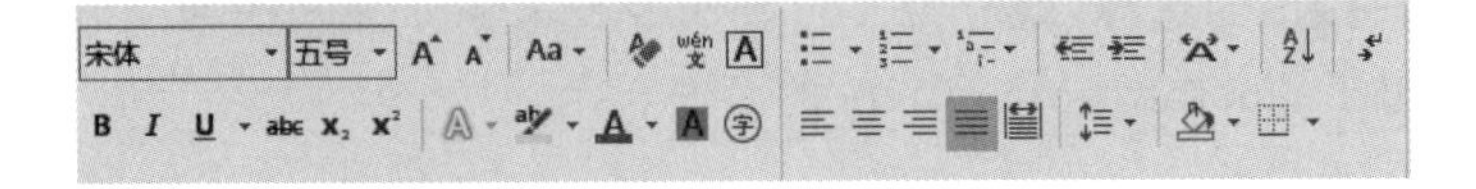


图6-9 Word 2013中可见的工具栏

工具栏上的按钮通常包含图片,不包含文本。例如Word中的工具栏按钮就不包含文本。包含文本的按钮工具栏有Internet Explorer中的工具栏。除了按钮之外,工具栏上偶尔也会有组合框和文本框。如果把鼠标指针停留在工具栏的一个按钮上,就会显示一个工具提示,给出该按钮的用途信息,特别是只显示图标时,这是很有帮助的。

在 C# 程序中,可以使用工具栏控件(ToolStrip 控件)及其关联的类来创建具有 Windows XP、Microsoft Office、Microsoft Internet Explorer 或自定义的外观和行为的工具栏及其他用户界面元素。这些元素支持溢出及运行时项重新排序。ToolStrip 控件提供丰富的设计时体验,包括就地激活和编辑、自定义布局、漂浮(即工具栏共享水平或垂直空间的能力)。

ToolStrip 控件的属性管理着控件的显示位置和显示方式,表 6-4 给出了 ToolStrip 控件的常用属性及其说明。

**表 6-4　ToolStrip 控件的常用属性及其说明**

| 属　　性 | 说　　明 |
|---|---|
| GripStyle | 控制 4 个垂直排列的点是否显示在工具栏的最左边。隐藏手柄后,用户就不能移动工具栏 |
| LayoutStyle | 控制工具栏上的项如何显示,默认为水平显示 |
| Items | 包含工具栏上所有项的集合 |
| ShowItemToolTip | 确定是否显示工具栏上某项的工具提示 |
| Stretch | 默认情况下,工具栏比包含在其中的项略宽或略高。如果把 Stretch 属性设置为 true,工具栏就会占据其容器的总长 |

使用 ToolStrip 控件设计工具栏的具体步骤如下:

(1) 创建一个 Windows 应用程序,从工具箱中将 ToolStrip 控件拖曳到窗体,如图 6-10 所示。

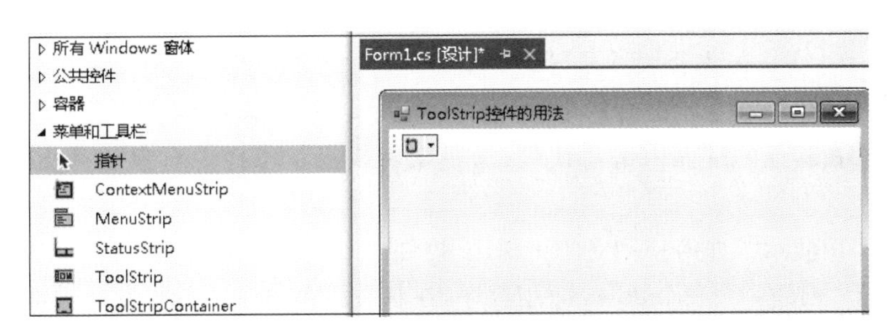


图 6-10　拖曳 ToolStrip 控件到窗体中

(2) 单击工具栏中的下拉按钮,添加工具栏项目,如图 6-11 所示。

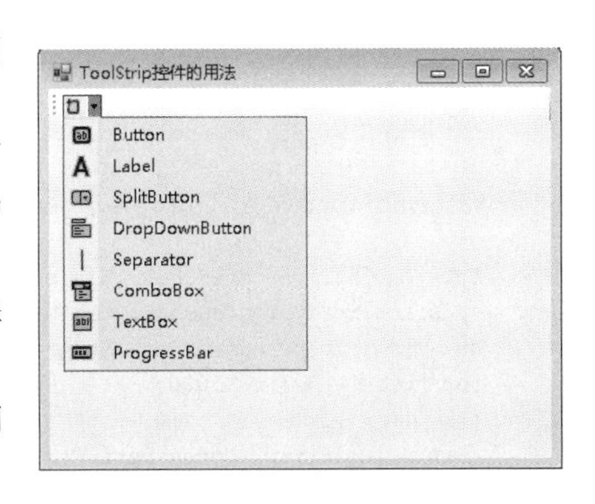


图 6-11　添加工具栏项目

从图 6-10 中可以看出,当单击工具栏中的下拉按钮,添加工具栏项目时,在下拉菜单中有 8 种不同类型,下面分别介绍。

- Button: 包含文本和图像中可让用户选择的项。
- Label: 包含文本和图像的项,不可以让用户选择,可以显示超链接。
- SplitButton: 在 Button 的基础上增加了

一个下拉菜单。

- DropDownButton：用于下拉菜单选择项。
- Separator：分隔符。
- ComboBox：显示一个组合框的项。
- TextBox：显示一个文本框的项。
- ProgressBar：显示一个进度条的项。

(3) 添加相应的工具栏按钮后，可以设置其要显示的图像。具体方法是：选中要设置图像的工具栏按钮，右击，在弹出的快捷菜单中选择“设置图像”命令。

**【说明】** 工具栏中的按钮默认只显示图像，如果要以其他方式(比如只显示文本、同时显示图像和文本等)显示工具栏按钮，可以选中工具栏按钮，右击，在弹出的快捷菜单中选择DisplayStyle菜单项下面的各个子菜单项。

#### 6.1.3.4 状态栏控件

Windows窗体的状态栏通常显示在窗口的底部，用于显示窗体上对象的相关信息，或者可以显示应用程序的信息。状态栏控件(StatusStrip控件)上可以有状态栏面板，用于显示指示状态的文本或图标，或者一系列指示进程正在执行的动画图标(如Microsoft Word指示正在保存文档)。例如，在鼠标滚动到超链接时，Internet Explore使用状态栏指示某个页面的URL；Microsoft Word使用状态栏提供有关页位置、节位置和编辑模式(如修改和修订跟踪)的信息。

StatusStrip控件中可以包含ToolStripStatusLabel、ToolStripDropDownButton、ToolStripSplitButton和ToolStripProgressBar等对象，这些对象都属于ToolStrip控件的Items集合属性。Items集合属性是StatusStrip控件的常用属性。StatusStrip控件也有许多事件，一般情况下，不在状态栏的事件过程中编写代码，状态栏的主要作用是用来显示系统信息。通常在其他的过程中编写代码，通过实时改变状态栏中对象的Text属性来显示系统信息。

下面的实例演示了如何使用StatusStrip控件。

**【例6.1】** 创建一个Windows应用程序，在状态栏中显示当前日期和进度条。

主要代码如下：

```
//窗体装入事件
private void Form1_Load(object sender, EventArgs e)
{
  this.toolStripStatusLabel1.Text = "当前日期为：" + DateTime.Now.ToShortDateString();
}
private void button1_Click(object sender, EventArgs e)   //加载进度条按钮事件
{
   this.toolStripProgressBar1.Minimum = 0;              //进度条最小值
   this.toolStripProgressBar1.Maximum = 5000;           //进度条最大值
   this.toolStripProgressBar1.Step = 2;                 //进度条的增值
   for (int i = 0; i < 5000; i++)
   {
     this.toolStripProgressBar1.PerformStep();          //增加进度条当前位置
   }
}
```

程序的运行结果如图 6-12 所示。

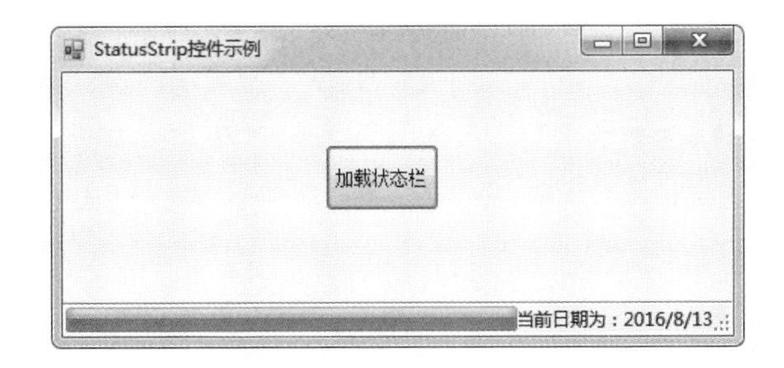


图 6-12　状态栏应用

#### 6.1.3.5　计时器组件

计时器组件(Timer 组件)可以按照用户指定的时间间隔来触发事件，时间间隔的长度由其 Interval 属性定义，其属性值以毫秒为单位。如果启动该组件，则每个事件间隔会引发一次 Tick 事件。开发人员可以在 Tick 事件中添加要执行操作的代码。

Timer 组件的常用属性、方法和事件及其说明如表 6-5 所示。

**表 6-5　Timer 组件的常用属性、方法和事件及其说明**

| 属　　性 | 说　明 |
|---|---|
| Enabled | 获取或设置计时器是否正在运行 |
| Interval | 获取或设置计时器触发事件的时间间隔，单位是毫秒 |
| **方　　法** | **说　　明** |
| Start() | 启动计数器 |
| Stop() | 停止计时器 |
| **事　　件** | **说　　明** |
| Tick | 当计时器处于运行状态时，每当到达指定时间间隔，就触发该事件 |

下面通过一个例子来说明如何使用计时器组件来实现图片的移动。

**【例 6.2】**　新建一个 Windows 应用程序，在默认窗体中添加 PictureBox 控件、一个 Timer 组件和 2 个 Button 控件，其中 PictureBox 控件用来显示图片，设置其 SizeMode 属性为 StretchImage。

主要代码如下：

```
public partial class Form1 : Form
 {
   private int location;                                //图片控件的位置
   //开始移动按钮单击事件
private void button1_Click(object sender, EventArgs e)
{
        location = this.pictureBox1.Left;              //获取图片框的位置
        this.timer1.Start();                           //开始计时器
    }
    //停止移动按钮单击事件
```

```
        private void button2_Click(object sender, EventArgs e)
        {
            this.timer1.Stop();                              //停止计时器
        }
        //计时器间隔事件响应函数
        private void timer1_Tick(object sender, EventArgs e)
        {
             if (this.pictureBox1.Left >= this.Width )
            {
                this.pictureBox1.Left  =  location ;
            }
             this.pictureBox1.Left  =  this.pictureBox1.Left  +  1;
        }
    }
```

程序的运行结果如图 6-13 所示。

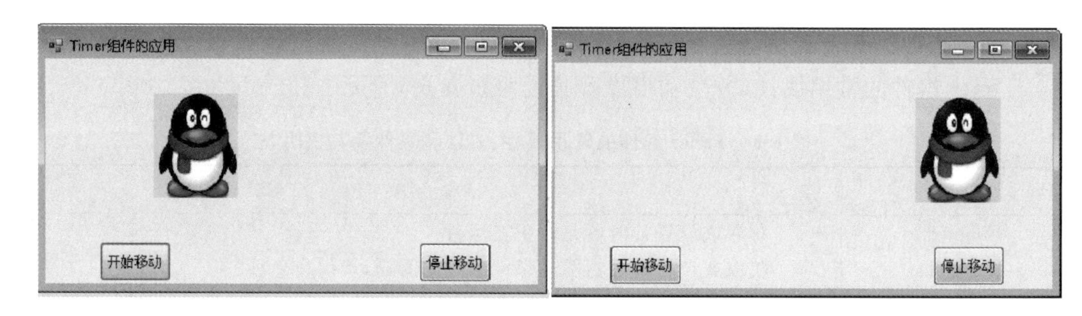


图 6-13　Timer 组件的用法

### 6.1.4　拓展与提高

查阅 Internet 相关资源，了解和掌握菜单、工具栏和状态栏控件的运行机制，并完成以下问题：

(1) 如何实现动态菜单以及根据操作情况来设置菜单的可用情况。

(2) 结合学习内容，完善学生成绩管理系统主界面的设计，探讨在不同窗体之间传递信息的方法。

(3) 利用 Timer 组件实现简单的动画效果，即图片在窗体上随机移动，当到达窗体边界时自动改变移动方向。

## 6.2　数据显示控件

### 6.2.1　任务描述：设计学生信息查询界面

信息浏览作为信息管理系统的重要部分，主要满足用户浏览数据信息的需要。数据浏览主要有两种方式：一是树；二是数据网格视图，它们在各类软件系统中都有广泛的使用。本任务将利用树形控件实现学生信息查询界面的设计，如图 6-14 所示。

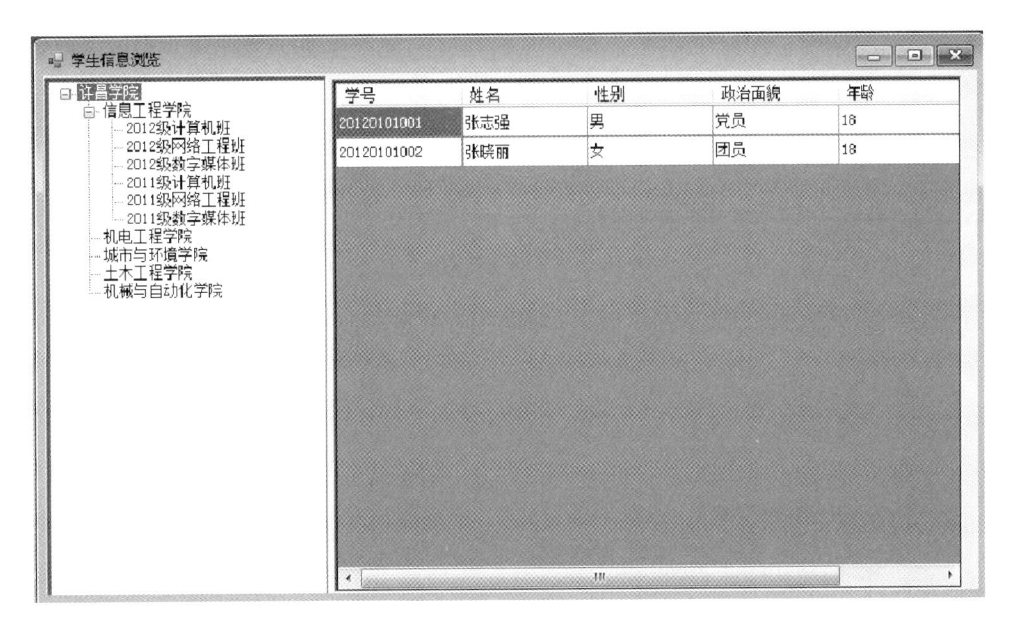


图 6-14　学生信息查询界面

### 6.2.2　任务实现

(1) 启动 Visual Studio 2013，打开学生成绩管理系统项目 StudentGrade，然后在该项目中添加一个窗体，并将该窗体的 Name 属性设置为 BrowseStudent，Text 属性设置为“学生信息浏览”，其他属性选择默认值。

(2) 向 BrowseStudent 窗体中添加 2 个 Panel 控件、一个 Treeview 控件和一个 DataGridView 控件，其中 Panel 控件是容器用来装载 Treeview 控件和 DataGridView 控件。将 Panel1、Panel2、Treeview 和 DataGridView 控件的 Anchor 设置为“Top，Left”；将 Treeview 控件的 Name 属性设置为 tvwDepart，Dock 属性设置为 Fill；将 DataGridView 控件的 Name 属性设置为 dgvStudent，Dock 属性设置为 Fill。

(3) 向项目中添加一个学生类 Student，类中每一个字段代表一个数据列，每一个 Student 对象代表一个数据行。学生类代码如下：

```
class Student
 {
    private string stuid;                                  //学号
    private string name;                                   //姓名
    private string gender;                                 //性别
    private string politics;                               //政治面貌
    private string age;                                    //年龄
    private string nation;                                 //籍贯

     public Student(string stuid, string name, string gender, string politics, string age, 
string nation)
    {
        this.stuid = stuid;
        this.name = name;
        this.gender = gender;
```

```
            this.politics = politics;
            this.age = age;
            this.nation = nation;
        }
        public string Stuid
        {
            get { return stuid; }
        }
        public string Name
        {
            get { return name; }
        }
        public string Gender
        {
            get { return gender; }
        }
        public string Politics
        {
            get { return politics; }
        }
        public string Nation
        {
            get { return nation; }
        }
        public string Age
        {
            get { return age; }
        }
    }
```

(4) 在窗体的 Load 事件处理函数中构造数据行,并将其作为数据源与 DataGridView 关联。主要代码如下:

```
private void BrowseStudent_Load(object sender, EventArgs e)
{
    this.AddTree();                                    //建立树形结构
    this.AddStudent();                                 //绑定数据
}
//生成树
private void AddTree()
{                                                      //建立树根节点
 TreeNode root = this.tvDepart.Nodes.Add("许昌学院");
 //建立父节点
  TreeNode depart1 = root.Nodes.Add("信息工程学院");
  TreeNode depart2 = root.Nodes.Add("机电工程学院");
  TreeNode depart3 = root.Nodes.Add("城市与环境学院");
  TreeNode depart4 = root.Nodes.Add("土木工程学院");
  TreeNode depart5 = root.Nodes.Add("机械与自动化学院");
  //建立子节点
  TreeNode cs1 = new TreeNode("2012 级计算机班");
  TreeNode cs2 = new TreeNode("2012 级网络工程班");
  TreeNode cs3 = new TreeNode("2012 级数字媒体班");
  TreeNode cs4 = new TreeNode("2011 级计算机班");
  TreeNode cs5 = new TreeNode("2011 级网络工程班");
```

```
            TreeNode cs6 = new TreeNode("2011 级数字媒体班");
            //将子节点添加到父节点
            depart1.Nodes.Add(cs1);
            depart1.Nodes.Add(cs2);
            depart1.Nodes.Add(cs3);
            depart1.Nodes.Add(cs4);
            depart1.Nodes.Add(cs5);
            depart1.Nodes.Add(cs6);
        }
        //添加学生信息
        private void AddStudent()
        {
            Student[] stu = new Student[] { new Student("20120101001", "张志强", "男", "党员", "18",
"河南省许昌市"), new Student("20120101002", "张晓丽", "女", "团员", "18", "河南省洛阳市") };
            this.dgvStudent.DataSource = stu;                   //数据绑定
        }
    }
```

(5) 设置 DataGridView 控件的 Columns 属性，修改 DataPropertyName 属性，将每一列映射到数据行中的字段，如图 6-15 所示。

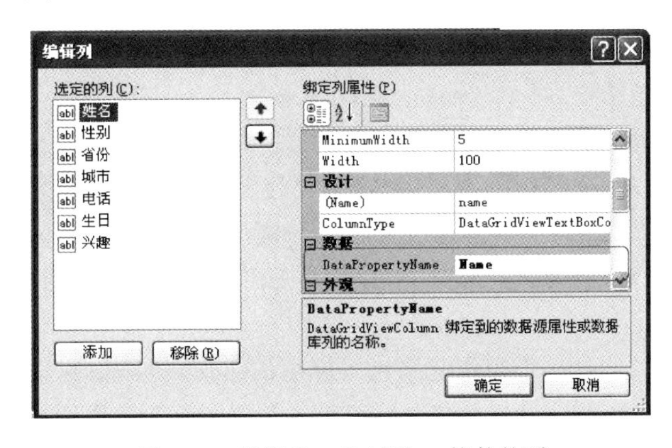


图 6-15　编辑 DataGridView 控件的列

## 6.2.3　知识链接

### 6.2.3.1　存储图像控件

存储图像控件(ImageList 控件)提供一个集合，可以用于存储在窗体的其他控件中使用的图像资源。可以在图像列表中存储任意大小的图像，但每个空间中，每个图像的大小必须相同。对于 ListView 控件，则需要两个 ImageList 控件才能显示大图像和小图像。

ImageList 控件是一个无法在窗体中直接显示的控件。在将其拖放到窗体上时，它并不会显示在窗体上，而是在窗体的内部以代码的形式存在，并且包括所有需要存储的组件。这个功能可以防止非用户界面组成的控件遮挡窗体设计器。ImageList 控件的位置是固定的，无法由 Top 等属性更改其坐标。

ImageList 控件的主要属性是 Images，它包含关联控件将要使用的图片。每个单独的图像可通过其索引值或键值来访问。开发人员可以在设计和执行程序时为 ImageList 控件添加图像。如果开发人员知道在设计期间要想使哪些图像，就可以直接单击该控件 Images

属性右边的按钮,在打开的"图像几何编辑器"对话框中,单击"添加"按钮,选择相应的图像添加到 ImageList 控件集合中。也可以使用 ImageList 控件的 Images 属性的 Add 方法,以编程的方式向 ImageList 控件中添加图像。Add 方法的方法的语法格式如下:

```
public void Add(Image value)
```

其中,参数 value 表示要添加到列表中的图像。例如,下列代码演示了如何向 ImageList 控件中添加图像:

```
string path = @"d:\images\xcu.jpg";              //图像路径
Image image = Image.FromFile(path,true);         //创建一个 Image 对象
imageList1.Images.Add(image);                    //向控件中添加图像
```

如果要使图像列表与一个控件关联,只需要将该控件的 ImageList 属性设置为 ImageList 组件的名称。

### 6.2.3.2 树控件

树控件(TreeView 控件)用来显示信息的分级视图,如同 Windows 里的资源管理器的目录。TreeView 控件中的各项信息都有一个与之相关的 Node 对象。TreeView 控件显示 Node 对象的分层目录结构,每个 Node 对象均由一个 Label 对象和其相关的位图组成。在建立 TreeView 控件后,可以展开和折叠、显示或隐藏其中的节点。TreeView 控件一般用来显示文件和目录结构、文档中的类层次、索引中的层次和其他具有分层目录结构的信息。创建了 TreeView 控件之后,可以通过设置属性与调用方法对各 Node 对象进行操作,这些操作包括添加、删除、对齐和其他操作。可以编程展开与折叠 Node 对象来显示或隐藏所有子节点。

TreeView 组件虽然是一个操作起来比较麻烦的组件,但归根到底,可以总结为 3 种基本操作:加入子节点、加入兄弟节点和删除节点。掌握了这 3 种常用操作,对于在编程中灵活运用 TreeView 组件是十分必要的。下面就分别介绍。

**1. 添加子节点**

所谓子节点,就是处于选定节点的下一级节点。加入子节点的具体过程是:首先要在 TreeView 组件中定位要加入的子节点的位置,然后创建一个节点对象,然后利用 TreeVeiw 类中对节点的加入方法[即 Add( )方法],加入此节点对象。Add()方法的语法如下:

```
public virtual int Add(TreeNode node)
```

其中,参数 node 表示要添加到集合中的 TreeNode。返回值表示添加到树节点集合中的 TreeNode 的从零开始的索引值。

TreeView 对象中每一个节点都是 TreeNode 对象,该对象也含有 Nodes 集合属性,支持 Add()方法向树中增加节点,增加的节点被添加到该 TreeNode 对象下,作为一个子节点。因此,使用下列代码可以向树控件 treeView1 中添加一个根节点。

```
TreeNode root = treeView1.Nodes.Add("许昌学院");
```

在根节点"许昌学院"下面增加子节点的代码如下:

```
TreeView ParentNode1 = root.Nodes.Add(new TreeNode("信息工程学院"));
TreeView ParentNode2 = root.Nodes.Add(new TreeNode("机电工程学院"));
TreeView ParentNode2 = root.Nodes.Add(new TreeNode("材料工程学院"));
```

**【说明】** 由于树中每一个节点都是 TreeNode 类型的对象，因此要为某一个节点增加子节点，首先应定位到该节点，再调用其 Nodes 集合的 Add()方法。

如果要为用户选中节点增加子节点，可以访问 TreeView 对象的 SelectedNode 属性，该属性返回 TreeNode 对象。具体代码如下：

```
treeView1. SelectedNode.Nodes.Add("2012 级计算机科学班");
treeView1. SelectedNode.Nodes.Add("2012 级网络工程班");
```

**2. 添加兄弟节点**

所谓兄弟节点，就是在选定的节点的平级的节点。加入兄弟节点，首先也是要确定要加入的兄弟节点所处的位置，接着定义一个节点对象，最后调用 TreeView 类中对兄弟节点加入的方法，加入此节点对象。下面是在 TreeView 组件加入一个兄弟节点的具体代码：

```
//首先判断是否选定组件中节点的位置
if ( treeView1.SelectedNode == null )
{
MessageBox.Show ( "请选择一个节点", "提示信息", MessageBoxButtons.OK, MessageBoxIcon.
Information) ;
}
else
{
//创建一个节点对象,并初始化
TreeNode tmp ;
tmp = new TreeNode ( textBox1.Text ) ;
//在 TreeView 组件中加入兄弟节点
treeView1.SelectedNode.Parent.Nodes.Add ( tmp ) ;
treeView1.ExpandAll ( ) ;
}
```

**3. 删除节点**

删除节点就是删除 TreeView 组件中选定的节点。删除的节点可以是子节点，也可以是兄弟节点，但无论节点的性质如何，必须保证要删除的节点没有下一级节点，否则必须先删除此节点中的所有下一级节点，然后再删除此节点。删除节点比起上面的两个操作要显得略微简单，具体方法是：首先判断要删除的节点是否存在下一级节点，如果不存在，就调用 TreeView 类中的 Remove( )方法，就可以删除节点了。Remove()方法的语法如下：

```
public void Remove(TreeNode node)                    //参数 node 表示要删除的节点
```

下列代码演示了使用 Remove 方法删除选定节点。

```
if ( treeView1.SelectedNode.Nodes.Count == 0 )        //没有子节点
{
  treeView1.Nodes.Remove ( treeView1.SelectedNode) ;   //删除节点
}
else
{
MessageBox.Show ( "请先删除此节点中的子节点!", "提示信息", MessageBoxButtons.OK,
```

```
MessageBoxIcon.Information ) ;
}
```



**4. TreeView 控件的其他操作**

1）展开所有节点

要展开 TreeView 组件中的所有节点，首先就要把选定的节点指针定位在 TreeView 组件的根节点上，然后调用选定组件的 ExpandAll 方法就可以了。下面是具体的实现代码：

```
//定位根节点
treeView1.SelectedNode = treeView1.Nodes [0] ;
//展开组件中的所有节点
treeView1.SelectedNode.ExpandAll( ) ;
```

2）展开选定节点的下一级节点

由于只是展开下一级节点，因此就没有必要用 ExpandAll( )方法。展开下一级节点只需要调用 Expand( )方法就可以了。下面是具体的实现代码：

```
treeView1.SelectedNode.Expand( ) ;
```

3）折叠所有节点

折叠所有节点和展开所有节点是一组互操作，具体实现的思路也大致相同，折叠所有节点也是首先要把选定的节点指针定位在根节点上，然后调用选定组件的 Collapse( )就可以了。下面是具体的实现代码：

```
//定位根节点
treeView1.SelectedNode = treeView1.Nodes [0] ;
//折叠组件中所有节点
treeView1.SelectedNode.Collapse( ) ;
```

**【例 6.3】** 创建一个 Windows 应用程序，在默认窗体上添加一个 TreeView 控件和一个 ContextMenuStrip 控件。其中，TreeView 控件用来显示院系和班级信息，ContextMenuStrip 控件用作 TreeView 控件的快捷菜单。程序的运行结果如图 6-16 所示。

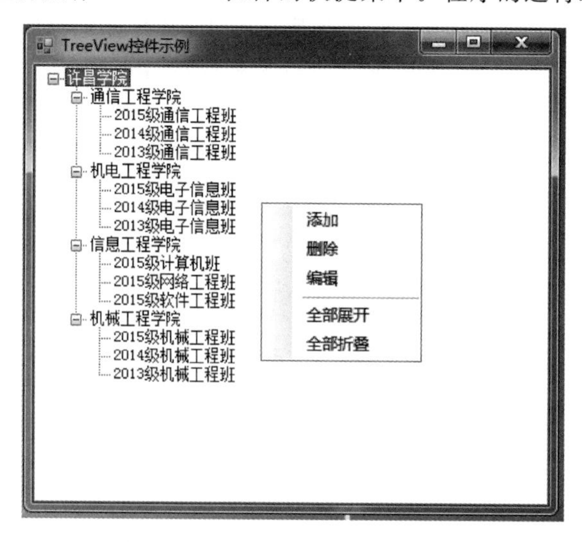


图 6-16 TreeView 控件的用法

主要代码如下：

```
//窗体装入事件
private void Form1_Load(object sender, EventArgs e)
{
  treeView1.LabelEdit = true;                     //可编辑状态
  treeView1.ContextMenuStrip = contextMenuStrip1;    //设置树控件的上下文菜单
}
//添加节点
private void AddNodes()
{
   TreeNode root = treeView1.Nodes.Add("许昌学院");   //建立顶层节点
   //建立 4 个基础节点
   TreeNode ParentNode1 = root.Nodes.Add("通信工程学院");
   TreeNode ParentNode2 = root.Nodes.Add("机电工程学院");
   TreeNode ParentNode3 = root.Nodes.Add("信息工程学院");
    TreeNode ParentNode4 = root.Nodes.Add("机械工程学院");
    //向基础节点添加子节点
    ParentNode1.Nodes.Add("2015 级通信工程班");
    ParentNode1.Nodes.Add("2014 级通信工程班");
    ParentNode1.Nodes.Add("2013 级通信工程班");
    ParentNode2.Nodes.Add("2015 级电子信息班");
    ParentNode2.Nodes.Add("2014 级电子信息班");
    ParentNode2.Nodes.Add("2013 级电子信息班");
    ParentNode3.Nodes.Add("2015 级计算机班");
    ParentNode3.Nodes.Add("2015 级网络工程班");
    ParentNode3.Nodes.Add("2015 级软件工程班");
    ParentNode4.Nodes.Add("2015 级机械工程班");
    ParentNode4.Nodes.Add("2014 级机械工程班");
    ParentNode4.Nodes.Add("2013 级机械工程班");
}
//添加节点
private void 添加 ToolStripMenuItem_Click(object sender, EventArgs e)
{
    AddNodes();
}
//删除节点
private void 删除 ToolStripMenuItem_Click(object sender, EventArgs e)
{
    if (treeView1.SelectedNode.Nodes.Count == 0)
    {
        treeView1.Nodes.Remove(treeView1.SelectedNode);
    }
    else
    {
     MessageBox.Show("请先删除此节点中的子节点!", "提示信息",
                          MessageBoxButtons.OK, MessageBoxIcon.Information);
    }
}
//编辑节点
private void 编辑 ToolStripMenuItem_Click(object sender, EventArgs e)
{
    treeView1.SelectedNode.BeginEdit();
}
```

```
    //全部展开
    private void 全部展开ToolStripMenuItem_Click(object sender, EventArgs e)
    {
        treeView1.ExpandAll();
    }
    //全部折叠
    private void 全部折叠ToolStripMenuItem_Click(object sender, EventArgs e)
    {
        treeView1.CollapseAll();
    }
}
```

#### 6.2.3.3 列表视图控件

列表视图控件(ListView 控件)主要用于显示带图标的项列表,其中可以显示大图标、小图标和数据。列表视图通常用于显示数据,用户可以对这些数据和显示方式进行某些控制;还可以把包含在控件中的数据显示为列和行(像网格那样),或者显示为一列,又或显示为图标。

使用 ListView 控件可以创建类似 Windows 资源管理器右边窗口的用户界面。它有 5 种视图模式:大图标(LargeIcon),小图标(SmallIcon),列表(List),详细信息(Detail)和平铺(Title)。平铺视图只能在 Windows XP 和 Windows 2003 中使用。表 6-6 给出了 ListView 控件的常用属性、方法和事件及其说明。

**表 6-6 ListView 控件的常用属性、方法和事件及其说明**

| 常用属性 | 说明 |
|---|---|
| FullRowSelect | 设置是否行选择模式(默认为 false)。<br>提示:只有在 Details 视图该属性才有意义 |
| GridLines | 设置行和列之间是否显示网格线(默认为 false)。<br>提示:只有在 Details 视图该属性才有意义 |
| AllowColumnReorder | 设置是否可拖动列标头来对改变列的顺序(默认为 false)。<br>提示:只有在 Details 视图该属性才有意义 |
| View | 获取或设置项在控件中的显示方式,包括 Details、LargeIcon、List、SmallIcon、Tile(默认为 LargeIcon) |
| MultiSelect | 设置是否可以选择多个项(默认为 false) |
| HeaderStyle | Clickable:列标头的作用类似于按钮,单击时可以执行操作(例如排序)。<br>NonClickable:列标头不响应鼠标单击<br>None:不显示列标头 |
| SelectedItems | 获取在控件中选定的项 |
| **常用方法** | **说明** |
| BeginUpdate() | 避免在调用 EndUpdate()方法之前描述控件。当插入大量数据时,可以有效地避免控件闪烁,并能大大提高速度 |
| EndUpdate() | 在 BeginUpdate()方法挂起描述后,继续描述列表视图控件(结束更新) |
| **常用事件** | **说明** |
| AfterLabelEdit | 当用户编辑完项的标签时发生,需要 LabelEdit 属性为 true |
| ColumnClick | 当用户在列表视图控件中单击列标头时发生 |
| BeforeLabelEdit | 当用户开始编辑项的标签时发生 |

下面通过一个例子来说明如何使用 ListView 控件。

**【例 6.4】** 创建一个 Windows 应用程序,在默认窗体中添加一个 ListView 控件和 5 个 Button 控件以及 2 个 ImageList 控件,其中 ListView 用来显示信息,5 个按钮分别用来实现大图标显示、小图标显示、详细显示、添加新项和删除选定项。

主要代码如下:

```
private void Form1_Load(object sender, EventArgs e)
{
  this.listView1.View = View.Details;             //设置显示视图为 Detail
  //添加列标题
  this.listView1.Columns.Add("姓名", 90, HorizontalAlignment.Center);
  this.listView1.Columns.Add("性别", 60, HorizontalAlignment.Center);
  this.listView1.Columns.Add("专业", 120, HorizontalAlignment.Center );
  this.listView1.Columns.Add("毕业学校", 220, HorizontalAlignment.Center);

 //初始化列表项数据
  string[] subItem0 = {"王斌","男","计算机科学与技术","武汉大学"};
  this.listView1.Items.Add (new ListViewItem(subItem0));
  string[] subItem1 = {"汪兰","女","财会电算化","西南财经大学"};
  this.listView1.Items.Add(new ListViewItem(subItem1));
  string[] subItem2 = {"汤波","男","软件工程","上海交通大学"};
  this.listView1.Items.Add(new ListViewItem(subItem2));
  string[] subItem3 = { "张倩", "女", "经济管理", "中央财经大学" };
  this.listView1.Items.Add(new ListViewItem(subItem3));
  //添加控件图标索引
  this.listView1.Items[0].ImageIndex = 0;
  this.listView1.Items[1].ImageIndex = 1;
  this.listView1.Items[2].ImageIndex = 2;
  this.listView1.Items[3].ImageIndex = 3;
  }
 //大图标显示
 private void button1_Click(object sender, EventArgs e)
 {
    this.listView1.View = View.LargeIcon;         //以大图标方式显示列表项数据
 }
//小图标显示
private void button2_Click(object sender, EventArgs e)
{
    this.listView1.View = View.SmallIcon;         //以小图标方式显示列表项数据
}
//详细显示
private void button3_Click(object sender, EventArgs e)
 {
     this.listView1.View = View.Details;          //以详细资料方式显示列表项数据
 }
//添加新项
private void button4_Click(object sender, EventArgs e)
{                                                 //增加化列表项数据
  string[] subItem = { "罗成", "男","工业与民用建筑", "重庆大学" };
  this.listView1.Items.Add(new ListViewItem(subItem));
  this.listView1.Items[4].ImageIndex = 4;
 }
 //删除选定项
```

```
    private void button5_Click(object sender, EventArgs e)
    {
      //删除已经选择的列表项数据
      for (int i = this.listView1.SelectedItems.Count - 1; i >= 0; i--)
      {
         ListViewItem item = this.listView1.SelectedItems[i];
         this.listView1.Items.Remove(item);
      }
    }
}
```

程序的运行结果如图 6-17 所示。

图 6-17 ListView 控件的用法

#### 6.2.3.4 图片控件

Windows 窗体图片控件(PictureBox 控件)用于显示位图、GIF、JPEG、图元文件或图标格式的图形。显示的图片由 Image 属性确定,SizeMode 属性控制图像和控件彼此适合的方式。

PictureBox 控件常用的基本属性如下:

(1) Image: 在 PictureBox 中显示的图片。

(2) SizeMode: 图片在控件中的显示方式。有 5 种选择:

- AutoSize: 自动调整控件 PictureBox 大小,使其等于所包含的图片大小。
- CenterImage: 将控件的中心和图片的中心对齐显示。如果控件比图片大,则图片将居中显示。如果图片比控件大,则图片将居于控件中心,而外边缘将被剪裁掉。
- Normal: 图片被置于控件的左上角。如果图片比控件大,则图片的超出部分被剪裁掉。
- StretchImage: 控件中的图像被拉伸或收缩,以适合控件的大小,完全占满控件。
- Zoom: 控件中的图片按照比例拉伸或收缩,以适合控件的大小,占满控件的长度或高度。

下列代码说明了 PictureBox 控件的用法。

```
private voidbutton1_Click(object sender, EventArgs e)
{
     //如果需要,改变一个有效的 bit 图像的路径
     string path = @"C:\Windows\Waves.bmp";
```

```
        //调整图像以适应控件
        PictureBox1.SizeMode = PictureBoxSizeMode.StretchImage;
        //加载图像到控件中
        PictureBox1.Image = Image.FromFile(path);
    }
```

### 6.2.4 拓展与提高

(1) 利用 TreeView 控件实现磁盘目录信息显示功能,就像在 Windows 资源管理器的左边窗格中显示文件和文件夹一样。

(2) 在程序设计中,可以通过设置 ListView 控件的 LabelEdit 属性为 true,从而允许用户手动修改 ListView 控件中的数据项,请向 ListView 控件中添加数据,并更改 ListView 控件中数据项的标签。

## 6.3 通用对话框

### 6.3.1 任务描述:设计数据备份界面

数据的备份和恢复对于数据库应用程序而言是至关重要的。一旦数据丢失,将影响程序的正常运行。因此,一个完善的数据库应用程序应提供数据库的备份与恢复功能。本任务完成学生成绩管理系统数据备份界面的设计,如图 6-18 所示。

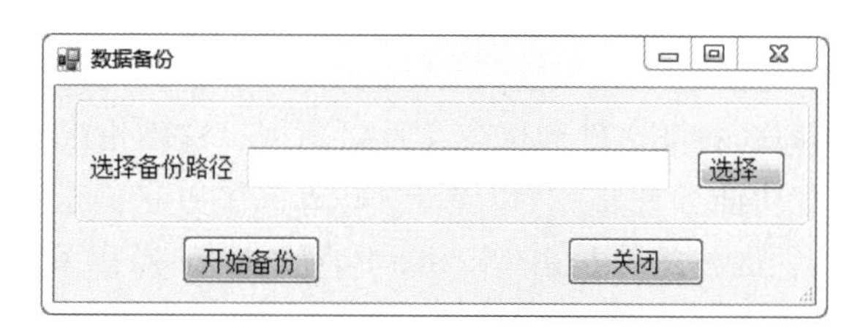


图 6-18 数据备份的界面

### 6.3.2 任务实现

(1) 启动 Visual Studio 2013,打开学生成绩管理系统项目 StudentGrade,然后在该项目中添加一个窗体,并将该窗体的 Name 属性设置为 DBBachupForm,Text 属性设置为"数据备份",其他属性选择默认值。

(2) 向窗体 DBBachupForm 添加一个 Label 控件,将其 Text 属性设置为"选择备份路径";添加一个 TextBox 控件,将其 Name 属性设置为 txtBackup;添加 3 个 Button 控件,分别将 Name 属性设置为 btnBackupPath、btnBackup 和 btnClose,Text 属性设置为"选择"、"开始备份"和"关闭";添加 SaveFileDialog 控件,将其 Name 属性设置为 sfdlgBackup。

(3) 编写"选择"按钮的单击事件响应函数。主要代码如下:

```
//选择按钮单击事件
private void btnBackupPath_Click(object sender, EventArgs e)
{
    sfdlgBackup.FilterIndex = 1;
```

```
        sfdlgBackup.FileName = "";
        sfdlgBackup.Filter = "Bak Files( *.bak)| *bak";
        //"打开"文件对话框
        if (sfdlgBackup.ShowDialog() == DialogResult.OK)
        {
            txtBackup.Text = sfdlgBackup.FileName.ToString();
            txtBackup.ReadOnly = true;
         }
            backuppath = txtBackup.Text.Trim();
    }
```

(4) 在主窗体 MainForm 中为"系统"菜单下的"数据备份"菜单添加单击事件,用来显示数据备份界面。主要代码如下:

```
private void 数据备份ToolStripMenuItem_Click(object sender, EventArgs e)
{
    DBBachupForm backup = new DBBachupForm();
    backup.ShowDialog();
}
```

## 6.3.3 知识链接

### 6.3.3.1 通用对话框

许多日常任务都要求用户指定某些形式的信息。例如,假如用户想打开或保存一个文件,那么通常会打开一个对话框,询问要打开哪个文件或者要将文件保存到哪里。许多不同的应用程序都在使用相同的打开文件和保存文件对话框。这不是因为应用程序的开发者缺乏想象力,而是因为这些功能如此常用,以至于 Microsoft 对它们进行了标准化,并把它们设计成通用对话框组件。这种组件是由 Microsoft Windows 操作系统提供的,我们可以在自己的应用程序中使用它。

Microsoft .NET Framework 类库提供了 7 个通用对话框,除了 PrintPreviewDialog 外,其他对话框类都派生于抽象基类 CommonDialog,这个基类的方法可以管理 Windows 通用对话框。

通用对话框的适用场合如下:如果想让用户选择和浏览要打开的文件,应使用打开文件对话框(OpenFileDialog 对话框)。这个对话框可以配置为只允许选择一个文件,或可以选择多个文件。使用保存文件对话框(SaveFileDialog 对话框),用户可以为要保存的文件指定一个文件名和浏览的路径。使用打印对话框(PrintDialog 对话框)用户选择一个打印机,并设置打印选项。配置页面的边距,通常使用页面设置对话框(PageSetupDialog 对话框)。打印预览对话框(PrintViewDialog 对话框)是在屏幕上进行打印预览的一种方法,并有一些选项,如缩放。字体对话框(FontDialog 对话框)列出了所有已安装的 Windows 字体、样式和字号,以及各字体的预览效果,以便选择字体。字体颜色对话框(ColorDialog 对话框)用于选择颜色。

**1. 打开文件对话框**

OpenFileDialog 对话框是一个选择文件的组件,如图 6-19 所示。该对话框显示允许用户浏览文件夹和选择要打开的文件,指定对话框的 Filter 属性可以过滤文件类型。

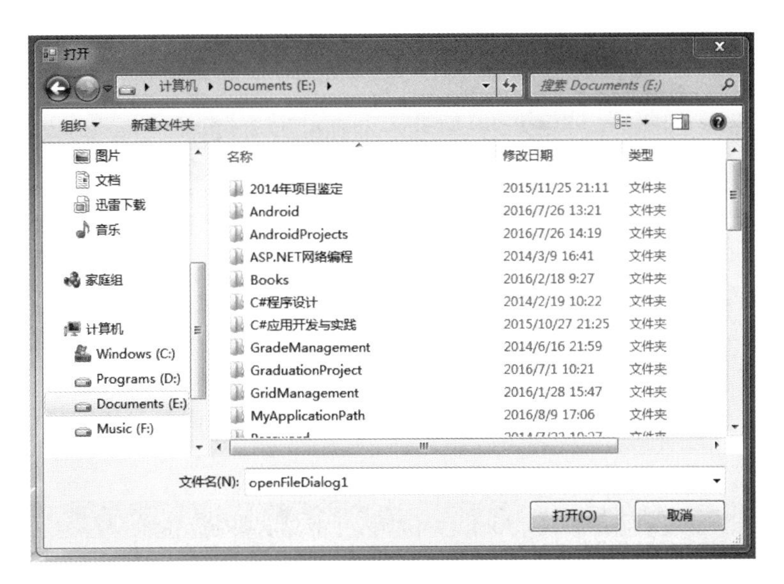


图 6-19　打开文件对话框

OpenFileDialog 对话框的常用属性、方法和事件及其说明如表 6-7 所示。

**表 6-7　OpenFileDialog 对话框的常用属性、方法和事件及其说明**

| 属性/方法/事件 | 说　　明 |
|---|---|
| InitialDirectory 属性 | 获取或设置文件对话框显示的初始目录 |
| Filter 属性 | 获取或设置当前文件名筛选器字符串。例如,"文本文件(*.txt)\|*.txt\|所有文件(*.*)\|*.*" |
| FilterIndex 属性 | 获取或设置文件对话框中当前选定筛选器的索引。注意,索引项是从 1 开始的 |
| FileName 属性 | 获取在文件对话框中选定打开的文件的完整路径或设置显示在文件对话框中的文件名。注意,如果是多选(Multiselect),获取的将是在选择对话框中排第一位的文件名(不论选择顺序) |
| Multiselect 属性 | 设置是否允许选择多个文件(默认为 false) |
| Title 属性 | 获取或设置文件对话框标题(默认值为打开) |
| CheckFileExists 属性 | 在对话框返回之前,如果用户指定的文件不存在,对话框是否显示警告(默认为 true) |
| CheckPathExists 属性 | 在对话框返回之前,如果用户指定的路径不存在,对话框是否显示警告(默认为 true) |
| ShowDialog()方法 | 打开文件对话框 |
| FileOk 事件 | 当用户单击文件对话框中的"打开"或"保存"按钮时发生 |

下列代码说明了 OpenFileDialog 组件的用法。

```
OpenFileDialog opd = new OpenFileDialog();//建立打开文件对话框对象
opd.InitialDirectory = @"D:\";              //对话框初始路径
opd.Filter = "C#文件(*.cs)|*.cs|文本文件(*.txt)|*.txt|所有文件(*.*)|*.*";
opd.FilterIndex = 2;                        //默认就选择在文本文件(*.txt)过滤条件上
opd.Title = "打开对话框";
opd.RestoreDirectory = true;                //每次打开都回到 InitialDirectory 设置的初始路径
opd.ShowHelp = true;                        //对话框多了个"帮助"按钮
```

```
opd.ShowReadOnly = true;                     //对话框多了"只读打开"的复选框
opd.ReadOnlyChecked = true;                  //默认"只读打开"复选框勾选
 //判定打开文件对话框单击了哪个按钮
 if(opd.ShowDialog() == DialogResult.OK)
 {
   string filePath = opd.FileName;           //文件完整路径
   string fileName = opd.SafeFileName;       //文件名
}
```

### 2. 保存文件对话框

SaveFileDialog对话框显示一个预先配置对话框的组件,用户可以使用该对话框将文件保存到指定位置,如图6-20所示。SaveFileDialog对话框继承了OpenFileDialog对话框的大部分属性、方法和事件。表6-8给出了SaveFileDialog对话框常用的属性、方法和事件及其说明。

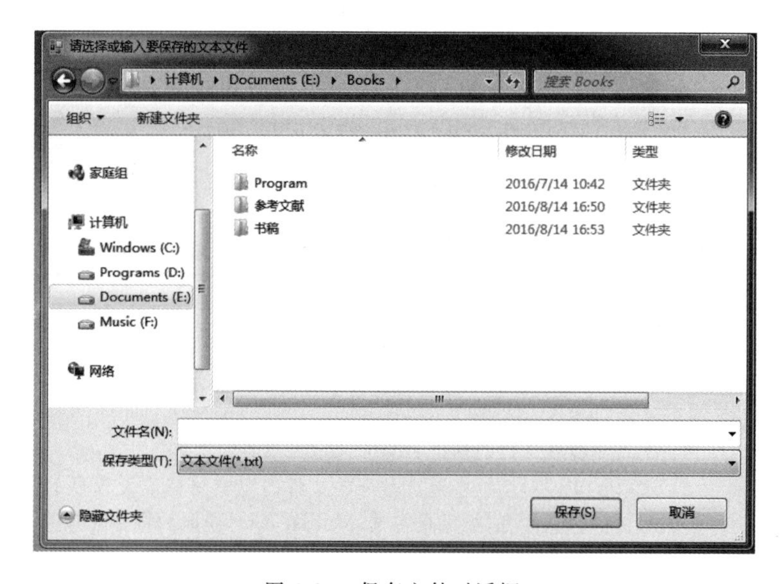


图6-20　保存文件对话框

表6-8　SaveFileDialog对话框常用的属性、方法和事件及其说明

| 属　　性 | 说　　明 |
|---|---|
| DefaultExt | 指定默认文件扩展名。用户在提供文件名时,如果没有指定扩展名,就可以使用这个默认扩展名 |
| AddExtension | 将这个值设为true,允许对话框在文件名之后附加由DefaultExt属性指定的文件扩展名(如果用户省略了扩展名) |
| FileName | 当前选定的文件的名称。可以填充这个属性来指定一个默认文件名。如果不希望输入默认文件名,就删除该属性的值 |
| InitialDirectory | 对话框使用的默认目录 |
| OverwritePrompt | 如果该属性为true,那么试图覆盖现有的同名文件时,就向用户发出警告。为了启用这个功能,ValidateNames属性也必须设为true |
| Title | 对话框标题栏上显示的一个字符串 |
| ValidateNames | 指出是否对文件名进行校验。它由其他一些属性使用,例如OverwritePrompt。如果该属性为true,对话框还要负责校验用户输入的任何文件名是否只包含有效的字符 |

下列代码演示了如何创建一个 SaveFileDialog 对象来保存文件。主要代码如下：

```
SaveFileDialog sfd = new SaveFileDialog();            //建立 SaveFileDialog 对象
//设置文件类型
sfd.Filter = "数据库备份文件(*.bak)|*.bak|数据文件(*.mdf)|*.mdf;
sfd.FilterIndex = 1;                                  //设置默认文件类型显示顺序
sfd.RestoreDirectory = true;                          //保存对话框是否记忆上次打开的目录
//单击保存按钮进入
if (sfd.ShowDialog() == DialogResult.OK)
{
string localFilePath = sfd.FileName.ToString();       //获得文件路径
//获取文件名,不带路径
string fileNameExt = localFilePath.Substring(localFilePath.LastIndexOf("\\") + 1);
}
```

**3. 字体对话框(FontDialog)**

FontDialog 对话框用于设置公开系统上当前安装的字体，如图 6-21 所示。默认情况下，它显示字体、字体样式和字体大小的列表框、删除线和下画线等效果的复选框、字符集的下拉列表以及字体外观等选项。表 6-9 给出 FontDialog 对话框的常用属性及其说明。

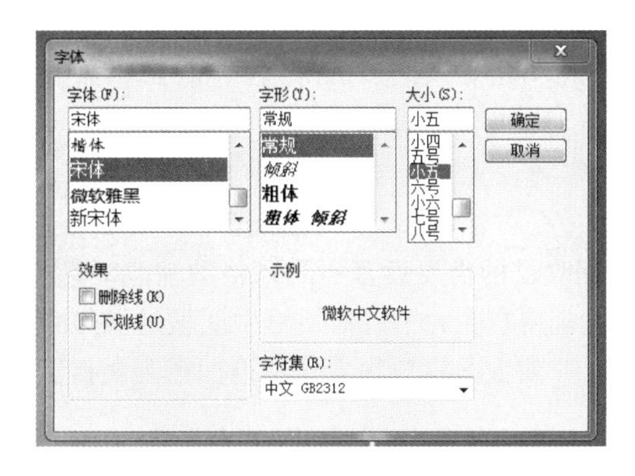


图 6-21 字体对话框

**表 6-9 FontDialog 对话框的常用属性及其说明**

| 属性名称 | 说明 |
|---|---|
| AllowScriptChange | 获取或设置一个值，该值指示用户能否更改“脚本”组合框中指定的字符集，以显示除了当前所显示字符集以外的字符集 |
| AllowVerticalFonts | 获取或设置一个值，该值指示对话框是既显示垂直字体又显示水平字体，还是只显示水平字体 |
| Color | 获取或设置选定字体的颜色 |
| Font | 获取或设置选定的字体 |
| MaxSize | 获取或设置用户可选择的最大磅值 |
| MinSize | 获取或设置用户可选择的最小磅值 |
| ShowApply | 获取或设置一个值，该值指示对话框是否包含“应用”按钮 |
| ShowColor | 获取或设置一个值，该值指示对话框是否显示颜色选择 |
| ShowEffects | 获取或设置一个值，该值指示对话框是否包含允许用户指定删除线、下画线和文本颜色选项的控件 |
| ShowHelp | 获取或设置一个值，该值指示对话框是否显示“帮助”按钮 |

下列代码示例使用 ShowDialog 显示 FontDialog。此代码要求已经用 TextBox 和其上的按钮创建了 Form。它还要求已经创建了 fontDialog1。Font 包含大小信息,但不包含颜色信息。

```
private void button1_Click(object sender, System.EventArgs e)
 {
    fontDialog1.ShowColor = true;
    fontDialog1.Font = textBox1.Font;
    fontDialog1.Color = textBox1.ForeColor;
    if(fontDialog1.ShowDialog() != DialogResult.Cancel )
    {
       textBox1.Font = fontDialog1.Font ;
       textBox1.ForeColor = fontDialog1.Color;
    }
 }
```

**4. 消息对话框**

在程序中,我们经常使用消息对话框给用户一定的信息提示,如在操作过程中遇到错误或程序异常等。在.NET Framework 中,使用 MessageBox 类来封装消息对话框。在 C# 中,消息对话框位于 System. Windows. Forms 命名空间中,一般情况下,一个消息对话框包含信息提示文字内容、消息对话框的标题文字、用户响应的按钮及信息图标等内容。C# 中允许开发人员根据自己的需要设置相应的内容,创建符合自己要求的消息对话框。

消息对话框只提供了一个方法 Show(),用来把消息对话框显示出来。此方法提供了不同的重载版本,用来根据自己的需要设置不同风格的消息对话框。此方法的返回类型为 DialogResult 枚举类型,包含用户在此消息对话框中所做的操作(单击了什么按钮),其可能的枚举值如表 6-10 所示。开发人员可以根据这些返回值判断接下来要做的事情。

**表 6-10　DialogResult 枚举值**

| 成员名称 | 说　明 |
|---|---|
| AbortRetryIgnore | 在消息框对话框中提供“中止”、“重试”和“忽略”3 个按钮 |
| OK | 在消息框对话框中提供“确定”按钮 |
| OKCancel | 在消息框对话框中提供“确定”和“取消”两个按钮 |
| RetryCancel | 在消息框对话框中提供“重试”和“取消”两个按钮 |
| YesNo | 在消息框对话框中提供“是”和“否”两个按钮 |
| YesNoCancel | 在消息框对话框中提供“是”、“否”和“取消”3 个按钮 |

在 Show()方法的参数中使用 MessageBoxButtons 来设置消息对话框要显示的按钮的格式及内容,此参数也是一个枚举值,其成员如表 6-10 所示。在设计中,可以指定表 6-11 中的任何一个枚举值所提供的按钮,单击任何一个按钮都会对应 DialogResult 中的一个值。

**表 6-11　消息对话框按钮枚举值**

| 成员名称 | 说　明 |
|---|---|
| AbortRetryIgnore | 在消息框对话框中提供“中止”、“重试”和“忽略”3 个按钮 |
| OK | 在消息框对话框中提供“确定”按钮 |

续表

| 成员名称 | 说　　明 |
|---|---|
| OKCancel | 在消息框对话框中提供"确定"和"取消"两个按钮 |
| RetryCancel | 在消息框对话框中提供"重试"和"取消"两个按钮 |
| YesNo | 在消息框对话框中提供"是"和"否"两个按钮 |
| YesNoCancel | 在消息框对话框中提供"是"、"否"和"取消"3 个按钮 |

在 Show()方法中使用 MessageBoxIcon 枚举类型定义显示在消息框中的图标类型，其可能的取值和形式如表 6-12 所示。

**表 6-12　消息对话框图标枚举值**

| 成员名称 | 图标形式 | 说　　明 |
|---|---|---|
| Asterisk | | 圆圈中有一个字母 i 组成的提示符号图标 |
| Error | | 红色圆圈中有白色×所组成的错误警告图标 |
| Exclamation | | 黄色三角中有一个！所组成的符号图标 |
| Hand | | 红色圆圈中有一个白色×所组成的图标符号 |
| Information | | 信息提示符号 |
| Question | | 由圆圈中一个问号组成的符号图标 |
| Stop | | 背景为红色圆圈中有白色×组成的符号 |
| Warning | | 由背景为黄色的三角形中有个！组成的符号图标 |

除上面的参数外，还有一个 MessageBoxDefaultButton 枚举类型的参数，指定消息对话框的默认按钮。

下面是一个运用消息对话框的例子。新建一个 Windows 应用程序，从工具箱中拖曳一个按钮到默认窗口，把按钮和窗口的 Text 属性修改为"测试消息对话框"，双击该按钮，添加如下代码：

```
DialogResult dr;
dr = MessageBox.Show("测试消息对话框!","消息框",MessageBoxButtons.YesNoCancel,
MessageBoxIcon.Warning,MessageBoxDefaultButton.Button1);
if(dr == DialogResult.Yes)
{
   MessageBox.Show("你选择的为"是"按钮","系统提示 1");
}
else if(dr == DialogResult.No)
{
   MessageBox.Show("你选择的为"否"按钮","系统提示 2");
}
else if(dr == DialogResult.Cancel)
{
    MessageBox.Show("你选择的为"取消"按钮","系统提示 3");
}
else
{
```

```
    MessageBox.Show("你没有进行任何的操作!","系统提示 4");
}
```



### 6.3.3.2 通用对话框示例

为了更好地理解和使用通用对话框,下面设计一个图片浏览器程序,该程序能够实现图片的打开、保存以及设置字体和颜色等功能。

**【例 6.5】** 新建一个 Windows 应用程序,在默认的窗体中添加一个 PictureBox 控件、一个 RichTextBox 控件、4 个 Button 控件和一个 OpenFileDialog 组件、一个 SaveFileDialog 组件、一个 FontDialog 组件以及一个 ColorDialog 组件。

主要代码如下:

```
  //打开按钮单击事件
private void button1_Click(object sender, EventArgs e)
{
  //设置打开对话框显示的初始目录
  this.openFileDialog1.InitialDirectory = @"c:\Documents and Settings\AllUsers\Documents\
MyPictures";
    //设定筛选器字符串
  this.openFileDialog1.Filter = "bmp 文件(*.bmp)|*.bmp|gif 文件(*.gif)|*.gif|jpeg 文
件(*.jpg)|*.jpg";
  //设置打开文件对话框中当前筛选器的索引
  this.openFileDialog1.FilterIndex = 3;
  this.openFileDialog1.RestoreDirectory = true;                    //关闭对话框还原当前目录
  this.openFileDialog1.Title = "选择图片";
  if (this.openFileDialog1.ShowDialog() == DialogResult.OK)
 {
  this.pictureBox1.SizeMode = PictureBoxSizeMode.StretchImage; //图像伸缩
  string path = this.openFileDialog1.FileName;                 //获取打开文件路径
  this.pictureBox1.Image = Image.FromFile(path);               //加载图片
  this.richTextBox1.Text = "文件名: " + this.openFileDialog1.FileName.Substring (path.
LastIndexOf ("\\") + 1);
 }
}
//保存按钮单击事件
private void button2_Click(object sender, EventArgs e)
{
  if (this.pictureBox1.Image != null)
  {
   this.saveFileDialog1.Filter = "JPEG 图像(*.jpg)|*.jpg|Bitmap 图像(*.bmp)|*.bmp|Gif
图像(*.gif)|*.gif";
   this.saveFileDialog1.Title = "保存图片";
   //如果指定文件不存在,提示允许创建新文件
   this.saveFileDialog1.CreatePrompt = true;
 //如果用户指定文件存在,显示警告信息
   this.saveFileDialog1.OverwritePrompt = true;
    this.saveFileDialog1.ShowDialog();                          //打开保存文件对话框
  if (this.saveFileDialog1.FileName != "")
 {
```

```
    System.IO.FileStream fs = (System.IO.FileStream)this.saveFileDialog1.OpenFile();
    switch (this.saveFileDialog1.FilterIndex)                    //选择保存文件类型
    {
        case 1:
         //保存为 JPEG 文件
         this.pictureBox1.Image.Save(fs, System.Drawing.Imaging.ImageFormat.Jpeg);
         break;
        case 2:
        //保存为 BMP 文件
         this.pictureBox1.Image.Save(fs, System.Drawing.Imaging.ImageFormat.Bmp);
         break;
        case 3:
          this.pictureBox1.Image.Save(fs, System.Drawing.Imaging.ImageFormat.Gif);
          break;
      }
      fs.Close();                                                //关闭文件流
    }
    else
    {
      MessageBox.Show("请选择保存的图片", "图片浏览器");
     }
   }
}
//字体按钮单击事件
private void button3_Click(object sender, EventArgs e)
{
 this.fontDialog1.AllowVerticalFonts = true;                    //显示垂直字体和水平字体
 this.fontDialog1.FixedPitchOnly = true;                        //只允许选择固定间距字体
 this.fontDialog1.ShowApply = true;                             //包含应用按钮
 this.fontDialog1.ShowEffects = true;        //允许删除线、下画线和文本选择颜色选项的控件
 this.richTextBox1.SelectAll();
 this.fontDialog1.AllowScriptChange = true;
 his.fontDialog1.ShowColor = true;
 if (this.fontDialog1.ShowDialog() == DialogResult.OK)
 {
  this.richTextBox1.Font = this.fontDialog1.Font;//设置文本框中的字体为选定字体
 }
}
//颜色按钮单击事件
private void button4_Click(object sender, EventArgs e)
{
     this.colorDialog1.AllowFullOpen = true;    //可以自定义颜色
     this.colorDialog1.AnyColor = true;         //显示颜色集中所有可用颜色
     this.colorDialog1.FullOpen = true;         //创建自定义颜色的控件在对话框打开时可见
     this.colorDialog1.SolidColorOnly = true;   //不限制只选择纯色
     this.colorDialog1.ShowDialog();
     //设置文本框字体颜色为选定颜色
     this.richTextBox1.ForeColor = this.colorDialog1.Color;
}
```

程序的运行结果如图 6-22 所示。

图 6-22　图片浏览器程序的运行效果

### 6.3.4　拓展与提高

(1) 查阅 Internet 资源和相关书籍,了解其他通用对话框(如文件夹对话框、颜色对话框、打印预览和打印设置等)的用法,能够利用对话框完成一些特殊的操作。

(2) 结合消息对话框的相关知识,思考如何改进学生成绩管理系统登录功能,实现登录窗口关闭后打开主窗体。

## 6.4　多文档界面应用程序

### 6.4.1　任务描述:多文档记事本程序

记事本是 Windows 环境中常用的一种工具软件,可以对文本文件进行简单的编辑操作。本情景制作一个多文档界面(MDI)记事本程序,可以同时打开多个文本文件进行格式设计,如图 6-23 所示。

图 6-23　多文档记事本程序

### 6.4.2 任务实现

(1) 启动 Visual Studio 2013，新建一个 Windows 窗体项目，向该项目中添加两个窗体，并将窗体 Form1 的属性 IsMdiContainer 设置为 True。

(2) 在窗体 Form1 中添加一个 OpenFileDialog 控件、一个 MenuStrip 控件，并设置 3 个菜单项：文件、布局和帮助，如图 6-24 所示。将 MdiWindowListItem 属性的值设置为“布局”菜单，以便后面打开的子窗体名称列在“布局“菜单下面。

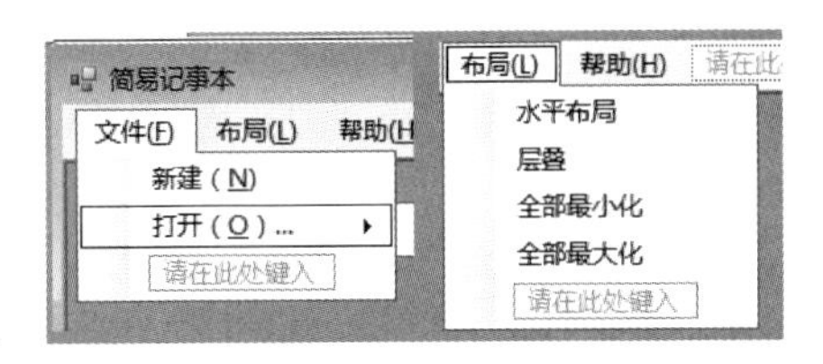


图 6-24　MDI 窗体菜单

(3) 为 Form2 添加一个 RichTextBox 控件、一个 SaveFileDialog 控件和一个菜单控件 MenuStrip，设置 3 个菜单项：文件、编辑和格式，如图 6-25 所示。将 MenuStrip 控件的 Visible 设置为 false，否则经菜单合并后会不美观。

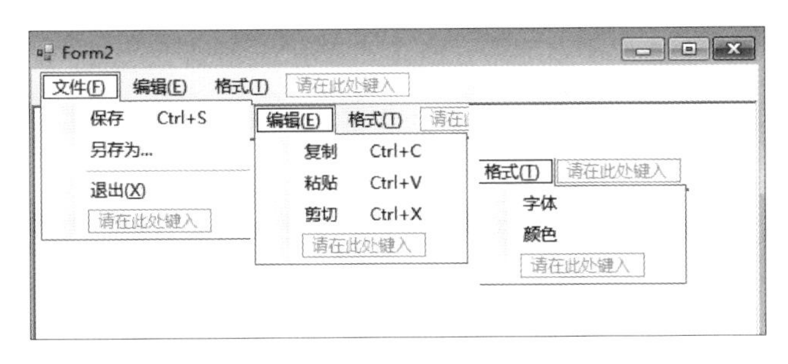


图 6-25　子窗体菜单

(4) 将 Form2 中 MenuStrip 的“文件”菜单的 MergeAction 属性的值设置为 MatchOnly，MergeIndex 属性的值设为－1，“编辑”和“格式”菜单的 MergeAction 属性的值均设置为 Insert，MergeIndex 属性的值分别设置为 1 和 2，这样菜单合并后，“编辑”和“格式”菜单分别显示在菜单的第 2 和第 3 个位置。

(5) 完成子窗体的功能代码。主要代码如下：

```
   //通过这种方式在两个窗体间直接传递数据
   public Form2(string filePath):this()
   {
    richTextBox1.LoadFile(filePath, RichTextBoxStreamType.PlainText);
      this.Text = filePath;
 }
//保存菜单事件处理程序
 private void 保存 ToolStripMenuItem_Click(object sender, EventArgs e)
 {
     if (this.Text.Substring (0,4) == "新建文档")
     {
          另存为 ToolStripMenuItem_Click(this, e);
      }
      else
      {
```

```
            string fileName = Application.StartupPath + "\\" + this.Text.Trim() + ".txt";
            richTextBox1.SaveFile(fileName, RichTextBoxStreamType.PlainText);
            }
    }
    //另存为菜单事件
    private void 另存为ToolStripMenuItem_Click(object sender, EventArgs e)
    {
        saveFileDialog1.Filter = "文本文件(*.txt)|*.txt";
        if (saveFileDialog1.ShowDialog () == DialogResult.OK)
        {
            richTextBox1.SaveFile(saveFileDialog1.FileName, RichTextBoxStreamType.PlainText);
            this.Text = saveFileDialog1.FileName;
        }
    }

    private void 退出XToolStripMenuItem_Click(object sender, EventArgs e)
    {
        Application.Exit();
    }

    private void 复制ToolStripMenuItem_Click(object sender, EventArgs e)
    {
            richTextBox1.Copy();
    }

    private void 粘贴ToolStripMenuItem_Click(object sender, EventArgs e)
    {
        richTextBox1.Paste();
    }

    private void 剪切ToolStripMenuItem_Click(object sender, EventArgs e)
    {
            richTextBox1.Cut();
    }

    private void 字体ToolStripMenuItem_Click(object sender, EventArgs e)
    {
        FontDialog fontDlg = new FontDialog();
        if (fontDlg.ShowDialog() == DialogResult.OK)
            this.richTextBox1.SelectionFont = fontDlg.Font;
    }

    private void 颜色ToolStripMenuItem_Click(object sender, EventArgs e)
    {
            ColorDialog color = new ColorDialog();
            if (color.ShowDialog() == DialogResult.OK)
                this.richTextBox1.SelectionColor = color.Color;
    }
```

(6) 完成父窗体的功能代码。主要代码如下：

```
private void 新建NToolStripMenuItem_Click(object sender, EventArgs e)
{
        Form2 childForm = new Form2();
        childForm.Text = "新建文档" + formCount.ToString ();
        childForm.MdiParent = this;
        childForm.Show();
        formCount++;
}
//打开菜单项鼠标单击事件
private void 打开ToolStripMenuItem_Click(object sender, EventArgs e)
{
  openFileDialog1.Filter = "文本文件(*.txt)|*.txt";

        if (openFileDialog1.ShowDialog () == DialogResult.OK)
        {
            Form2 childForm = new Form2(openFileDialog1.FileName);
            childForm.MdiParent = this;
            childForm.Show();
        }
    }
   //水平布局菜单项单击事件处理方法
    private void 水平布局ToolStripMenuItem_Click(object sender, EventArgs e)
    {
        LayoutMdi(MdiLayout.TileHorizontal);
    }
   //层叠菜单项事件处理方法
    private void 层叠ToolStripMenuItem_Click(object sender, EventArgs e)
    {
        LayoutMdi(MdiLayout.Cascade);
    }
   //全部最小化事件处理方法
    private void 全部最小化ToolStripMenuItem_Click(object sender, EventArgs e)
    {
        foreach(Form childForm in MdiChildren)
        {
            childForm.WindowState = FormWindowState.Minimized;
        }
    }
   //全部最大化事件处理方法
    private void 全部最大化ToolStripMenuItem_Click(object sender, EventArgs e)
    {
        foreach (Form childForm in MdiChildren)
        {
            childForm.WindowState = FormWindowState.Maximized ;
        }
    }
```

## 6.4.3 知识链接

### 6.4.3.1 MDI 简介

在诸如文本编辑器、图像处理器这样的应用软件中，通常需要同时处理一个或多个文档,每个文档独立地执行软件所需要的功能。这种需要在一个窗体中同时包含多个子窗体的应用程序通常称为多文档界面(Multiple Document Interface,MDI)应用程序,子窗体之间可以进行数据交互,也可以互不相干。MDI的典型例子是Microsoft Office中的Word和Excel,在那里允许用户同时打开多个文档,每个文档占用一个窗体,用户可以在不同的窗体间切换,处理不同的文档。

MDI应用程序由一个应用程序(MDI父窗体)中包含的多个文档(MDI子窗体)组成,父窗体作为子窗体的容器,子窗体显示各自文档,它们具有不同的功能。处于活动状态的子窗体的最大数目是1,子窗体本身不能成为父窗体,而且不能将其移到父窗体的区域之外。除此之外,子窗体的行为与任何其他窗体一样(如可以关闭、最大化或调整大小)。

在项目中使用MDI窗体时,通常将一个MDI容器窗体作为父窗体,父窗体可以将多个子窗体包容在它的工作区之中。MDI父窗体与其子窗体之间表现出如下特性:

- MDI的容器窗体(父窗体)必须有且只能有一个,它只能当容器使用,其客户区用于显示子窗体,客户区不能接受键盘和鼠标事件。
- 不要在容器窗体的客户区加入控件,否则那些控件会显示在子窗体中。
- 容器窗体的框架区可以有菜单、工具栏和状态栏等控件。
- 子窗体可以有多个,各个子窗体不必相同。
- 子窗体被显示在容器窗体的客户区之中,子窗体不可能被移出容器窗体的客户区之外。
- 子窗体被最小化后,其图标在容器窗体的底部,而不是在任务栏中。
- 容器窗体被最小化后,子窗体随同容器窗体一起被最小化在任务栏中。
- 容器窗体被还原后,子窗体随同容器窗体一起还原,并保持最小化之前的状况。
- 子窗体可以单独关闭,但若关闭容器窗体,子窗体随同容器窗体一起被关闭。
- 子窗体可以有菜单,但子窗体显示后,其菜单被显示在容器窗体上。

#### 6.4.3.2 MDI窗体的设计

**1. 创建容器窗体**

只要将窗体的IsMdiContainer属性设置为true,它就是容器窗体。为此在窗体的Load事件中加入以下语句:

```
this.IsMdiContainer = true;
```

容器窗体在显示后,其客户区是凹下的,等待子窗体显示在下凹区。不要在容器窗体的客户区设计任何控件。

**2. 添加子窗体**

MDI子窗体就是一般的窗体,其上可以设计任何控件,此前设计过的任何窗体都可以作为MDI子窗体。只要将某个窗体实例的MdiParent属性设置到一个MDI父窗体,它就是那个父窗体的子窗体。其语法为:

```
窗体实例名.MdiParent = 父窗体对象;
```

例如,在一个MDI父窗体的某个事件处理程序中,创建一个子窗体实例formChild1并将其显示在MDI父窗体的客户区中,代码如下:

```
FormChild formChild1 = new FormChild();
formChild1.MdiParent = this;
  formChild1.Show();
```

其中,窗体类 FormChild 是一个一般的普通窗体。

**3. 操作子窗体**

要关闭某个子窗体,只需要在选中它的情况下,通过单击界面上右上角的"关闭"按钮来完成。也可以通过 Form 的 ActiveMdiChild 来获取当前活动的子窗体 childForm,然后通过调用 childForm 的 Close()方法来关闭它。

Form 类提供属性 MdiChildren,它是一个 Form 类型数组,用来获取当前父窗体所包含的所有子窗体,通过遍历该集合可以找到当前父窗体中的所有子窗体。

#### 6.4.3.3 MDI 窗体的菜单处理

可以分别为 MDI 父窗体和子窗体设计菜单。父窗体显示时,会显示自己的菜单。当子窗体显示在 MDI 父窗体中时,会将当前活动的子窗体的菜单显示在父窗体上,子窗体的菜单项与父窗体的菜单项合并共同组成 MDI 父窗体的菜单。默认情况下,子窗体的菜单被排在的父窗体的菜单后面。

通过设置各个菜单项的 MergeIndex 属性和 MergeAction 属性,可以控制父窗体菜单与子窗体菜单合并组成的新菜单的顺序和菜单的组合方式。菜单项的 MergeIndex 属性决定菜单项被组合到新菜单中的排列位置,这个属性值是一个整型数。所有菜单项的 MergeIndex 值不必连续,只需要能区分出大小就行。菜单项的 MergeAction 属性决定菜单项被组合到新菜单中的组合形式,这个属性值的值有以下几个:

- Append: 把子窗口的菜单直接移到父窗口菜单中,并作为最后一项。
- Insert: 把子窗口的菜单移到父窗口中,插入到父窗口菜单中 MergeIndex 属性比它小的第一个菜单项之后。注:当子窗口该菜单项的 MergeIndex 为−1 时,不进行插入,结果与 MatchOnly 一样。
- MatchOnly: 子窗口中的菜单保持原来的样子,不与父窗口菜单合并。
- Remove: 将父窗口中的对应菜单项删除(屏蔽掉,可以防止冲突)。对应方法为:先匹配菜单项的 Text 属性,找到第一个相同的,直接屏蔽;若没有 Text 相同的项,则匹配 MergeIndex,屏蔽找到的第一个相同项。
- Replace: 将父窗口中对应的菜单项替换为子菜单中的对应项,对应方法与 Remove 属性相同。

**【说明】** 要完成菜单的合并,需要保证菜单控件的 AllowMerge 属性为 True。

#### 6.4.3.4 MDI 窗体的显示控制

**1. 在 MDI 父窗体中显示子窗体**

通常将 MDI 父窗体作为项目的主窗体,用户登录后这个窗体就被启动。在 MDI 父窗体中显示子窗体的方法很简单:创建任何一个窗体的实例,指定本窗体为它的父窗体,就可以将这个实例显示在 MDI 父窗体中。例如,在 MDI 父窗体中的第一个菜单项单击代码中将本窗体设置为子窗体实例 formChild1 的父窗体,代码如下:

```
private void menuItem1_Click(object sender, System.EventArgs e)
{
    FormChild1 formChild1 = new FormChild1();
    formChild1.MdiParent = this;
    formChild1.Show();
}
```

上述 menuItem1_Click 事件处理程序代码能够创建子窗体的实例并显示在 MDI 父窗体中。倘若用户不断地单击该菜单项，将不断有同类新的子窗体实例被创建并显示，形成重复的子窗体实例在父窗体内堆积，浪费系统资源，造成数据冲突。

为了在 MDI 父窗体中检测某子窗体实例是否已经存在，定义一个 ExistsMdiChildrenInstance()方法来实现。在该方法中，利用 MdiChildren.Name 来核对从参数传入的子窗体类型，若存在该子窗体的实例，激活它并返回 true；若不存在，返回 false。代码如下：

```
pivate bool ExistsMdiChildrenInstance(string MdiChildrenClassName)
{
    //遍历每一个 MDI 子窗体实例
    foreach(Form childFrm in this.MdiChildren)
    {
        //若子窗体的类型与实参相同,则存在该类的实例
         if(childFrm.Name == MdiChildrenClassName)
         {
        //若该窗体实例被最小化了
          if(childFrm.WindowState == FormWindowState.Minimized)
        {
              //最大化这个实例
               childFrm.WindowState = FormWindowState.Maximized;
        }
              //激活该窗体实例
              childFrm.Activate();
              return true;
            }
    }
    return false;
}
```

有了这个方法，每当在 MDI 父窗体创建一个子窗体实例之前，先调用这个方法来检测该类子窗体实例的存在性。倘若已存在这个实例，激活它使之占据前台，并返回 true；若不存在这个实例，返回 false。调用者根据这个返回值来确定是否需要创建这个子窗体的实例。回过头来修改 menuItem1_Click 事件处理程序代码如下，子窗体重复堆积的问题就可迎刃而解。

```
private void menuItem1_Click(object sender, System.EventArgs e)
{
    //若不存在 FormModiInfo 窗体的实例
    if(!ExistsMdiChildrenInstance("FormChild1"))
    {
        FormChild1 formChild1 = new FormChild1();
        formChild1.MdiParent = this;
```

```
            formChild1.Show();
        }
    }
```

**2. 子窗体在MDI父窗体中的排列**

默认情况下,MDI多个子窗体显示后被层叠排列在父窗体的工作区中,子窗体的菜单按照各菜单项的MergeIndex属性和MergeAction属性设置被合并到父窗体的菜单中。当子窗体被最大化后,其标题栏也被合并到父窗体中,标题文本Text被接在父窗体的标题文本之后,并被放在一对[]之中,窗体控制框被放置在父窗体的菜单栏中。

父窗体的LayoutMdi()方法可以改变子窗体在MDI父窗体中的排列方式,该方法的参数是一个MdiLayout类型的枚举值,通过这些枚举值来指定子窗体以何种形式排列在父窗体的工作区之中。MdiLayout类型的枚举值如表6-13所示。

**表6-13 MdiLayout枚举值**

| 成员名称 | 说明 |
| --- | --- |
| ArrangeIcons | 所有MDI子图标均排列在MDI父窗体的工作区内 |
| Cascade | 所有MDI子窗口均层叠在MDI父窗体的工作区内 |
| TileHorizontal | 所有MDI子窗口均水平平铺在MDI父窗体的工作区内 |
| TileVertical | 所有MDI子窗口均垂直平铺在MDI父窗体的工作区内 |

### 6.4.4 拓展与提高

开发一个类似Word的文字编辑处理软件,要求有菜单栏、工具栏和状态栏。状态栏显示的内容自行确定。

## 6.5 知识点提炼

(1) 菜单控件主要用来设计应用程序的菜单,方便用户与应用程序的交互。用户可以在设计时直接建立菜单,也可以通过程序动态建立菜单。

(2) 工具栏控件可以创建标准的Windows应用程序的工具栏或者自己定义外观和行为的工具栏以及其他用户界面元素。

(3) 状态栏控件通常放置在窗体的最底部,用于显示窗体上一些对象的相关信息,或者可以显示应用程序的信息。

(4) 树形控件用于以节点形式显示文本或数据,这些节点按层次结构顺序排列。树形控件的Nodes集合对象提供了对树形节点的操作。

(5) 列表视图控件用于以特定样式或视图类型显示列表项,其Items集合对象提供了对其列表项的操作。

(6) 通用对话框允许用户执行常用的任务,提供执行相应任务的标准方法。通用对话框的屏幕显示是由代码运行的操作系统提供。

(7) 多文档界面应用程序由一个应用程序(MDI父窗体)中包含的多个文档(MDI子窗体)组成,父窗体作为子窗体的容器,子窗体显示各自文档,它们具有不同的功能。

# 第7章　ADO.NET数据访问技术

在信息社会中，各种数据通常存储在服务器的数据库中，因此，在当前的软件开发中数据库技术得到了广泛的应用。为了使客户端能够访问服务器中的数据库，需要使用各种数据访问技术。在众多的数据访问技术中，微软公司推出的ADO.NET技术是一种常用的数据库操作技术。本章将通过学生成绩管理系统的实现带领读者进入ADO.NET世界，掌握如何使用ADO.NET技术进行数据库操作。通过阅读本章内容，读者可以：

- 了解ADO.NET数据访问技术的概念。
- 掌握ADO.NET Framework核心对象的功能。
- 掌握利用ADO.NET技术开发数据库应用程序的方法。
- 掌握DataGridView数据控件的常用操作。

## 7.1　连接数据库

### 7.1.1　任务描述：用户登录

在学生成绩管理系统中，用户登录模块是系统必不可少的功能模块，用户只有输入正确的用户名和密码，才能登录系统，进入主界面，否则，给出提示信息，禁止非法用户进入系统。本任务实现学生成绩管理系统的登录界面，如图7-1所示。

图7-1　用户登录界面

### 7.1.2　任务实现

(1) 启动Visual Studio 2013，打开学生成绩管理系统项目StudentGrade，打开用户登录模块的程序代码，在文件的开始位置添加对System.Data.SqlClient命名空间的引用：

```
using System.Data.SqlClient;
```

(2) 在用户登录模块的程序代码中添加用户验证方法,具体代码如下。

```
private  bool  CheckUser(string id, string pwd)
{     //连接字符串
      string strcon  = "Server = .;Database = db_Student; Integrated Security = SSPI";
      //SQL 语句
      string SQL  =  string.Format("SELECT * FROM [tb_User] WHERE userid = '{0}' AND passwd =
'{1}'",id,pwd);
      //建立连接对象
      using (SqlConnection conn  =  new SqlConnection(strcon))
      {
         conn.Open(); //打开连接对象
         //建立命令对象
           SqlCommand cmd  =  new SqlCommand();
           //设置命令对象的属性
           cmd.Connection  =  conn;
           cmd.CommandText  =  SQL;
           cmd.CommandType  =  CommandType.Text;
           //执行命令对象的方法
           object result  = cmd.ExecuteScalar();
           if (result != null)
           {
             return true;
           }
           else
           {
             return false;
           }
        }
    }
```

(3) 编写"登录"和"关闭"按钮的单击事件代码,主要代码如下:

```
//登录按钮单击事件代码
private void btnLogin_Click(object sender, EventArgs e)
{     //收集输入信息
      string name  =  this.txtUserName.Text.Trim();
      string passwd  =  this.txtPasswd.Text.Trim();

      if (name  ==  string.Empty || passwd  ==  string.Empty)
      {
         MessageBox.Show("用户名或密码为空!","登录提示");
         return;
      }
      //检查用户名和密码
      if (CheckUser(name, passwd)  ==  true)
      {
         MainForm main  =  new MainForm(name);
         this.Hide();
         main.Show();
       }
       else
      {
         MessageBox.Show("用户名或密码错误,请重新输入!", "登录信息");
```

```
                this.txtUserName.Clear();
                this.txtPasswd.Clear();
                this.txtUserName.Focus();
                return;
            }
        }
//关闭按钮事件代码
private void btnClose_Click(object sender, EventArgs e)
{
    Application.Exit();
}
```

## 7.1.3 知识链接

### 7.1.3.1 ADO.NET 基础

ADO.NET 来源于 COM 组件库 ADO(即 ActiveX Data Object),是微软公司新一代.NET 数据库的访问模型,是目前数据库程序设计人员用来开发基于.NET 的数据库应用程序的主要接口。ADO.NET 是一组向.NET Framework 程序员公开数据访问服务的类。ADO.NET 为创建分布式数据共享应用程序提供了一组丰富的组件。它提供了对关系数据库、XML 和应用程序数据的访问,因此是.NET Framework 中不可缺少的一部分。ADO.NET 支持多种开发需求,包括创建由应用程序、工具、语言或 Internet 浏览器使用的前端数据库客户端和中间层业务对象。ADO.NET 提供对诸如 SQL Server 和 XML 这样的数据源以及通过 OLE DB 和 ODBC 公开的数据源的一致访问。共享数据的使用方应用程序可以使用 ADO.NET 连接到这些数据源,并可以检索、处理和更新其中包含的数据。

ADO.NET 用于访问和操作数据的两个主要组件是.NET Framework 数据提供程序和 DataSet。.NET Framework 数据提供程序用于连接到数据库、执行命令和检索结果。这些结果将被直接处理,放置在 DataSet 中以便根据需要向用户公开、与多个源中的数据组合,或在层之间进行远程处理。图 7-2 阐释了.NET Framework 数据提供程序和 DataSet 之间的关系。

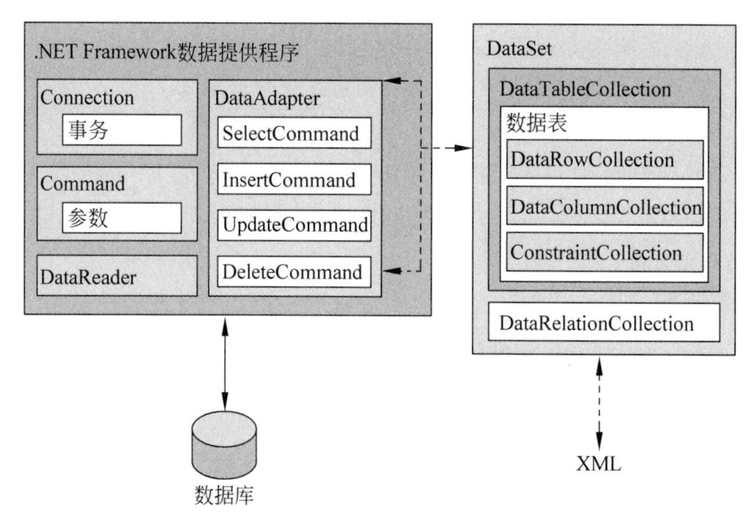


图 7-2 .NET Framework 数据提供程序和 DataSet 之间的关系

.NET Framework 数据提供程序是应用程序与数据源之间的一座桥梁，包含一组用于访问特定数据库，执行 SQL 语句并获取值的 .NET 类。它在数据源和代码之间创建最小的分层，并在不降低功能性的情况下提高性能。图 7-3 给出了数据提供程序的模型。

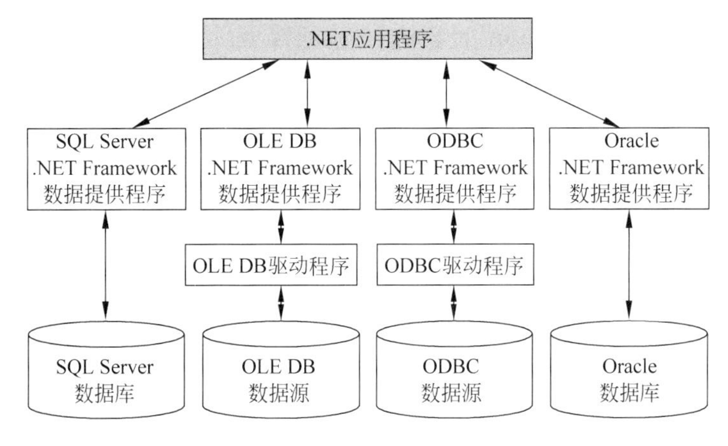


图 7-3　数据提供程序模型

表 7-1 列出了 .NET Framework 中所包含的数据提供程序，表 7-2 描述了 .NET Framework 数据提供程序的核心对象。

**表 7-1　.NET Framework 中所包含的数据提供程序**

| 数据提供程序 | 说　　明 |
| --- | --- |
| 用于 SQL Server 的 .NET Framework 数据提供程序 | 提供 Microsoft SQL Server 的数据访问。使用 System. Data. SqlClient 命名空间 |
| 用于 OLE DB 的 .NET Framework 数据提供程序 | 提供对使用 OLE DB 公开的数据源中数据的访问。使用 System. Data. OleDb 命名空间 |
| 用于 ODBC 的 .NET Framework 数据提供程序 | 提供对使用 ODBC 公开的数据源中数据的访问。使用 System. Data. Odbc 命名空间 |
| 用于 Oracle 的 .NET Framework 数据提供程序 | 用于 Oracle 的 .NET Framework 数据提供程序支持 Oracle 客户端软件 8.1.7 和更高版本，并使用 System. Data. OracleClient 命名空间 |

**表 7-2　.NET Framework 数据提供程序的核心对象**

| 对　　象 | 说　　明 |
| --- | --- |
| Connection | 建立与特定数据源的连接。所有 Connection 对象的基类均为 DbConnection 类 |
| Command | 对数据源执行命令。公开 Parameters，并可在 Transaction 范围内从 Connection 执行。所有 Command 对象的基类均为 DbCommand 类 |
| DataReader | 从数据源中读取只进且只读的数据流。所有 DataReader 对象的基类均为 DbDataReader 类 |
| DataAdapter | 使用数据源填充 DataSet 并解决更新。所有 DataAdapter 对象的基类均为 DbDataAdapter 类 |

DataSet 对象对于支持 ADO.NET 中的断开连接的分布式数据方案起到至关重要的作用。DataSet 是数据驻留在内存中的表示形式，不管数据源是什么，它都可提供一致的关系编程模型。ADO.NET DataSet 是专门为独立于任何数据源的数据访问而设计的。因此，

它可以用于多种不同的数据源,用于 XML 数据,或用于管理应用程序本地的数据。DataSet 包含一个或多个 DataTable 对象的集合,这些对象由数据行和数据列以及有关 DataTable 对象中数据的主键、外键、约束和关系信息组成。

### 7.1.3.2 使用 Connection 对象连接数据库

在应用程序中,可以利用 ADO.NET 的核心对象来操作数据库中的数据。图 7-4 给出了利用 ADO.NET 技术访问数据库的一般模型。

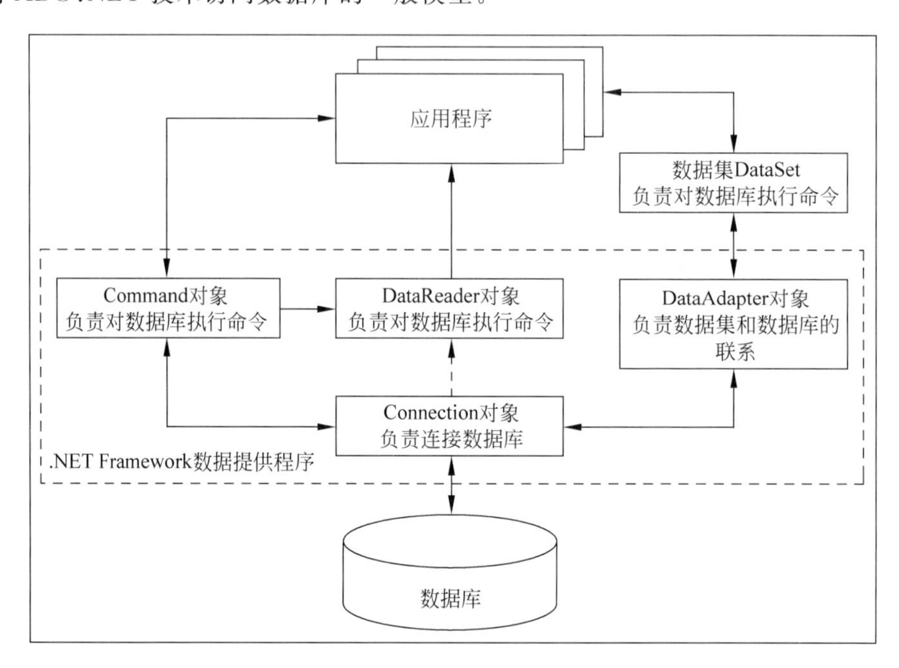


图 7-4 ADO.NET 数据库访问模型

**1. Connection 对象**

Connection 对象主要功能是建立应用程序与物理数据库的连接。它主要包括 4 种类型访问数据库的对象,分别对应 4 种数据提供程序,每一种数据提供程序中都包含一种数据库连接对象。表 7-3 给出每种连接对象的具体情况。

**表 7-3 具体 Connection 对象**

| 名　称 | 命 名 空 间 | 描　述 |
| --- | --- | --- |
| SqlConnection | System. Data. SqlClient | 表示与 SQL Server 的连接对象 |
| OleDbConnection | System. Data. OleDb | 表示与 OLE DB 数据源的连接对象 |
| OdbcConnection | System. Data. Odbc | 表示与 ODBC 数据源的连接对象 |
| OracleConnection | System. Data. OracleClient | 表示与 Orale 数据库的连接对象 |

**【指点迷津】** 在连接数据库,要根据使用的数据库来引入相应的命名空间,然后使用命名空间的连接类来创建数据库连接对象。

不管哪种连接对象,它都继承于 DbConnection 类。DbConnection 类封装了很多重要的方法和属性,表 7-4 描述了几种重要的方法和属性。

表 7-4 DbConnection 类的重要的方法和属性

| 方法/属性 | 说　　明 |
| --- | --- |
| ConnectionString | 获取或设置用于打开连接的字符串 |
| ConnectionTimeOut | 获取在建立连接时终止尝试并生成错误之前所等待的时间 |
| Database | 在连接打开之后获取当前数据库的名称，或者在连接打开之前获取连接字符串中指定的数据库名 |
| State | 获取描述连接状态的字符串，其值是 ConnectionState 类型的一个枚举值 |
| Open() | 使用 ConnectionString 所指定的设置打开数据库连接 |
| Dispose() | 释放由 Component 使用的所有资源 |
| Close() | 关闭与数据库的连接 |

**2. 连接字符串**

我们已经知道，ADO.NET 类库为不同的外部数据源提供了一致的访问。这些数据源可以是本地的数据文件（如 Excel、txt、Access，甚至是 SQLite），也可以是远程的数据库服务器（如 SQL Server、MySQL、DB2、Oracle 等）。数据源似乎琳琅满目，鱼龙混杂。请试想一下，ADO.NET 如何能够准确而又高效地访问到不同数据源呢？ ADO.NET 已经为不同的数据源编写了不同的数据提供程序。但是这个前提是，我们得访问到正确的数据源。否则只会“张冠李戴，驴唇不对马嘴”。就像我们用 SQL Server 数据提供程序去处理 Excel 数据源，结果肯定是让人“瞠目结舌”的。英雄总在最需要的时候出现，连接字符串，就是这样一组被格式化的键值对：它告诉 ADO.NET 数据源在哪里，需要什么样的数据格式，提供什么样的访问信任级别以及其他任何包括连接的相关信息。如果把数据源比作大门，那么连接字符串则是钥匙，而连接对象则是拿着钥匙开门的人。

其实，连接字符串虽然影响深远，但是其本身的语法却十分简单。连接字符串由一组元素组成，一个元素包含一个键值对，元素之间由；分开。语法如下：

```
key1 = value1; key2 = value2; key3 = value3...
```

典型的元素（键值对）应当包含这些信息：数据源是基于文件的还是基于网络的数据库服务器，是否需要账号密码来访问数据源，超时的限制是多少，以及其他相关的配置信息。我们知道，值（Value）是根据键（Key）来确定的，那么键如何来确定呢？语法并没有规定键是什么，这需要根据要连接的数据源来确定。一般来说，一个连接字符串所包含的信息如表 7-5 所示。

表 7-5 连接字符串包含的信息

| 参　　数 | 说　　明 |
| --- | --- |
| Provider | 用于提供连接驱动程序的名称 |
| Initial Catalog 或 Database | 指明所需访问数据库的名称 |
| Data Source 或 Server | 指明所需访问的数据源 |
| Password 或 PWD | 指明访问对象所需的密码 |
| User ID 或 UID | 指明访问对象所需的用户名 |
| Connection TimeOut | 指明访问对象所持续的时间 |
| Integrated Security 或 Trusted Connection | 集成连接（信任连接） |

**【例 7.1】** 创建控制台程序,使用 SqlConnection 对象连接 SQL Server 2008 数据库。主要代码如下:

```
static void Main(string[] args)
{
//构造连接字符串
string constr = " Data   Source  =  .\\SQLEXPRESS; Initial  Catalog = master; Integrated
Security = SSPI";
SqlConnection conn = new SqlConnection(constr);      //创建连接对象
conn.Open();                                          //打开连接
if(conn.State == ConnectionState.Open)
{
    Console.WriteLine("Database is linked.");
    Console.WriteLine("\nDataSource:{0}",conn.DataSource);
    Console.WriteLine("Database:{0}",conn.Database);
    Console.WriteLine("ConnectionTimeOut:{0}",conn.ConnectionTimeout);
}
conn.Close();                                         //关闭连接
conn.Dispose();                                       //释放资源
if(conn.State == ConnectionState.Closed)
{
    Console.WriteLine("\nDatabase is closed.");
}
    Console.Read();
}
}
```

程序的运行结果如图 7-5 所示。

图 7-5 使用 SqlConnection 对象连接数据库

**【说明】** 在完成连接后,及时关闭连接是必要的,因为大多数数据源只支持有限数目的打开的连接,更何况打开的连接会占用宝贵的系统资源。

为了有效地使用数据库连接,在实际的数据库应用程序中打开和关闭数据连接时一般都会使用以下两种技术。

1) 添加 try...catch 块

我们知道连接数据库时,可能出现异常,因此需要添加异常处理。对于 C# 来说,典型的异常处理是添加 try...catch 代码块。finally 是可选的。finally 是指无论代码是否出现异常都会执行的代码块。而对数据库连接资源来说,是非常宝贵的。因此,我们应当确保打开连接后,无论是否出现异常,都应该关闭连接和释放资源。所以,我们必须在 finally 语句块中调用 Close()方法关闭数据库连接。典型的代码如下:

```
try
{
  conn.Open();                    //打开数据库连接
}
catch(Exception ex)
{
   ;                              //处理异常的代码
}
finially
{
     conn.Close();                //关闭连接对象
}
```

2）使用 using 语句

using 语句的作用是确保资源使用后，并很快释放它们。using 语句帮助减少意外的运行时错误带来的潜在问题，它整洁地包装了资源的使用。具体来说，它执行以下内容：

(1) 分配资源。

(2) 把 Statement 放进 try 块。

(3) 创建资源的 Dispose()方法，并把它放进 finally 块。

因此，上面的语句等同于：

```
using(SqlConnection conn = new SqlConnection(connStr))
{
   ;                              //todo
}
```

**【指点迷津】** 在一个应用程序中，可能有多个地方使用数据库连接字符串来连接数据库。当数据库连接字符串发生改变时(如应用程序移到其他计算机上运行)，要修改所有的连接字符串。开发人员可以在应用程序配置文件 app.config 中配置与数据库连接的字符串，所有的程序代码从配置文件中读取数据库连接字符串。当数据库连接发生改变时，只需要在配置文件中重新设置即可。下列代码演示了如何将数据库连接字符串保存到 app.config 文件中。

```
<?xml version = "1.0" encoding = "utf - 8" ?>
< configuration >
  < appSettings >
      < add key = "connectionstring" value = "server = 127.0.0.1;uid = sa;pwd = 123456;database =
Power"/>
  </appSettings >
</configuration >
```

也可以采用下列代码实现同样的功能：

```
< configuration >
 < connectionStrings >
  < add name = ConnString" connectionString = "server = .;database = 数据库名;uid = 用户名;pwd =
密码" />
  </connectionStrings >
</configuration >
```

在项目中添加引用 System.Configuration 后，就可以使用以下方式来获取配置文件中数据库连接字符串：

```
string SQL_CONN_STR =
  System.Configuration.ConfigurationSettings.AppSettings["connectionstring"];
```

或者

```
string  connectionstr = System.Configuration.ConfigurationManager.
                        ConnectionStrings["CONNECTIONSTR"].ConnectionString;
```

### 7.1.4 拓展与提高

(1) 有 SQL Server 2008 数据源，服务器名为 jsjxx，数据库名为 UserInfo，采用信任连接，请写出连接此数据源的连接字符串。

(2) 有 SQL Server 2008 数据源，服务器为本地的，数据库名为 UserInfo，采用非信任连接，登录账号为 sa，密码为 123，请写出连接此数据源的连接字符串。

(3) 在路径 e:\db\下有 Access 格式的数据库文件 UserInfo.mdb，请写出连接此数据源的连接字符串。

(4) 在路径 e:\db\下有一 Excel 文件为学生选课.xls，请写出连接此数据源的连接字符串。

## 7.2 与数据库进行交互

### 7.2.1 任务描述：添加学生信息

在日常生活中，用户经常需要添加学生信息、编辑或删除学生信息。学生信息通常保存在数据库中，为此，需要经常向数据库中增加、修改或删除记录操作。本任务实现学生信息的添加，界面如图 7-6 所示。

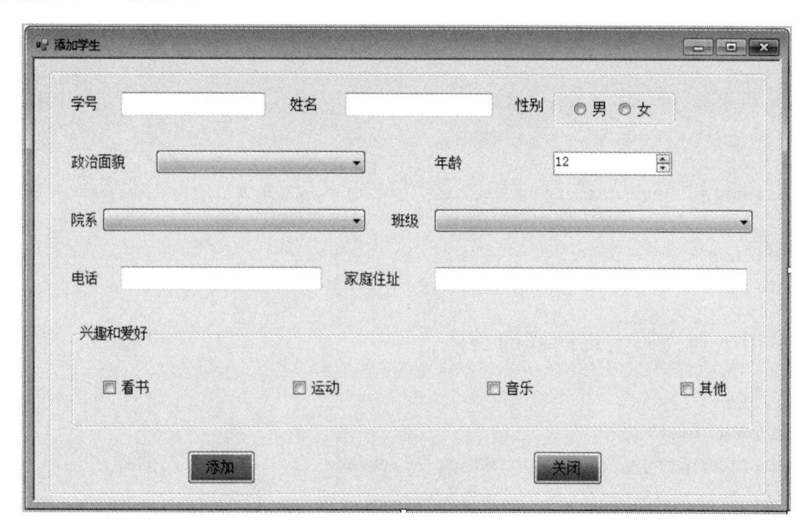


图 7-6　添加学生信息界面

## 7.2.2 任务实现

启动 Visual Studio 2013，打开学生成绩管理系统项目 GradeManagement，在解决方案资源管理器视图中单击 AddStudent. cs 文件，打开添加学生窗体设计的代码文件 AddStudent. cs，在该文件中添加如下代码：

```
//窗体装入事件
private void AddStudent_Load(object sender, EventArgs e)
{
     this.txtStuID.Focus();
     this.rbtMale.Checked = true;
     FillCollege();                              //绑定院系下拉框
}
//绑定院系下拉框方法
private void FillCollege()
{
    string strSQL = "select CollegeID,CollegeName from [tb_College]";

     using (SqlConnection conn = new SqlConnection (strcon))
     {
        DataSet ds = new DataSet();              //建立数据集对象
        SqlDataAdapter sda = new SqlDataAdapter(strSQL, conn);
        sda.Fill(ds);                            //填充数据集
        comDepart.DataSource = ds.Tables[0];     //数据绑定
        comDepart.DisplayMember = "CollegeName";
        comDepart.ValueMember = "CollegeID";
      }
    }
  //添加按钮事件
   private void btnAddStudent_Click(object sender, EventArgs e)
   {
    string hobby = "";
    //收集控件的值
    string stuid = this.txtStuID.Text;
    string name = this.txtName.Text;
    string gender = rbtMale.Checked == true?"男":"女";
    string nation = this.comNation.Text;
    string age = Convert.ToString(this.numAge.Value);
    string depart = this.comDepart.SelectedValue.ToString ().Trim();
    string cl = this.comClass.SelectedValue.ToString().Trim();
    string location = this.txtLocation.Text;

    if (chkBook.Checked) hobby += "看书" + "、";
    if (chkSport.Checked) hobby += "运动" + "、";
    if (chkMusic.Checked) hobby += "音乐" + "、";
    if (chkOthers.Checked) hobby += "其他" + "、";
    hobby = hobby.Substring(0, hobby.Length - 1);
    //生成 SQL 语句
   string sql = string.Format (" insert into [tb_Student] (StudentID, StudentName, gender,
status,age,college,classid,nation,hobby) values('{0}','{1}','{2}','{3}','{4}','{5}','{6}',
```

```
'{7}','{8}')", stuid, name, gender, nation,age, depart, cl, location, hobby);
    //连接字符串
    string strcon = "Server = ZXQ - PC\\SQLEXPRESS; Database = db_Student; Integrated Security
= SSPI";
    using (SqlConnection conn = new SqlConnection(strcon))
    {
        conn.Open();                              //打开连接对象
        SqlCommand cmd = new SqlCommand();        //建立命令对象
        //设置命令对象的属性
        cmd.Connection = conn;
        cmd.CommandText = sql;
        cmd.CommandType = CommandType.Text;
        //执行 command 的方法
        int rows = cmd.ExecuteNonQuery();
        if (rows > 0)
        {
            MessageBox.Show("添加学生成功!", "信息提示", MessageBoxButtons.OK);
        }
        else
        {
            MessageBox.Show("添加学生失败!", "信息提示", MessageBoxButtons.OK);
        }
    }
```

## 7.2.3 知识链接

### 7.2.3.1 使用 Command 对象与数据库交互

**1. 认识 Command 对象**

ADO.NET 最主要的目的是对外部数据源提供一致的访问。而访问数据源数据,就少不了增、删、改、查等操作。尽管 Connection 对象已经为我们连接好了外部数据源,但它并不提供对外部数据源的任何操作。在 ADO.NET 中,Command 对象封装了所有对外部数据源的操作(包括增、删、改、查等 SQL 语句与存储过程),并在执行完成后返回合适的结果。与 Connection 对象一样,对于不同的数据源,ADO.NET 提供了不同的 Command 对象。表 7-6 列举了主要的 Command 对象,在实际的编程过程中,应根据访问的数据源不同,选择相应的 Command 对象。

**表 7-6 主要的 Command 对象**

| .NET 数据提供程序 | 对应 Command 对象 |
| --- | --- |
| 用于 OLE DB 的 .NET Framework 数据提供程序 | OleDbCommand 对象 |
| 用于 SQL Server 的 .NET Framework 数据提供程序 | SqlCommand 对象 |
| 用于 ODBC 的 .NET Framework 数据提供程序 | OdbcCommand 对象 |
| 用于 Oracle 的 .NET Framework 数据提供程序 | OracleCommand 对象 |

**2. Command 对象常用属性和方法**

1) Command 对象常用属性

Command 对象常用属性及其说明如表 7-7 所示。

表 7-7 Command 对象常用属性及其说明

| 属 性 | 说 明 |
|---|---|
| Connection | 设置或获取 Command 对象使用的 Connection 对象 |
| CommandText | 根据 CommandType 属性的取值来决定 CommandText 属性的取值,分为 3 种情况:<br>(1) 如果 CommandType 属性取值为 Text,则 CommandText 属性指出 SQL 语句的内容。<br>(2) 如果 CommandType 属性取值为 StoredProcedure,则 CommandText 属性指出存储过程的名称。<br>(3) 如果 CommandType 属性取值为 TableDirect,则 CommandText 属性指出表的名称。<br>CommandText 属性的默认值为 SQL 语句 |
| CommandType | 指定 Command 对象的类型,有 3 种选择:<br>(1) Text:表示 Command 对象用于执行 SQL 语句。<br>(2) StoredProcedure:表示 Command 对象用于执行存储过程。<br>(3) TableDirect:表示 Command 对象用于直接处理某个表。<br>CommandType 属性的默认值为 Text |
| Parameters | 获取 Command 对象需要使用的参数集合。 |
| Command TimeOut | 指定 Command 对象用于执行命令的最长延迟时间,以秒为单位,如果在指定时间内仍不能开始执行命令,则返回失败信息。默认值为 30 秒 |

下列代码演示了如何通过 Command 对象的 CommandText 属性来执行一条 SQL 语句:

```
string sqlstr = " select * from TableName ";
SqlConnection conn = new SqlConnection(ConStr);
SqlCommand cmd  =  conn.CreateCommand();                //创建 Command 对象
cmd.CommandText =  sqlstr;                              //初始化 Command 对象
```

通过 Command 对象的 CommandText 属性来执行存储过程(Proc_Name),程序代码如下:

```
SqlCommand cmd  =  new SqlCommand("Proc_Name",conn);
cmd.CommandType = CommandType.StoredProcedure;          //调用存储过程
```

2) Command 对象常用方法

Command 对象常用方法及其说明如表 7-8 所示。

表 7-8 Command 对象常用方法及其说明

| 方 法 | 说 明 |
|---|---|
| ExecuteNonQuery() | 如果 SqlCommand 所执行的命令为无返回结果集的 SQL 命令,应该调用 ExecuteNonQuery 方法 |
| ExecuteReader() | 执行查询,并返回一个 DataReader 对象。DataReader 是一个快速、轻量级、只读地遍历访问每一行数据的数据流 |
| ExecuteScalar() | 执行查询,并返回查询结果集中第一行的第一列(object 类型)。如果找不到结果集中第一行的第一列,则返回 null 引用 |

下面具体介绍 Command 对象方法中的 3 种方法：ExecuteNonQuery()、ExecuteReader()和 ExecuteScalar()。

(1) ExecuteNonQuery()方法。

ExecuteNonQuery()方法执行更新操作，诸如与 UPDATE、INSERT 和 DELETE 语句有关的操作，在这些情况下，返回值是命令影响的行数。对于其他类型的语句，诸如 SET 或 CREATE 语句，则返回值为－1；如果发生回滚，返回值也为－1。

例如，创建一个 SqlCommand，然后使用 ExecuteNonQuery()方法执行(queryString 代表 Transact-SQL 语句，如 UPDATE、INSERT 或 DELETE)。代码如下：

```
SqlConnection connection = new SqlConnection(connectionString)
SqlCommand command = new SqlCommand(queryString, connection);
command.Connection.Open();
command.ExecuteNonQuery();                              //执行 Command 命令
```

(2) ExecuteReader()方法。

ExecuteReade()方法通常与查询命令一起使用，并且返回一个数据阅读器对象 SqlDataReader 类的一个实例。数据阅读器是一种只读的、向前移动的游标，客户端代码滚动游标并从中读取数据。如果通过 ExecuteReader()方法执行一个更新语句，则该命令成功地执行，但是不会返回任何受影响的数据行。

例如，创建一个 SqlCommand，然后应用 ExecuteReader()方法来创建 DataReader 对象来对数据源进行读取。代码如下：

```
SqlCommand command = new SqlCommand(queryString, connection);
//通过 ExecuteReader 方法创建 DataReader 对象
SqlDataReader reader = command.ExecuteReader();
```

(3) ExecuteScalar()方法。

ExecuteScalar()方法执行查询，并返回查询所返回的结果集中第一行的第一列。

如果只想检索数据库信息中的一个值，而不需要返回表或数据流形式的数据库信息，例如，只需要返回 COUNT(*)、SUM(Price)或 AVG(Quantity)等聚合函数的结果，那么 Command 对象的 ExecuteScalar()方法就很有用。如果在一个常规查询语句当中调用该方法，则只读取第一行第一列的值，而丢弃所有其他值。

例如，使用 SqlCommand 对象的 ExecuteScalar()方法来返回表中记录的数目(SELECT 语句使用 Transact-SQL COUNT 聚合函数返回指定表中的行数的单个值)。代码如下：

```
string sqlstr = "SELECT Count ( * ) FEOM Orders";
SqlComand ordersCMD = new SqlCommand(sqlstr,connection);
//将返回的记录数目强制转换成整型
int 32 count = (Int32) ordersCMD.ExecuteScalar();
```

**3. 创建 Command 对象**

在创建 Command 对象之前，需要明确两件事：你要执行什么样的操作？你要对哪个数据源进行操作？明白这两件事，一切都好办了。我们可通过 string 字符串来构造一条 SQL 语句，也可以通过 Connection 对象指定连接的数据源。那么我们如何将这些信息交给 Command 对象呢？一般来说，有两种方法：

(1) 通过构造函数。代码如下：

```
string strSQL = "Select * from tb_SelCustomer";
SqlCommand cmd = new SqlCommand(strSQL, conn);
```

(2) 通过 Command 对象的属性。代码如下：

```
SqlCommand cmd = new SqlCommand( );
cmd.Connection = conn;
cmd.CommandText = strSQL;
```

**【说明】** 上面两个实例是相对于 SQL Server 来说的，如果访问其他数据源，应当选择其他的 Command 对象，具体参照表 7-8 中的对应的 Command 对象。

Command 对象的使用方式有两种：命令文本方式和存储过程方式。

命令文本方式下，用 SQL 语句的 Command 设置为：

```
SqlCommand objComm = new SqlCommand();
objComm.CommandText = "SQL 语句";
objComm.CommandType = CommandType.Text ;
objComm. Connection = objConnection;
```

存储过程方式下，用存储过程的 Command 设置为：

```
SqlCommand objComm = new SqlCommand();
objComm.CommandText = "sp_DeleteName";
objComm.CommandType = CommandType. StoredProcedure ;
objComm. Connection = objConnection;
```

**4. 使用 Command 对象**

建立数据连接之后，就可以执行数据访问操作和数据操纵操作了。一般对数据库的操作被概括为 CRUD-Create、Read、Update 和 Delete。在 ADO.NET 中使用 Command 类去执行这些操作。

利用 Command 类检索数据库数据的流程如图 7-7 所示。从图 7-7 可以看出，如果仅需要对数据库中的数据进行统计、汇总等操作，需要执行 Command 类的 ExecuteScalar()方法；如果需要对检索的数据进行进一步的处理，则需要执行 Command 类的 ExecuteReader()方

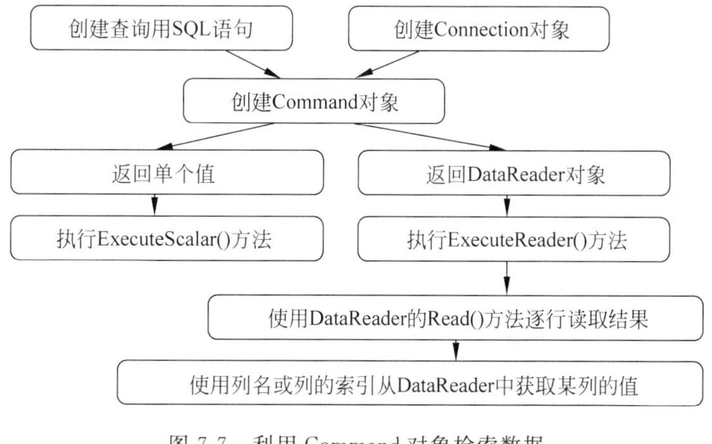


图 7-7 利用 Command 对象检索数据

法获取一个数据集合,然后遍历该数据集读取需要的数据进行处理。

利用 Command 类更改数据库的数据则需要使用 Command 类的 ExecuteNonQuery()方法,具体流程如图 7-8 所示。

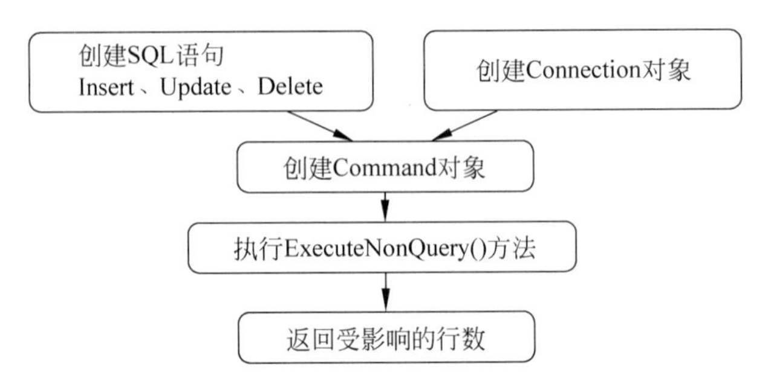


图 7-8 利用 Command 对象更改数据库

**【例 7.2】** 创建控制台程序,说明如何使用 Command 对象向数据库中添加一条记录。主要代码如下:

```
static void Main(string[] args)
  {
    //构造连接字符串
   string connstr = @"Data Source = .\SQLEXPRESS; Initial Catalog = db_MyDemo;
   Integrated Security = SSPI";
   using(SqlConnection conn = new SqlConnection(connstr))
   {
   //拼接 SQL 语句
   StringBuilder strSQL = new StringBuilder();
   strSQL.Append("insert into tb_SelCustomer ");
   strSQL.Append("values(");
   strSQL.Append("'zengxq','0','0','13803743333','zxq@126.com','河南省许昌市八一路 88 号',
12.234556,34.222234,'422900','备注信息')");
   Console.WriteLine("Output SQL:\n{0}",strSQL.ToString());

   //创建 Command 对象
   SqlCommand cmd = new SqlCommand();
   cmd.Connection = conn;
   cmd.CommandType = CommandType.Text;
   cmd.CommandText = strSQL.ToString();

   try
   {
      conn.Open();                        //一定要注意打开连接
      int rows = cmd.ExecuteNonQuery();   //执行命令
      Console.WriteLine("\nResult: {0}行受影响",rows);
   }
   catch(Exception ex)
   {
     Console.WriteLine("\nError: \n{0}", ex.Message);
   }
   }
```

```
        Console.Read();
    }
```

### 7.2.3.2 使用 DataReader 对象读取数据

**1. DataReader 对象概述**

Command 对象可以对数据源的数据直接操作，但是如果执行的是要求返回数据结果集的查询命令或存储过程，需要先获取数据结果集的内容，然后再进行处理或输出，这就需要 DataReader 对象来配合。

DataReader 对象是一个简单的数据集，用于从数据源中检索只读数据集，常用于检索大量数据。DataReader 对象是以连接的方式工作，只允许以只读、顺向的方式查看其中所存储的数据，提供一个非常有效率的数据查看模式。DataReader 对象不能直接使用构造函数实例化，必须通过 Command 对象的 ExecuteReader()方法来生成。使用 DataReader 对象无论在系统开销还是在性能方面都很有效，它在任何时候只缓存一个记录，并且没有把整个结果集载入内存中的等待时间，从而避免了使用大量内存，大大提高了性能。

作为数据提供程序的一部分，DataReader 对应着特定的数据源。每个 .NET Framework 的数据提供程序实现一个 DataReader 对象，如 System. Data. Oledb 命名空间中的 OleDbDataReader 以及 System. Data. SqlClient 命名空间中的 SqlDataReader。

**2. 使用 DataReader 对象**

通过检查 HasRows 属性或者调用 Read()方法，可以判断 DataReader 对象所表示的查询结果中是否包含数据行记录。调用 Read()方法，如果可以使 DataReader 对象所表示的当前数据行向前移动一行，那么它将返回 True[也就是说，每调用一次 Read()方法，对象所表示的当前数据行就会向前移动一行]。

在任意时刻，DataReader 对象只表示查询结果集中的某一行记录。如果要获取当前记录行的下一行数据，就需要调用 Read()方法。但是当读取到集合中最后的一行数据时，调用 Read()方法将返回 False。

有很多种方法都可以从 DataReader 对象中返回其当前所表示的数据行的字段值。例如，使用一个名为 reader 的 SqlDataReader 对象来表示下面查询的结果：

```
SELECT Title, Director FROM Movies
```

如果要得到 DataReader 对象所表示的当前数据行中的 Title 字段的值，那么就可以使用下面方法中的任意一种：

```
string Title = (string)reader["Title"];
string Title = (string)reader[0];
string Title = reader.GetString(0);
string Title = reader.GetSqlString(0);
```

第一种方法通过字段的名称来返回该字段的值，不过该字段的值是以 Object 类型返回。因此，在将该返回值赋值给字符串变量之前，必须对其进行显式的类型转换。

第二种方法通过字段的位置来返回该字段的值，不过该字段的值也是以 Object 类型返回。因此，在使用前也必须对其进行显式的类型转换。

第三种方法也是通过该字段的位置来返回其字段值。然而，这个方法得到的返回值的类型是字符串。因此，使用这种方法就不用对返回结果进行任何类型转换。

最后一种方法还是通过字段的位置来返回字段值，但该方法得到的返回值的类型是 SqlString 而不是普通的字符串。SqlString 类型表示在 System. Data. SqlTypes 命名空间定义的专门类型值。

**【说明】** SqlTypes 是 ADO.NET 2.0 提供的新功能。每一个 SqlType 分别对应于微软 SQL Server 2008 数据库所支持的一种数据类型，例如，SqlDecimal、SqlBinary 和 SqlXml 类型等。

对不同的返回数据行字段值的方法进行权衡可以知道，通过字段所在的位置来返回字段值比通过字段名称来返回字段值要快一些。然而，使用这个方法会使得程序代码变得十分脆弱。如果查询中字段返回的位置稍有改变，那么程序就将无法正确工作。

**【例 7.3】** 编写控制台程序，从 Student 表中读取出所有姓李的学员的姓名。

主要代码如下：

```
string sql = "SELECT StudentName FROM Student WHERE StudentName LIKE '李%'";
SqlCommand command = new SqlCommand(sql, connection);
connection.Open();
SqlDataReader dataReader = command.ExecuteReader();
Console.WriteLine("查询结果: ");
while (dataReader.Read())
{
   Console.WriteLine((string)dataReader["StudentName"]);
}
dataReader.Close();
```

**【说明】** DataReader 对象是一个轻量版的数据对象，但是，DataReader 对象在读取数据时要求数据库一直保持连接状态。使用 DataReader 对象读取数据后，务必将其关闭，否则，其所使用的连接对象将无法进行其他操作。

#### 7.2.3.3 综合实例——学生信息编辑

为了更好地理解如何使用 Command 对象实现与数据库的交互，下面完成学生成绩系统中的“编辑学生”功能的具体实现。具体过程如下：

(1) 启动 Visual Studio 2013，打开学生成绩管理系统项目 GradeManagement，在解决方案资源管理器视图中单击 EditStudent. cs 文件，打开编辑学生信息窗体设计界面，按 F7 键打开代码文件 EditStudent. cs，添加“查找”按钮单击事件代码。主要代码如下：

```
private void btnFind_Click(object sender, EventArgs e)
{
  string stuid = this.txtStuID.Text.Trim();        //学生学号
  //构造 SQL 语句
string sql = string.Format("select stuid,stuname,gender,age,nation,department,class,place
from tb_Student where stuid='{0}'", stuid);
//构造连接字符串
string connstr = @"Data Source=.\SQLEXPRESS; Initial Catalog=db_Student; Integrated
Security=SSPI";                                    //创建连接对象
using ( SqlConnection conn = new SqlConnection (constr ))
```

```
{
   conn.Open();
   SqlCommand cmd = new SqlCommand(sql, conn);
   SqlDataReader sdr = cmd.ExecuteReader();
  //读取数据,将数据显示在相关控件中
  if (sdr.HasRows)                              //如果有数据
   {
      sdr.Read();                               //读取数据
      this.txtSID.Text = sdr["stuid"].ToString();
      this.txtName.Text = sdr["stuname"].ToString();
      this.txtGender.Text = sdr["gender"].ToString();
      this.txtAge.Text = sdr["age"].ToString();
      this.txtNation.Text = sdr["nation"].ToString();
      this.txtCollege.Text = sdr["department"].ToString();
      this.txtClass.Text = sdr["class"].ToString();
      this.txtPlace.Text = sdr["place"].ToString();
  }
sdr.Close();
conn.Close();
}
```

(2) 在代码文件 EditStudent.cs 中添加"修改"按钮单击事件代码。主要代码如下:

```
private void btnEdit_Click(object sender, EventArgs e)
{
//连接字符串
 string source = " Data Source = .\\SQLEXPRESS; Initial Catalog = db_Student; Integrated
Security = SSPI";                               //构造 SQL 语句
 string updatesql = "update [tb_Student] set stuname = @stuname, gender = @gender, age = @age,
nation = @nation where stuid = @stuid";
using (SqlConnection conn = new SqlConnection(source))
{
   conn.Open();                                 //打开数据库连接
   SqlCommand cmd = new SqlCommand(updatesql, conn);
   //为参数赋值
   cmd.Parameters.Add("@stuname",SqlDbType.VarChar,50).Value = this. txtName.Text.Trim();
   cmd.Parameters.Add("@gender",SqlDbType.VarChar,2).Value = this.txtGender.Text.Trim();
   cmd.Parameters.Add("@age",SqlDbType.VarChar,5).Value = this.txtAge.Text.Trim();
   cmd.Parameters.Add("@nation",SqlDbType.VarChar,50).Value = this.txtNation.Text.Trim();
   cmd.Parameters.Add("@stuid",SqlDbType.VarChar,11).Value = this. txtSID.Text.Trim();

  int rows = Convert.ToInt32 (cmd.ExecuteNonQuery());
   if (rows > 0)
   {
     MessageBox.Show("学生信息修改成功!", "信息修改");
   }
   else
   {
      MessageBox.Show("学生信息修改失败!", "信息修改");
    }
    conn.Close();
   }
}
```

(3) 在代码文件EditStudent.cs中添加“删除”按钮单击事件代码。主要代码如下：

```
private void btnDelete_Click(object sender, EventArgs e)
{
 string source = " Data Source = .\\SQLEXPRESS; Initial Catalog = db_Student; Integrated
Security = SSPI";
 //构造SQL命令
 string delsql = "DELETE FROM [tb_Student] WHERE stuid = @stuid";

 using (SqlConnection conn = new SqlConnection(source))
 {
    conn.Open();                                          //打开连接对象
    SqlCommand cmd = new SqlCommand(delsql,conn); //建立命令对象
     //为@stuid参数赋值
    cmd.Parameters.Add("@stuid", SqlDbType.VarChar, 11).Value = this.txtSID.Text.Trim();
    DialogResult result = MessageBox.Show("您确定要删除吗?", "删除确认",
MessageBoxButtons.OKCancel,MessageBoxIcon.Question);
    if (result == DialogResult.OK)
    {
       int rows = Convert.ToInt32(cmd.ExecuteNonQuery());
       if (rows > 0)
       {
          MessageBox.Show("学生信息删除成功!", "信息删除");
       }
       else
       {
          MessageBox.Show("学生信息删除失败!", "信息删除");
       }
     }
      conn.Close();
     }
  }
```

程序的运行结果如图7-9所示。

图7-9　学生信息编辑运行结果

**注意**：在学生成绩编辑模块中，使用了 Command 对象的 Parameters 属性来向 Command 对象中添加参数对象 DbParameter，这样可以防止 SQL 语句的歧义性，增强系统的安全性。DbParameter 对象可以通过使用其构造函数来创建，或者也可以通过调用 DbParameterCollection 集合的 Add()方法以将该对象添加到 DbParameterCollection 来创建。Add()方法将构造函数实参或现有形参对象用作输入，具体取决于数据提供程序。下列代码演示参数对象的用法。

```
using (SqlConnection connection = new SqlConnection(connectionString))
{
    //建立 Command 对象并设置其属性
    SqlCommand command = new SqlCommand();
    command.Connection = connection;
    command.CommandText = "SalesByCategory";
    command.CommandType = CommandType.StoredProcedure;
    //添加输入参数并设置其属性
    SqlParameter parameter = new SqlParameter();
    parameter.ParameterName = "@CategoryName";
    parameter.SqlDbType = SqlDbType.NVarChar;
    parameter.Direction = ParameterDirection.Input;
    parameter.Value = categoryName;
    //添加参数到 Command 的参数集合
    command.Parameters.Add(parameter);
    //打开连接
    connection.Open();
    SqlDataReader reader = command.ExecuteReader();

    if (reader.HasRows)
    {
        while (reader.Read())
        {
            Console.WriteLine("{0}: {1:C}", reader[0], reader[1]);
        }
    }
    else
    {
        Console.WriteLine("No rows found.");
    }
    reader.Close();
}
```

### 7.2.4 拓展与提高

(1) 结合本节内容，完善学生成绩管理系统的登录模块，要求采用 DataReader 对象读取用户的姓名，并显示在主窗体的状态栏。

(2) 将学生成绩管理系统中添加学生信息的院系和班级组合框的内容改为从相应的数据表中读取，以提高系统通用性。

(3) 查阅有关资料，了解应用 Command 对象调用存储过程的原理。在此基础上，利用存储过程改写学生成绩管理系统中添加学生模块。

# 7.3 内存数据库

## 7.3.1 任务描述：学生信息查询

在学生信息管理系统中，经常需要查询学生的信息。为了直观地浏览学生信息，我们设计了如图 7-10 所示的学生信息浏览界面。当用户在左边选择某个班级时，系统在右边以表格的形式将选定的班级的所有学生信息显示出来。本任务实现学生信息浏览界面的左边的树形导航栏。

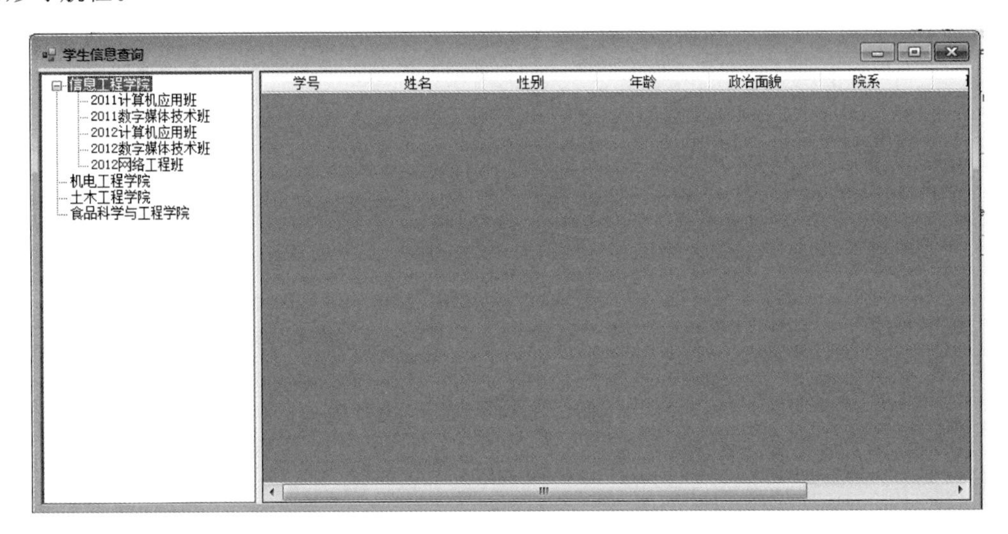


图 7-10　浏览学生信息效果图

## 7.3.2 任务实现

(1) 启动 Visual Studio 2013，打开学生成绩管理系统项目 GradeManagement。在 Visual Studio .NET IDE 环境的解决方案管理器中单击 QueryClass. cs 文件，打开学生信息浏览界面，如图 7-11 所示。

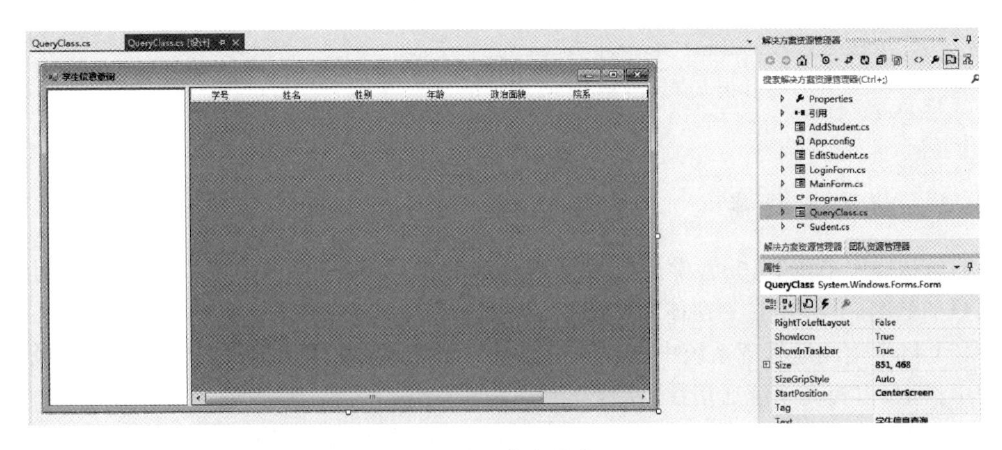


图 7-11　学生信息浏览界面

(2) 打开 QueryClass.cs 的代码文件，添加 CreateTreeView()方法从数据库中读取数据，建立树形导航栏。主要代码如下：

```
private void CreateTreeView()
{
  TreeNode RootNode = new TreeNode("河南理工学院");
  this.tvwCollege.Nodes.Add(RootNode);

  string college = "select CollegeID,CollegeName from [tb_College]";
  DataSet ds;
  SqlDataAdapter sqlad;
  DataTable dtCollege;
  DataTable dtClass = null;

  using (SqlConnection sqlcon = new SqlConnection(source))
  {
    sqlad = new SqlDataAdapter(college,sqlcon);    //生成数据适配器对象
    ds = new DataSet();                            //建立数据集对象
    sqlad.Fill(ds, "College");                     //填充数据集
    dtCollege = ds.Tables["College"];
    //遍历院系表
    for (int i = 0; i < dtCollege.Rows.Count; i++)
    {
      TreeNode collegeNode = new TreeNode(dtCollege.Rows[i]["CollegeName"].ToString());
      collegeNode.Tag = dtCollege.Rows[i]["CollegeID"].ToString();
      RootNode.Nodes.Add(collegeNode);

      string strClass = string.Format ( " select ClassID, ClassName from [tb_Class] where
CollegeID = '{0}'", dtCollege.Rows[i]["CollegeID"].ToString().Trim());
      //根据院系，取出班级
      sqlad = new SqlDataAdapter(strClass,sqlcon);
      sqlad.Fill(ds, "tb_Class");
      dtClass = ds.Tables["tb_Class"];

      for (int j = 0; j < dtClass.Rows.Count; j++)
      {
        TreeNode classNodes = new TreeNode ( dtClass.Rows[j]["ClassName"].ToString());
        classNodes.Tag = dtClass.Rows[j]["ClassID"].ToString().Trim();
        collegeNode.Nodes.Add(classNodes);
      }
      ds.Tables["tb_Class"].Clear();               //清除班级表中的数据
    }
  }
}
```

(3) 为学生信息查询窗体添加 load 事件，并在该事件中调用 CreateTreeView()方法以生成树形导航栏。代码如下：

```
private void QueryClass_Load(object sender, EventArgs e)
{
  CreateTreeView();
}
```

## 7.3.3 知识链接

### 7.3.3.1 ADO.NET数据访问模型

在数据库应用系统中,大量的客户机同时连接到数据库服务器,这样在数据库服务器上就会频繁进行建立连接、释放资源、关闭连接的操作,使服务器的性能经受严峻的考验。那么,怎样才能改进数据库连接的性能呢?这要从ADO.NET访问数据库的两种机制谈起。

**1. 连接模式**

在连接模式下,应用程序在操作数据时,客户机必须一直保持和数据库服务器的连接。这种模式适合数据传输量少、系统规模不大、客户机和服务器在同一网络内的环境。一个典型的ADO.NET连接模式如图7-12(a)所示。

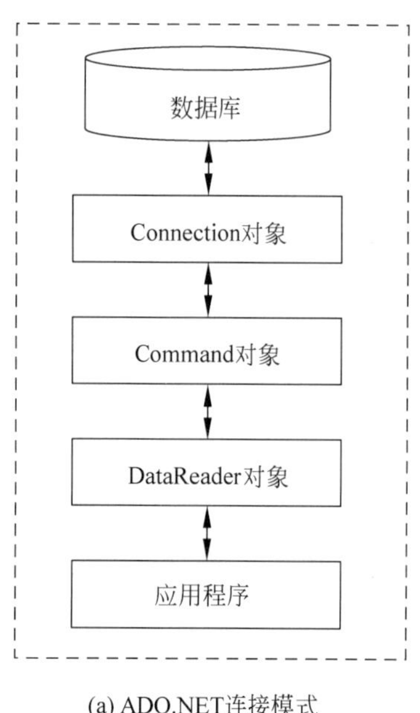

(a) ADO.NET连接模式

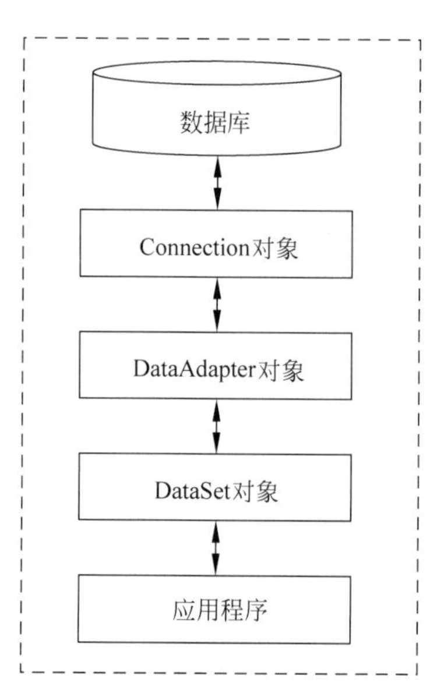


(b) ADO.NET断开连接模式

图7-12　ADO.NET数据访问模型

连接模式下的数据访问步骤如下:

(1) 使用Connection对象连接数据库。

(2) 使用Command(命令)对象向数据库索取数据。

(3) 把取回来的数据放在DataReader(数据阅读器)对象中进行读取。

(4) 完成读取操作后,关闭DataReader对象。

(5) 关闭Connection对象。

**【说明】** ADO.NET的连接模式只能返回向前的、只读的数据,这是因为DataReader对象的特性决定的。

**2. 断开连接模式**

断开连接模式是指应用程序在操作数据时,并非一直与数据源保持连接,适合网络数据量大、系统节点多、网络结构复杂,尤其是通过Internet/Intranet进行连接的网络。典型的ADO.NET断开连接模式应用如图7-12(b)所示。断开连接模式下的数据访问的步骤如下:

(1) 使用 Connection 对象连接数据库。

(2) 使用 Command 对象获取数据库的数据。

(3) 把 Command 对象的运行结果存储在 DataAdapter(数据适配器)对象中。

(4) 把 DataAdapter 对象中的数据填充到 DataSet(数据集)对象中。

(5) 关闭 Connection 对象。

(6) 在客户机本地内存保存的 DataSet(数据集)对象中执行数据的各种操作。

(7) 操作完毕后,启动 Connection 对象连接数据库。

(8) 利用 DataAdapter 对象更新数据库。

(9) 关闭 Connection 对象。

由于使用了断开连接模式,服务器不需要维护和客户机之间的连接,只有当客户机需要将更新的数据传回到服务器时再重新连接,这样服务器的资源消耗就少,可以同时支持更多并发的客户机。当然,这需要 DataSet 对象的支持和配合才能完成,这是 ADO.NET 的卓越之处。

#### 7.3.3.2 内存数据库——DataSet 对象

**1. DataSet 对象概述**

DataSet 是 ADO.NET 的核心组件,它是支持 ADO.NET 断开式、分布式数据方案的核心对象,也是各种开发基于.NET 平台程序语言开发数据库应用程序最常接触的类,是实现基于非连接数据查询的核心成员。DataSet 是不依赖于数据库的独立数据集合,也就是说,即使断开数据链路,或者关闭数据库,DataSet 依然是可用的。DataSet 就像存储于内存中的一个小型关系数据库,包含任意数据表以及所有表的约束、索引和关系等。DataSet 对象的层次结构如图 7-13 所示。

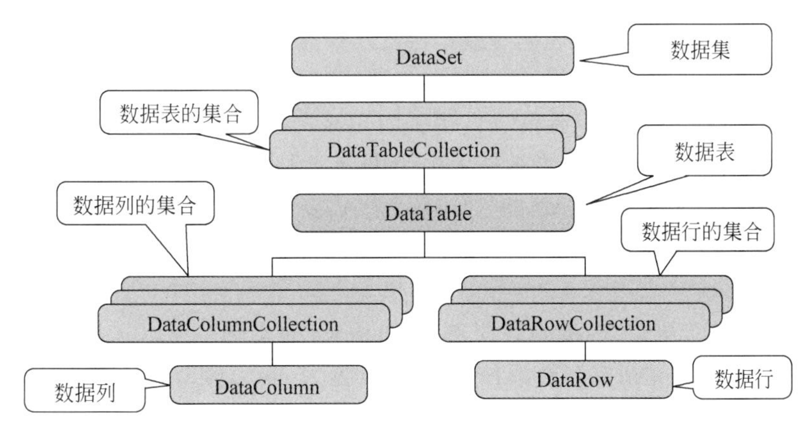


图 7-13 DataSet 对象的结构模型

从图 7-13 可以看出,DataSet 对象由数据表及表关系组成,所以 DataSet 对象包含 DataTable 对象集合 Tables 和 DataRelation 对象集合 Relations。而每个数据表又包含行和列以及约束等结构,所以 DataTable 对象包含 DataRow 对象集合 Rows、DataColumn 对象集合 Columns 和 Constraint 对象集合 Constraints。DataSet 层次结构中的类如表 7-9 所示。

表 7-9　DataSet 层次结构中的类

| 类 | 说　明 |
|---|---|
| DataTableCollection | 包含特定数据集的所有 DataTable 对象 |
| DataTable | 表示数据集中的一个表 |
| DataColumnCollection | 表示 DataTable 对象的结构 |
| DataRowCollection | 表示 DataTable 对象中的实际数据行 |
| DataColumn | 表示 DataTable 对象中列的结构 |
| DataRow | 表示 DataTable 对象中的一个数据行 |

**2. DataSet 的工作原理**

数据集并不直接和数据库打交道，它和数据库之间的相互作用是通过 .NET Framework 数据提供程序中的数据适配器(DataAdapter)对象来完成的。数据集的工作原理如图 7-14 所示。

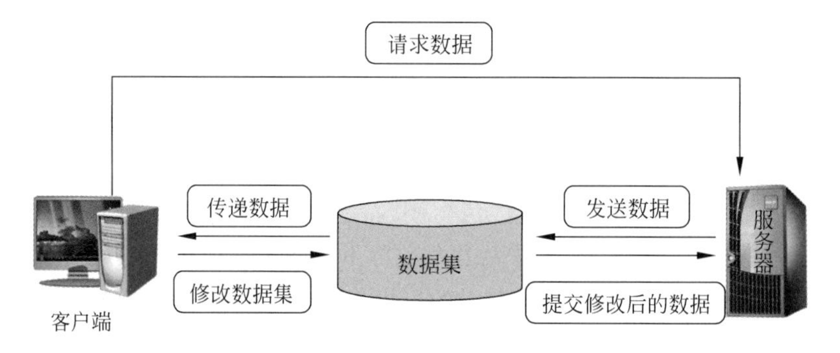


图 7-14　数据集的工作原理

首先，客户端与数据库服务器端建立连接。

然后，由客户端应用程序向数据库服务器发送数据请求。数据库服务器接到数据请求后，经检索选择出符合条件的数据，发送给客户端的数据集，这时连接可以断开。

接下来，数据集以数据绑定控件或直接引用等形式将数据传递给客户端应用程序。如果客户端应用程序在运行过程中有数据发生变化，它会修改数据集里的数据。

当应用程序运行到某一阶段时，例如应用程序需要保存数据，就可以再次建立客户端到数据库服务器端的连接，将数据集里的被修改数据提交给服务器，最后再次断开连接。

**3. 创建 DataSet**

可以通过调用 DataSet 构造函数来创建 DataSet 的实例。可以选择指定一个名称参数。如果没有为 DataSet 指定名称，则该名称会设置为 NewDataSet。创建 DataSet 的语法格式如下：

```
DataSet ds = new DataSet( );
```

或者

```
DataSet ds = new DataSet("数据集名称" );
```

下列代码演示了如何构造 DataSet 的实例。

```
DataSet customerOrders  =  new DataSet("CustomerOrders");
```

【例 7.4】 编写控制台程序，演示 DataSet 对象的结构和用法。

主要代码如下：

```
namespace Example_7._4
{
class Program
{
 static void Main(string[] args)
 {
   DataSet ds = CreateDataSet();                    //创建 DataSet
   AddUserInfo(ds, "001", "admin", "张三", "15036589210", 30);
   AddUserInfo(ds, "100", "88888", "李四", "13625741036", 40);
   ShowDataSetInfo(ds);
   Console.WriteLine("==============================================================
=====================");
   ShowDataSetRow(ds);
   Console.ReadKey();
 }
 //建立数据集
 static DataSet CreateDataSet()
 {
   DataSet ds;                                      //声明数据集对象
   DataTable dt;                                    //声明数据表对象
   DataColumn col;
   //创建数据集合对象
   ds = new DataSet("用户数据集");
   //创建第一个数据表：用户编号
   dt = new DataTable("用户编号");
   col = new DataColumn("编号",System.Type.GetType("System.String"));
   col.AllowDBNull = false;
   dt.Columns.Add(col);
  col = new DataColumn("密码",System.Type.GetType("System.String"));
   col.AllowDBNull = false;
   dt.Columns.Add(col);
   ds.Tables.Add(dt);
   //创建第二个数据表：用户信息
   dt = new DataTable("用户信息");
   col = new DataColumn("编号",System.Type.GetType("System.String"));
   col.AllowDBNull = false;
   dt.Columns.Add(col);
   col = new DataColumn("姓名",System.Type.GetType("System.String"));
   col.AllowDBNull = false;
   dt.Columns.Add(col);
   col = new DataColumn("年龄",System.Type.GetType("System.Int32"));
   col.AllowDBNull = false;
    dt.Columns.Add(col);
    dt.Columns.Add("电话", System.Type.GetType("System.String"));
    ds.Tables.Add(dt);
    return ds;
    }
```

```
        //显示 DataSet 信息
        static void ShowDataSetInfo(DataSet ds)
        {
         Console.Write("DataSet ---- {0}",ds.DataSetName);
         Console.WriteLine("包含{0}个表,区分大小写 = {1},有错误 = {2},有变化 = {3}", ds.
Tables.Count,ds.CaseSensitive,ds.HasErrors,ds.HasChanges());
        foreach (DataTable dt in ds.Tables)
         {
            Console.WriteLine(" DataTable --- {0},{1}列,{2}行",dt.TableName, dt.Columns.
Count,dt.Rows.Count);
           for (int colIndex = 0; colIndex < dt.Columns.Count; colIndex++)
           {
             DataColumn col = dt.Columns[colIndex];
             Console.WriteLine("第{0}列: 列名 = [{1}],类型 = [{2}],允许空 = [{3}]",
colIndex,col.ColumnName,col.DataType.ToString(),col.AllowDBNull);
           }
          }
        }
    //添加用户信息
   static void AddUserInfo(DataSet ds, string id, string pwd, string name, string tel, int age)
   {
   DataTable dt;
   DataRow row;
   dt = ds.Tables["用户编号"];
   row = dt.NewRow();
   row["编号"] = id;
   row["密码"] = pwd;
   dt.Rows.Add(row);

   dt = ds.Tables["用户信息"];                    //或者 dt = ds.Tables[1];
   row = dt.NewRow();
   row["编号"] = id;
   row["姓名"] = name;
   row["年龄"] = age;
   row["电话"] = tel;
   dt.Rows.Add(row);
   }
//显示数据表的数据
static void ShowDataSetRow(DataSet ds)
  {
      Console.WriteLine(" 数据集信息如下: ");
      foreach (DataTable dt in ds.Tables)
      {
       Console.WriteLine("DataTable --- {0},{1}列,{2}行", dt.TableName, dt.Columns.Count,
dt.Rows.Count);
       foreach (DataRow dr in dt.Rows)
       {
         for (int colIndex = 0; colIndex < dt.Columns.Count; colIndex++)
         {
            Console.Write(" " + dr[colIndex].ToString());
          }
```

```
                Console.WriteLine();
            }
        }
    }
  }
}
```

程序的运行结果如图 7-15 所示。

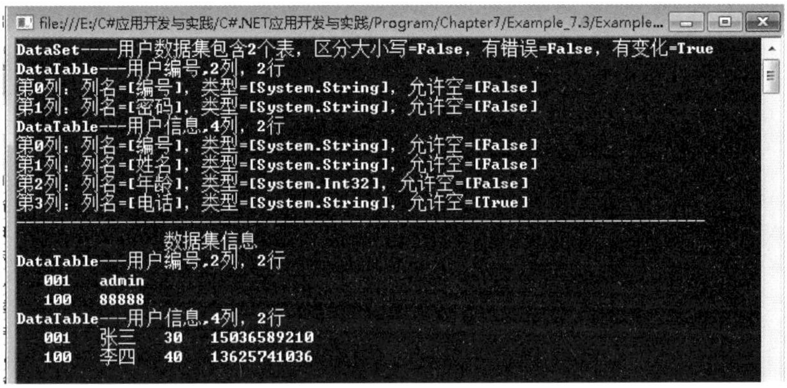

```
file:///E:/C#应用开发与实践/C#.NET应用开发与实践/Program/Chapter7/Example_7.3/Example...
DataSet----用户数据集包含2个表, 区分大小写=False, 有错误=False, 有变化=True
DataTable---用户编号,2列, 2行
第0列: 列名=[编号], 类型=[System.String], 允许空=[False]
第1列: 列名=[密码], 类型=[System.String], 允许空=[False]
DataTable---用户信息,4列, 2行
第0列: 列名=[编号], 类型=[System.String], 允许空=[False]
第1列: 列名=[姓名], 类型=[System.String], 允许空=[False]
第2列: 列名=[年龄], 类型=[System.Int32], 允许空=[False]
第3列: 列名=[电话], 类型=[System.String], 允许空=[True]
------------------------------------------------------------------------
                数据集信息
DataTable---用户编号,2列, 2行
   001    admin
   100    88888
DataTable---用户信息,4列, 2行
   001    张三    30    15036589210
   100    李四    40    13625741036
```

图 7-15　程序的运行结果

### 7.3.3.3　数据适配器 DataAdapter

**1. 认识 DataAdapter 对象**

DataSet 和物理数据库是两个客体,要使这两个客体保持一致,就需要使用 DataAdapter 类来同步两个客体。DataAdapter 为外部数据源与本地 DataSet 集合架起一座桥梁,将从外部数据源检索到的数据合理正确地调配到本地的 DataSet 集合中,同时 DataAdapter 还可以将对 DataSet 的更改解析回数据源。DataApapter 本质上就是一个数据调配器。当我们需要查询数据时,它从数据库检索数据,并填充到本地的 DataSet 或者 DataTable 中;当我们需要更新数据库时,它将本地内存的数据路由到数据库,并执行更新命令。

**【说明】** 随.NET Framework 提供的每个.NET Framework 数据提供程序包括一个 DataAdapter 对象:OLE DB .NET Framework 数据提供程序包括一个 OleDbDataAdapter 对象,SQL Server .NET Framework 数据提供程序包括一个 SqlDataAdapter 对象,ODBC .NET Framework 数据提供程序包括一个 OdbcDataAdapter 对象,Oracle .NET Framework 数据提供程序包括一个 OracleDataAdapter 对象。

**2. DataAdapter 对象的常用属性**

DataAdapter 对象的工作一般有两种,一种是通过 Command 对象执行 SQL 语句,将获得的结果集填充到 DataSet 对象中;另一种是将 DataSet 里更新数据的结果返回到数据库中。

DataAdapter 对象的常用属性形式为 XXXCommand,用于描述和设置操作数据库。使用 DataAdapter 对象,可以读取、添加、更新和删除数据源中的记录。对于每种操作的执行方式,适配器支持以下 4 个属性,类型都是 Command,分别用来管理数据查询、添加、修改和

删除操作。

(1) SelectCommand 属性：该属性用来从数据库中检索数据。

(2) InsertCommand 属性：该属性用来向数据库中插入数据。

(3) DeleteCommand 属性：该属性用来删除数据库中的数据。

(4) UpdateCommand 属性：该属性用来更新数据库中的数据。

例如，下列代码可以给 DataAdapter 对象的 selectCommand 属性赋值。

```
SqlConnection conn = new SqlConnection(strCon);       //创建数据库连接对象
SqlDataAdapter da  =  new SqlDataAdapter();           //创建 DataAdapter 对象
//给 DataAdapter 对象的 SelectCommand 属性赋值
Da.SelectCommand  =  new SqlCommand("select * from user", conn);
//后继代码省略
```

同样，可以使用上述方式给其他的 InsertCommand、DeleteCommand 和 UpdateCommand 属性赋值，从而实现数据的添加、删除和修改操作。

**【说明】** 当在代码里使用 DataAdapter 对象的 SelectCommand 属性获得数据表的连接数据时，如果表中数据有主键，就可以使用 CommandBuilder 对象来自动为这个 DataAdapter 对象隐形地生成其他 3 个 InsertCommand、DeleteCommand 和 UpdateCommand 属性。这样，在修改数据后，就可以直接调用 Update 方法将修改后的数据更新到数据库中，而不必再使用 InsertCommand、DeleteCommand 和 UpdateCommand 这 3 个属性来执行更新操作。相关代码如下：

```
SqlCommandBuilder builder  =  new SqlCommandBuilder(已创建的 DataAdapter 对象);
```

**3. DataAdapter 对象的常用方法**

DataAdapter 对象主要用来把数据源的数据填充到 DataSet 中，以及把 DataSet 中的数据更新到数据库，同样有 SqlDataAdapter 和 OleDbAdapter 两种对象。它的常用方法有构造函数、Fill()方法(填充或刷新 DataSet)、Update()方法(将 DataSet 中的数据更新到数据库中)等。

1) 构造函数

不同类型的数据提供者使用不同的构造函数来完成 DataAdapter 对象的构造。对于 SqlDataAdapter 类，其构造函数说明如表 7-10 所示。

表 7-10  SqlDataAdapter 类构造函数说明

| 方 法 定 义 | 参 数 说 明 | 方 法 说 明 |
|---|---|---|
| SqlDataAdapter() | 不带参数 | 创建 SqlDataAdapter 对象 |
| SqlDataAdapter(<br>SqlCommand selectCommand) | selectCommand：指定新创建对象的 SelectCommand 属性 | 创建 SqlDataAdapter 对象。用参数 selectCommand 设置其 Select Command 属性 |
| SqlDataAdapter(<br>string selectCommandText,<br>SqlConnection selectConnection) | selectCommandText：指定新创建对象的 SelectCommand 属性值 selectConnection：指定连接对象 | 创建 SqlDataAdapter 对象。用参数 selectCommandText 设置其 Select Command 属性值，并设置其连接对象为 selectConnection |

续表

| 方法定义 | 参数说明 | 方法说明 |
|---|---|---|
| SqlDataAdapter(<br>string selectCommandText,<br>String selectConnectionString) | selectCommandText：指定新创建对象的 SelectCommand 属性值 selectConnectionString：指定新创建对象的连接字符串 | 创建 SqlDataAdapter 对象。将参数 selectCommandText 设置为 Select Command 属性值，其连接字符串为 selectConnectionString |

2）Fill()方法

当调用 Fill()方法时，它将向数据存储区传输一条 SQL SELECT 语句。该方法主要用来填充或刷新 DataSet，返回值是影响 DataSet 的行数。该方法的常用定义如表 7-11 所示。

**表 7-11　DataAdapter 类的 Fill()方法的常用定义**

| 方法定义 | 参数说明 | 方法说明 |
|---|---|---|
| int Fill(DataSet dataset) | 参数 dataset 是需要填充的数据集名 | 添加或更新参数所指定的 DataSet 数据集，返回值是影响的行数 |
| int Fill(DataSet dataset, string srcTable) | 参数 dataset 是需要填充的数据集名，参数 srcTable 指定需要填充的数据集的 dataTable 数据表的名称 | 填充指定的 DataSet 数据集中指定表 |

3）Update()方法

使用 DataAdapter 对象更新数据库中的数据时，需要用到 Update()方法。Update()方法通过为 DataSet 中的每个已插入、已更新或已删除的行执行相应的 INSERT、UPDATE 或 DELETE 语句来更新数据库中的值。

Update()方法最常用的重载形式如下：

(1) Update(DataRow[])：通过为 DataSet 中的指定数组中的每个已插入、已更新或已删除的行执行相应的 INSERT、UPDATE 或 DELETE 语句来更新数据库中的值。

(2) Update(DataSet)：通过为指定的 DataSet 中的每个已插入、已更新或已删除的行执行相应的 INSERT、UPDATE 或 DELETE 语句来更新数据库中的值。

(3) Update(DataTable)：通过为指定的 DataTable 中的每个已插入、已更新或已删除的行执行相应的 INSERT、UPDATE 或 DELETE 语句来更新数据库中的值。

下列代码演示如何通过显式设置 DataAdapter 的 UpdateCommand 并调用其 Update()方法对已修改行执行更新。

```
private static void AdapterUpdate(string connectionString)
{
  using (SqlConnection connection = new SqlConnection(connectionString))
  {
    SqlDataAdapter dataAdpater = new SqlDataAdapter( "SELECT CategoryID, CategoryName FROM
Categories",connection);
    //设置 DataAdapter 对象的属性
    dataAdpater.UpdateCommand = new SqlCommand(
    "UPDATE Categories SET CategoryName = @CategoryName WHERE CategoryID = @CategoryID",
connection);
```

```
            dataAdpater.UpdateCommand.Parameters.Add(
            "@CategoryName", SqlDbType.NVarChar, 15, "CategoryName");
            SqlParameter parameter = dataAdpater.UpdateCommand.Parameters.Add(
                "@CategoryID", SqlDbType.Int);
            parameter.SourceColumn = "CategoryID";
            parameter.SourceVersion = DataRowVersion.Original;
            DataTable categoryTable = new DataTable();
            dataAdpater.Fill(categoryTable);
            DataRow categoryRow = categoryTable.Rows[0];
            categoryRow["CategoryName"] = "New Beverages";
            dataAdpater.Update(categoryTable);

            Console.WriteLine("Rows after update.");
            foreach (DataRow row in categoryTable.Rows)
            {
                {
                  Console.WriteLine("{0}: {1}", row[0], row[1]);
                }
            }
        }
    }
```

请注意,在 UPDATE 语句的 WHERE 子句中指定的参数设置为使用 SourceColumn 的 Original 值。这一点很重要,因为 Current 值可能已被修改,可能会不匹配数据源中的值。Original 值是用于从数据源填充 DataTable 的值。

### 7.3.4 拓展与提高

(1) 借助互联网资料,总结 DataSet 与 DataReader 对象的特点,分析二者的不同之处以及各自的使用场合。

(2) 通过网络或其他资源,深入了解和掌握内存数据库 DataSet 的结构和用法,编写程序利用 DataSet 来实现数据库数据的更新和修改。

## 7.4 数据浏览器——DataGridView 控件

### 7.4.1 任务描述:学生信息查询

在学生信息管理系统中,经常需要查询学生的信息。为了直观地浏览学生信息,设计了如图 7-16 所示的学生信息浏览界面。当用户在左边树形导航栏中选择某个班级时,系统在右边以表格的形式将选定的班级的所有学生信息显示出来。如果选择的不是班级,则给出提示信息。本任务在前面的基础上完成学生信息浏览界面右边的学生信息显示界面。

### 7.4.2 任务实现

(1) 启动 Visual Studio 2013,打开学生成绩管理系统项目 GradeManagement。在 Visual Studio .NET IDE 环境的解决方案管理器中打开 QueryClass.cs 的后台代码文件,

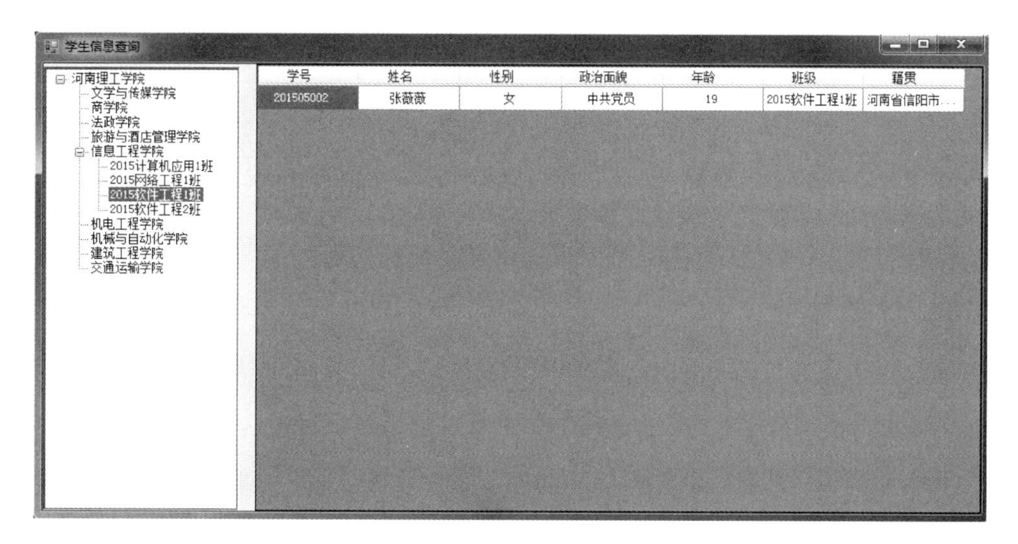


图 7-16　浏览学生信息效果图

添加如下代码：

```
private DataTable GetStudentInfomation(string classID)
{
  //构造查询语句
 string sql = string.Format("SELECT StudentID,StudentName, gender,status,age,ClassName,nation
 FROM [tb_Student] INNER JOIN [tb_Class] ON [tb_Student].classid = [tb_Class].ClassID
 WHERE [tb_Student].classid LIKE '{0}'", classID);

   using (SqlConnection sqlcon = new SqlConnection(source))
  {
      DataSet ds = new DataSet();                         //建立数据及对象
      SqlDataAdapter sdp = new SqlDataAdapter(sql, sqlcon); //建立数据适配器对象
      sdp.Fill(ds);                                       //填充数据集
       return ds.Tables[0];                               //返回表格
  }
}
```

（2）为学生信息浏览窗体中的树形控件添加节点选中事件 AfterSelect 的处理方法，并添加如下代码以绑定学生信息到数据浏览控件。

```
private void tvwCollege_AfterSelect(object sender, TreeViewEventArgs e)
  {
        if (this.tvwCollege.SelectedNode == null)
        {
         MessageBox.Show ( " 请 选 择 一 个 节 点", " 提 示 信 息", MessageBoxButtons.OK,
MessageBoxIcon.Information);
             return;
        }

        if (e.Node.Nodes.Count!= 0)                                 //如果不是班级
        {
             MessageBox.Show ( " 请 选 择 班 级!", " 信 息 提 示", MessageBoxButtons.OK,
MessageBoxIcon.Information);
```

```
                return;
            }
            else
            {
                string id = (string)(this.tvwCollege.SelectedNode.Tag); //获取选择节点的 Tag
                this.dgvStudent.DataSource = GetStudentInfomation(id);  //数据绑定
            }
        }
```

## 7.4.3 知识链接

### 7.4.3.1 认识 DataGridView 控件

用户界面(User Interface,UI)设计人员经常会发现需要向用户显示表格数据。.NET Framework 提供了多种以表或网格形式显示数据的方式。DataGridView 控件代表着此技术在 Windows 窗体应用程序中的最新进展。

DataGridView 控件提供一种强大而灵活的以表格形式显示数据的方式(如图 7-17 所示),可以使用该控件显示小型到大型数据集的只读或可编辑视图。使用 DataGridView 控件,可以显示和编辑来自多种不同类型的数据源的表格数据。DataGridView 控件支持标准 Windows 窗体数据绑定模型。所谓数据绑定,就是通过某种设置使得某些数据能够自动地显示到指定控件的一种技术。

| | 员工工号 | 员工姓名 | 隶属部门 | 职位 | 性别 | 民族 | 邮箱 |
|---|---|---|---|---|---|---|---|
| ▶ 1 | 12090261 | | 品质部 | 品质经理 | 男 | 汉族 | |
| 2 | 12080260 | | 采购开发 | 采购开发员 | 女 | 汉族 | meijua |
| 3 | 12080259 | | 品质部 | 供应商品质工... | 男 | 汉族 | weilun |
| 4 | 12080258 | | 总经办 | 总经理秘书 | 女 | 汉族 | ling.x |
| 5 | 12070257 | | 工厂 | 厂长 | 男 | 汉族 | hanxin |

图 7-17 DataGridView 控件

将数据绑定到 DataGridView 非常简单、直观,很多情况下,只需要设置它的 DataSource 属性。如果使用的数据源包含多个列表(list)或数据表(table),还需要设置控件的 DataMember 属性,该属性为字符串类型,用于指定要绑定的列表或数据表。

DataGridView 控件支持标准的 WinForm 数据绑定模型,因此它可以绑定到下面列表中的类的实例:

- 任何实现 IList 接口的类,包括一维数组。
- 任何实现 IListSource 接口的类,例如 DataTable 和 DataSet 类。
- 任何实现 IBindingList 接口的类,例如 BindingList 类。
- 任何实现 IBindingListView 接口的类,例如 BindingSource 类。

DataGridView 由两种基本的对象组成:单元格(cell)和组(band)。所有的单元格都继承自 DataGridViewCell 基类。两种类型的组(或称集合)DataGridViewColumn 和 DataGridViewRow 都继承自 DataGridViewBand 基类,表示一组结合在一起的单元格。

单元格(cell)是操作 DataGridView 的基本单位。可以通过 DataGridViewRow 类的 Cells 集合属性访问一行包含的单元格,通过 DataGridView 的 SelectedCells 集合属性访问当前选中的单元格，通过 DataGridView 的 CurrentCell 属性访问当前的单元格。当前单元格指的是 DataGridView 焦点所在的单元格。如果当前单元格不存在，返回 Nothing(C#是 null)。下列代码演示了单元格的用法：

```
//取得当前单元格内容
Console.WriteLine(DataGridView1.CurrentCell.Value);
//取得当前单元格的列 Index
Console.WriteLine(DataGridView1.CurrentCell.ColumnIndex);
//取得当前单元格的行 Index
Console.WriteLine(DataGridView1.CurrentCell.RowIndex);
```

DataGridView 所附带的数据(这些数据可以通过绑定或非绑定方式附加到控件)的结构表现为 DataGridView 的列。可以使用 DataGridView 的 Columns 集合属性访问 DataGridView 所包含的列，使用 SelectedColumns 集合属性访问当前选中的列。

DataGridViewRow 类用于显示数据源的一行数据。可以通过 DataGridView 控件的 Rows 集合属性来访问其包含的行，通过 SelectedRows 集合属性访问当前选中的行。如果将 DataGridView 的 AllowUserToAddRows 属性设为 true，一个专用于添加新行的特殊行会出现在最后一行的位置上，这一行也属于 Rows 集合。

#### 7.4.3.2 应用 DataGridView 控件

DataGridView 控件具有极高的可配置性和可扩展性，它提供有大量的属性、方法和事件，可以用来对该控件的外观和行为进行自定义。下面列举 DataGridView 控件的一些常用属性。

- AllowUserToAddRows：获取或设置一个值，该值指示是否向用户显示添加行的选项。
- AllowUserToDeleteRows：获取或设置一个值，该值指示是否允许用户从 DataGridView 中删除行。
- AllowUserToOrderColumns：获取或设置一个值，该值指示是否允许通过手动对列重新定位。
- AllowUserToResizeColumns：获取或设置一个值，该值指示用户是否可以调整列的大小。
- AllowUserToResizeRows：获取或设置一个值，该值指示用户是否可以调整行的大小。
- AlternatingRowsDefaultCellStyle：获取或设置应用于 DataGridView 的奇数行的默认单元格样式。
- AutoGenerateColumns：获取或设置一个值，该值指示在设置 DataSource 或 DataMember 属性时是否自动创建列。
- AutoSizeColumnsMode：获取或设置一个值，该值指示如何确定列宽。
- AutoSizeRowsMode：获取或设置一个值，该值指示如何确定行高。
- BackgroundColor：获取或设置 DataGridView 的背景色。
- BorderStyle：获取或设置 DataGridView 的边框样式。

- CellBorderStyle：获取 DataGridView 的单元格边框样式。
- ColumnCount：获取或设置 DataGridView 中显示的列数。
- ColumnHeadersBorderStyle：获取应用于列标题的边框样式。
- ColumnHeadersDefaultCellStyle：获取或设置默认列标题样式。
- ColumnHeadersHeight：获取或设置列标题行的高度(以像素为单位)
- ColumnHeadersHeightSizeMode：获取或设置一个值，该值指示是否可以调整列标题的高度，以及它是由用户调整还是根据标题的内容自动调整。
- ColumnHeadersVisible：获取或设置一个值，该值指示是否显示列标题行。
- Columns：获取一个包含控件中所有列的集合。
- CurrentCell：获取或设置当前处于活动状态的单元格。
- CurrentRow：获取包含当前单元格的行。
- DataMember：获取或设置数据源中 DataGridView 显示其数据的列表或表的名称。
- DataSource：获取或设置 DataGridView 所显示数据的数据源。
- EditMode：获取或设置一个值，该值指示如何开始编辑单元格。
- ReadOnly：获取或设置一个值，该值指示用户是否可以编辑 DataGridView 控件的单元格。
- RowCount：获取或设置 DataGridView 中显示的行数。
- RowHeadersBorderStyle：获取或设置行标题单元格的边框样式。
- RowHeadersDefaultCellStyle：获取或设置应用于行标题单元格的默认样式。
- RowHeadersVisible：获取或设置一个值，该值指示是否显示包含行标题的列。
- RowHeadersWidth：获取或设置包含行标题的列的宽度(以像素为单位)。
- RowHeadersWidthSizeMode：获取或设置一个值，该值指示是否可以调整行标题的宽度，以及它是由用户调整还是根据标题的内容自动调整。

DataGridView 控件常用的事件主要有 CellClick、CellDoubleClick。在控件单元格的任何部分单击时，就会执行 CellClick 事件，在用户双击单元格任何位置时会引发 CellDoubleClick 事件，只有在用户双击单元格内容时才会引发 CellContentClick 事件。

#### 7.4.3.3 综合实例——添加学生成绩

为了更好地理解和使用 DataGridView 控件，下面利用 DataGridView 控件来完成学生成绩系统中的“添加学生成绩”模块。该模块要求用户在窗体的文本框中输入学期，选择课程和班级后，单击“查询”按钮，应用程序在下方的表格中显示该班所有学生的学号和姓名，单击表格中的成绩栏，依次输入每个学生的成绩。成绩输入完成后，单击“添加”按钮将学生成绩信息添加到数据库。程序的运行结果如图 7-18 所示。具体步骤如下：

(1) 启动 Visual Studio 2013，打开学生成绩管理系统项目，在该项目中添加一个 Windows 窗体，将该窗体的标题设置为“添加学生成绩”，并向该窗体中添加 2 个 GroupBox 控件、1 个 Panel 控件、3 个 Label 控件、1 个 TextBox 控件、2 个 ComboBox 控件和 3 个 Button 控件。窗体中各个控件的属性设置如表 7-12 所示。为了以表格形式显示和添加学生成绩，在窗体上使用了 DataGridView 控件，该控件的 Name 属性设置为 gdvGrade，并添加 3 列，各列类型均为 DataGridViewTextBoxColumn。

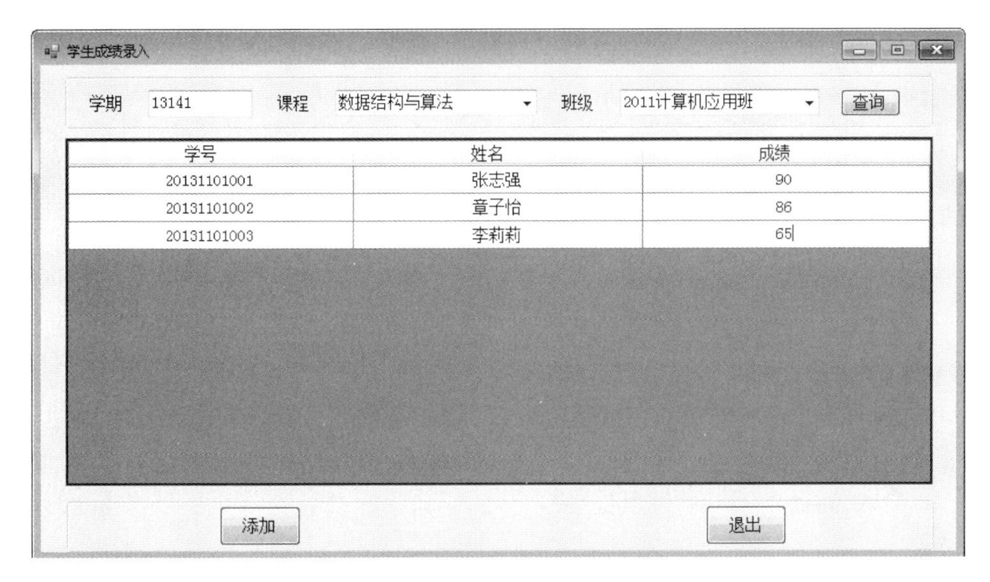


图 7-18 添加学生成绩

**表 7-12 添加学生窗体控件属性设置**

| 控件类型 | 控件名称 | 属性 | 属性值 |
|---|---|---|---|
| label | label1 | Text | 学期 |
| | label2 | Text | 课程 |
| | label3 | Text | 班级 |
| TextBox | txtTerm | | |
| ComboBox | cboCourse | DropDownStyle | DropDownList |
| | cboClass | DropDownStyle | |
| Button | btnSearch | Text | 查询 |
| | btnAddStudent | Text | 添加 |
| | btnExit | Text | 退出 |

(2) 为"添加学生成绩"窗体添加的 Load 事件,用于初始化课程和班级信息。主要代码如下:

```
private void GetCourse()                          //绑定课程下拉框
{
  using (SqlConnection conn = new SqlConnection(source))
   {
     SqlDataAdapter da = new SqlDataAdapter("select cid,cname from [tb_Course]", conn);
     DataSet ds = new DataSet();
     da.Fill(ds);
     this.cboCourse.DataSource = ds.Tables[0];
     this.cboCourse.DisplayMember = "cname";
     this.cboCourse.ValueMember = "cid";
   }
}
    //绑定班级下拉框
    private void GetClass()
```

```
        {
            using (SqlConnection conn = new SqlConnection(source))
            {
                SqlDataAdapter da = new SqlDataAdapter("select ClassID, ClassName from [tb_Class]", conn);
                DataSet ds = new DataSet();
                da.Fill(ds);
                this.cboClass.DataSource = ds.Tables[0];
                this.cboClass.DisplayMember = "ClassName";
                this.cboClass.ValueMember = "ClassID";
            }
    }
    //窗体装入事件
    private void AddGradeForm_Load(object sender, EventArgs e)
    {
        GetCourse();
        GetClass();
    }
```

(3) 增加"查询"按钮单击事件的处理方法。主要代码如下：

```
    private void btnSearch_Click(object sender, EventArgs e)
    {
      string id = this.cboClass.SelectedValue.ToString ();

      string strSQL = string.Format (" SELECT StudentID, StudentName FROM [tb_Student] WHERE
classid = '{0}'", id);

            using (SqlConnection sqlcon = new SqlConnection(source))
            {
                DataSet ds = new DataSet();
                SqlDataAdapter sdp = new SqlDataAdapter(strSQL, sqlcon);
                sdp.Fill(ds);

                this.dgvGrade.DataSource = ds.Tables[0];
            }
        }
```

(4) 增加"添加"按钮单击事件的代码以向数据库中添加数据。主要代码如下：

```
private void btnAddStudent_Click(object sender, EventArgs e)
    {
        string term = this.txtTerm.Text.Trim();                          //获取学期
        string cid = this.cboCourse.SelectedValue.ToString() ;           //获取课程编号
        List<string> list = new List<string>();                          //SQL 语句列表
        //遍历表格
        foreach (DataGridViewRow dgvRow in dgvGrade.Rows)
        {
            string sid = (string)dgvGrade.Rows[dgvRow.Index].Cells[1].Value;     //课程编码
            string grade = (string)dgvGrade.Rows[dgvRow.Index].Cells[0].Value;   //成绩
          //构造 SQL 语句
          string sql = string.Format("INSERT INTO [tb_Grade](sid,cid,grade,term) VALUES
('{0}','{1}','{2}','{3}')", sid, cid, grade, term);
```

```
            list.Add(sql);                              //添加 SQL 命令到列表
        }

        using (SqlConnection conn = new SqlConnection(source))
        {
            //打开连接对象
            conn.Open();
            //开始本地事务
            SqlTransaction sqlTran = conn.BeginTransaction();
            //建立命令对象
            SqlCommand command = conn.CreateCommand();
            command.Transaction = sqlTran;

            try
            {
                //执行命令
                foreach(string sql in list)
                {
                    command.CommandText = sql.ToString();
                    command.ExecuteNonQuery();
                }
                //提交事务
                sqlTran.Commit();
                Console.WriteLine("Both records were written to database.");
            }
            catch (Exception ex)
            {
                Console.WriteLine(ex.Message);
                try
                {
                    sqlTran.Rollback();                 //事务回滚
                }
                catch (Exception exRollback)
                {
                    Console.WriteLine(exRollback.Message);
                }
            }
        }
        MessageBox.Show("学生成绩添加成功!", "添加学生成绩");
        this.dgvGrade.ReadOnly = true;
    }
```

在上面的示例中，使用了 ADO.NET 的事务功能。在.NET 应用程序中，如果要将多项任务绑定在一起，使其作为单个工作单元来执行，可以使用 ADO.NET 中的事务。例如，假设应用程序执行两项任务。首先使用订单信息更新表。然后更新包含库存信息的表，将已订购的商品记入借方。如果任何一项任务失败，两个更新均将回滚。

在 ADO.NET 中，使用 Connection 对象控制事务。可以使用 BeginTransaction 方法启动本地事务。开始事务后，可以使用 Command 对象的 Transaction 属性在该事务中登记一个命令。然后，可以根据事务组件的成功或失败，提交或回滚在数据源上进行的修改。

在 ADO.NET 执行事务的步骤如下：

(1) 调用 SqlConnection 对象的 BeginTransaction() 方法，以标记事务的开始。BeginTransaction()方法返回对事务的引用。此引用分配给在事务中登记的 SqlCommand 对象。

(2) 将 Transaction 对象分配给要执行的 SqlCommand 的 Transaction 属性。如果在具有活动事务的连接上执行命令，并且尚未将 Transaction 对象配给 Command 对象的 Transaction 属性，则会引发异常。

(3) 执行所需的命令。

(4) 调用 SqlTransaction 对象的 Commit()方法完成事务，或调用 Rollback()方法结束事务。如果在 Commit 或 Rollback()方法执行之前连接关闭或断开，事务将回滚。

### 7.4.4 拓展与提高

(1) 借助网络，整理和总结 DataGridView 控件的使用技巧，探索如何将 DataGridView 控件的信息导出为 Excel 表格格式。

(2) 完成学生成绩管理系统的成绩管理模块的其他功能，即在 DataGridView 控件显示学生成绩列表，并且可以实现成绩的修改。

(3) 在开发数据库应用程序中，为了简化数据库的操作，通常将数据库的操作封装成一个类。目前，微软公司提供了一个开源版本的数据库操作类 SQLHelper，有兴趣的同学可以自行搜索学习，并掌握其用法。

## 7.5 知识点提炼

(1) ADO.NET 数据库访问技术是微软公司新一代.NET 数据库访问架构，它是数据库应用程序和数据源之间沟通的桥梁，主要提供一个面向对象的数据访问架构，用来开发数据库应用程序。

(2) 所有对数据库的访问操作都是从建立数据库连接开始的。在打开数据库之前，必须先设置好连接字符串，然后再调用 Open()方法打开连接，此时便可以对数据库进行访问，最后调用 Close()方法关闭连接。

(3) Command 对象可以执行 SQL 语句或存储过程，从而实现应用程序与数据库的交互。

(4) DataReader 对象以一种只读的、向前的快速方式访问数据库。DataAdapter 使用 Command 命令从数据源加载数据到数据集 DataSet 中，以实现断开连接模式下的数据访问，并确保数据集数据的更新与数据源相一致。

(5) DataSet 对象是 ADO.NET 的核心概念，它是一个数据库容器，可以看作内存中的一个小型关系数据库。

(6) DataGridView 控件提供了一种强大而灵活的以表格的形式显示数据的方式。在大多数情况下，只需要设置 DataSource 属性即可。

# 第 8 章 Windows 应用程序打包部署

Windows 应用程序的开发是程序设计的重要组成部分,但在开发完成之后,就必然会面临系统的打包和部署问题。如何将应用程序打包并制作成安装程序在客户机上部署,成为每个 Windows 应用程序开发完成后必须要解决的问题。本章主要介绍如何使用 Visual Studio 2013 集成开发环境中的打包工具对应用程序进行打包部署。通过阅读本章内容,读者可以:

- 了解三层架构的基本概念。
- 掌握如何搭建三层架构应用系统。
- 了解应用程序打包和部署的概念。
- 掌握如何制作 Windows 安装程序。

## 8.1 三层架构应用程序的开发

### 8.1.1 任务描述:三层架构的用户登录模块

在前面的学生成绩管理系统中,数据库操作的代码和界面的代码混在一起,当数据库或者用户界面发生改变时需要重新开发整个系统,而且不利于团队开发。为了解决两层架构应用程序存在的问题,可采用三层架构将用户界面代码和功能性代码分离。本任务将开发基于三层架构的学生成绩管理系统的用户登录模块,如图 8-1 所示。

图 8-1 用户登录模块

### 8.1.2 任务实现

(1) 启动 Visual Studio 2013,建立一个空白解决方案,并命名为 ResultManagement,如图 8-2 所示。

(2) 在解决方案中,添加类库项目(见图 8-3)和表示层项目。整个解决方案需要添加的项目及其说明如表 8-1 所示,完成操作后,整个解决方案包括 4 个项目。

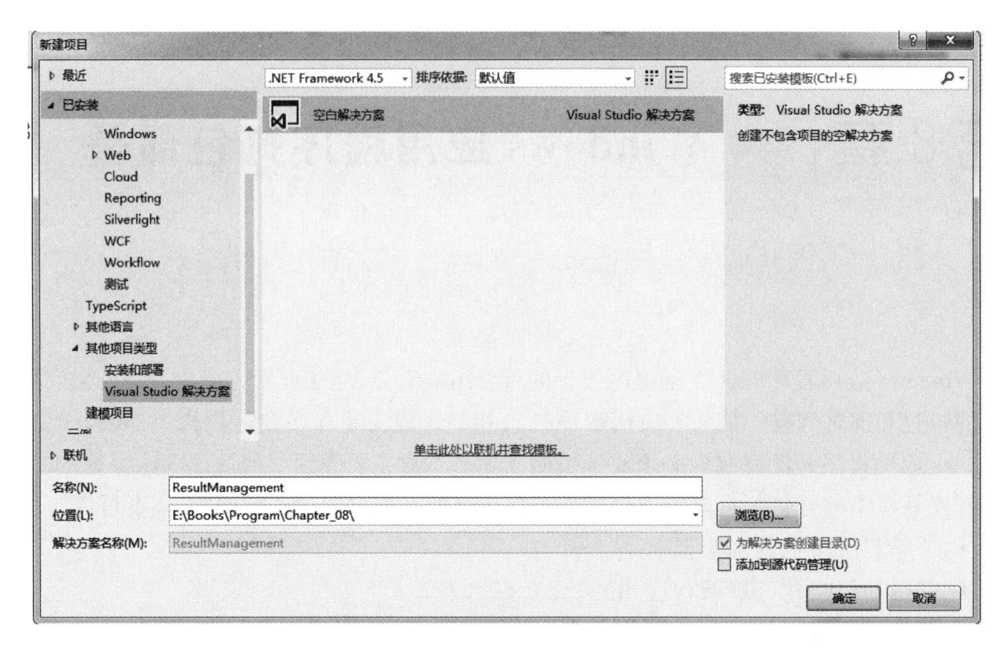


图 8-2　新建空白解决方案

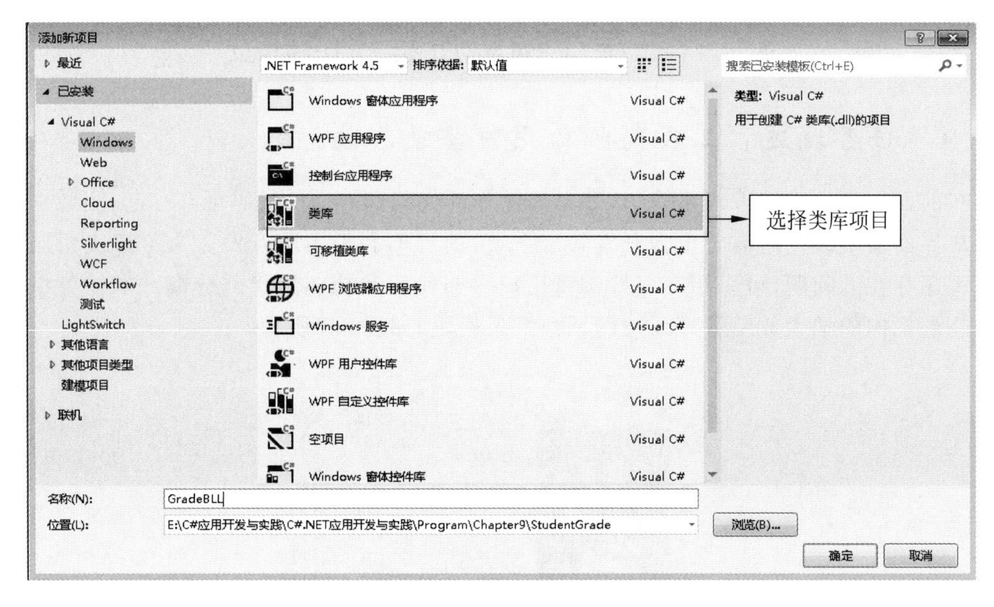


图 8-3　添加类库项目

**表 8-1　解决方案中需要添加的项目及其说明**

| 项 目 名 称 | 项 目 类 型 | 说　　明 |
|---|---|---|
| GradeDAL | 类库 | 数据访问层,用于对数据库进行操作 |
| GradeBLL | 类库 | 业务逻辑层 |
| Model | 类库 | 业务实体层 |
| GradeManagement | Windows 窗体应用程序 | 表示层,提供应用程序交互界面 |

(3) 添加项目之间的依赖关系。

经过上述步骤，基于三层架构的学生成绩管理系统项目的基本框架已经搭建成功，但每层还是各自独立，需要添加各层之间的依赖关系。

① 由于 Model 用户在各层之间传递数据，所以需要添加表示层 Windows 应用程序对 Model 的引用，如图 8-4 所示。同时，由于表示层依赖于业务逻辑层，所以要添加表示层项目对业务逻辑层类库项目的引用。

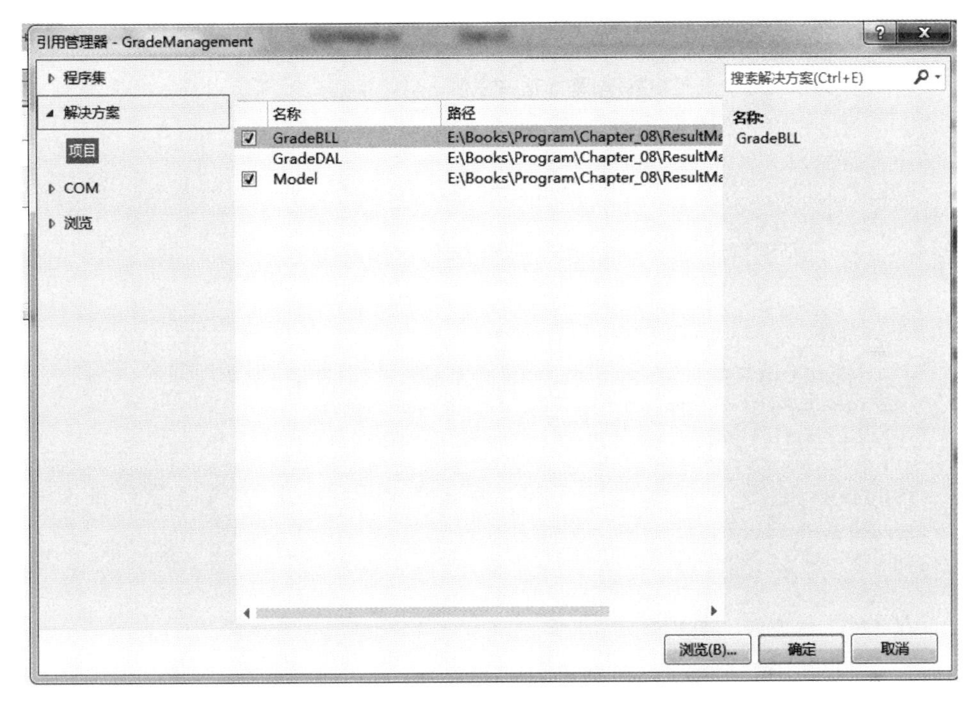


图 8-4　添加项目的引用

② 添加业务逻辑层 GradeBLL 类库项目对 Model 层和数据库访问层 GradeDAL 的引用。

③ 添加数据库访问层 GradeDAL 类库项目对 Model 层的引用。

(4) 编写数据访层 SQLDAL 类库代码。

① 在数据访问层 SQLDAL 类库项目中添加数据库访问类 SqlHelper。数据库访问类将利用 ADO.NET 访问数据库的操作封装成一个组件，可以减少代码冗余，实现代码重用。该类的主要代码如下：

```
//数据可访问类
public class SqlHelper
{
    //从配置文件中读取连接字符串
    private static string connString = System.Configuration.ConfigurationManager.
ConnectionStrings["edu.xcu.GradeManagement"].ConnectionString.ToString();

///<summary>
///执行一个查询,并返回查询结果
```

```
        ///</summary>
        public static DataTable ExecuteDataTable(string commandText, CommandType commandType,
SqlParameter[] parameters)
        {
            using (SqlConnection connection = new SqlConnection(connString))
            {
                using (SqlCommand command = new SqlCommand(commandText, connection))
                {
                //设置 command 的 CommandType 为指定的 CommandType
                command.CommandType = commandType;
                //如果同时传入了参数,则添加这些参数
                if (parameters != null)
                {
                    foreach (SqlParameter parameter in parameters)
                    {
                        command.Parameters.Add(parameter);
                    }
                }
              DataSet ds = new DataSet();
              //通过包含查询 SQL 的 SqlCommand 实例来实例化 SqlDataAdapter
              SqlDataAdapter adapter = new SqlDataAdapter(command);
              adapter.Fill(ds);                    //填充 DataTable
            }
        }
        return ds.Tables[0];
      }
    ///<summary>
      ///执行一个查询,并返回查询结果
      ///</summary>
    public static DataTable ExecuteDataTable(string commandText)
    {
        return ExecuteDataTable(commandText, CommandType.Text, null);
    }
///<summary>
///执行一个查询,并返回查询结果
///</summary>
public static DataTable ExecuteDataTable(string commandText, CommandType commandType)
{
    return ExecuteDataTable(commandText, commandType, null);
}

///<summary>
//将 CommandText 发送到 Connection 并生成一个 SqlDataReader
///</summary>
public static SqlDataReader ExecuteReader(string commandText, CommandType commandType,
SqlParameter[] parameters)
{
    SqlConnection connection = new SqlConnection(connString);
    SqlCommand command = new SqlCommand(commandText, connection);
    command.CommandType = commandType;
    //如果同时传入了参数,则添加这些参数
```

```
if (parameters != null)
{
    foreach (SqlParameter parameter in parameters)
    {
        command.Parameters.Add(parameter);
    }
}
connection.Open();
//CommandBehavior.CloseConnection 参数指示关闭 Reader 对象时关闭与其关联的 Connection 对象
    return command.ExecuteReader(CommandBehavior.CloseConnection);
}
///<summary>
///将 CommandText 发送到 Connection 并生成一个 SqlDataReader
///</summary>
public static SqlDataReader ExecuteReader(string commandText)
{
    return ExecuteReader(commandText, CommandType.Text, null);
}
///<summary>
///将 CommandText 发送到 Connection 并生成一个 SqlDataReader
///</summary>
public static SqlDataReader ExecuteReader(string commandText, CommandType commandType)
{
    return ExecuteReader(commandText, commandType, null);
}
///<summary>
///从数据库中检索单个值(例如一个聚合值)
///</summary>
public static Object ExecuteScalar(string commandText, CommandType commandType,
SqlParameter[] parameters)
{
    object result = null;
    using (SqlConnection connection = new SqlConnection(connString))
    {
     using (SqlCommand command = new SqlCommand(commandText, connection))
     {
//设置 command 的 CommandType 为指定的 CommandType
command.CommandType = commandType;
//如果同时传入了参数,则添加这些参数
if (parameters != null)
{
    foreach (SqlParameter parameter in parameters)
    {
        command.Parameters.Add(parameter);
    }
}
    connection.Open();                //打开数据库连接
     result = command.ExecuteScalar();
}
}
     return result;                   //返回查询结果的第一行第一列,忽略其他行和列
```

```
    }
///< summary>
///从数据库中检索单个值(例如一个聚合值)
///</summary>
public static Object ExecuteScalar(string commandText)
{
    return ExecuteScalar(commandText, CommandType.Text, null);
}
///< summary>
///从数据库中检索单个值(例如一个聚合值)
///</summary>
public static Object ExecuteScalar(string commandText, CommandType commandType)
{
     return ExecuteScalar(commandText, commandType, null);
}
///< summary>
///对数据库执行增删改操作
///</summary>
public static int ExecuteNonQuery(string commandText, CommandType commandType, SqlParameter[]
parameters)
{
          int count = 0;
         using (SqlConnection connection = new SqlConnection(connString))
          {
            using (SqlCommand command = new SqlCommand(commandText, connection))
               {
           //设置 command 的 CommandType 为指定的 CommandType
                 command.CommandType = commandType;
                //如果同时传入了参数,则添加这些参数
                if (parameters != null)
                 {
                    foreach (SqlParameter parameter in parameters)
                     {
                        command.Parameters.Add(parameter);
                     }
                }
                 connection.Open();       //打开数据库连接
                  count = command.ExecuteNonQuery();
              }
          }
          return count;                    //返回执行增删改操作之后,数据库中受影响的行数
    }
  ///< summary>
  ///对数据库执行增删改操作
  ///</summary>
   public static int ExecuteNonQuery(string commandText)
   {
     return ExecuteNonQuery(commandText, CommandType.Text, null);
   }
    ///< summary>
    ///对数据库执行增删改操作
```

```
    ///</summary>
    public static int ExecuteNonQuery(string commandText, CommandType commandType)
    {
        return ExecuteNonQuery(commandText, commandType, null);
    }
}
```

② 在数据访问层 SQLDAL 类库项目中添加用户类 User，用于对用户进行相应操作。该类的主要代码如下：

```
public class User
 {
    public bool IsUser(Model.User user)
    {
       bool isUser = false;
      //构造 SQL 命令
    string strSQL = string.Format("select [UserName] from [tb_Users] where UserID = @id and
UserPassword = @pass");
    //建立参数数组
     SqlParameter[] parameters = new SqlParameter[2]{ new SqlParameter("@id",SqlDbType.
Char,5), new SqlParameter("@pass", SqlDbType.NVarChar,10)};
     parameters[0].Value = user.ID;
     parameters[1].Value = user.Pass;
    //执行 SQL 命令,返回用户表
    DataTable dt = SQLHelper.ExecuteDataTable (strSQL, CommandType.Text, parameters);
    //如果有记录
     if (dt.Rows.Count > 0)
    {
     if (dt.Rows[0]["UserName"] != null && dt.Rows[0]["UserName"].ToString() != "")
      {
           user.Name = dt.Rows[0]["UserName"].ToString();
           isUser = true;
       }
    }
      return isUser;
  }
}
```

(5) 编写业务逻辑层 GradeBLL 类库代码。在业务逻辑层 GradeBLL 类库项目中添加用户类文件 User.cs，关键代码如下：

```
public class User
{
    public bool IsUser(Model.User user)
    {
        GradeDAL.User userList = new GradeDAL.User();      //新建用户对象
        return userList.IsUser(user);
    }
}
```

(6) 编写表示层 WinForm 应用程序代码。修改登录窗体和 Program.cs 代码，完成应用程序登录验证。登录窗体 LoginForm 的“登录”按钮的单击事件代码如下：

```
private void button1_Click(object sender, EventArgs e)
  {
      string id = this.txtName.Text.Trim();
      string pass = this.txtPass.Text.Trim();
    //判断用户名或密码是否为空
     if (string.IsNullOrEmpty (id) || string.IsNullOrEmpty (pass))
     {
         MessageBox.Show("用户名或密码不能为空!", "登录提示");
          this.txtName.Focus();
      }
     else
      {
          Model.User user = new Model.User(); //新建用户对象
          //给对象赋值
          user.ID = id;
          user.Pass = pass;
          user.Name = "user";
          //建立业务逻辑层对象
          GradeBLL.User users = new GradeBLL.User();
          //判断用户信息是否正确
          if (users.IsUser (user))
          {
          //将对话框的返回值设为 OK
            this.DialogResult = DialogResult.OK;
          }
          else
          {
            MessageBox.Show("用户名或密码错误","登录提示");
            return;
           }
       }
   }
```

将 Progrm.cs 文件中的 Main()方法修改为如下代码：

```
static void Main()
{
    Application.EnableVisualStyles();
    Application.SetCompatibleTextRenderingDefault(false);
    LoginForm loginForm = new LoginForm();          //创建登录窗体
    loginForm.ShowDialog();                         //显示登录窗体
    if (loginForm.DialogResult == DialogResult.OK)
    {
        loginForm.Close();                          //关闭登录窗体
        Application.Run(new MainForm());            //显示主窗体
    }
    else
    {
```

```
            Application.Exit();                          //退出应用程序
        }
    }
```

## 8.1.3 知识链接

### 8.1.3.1 什么是三层架构

在软件体系架构设计中，分层式结构是最常见，也是最重要的一种结构。目前比较流行的软件分层结构为三层架构(3-tier Architecture)。所谓三层体系结构，是在客户端与数据库之间加入了一个中间层，也称组件层，整个业务逻辑从下至上分为数据访问层(Data Access Layer，DAL)、业务逻辑层(Bussiness Logic Layer，BLL)和表示层(User Interface Layer，UIL)。三层架构中各层之间的结构关系如图 8-5 所示。

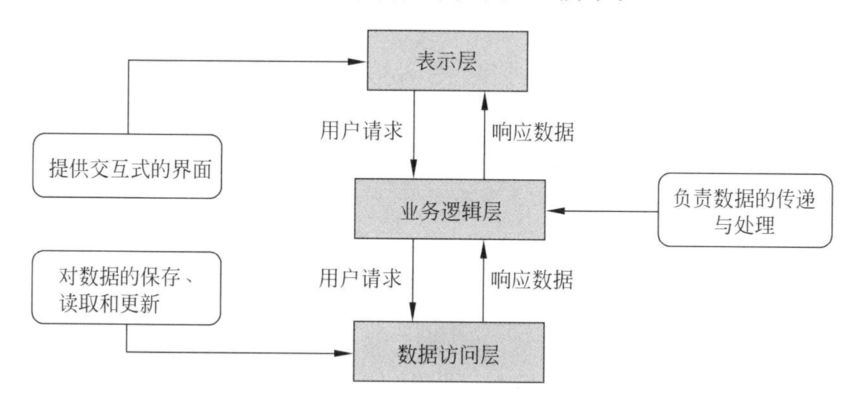


图 8-5　三层之间的结构关系

- 数据访问层：有时候也称持久层，主要功能是对原始数据(数据库或者文本文件等存放数据的形式)的操作，为业务逻辑层或表示层提供数据服务。简单地说就是实现对数据表的 Select，Insert，Update，Delete 等操作。
- 业务逻辑层：位于表示层和数据访问层之间，专门负责处理用户输入的信息，或者是将这些信息发送给数据访问层进行保存，或者是通过数据访问层从数据库读出这些数据。该层可以包括一些对"商业逻辑"描述的代码在里面。业务逻辑层是表示层和数据访问层之间的桥梁，负责数据处理和传递。
- 表示层：位于系统的最外层(最上层)，离用户最近，用于显示数据和接收用户输入的数据，只提供软件系统与用户交互的界面。

三层架构是将应用程序的业务规则、数据有效性校验等工作放到了中间的业务逻辑层进行处理。通常情况下，客户端不直接与数据库进行交互，而是通过业务逻辑层与数据库访问层进行交互。开发人员可以将商业的业务逻辑放在中间层应用服务器上，把应用的业务逻辑与用户界面分开。在保证客户端功能的前提下，为用户提供一个简洁的界面。这样一来如果需要修改应用程序代码，只需要对中间层应用服务器进行修改，而不用修改成千上万的客户端应用程序，从而使开发人员可以专注于应用系统核心业务逻辑的分析、设计和开发，简化了应用系统的开发、更新和升级工作。

要理解三层架构的含义，我们可以先看一个日常生活中饭店的工作模式。饭店将整个业务分解为 3 部分来完成,每一部分各司其职,服务员只负责接待顾客,向厨师传递顾客的需求;厨师只负责烹饪不同口味、不同特色的美食;采购人员只负责提供美食原料。他们三人分工合作,共同为顾客提供满意的服务,如图 8-6 所示。在饭店为顾客提供服务期间,服务员、厨师和采购人员任何一者的人员发生变化时都不会影响其他两者的正常工作,只需要对变化者重新调整即可正常营业。

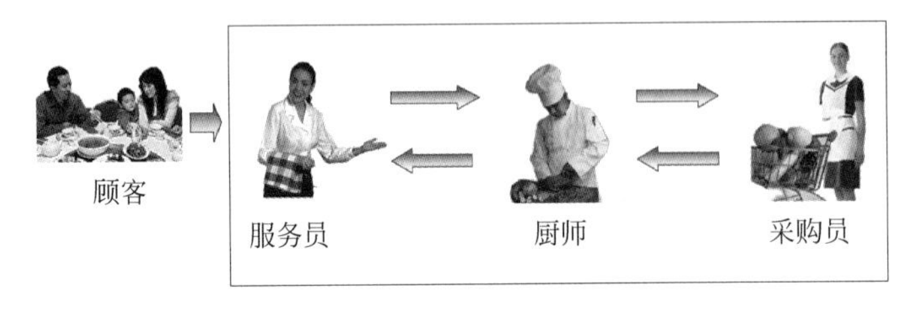


图 8-6　饭店工作模式

用三层架构开发的软件系统与此类似,表示层只提供软件系统与用户交互的接口,业务逻辑层是表示层和数据访问层之间的桥梁,负责数据处理和传递,数据访问层只负责数据的存取,如图 8-7 所示。

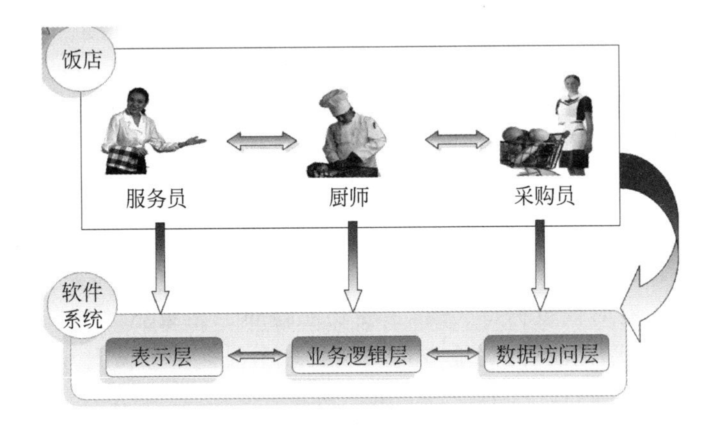


图 8-7　三层架构的软件系统与饭店工作模式的类比

采用三层架构开发软件,各层之间存在数据依赖关系。通常,表示层依赖于业务逻辑层,业务逻辑层依赖于数据访问层。三层之间的数据传递分为请求与响应两个方向。表示层接收到客户的请求,传递到业务逻辑层,业务逻辑层将请求传递到数据访问层或者直接将处理结果返回表示层;数据访问层对数据执行存取操作后,将处理结果返回业务逻辑层,业务逻辑层对数据进行必要的处理后,把处理结果传递到表示层,表示层把结果显示给用户。

#### 8.1.3.2　三层架构的演变

在饭店的工作模式中,服务员、厨师和采购人员各负其责,服务员不用了解厨师如何做菜,不用了解采购员如何采购食材;厨师不用知道服务员接待了哪位客人,不用知道采购员如何采购食材;同样,采购员不用知道服务员接待了哪位客人,不用知道厨师如何做菜。那么,他们三者是如何联系的?例如:厨师会做炒茄子、炒鸡蛋、炒面——此时构建三个方法

[cookEggplant()、cookEgg()、cookNoodle()]。

顾客直接和服务员打交道，顾客和服务员(UIL)说：我要一个炒茄子，而服务员不负责炒茄子，她就把请求往上递交，传递给厨师(BLL)，厨师需要茄子，就把请求往上递交，传递给采购员(DAL)，采购员从仓库里取来茄子传回给厨师，厨师响应cookEggplant()方法，做好炒茄子后，又传回给服务员，服务员把茄子呈现给顾客。这样就完成了一个完整的操作。在此过程中，茄子作为参数在三层中传递，如果顾客点炒鸡蛋，则鸡蛋作为参数(这是变量做参数)。如果用户增加需求，我们还要在方法中添加参数，一个方法添加一个，一个方法涉及三层；实际中并不止涉及一个方法的更改。所以，为了解决这个问题，我们可以把茄子、鸡蛋、面条作为属性定义到顾客实体(Entity)中，一旦顾客增加了炒鸡蛋需求，直接把鸡蛋属性拿出来用即可，不用再考虑去每层的方法中添加参数了，更不用考虑参数的匹配问题。这样，三层架构就会演变成如图8-8所示的结构。

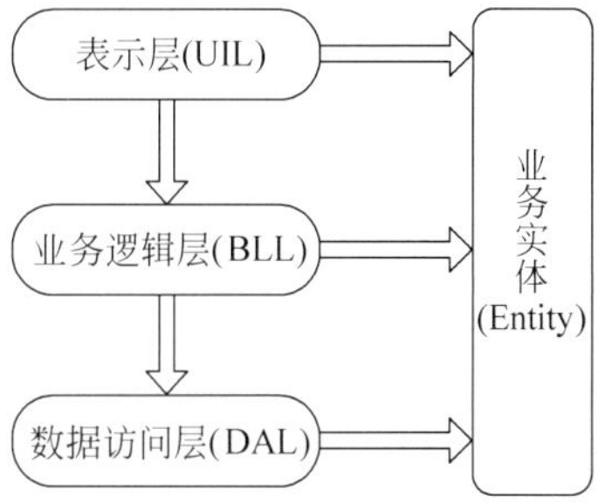

表示层(UIL)
业务逻辑层(BLL)
数据访问层(DAL)
业务实体(Entity)

图8-8　三层架构的演变

业务实体通常用于封装实体类数据结构，一般用于映射数据库的数据表或视图，用以描述业务中的对象，在各层之间进行数据传递。对于初学者来说，可以这样理解：每张数据表对应一个实体，即每个数据表中的字段对应实体中的属性。这里为什么说可以暂时理解为每个数据表对应一个实体？众所周知，我们做系统的目的，是为用户提供服务，用户不关心系统后台是怎么工作的，只关心软件是不是好用，界面是不是符合自己的心意。用户在界面上轻松地增、删、改、查，那么数据库中也要有相应的增、删、改、查，而增、删、改、查的具体操作对象就是数据库中的数据，也就是表中的字段。所以，将每个数据表作为一个实体类，实体类封装的属性对应到表中的字段，这样，实体在贯穿于三层之间时，就可以实现增、删、改、查数据。图8-9描述了三层结构中的数据走向。

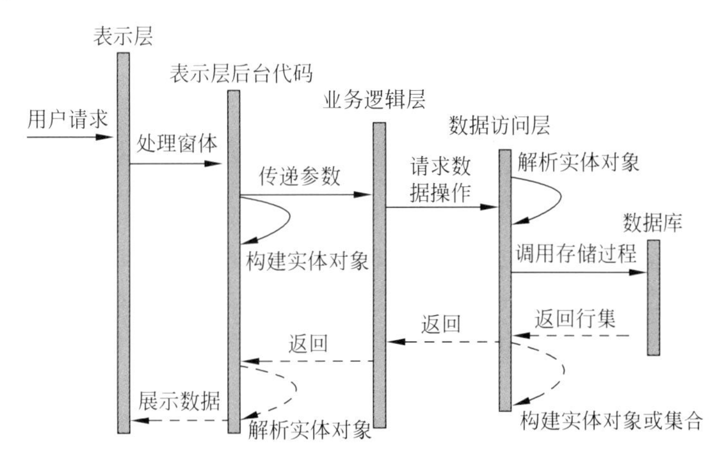


图8-9　三层结构的数据走向

【说明】　在三层架构中，每一层(UIL→BLL→DAL)之间的数据传递(单向)是靠变量或实体作为参数来传递的，这样就构造了三层之间的联系，完成了功能的实现。但是对于大量的数据来说,用变量做参数有些复杂,因为参数量太多,容易搞混。例如:要把员工信息传递到下层,信息包括员工号、姓名、年龄、性别、工资等用变量做参数,那么方法中的参数就会很多,极有可能在使用时将参数匹配搞混。这时,如果用实体做参数,就会很方便,不用考虑参数匹配的问题,用到实体中哪个属性拿来直接用就可以,也提高了效率。

### 8.1.3.3 三层架构的搭建

为了提高程序的可维护性和扩展性,在实现三层架构时通常将每一层作为一个独立的项目进行。因此,开发三层架构的软件,首先必须建立一个空白的解决方案,然后在解决方案中分别创建各层项目,并添加层与层之间的引用。

**1. 建立系统解决方案**

(1) 新建空白方案。启动 Visual Studio 2013,打开"新建项目"对话框,在已安装的模板中选择"其他项目类型"中 Visual Studio 解决方案,并选中右边的"空白解决方案",在"名称"中输入解决方案的名称,如图 8-10 所示。

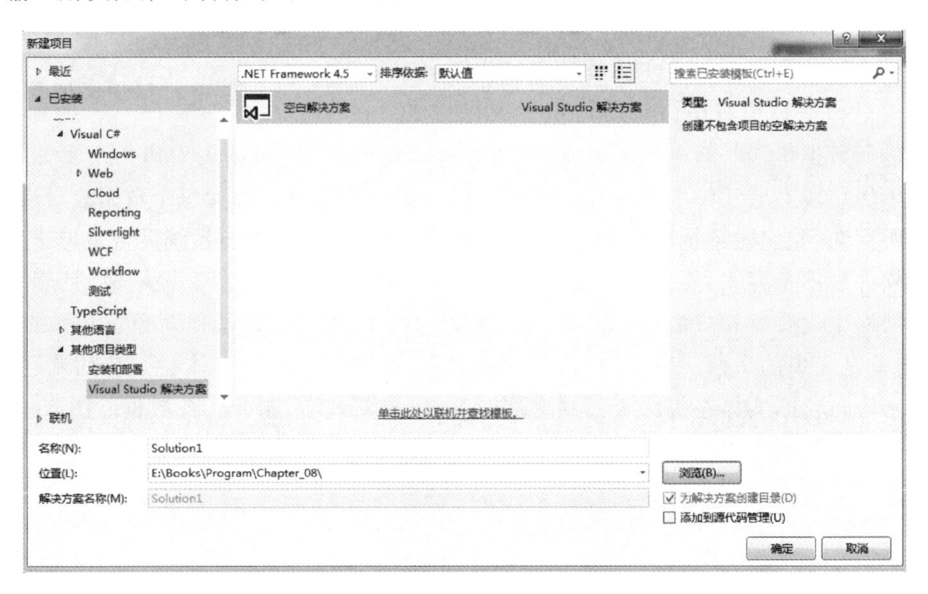


图 8-10 新建空白解决方案

(2) 添加类库项目。在解决方案中右击,在弹出的快捷菜单选择"添加"|"新建项目"命令,在"新建项目"对话框中选择类库项目,如图 8-11 所示。分别向解决方案建立数据访问层、业务逻辑层和实体类库项目,并向各项目中添加相应的类实现相应的功能。

(3) 在解决方案中添加表示层项目,即新建一个 Windows 窗体应用程序,并将该项目设为启动项目。

**2. 添加各层之间的依赖关系**

搭好了三层架构的基本框架以后,需要添加各层之间的依赖关系,使它们能够相互传递数据。由于表示层依赖于业务逻辑层,因此需要添加 WinForm 项目对业务逻辑层类库项目的引用,同样也要添加业务逻辑层项目对数据访问层的依赖。

具体做法是在每个项目中添加引用。在项目中添加引用的具体方法可参考"任务实现"

图 8-11　添加类库项目

部分的内容。

### 8.1.3.4　应用程序配置文件

在基于三层架构的学生成绩管理系统的开发中，我们把数据库连接字符串写到应用程序配置文件 app. config 中。应用程序配置文件是可以按需要来进行变更的 XML 格式文件。它的根节点是 configuration。程序设计人员可以利用修改配置文件来变更其设定值，而不需重新编译应用程序。

**1. 建立应用程序配置文件**

右击 C# 项目实例中的项目名称，在弹出的快捷菜单中选择“添加”|“添加新建项”命令，在打开的“添加新项”对话框中，选择“添加应用程序配置文件”；如果项目以前没有配置文件，则默认的文件名称为 app. config，单击“确定”按钮。出现在设计器视图中的 app. config 文件为：

```
<?xmlversionxmlversion = "1.0"encoding = "utf - 8" ?>
< configuration >
</configuration >
```

在项目进行编译后，在 bin\Debuge 文件下将出现两个配置文件，一个名为“项目名称. EXE. config”，另一个名为“项目名称. vshost. exe. config”。第一个文件为项目实际使用的配置文件，在程序运行中所做的更改都将被保存于此；第二个文件为原代码 app. config 的同步文件，在程序运行中不会发生更改。

**2. app. config 文件常用的配置节**

(1) connectionStrings 配置节：用于配置数据库连接字符串信息。例如下列代码：

```
<!-- 数据库连接串 -->
 <connectionStrings>
 <clear />
 <add name="StudentGrade" connectionString="Data Source=localhost;
 Initial Catalog=jxcbook; User ID=sa;password= ****** "
 providerName="System.Data.SqlClient" />
 </connectionStrings>
```

请注意：如果您的 SQL 版本为 2008 Express 版，则默认安装时 SQL 服务器实例名为 localhost\SQLExpress，须将上面实例中“Data Source=localhost;”一句更改为“Data Source=localhost\SQLExpress;”，在=的两边不要加上空格。

(2) appSettings 配置节：为整个程序的配置。如果是对当前用户的配置，请使用 userSettings 配置节，其格式与以下配置书写要求一样。

```
<appSettings>
   <clear />
   <addkeyaddkey="userName"value="" />
   <addkeyaddkey="password"value="" />
   <addkeyaddkey="Department"value="" />
   <addkeyaddkey="returnValue"value="" />
   <addkeyaddkey="pwdPattern"value="" />
   <addkeyaddkey="userPattern"value="" />
</appSettings>
```

**3. 读取应用程序配置文件 app.config**

要使用下列代码访问 app.config 文件，除添加引用 System.Configuration 外，还必须在项目添加对 System.Configuration.dll 的引用。下列代码说明如何读取 connectionStrings 配置节的连接字符串。

```
private static string GetConnectionStringsConfig(string connectionName)
{
string connectionString =
      ConfigurationManager.ConnectionStrings[connectionName].ConnectionString.ToString();
      return connectionString;
}
```

### 8.1.4 拓展与提高

查阅相关资料，理解三层架构的原理，掌握在 C# 中搭建三层架构应用程序的方法，并继续完善三层架构的用户登录模块。在此基础上，开发基于三层架构的学生成绩管理系统。

## 8.2 Windows 应用程序的部署

### 8.2.1 任务描述：学生成绩管理系统的部署

当一个软件开发完毕并完成测试后，即可进入部署安装阶段。部署的过程就是将程序从开发者的计算机上迁移到软件用户的计算机上。在这过程中需要进行一些必要的操作，以确保所开发的软件可以在用户的计算机上正确运行。

本任务通过学生成绩管理系统安装程序的制作过程来向读者说明如何利用 Visual Studio 2013 来完成一个 Windows 应用程序的部署。

### 8.2.2 任务实现

(1) 安装使用 InstallShield LimitedEdition。

在使用 Visual Studio 2013 创建安装包之前，我们需要安装一个 InstallShield 的版本，其中 LimitedEdition 是一个可以申请免费账号使用的版本，当然专业版 InstallShield 是收费的，而且费用也不低。在安装完毕 LimitedEdition 版本后，启动 Visual Studio 2013，在起始页单击“新建项目”，弹出“新建项目”对话框，在左边已安装的模板中选择“其他项目类型”下的“安装和部署”，并选中右边的“InstallShield LimitedEdition…安装和部署”，如图 8-12 所示，输入项目名称和位置，单击“确定”按钮，进入如图 8-13 所示的 Project Assistant(工程助手)界面。

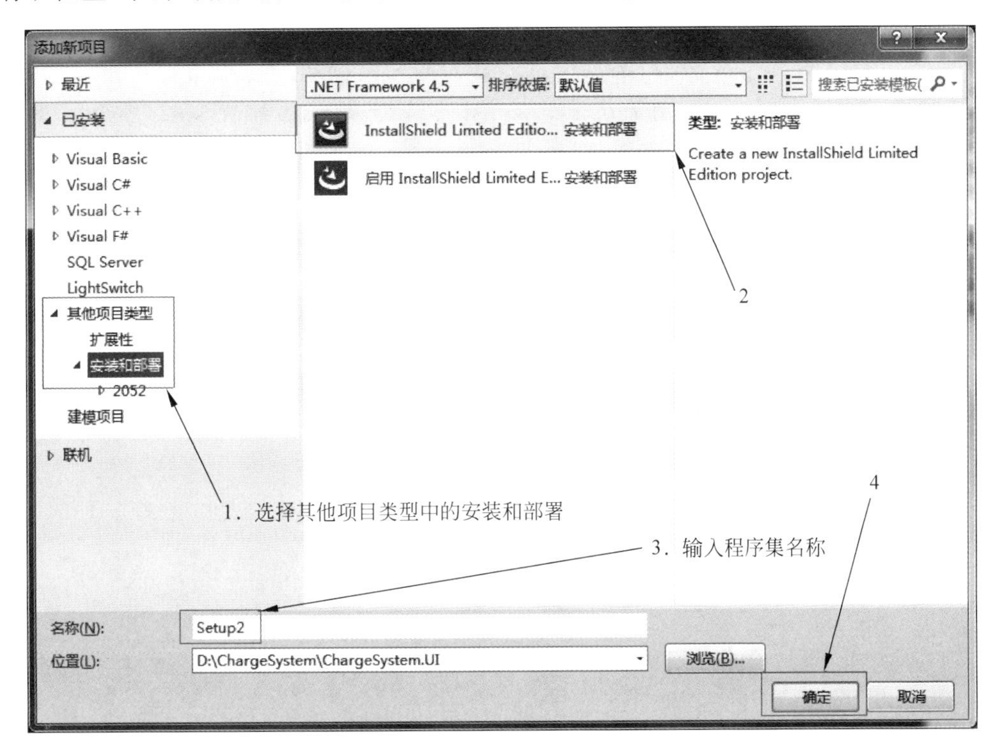


图 8-12　新建安装和部署项目

**【指点迷津】** 在 Visual Studio 2013 打包部署应用程序需要 InstallShield Limited Edition for Visual Studio 2013 工具。如果没有下载的话，在图 8-12 中只有下面那个灰色的图标。不过没关系选中灰色的选项，单击“确定”按钮直接跳到下载页面了。下载完成后再重新添加安装和部署就是图 8-12 所示的界面。

(2) 创建配置 InstallShield 安装包的信息。

① 设置程序信息。

Application Information 主要设置程序在安装时显示的有关程序的一些信息，如：程序的开发者、程序开发的单位名称、程序安装图标和程序简介等，如图 8-14 所示。

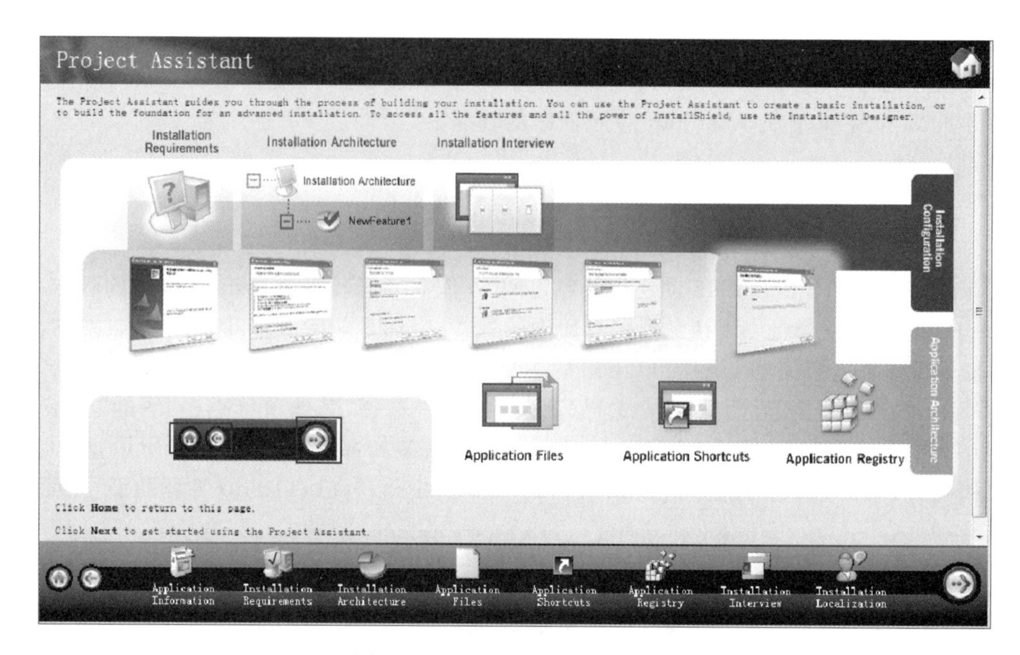


图 8-13　Project Assistant 界面

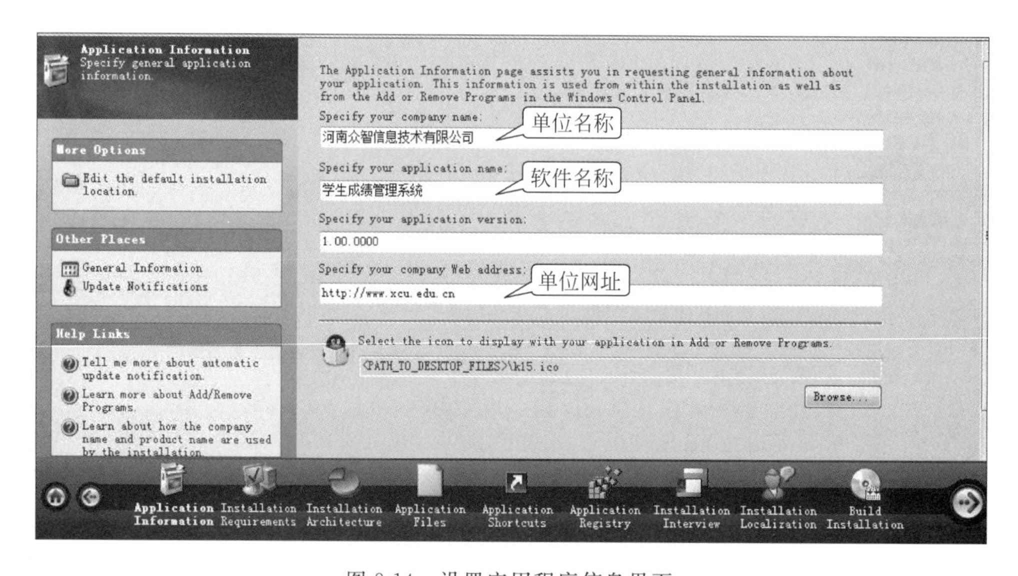


图 8-14　设置应用程序信息界面

② 设置安装要求。

.NET 程序在运行时需要相应的环境,包括操作系统、.NET Framework 以及数据库管理系统等,因此,在制作应用程序部署文件时,需要根据目标环境,选择合适的操作系统和应用程序框架等,如图 8-15 所示。

③ 添加安装包目录和文件。

制作安装包一个非常重要的步骤就是添加所需的目录和文件,在 Application Files 里面可以添加对应的目录和文件,如图 8-16 所示。在这里,可以添加应用程序文件、相应的依赖 dll、数据库文件或者文件夹,也可以在主文件里面查看它的依赖应用,可以去掉一些不需要的 dll 等。

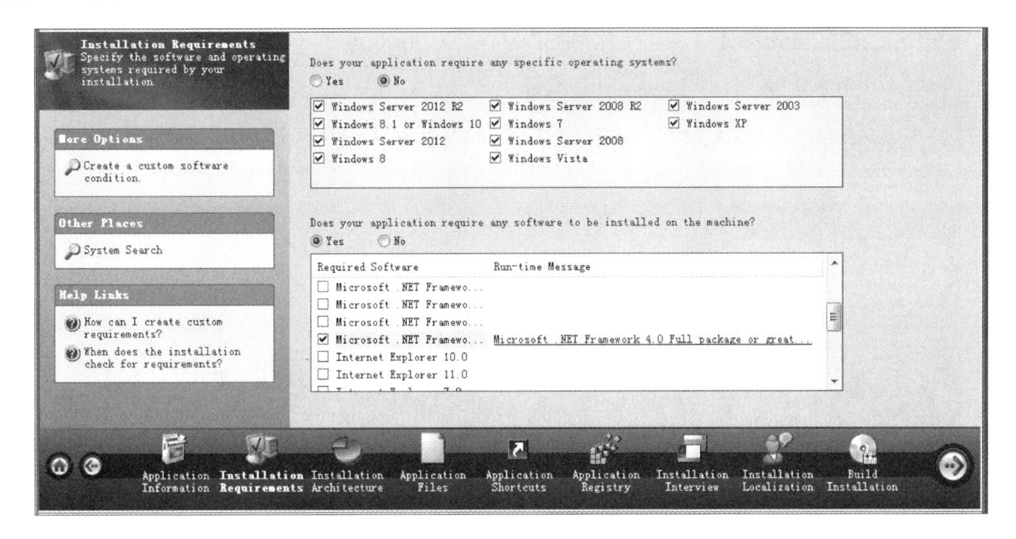


图 8-15　设置安装要求

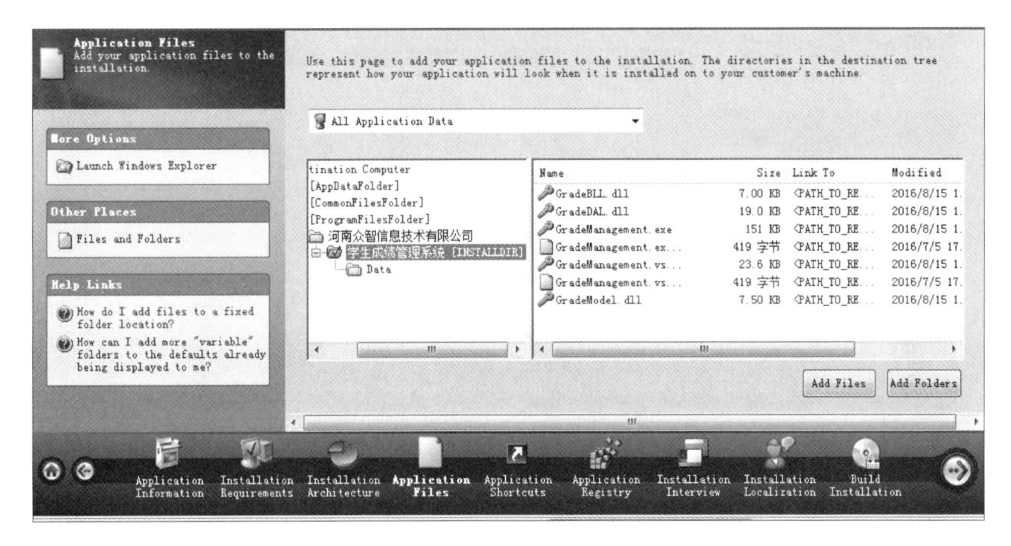


图 8-16　添加安装包目录和文件界面

④ 设置应用程序快捷键。

以前利用 Visual Studio 创建的安装包，一般会在启动菜单创建对应的菜单结构以及在桌面里面创建快捷方式等，这样才是标准的安装包生成内容。在 InstallShield 的 Application Shortcuts 里面，可以直接创建这样的菜单和快捷方式，如图 8-17 所示。

⑤ 设置程序安装注册表项。

一般的应用程序在安装时不需要考虑程序的注册表项，此步骤可以不用设置，如图 8-18 所示。

⑥ 安装界面的设置。

InstallShield 提供了很好的安装对话框界面设置，可以在这里设置所需要的安装包对话框，如许可协议、欢迎界面、安装确认等对话框，以及一些自定义的界面，如图 8-19 所示。

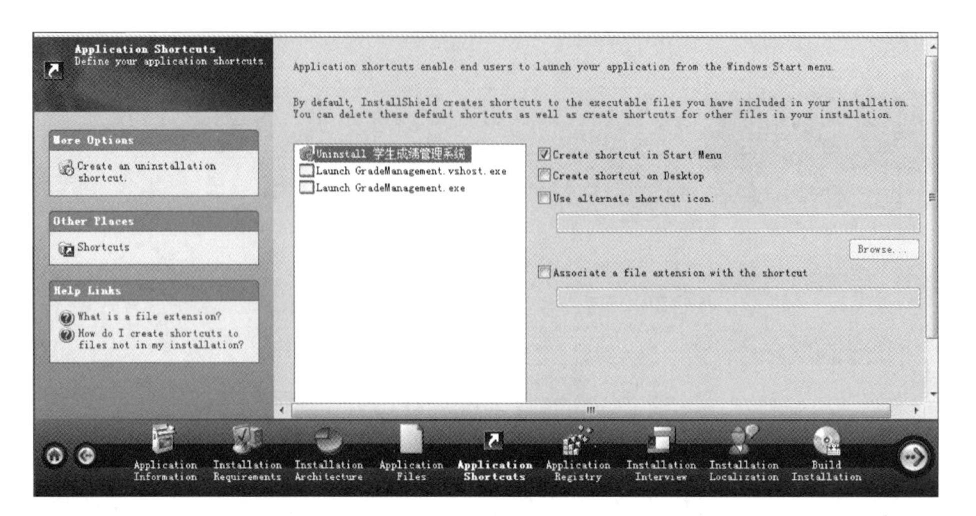


图 8-17　添加快捷键界面

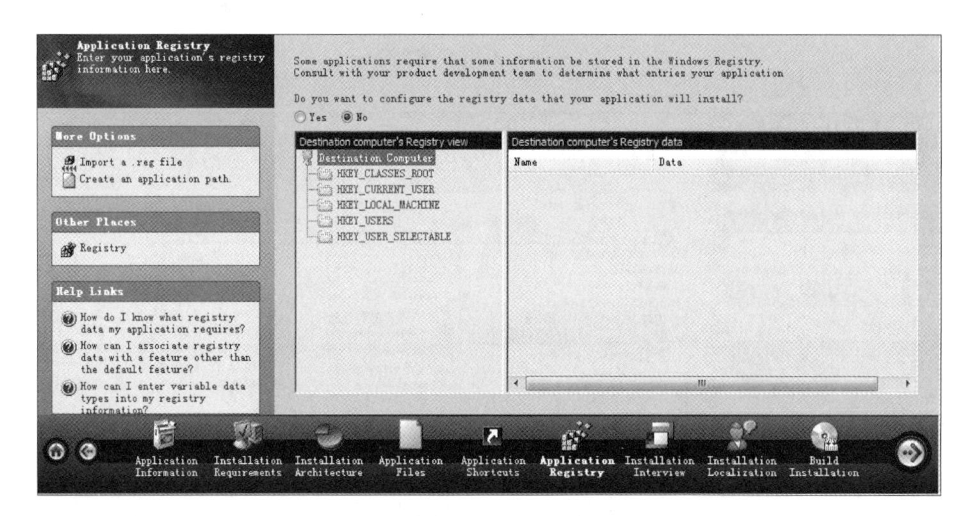


图 8-18　添加注册表项界面

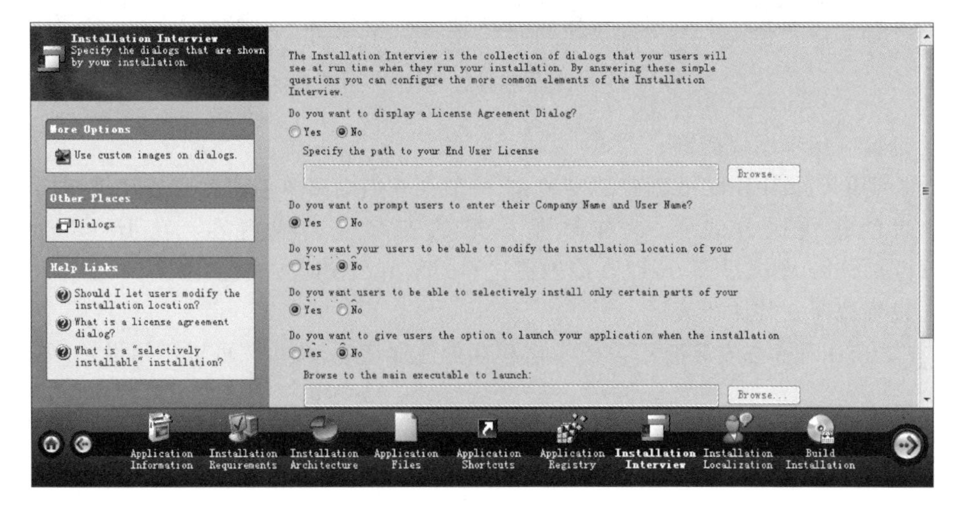


图 8-19　安装界面的设置

## 8.2.3 知识链接

### 8.2.3.1 .NET 程序的部署机制

在.NET 应用程序开发完成后，在.NET 程序包下有三个文件，分别是 bin 文件、obj 文件、我的工程文件，它们分别封存着程序的组成部分。

bin 文件用来存放程序的编译结果，它有 Debug 和 Release 两个版本，分别对应的文件夹为 bin/Debug 和 bin/Release，这个文件夹是默认的输出路径，在编译后生成的程序文件会存放在该目录下。当然我们也可以手动修改程序的输出路径，修改方法：按项目属性→配置属性→输出路径来修改。

在 Visual Studio 中，选择“项目”→“项目属性”命令，弹出“项目属性”对话框，在“输出路径”中输入或选择输出路径，如图 8-20 所示。

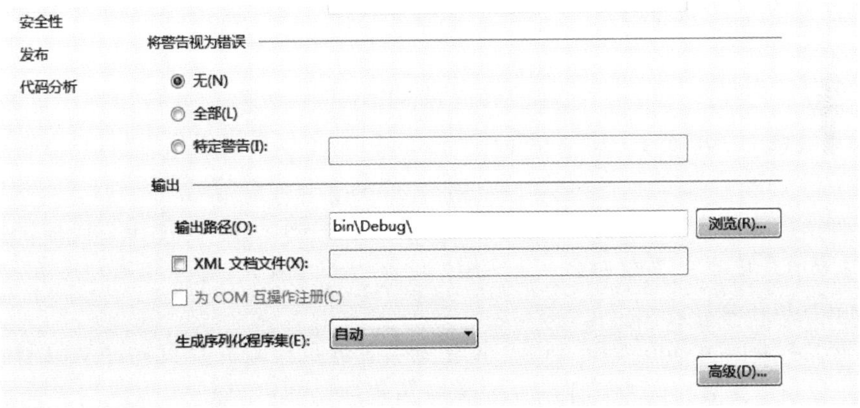

图 8-20 设置程序输出路径

一个应用程序可以按两种模式进行编译：Debug 与 Release。Debug 模式的优点是便于调试，生成的 exe 文件中包含许多调试信息，因而容量较大，运行速度较慢；而 Release 模式删除了这些调试信息，运行速度较快。一般在开发时采用 Debug 模式，而在最终发布时采用 Release 模式。.NET 中，可以在工具栏上直接选择 Debug 或 Release 模式。部署 Windows 应用程序之前，通常需要以 Release 模式编译应用程序。

obj 文件是用来保存每个模块的编译结果，用来放置程序生成时的中间文件。程序不会直接生成出可用的文件，而是由源程序生成中间文件，再编译中间文件生成可执行文件。在.NET 中，编译是分模块进行的，编译整个完成后会合并为一个.dll 或.exe 保存到 bin 文件下。因为每次编译时默认都是采用增量编译，即只重新编译改变了的模块，obj 保存每个模块的编译结果，用来加快编译速度。

我的工程文件定义程序集的属性，被称为项目属性文件夹。目录下的 AssemblyInfo 类文件，用于保存程序集的信息，如名称、版本等，这些信息一般与项目属性面板中的数据对应，不需要手动编写。

在程序编译生成后，程序的源文件就不再重要了，重要的是.dll、.exe、.config 等的程序的组件，有了程序的组件程序就能够正常运行。所以在发布制作安装程序时我们只需要将程序的组件打包即可。

#### 8.2.3.2 什么是应用程序部署

应用程序部署就是分发要安装到其他计算机上的已完成应用程序或组件的过程。Visual Studio 为部署 Windows 应用程序提供两种不同的策略：使用 Windows Installer 技术通过传统安装来部署应用程序，或者使用 ClickOnce 技术发布应用程序。

Windows Installer 是使用较早的一种部署方式，它允许用户创建安装程序包并分发给其他用户，拥有此安装包的用户，只要按提示进行操作即可完成程序的安装，Windows Installer 在中小程序的部署中应用十分广泛。通过 Windows Installer 部署，将应用程序打包到 Setup. exe 文件中，并将该文件分发给用户，用户可以运行 Setup. exe 文件安装应用程序。

ClickOnce 允许用户将 Windows 应用程序发布到 Web 服务器或网络共享文件夹，允许其他用户进行在线安装。通过 ClickOnce 部署，可以将应用程序发布到中心位置，然后用户再从该位置安装或运行应用程序。ClickOnce 部署克服了 Windows Installer 部署中所固有的三个主要问题：

(1) 更新应用程序的困难。使用 Windows Installer 部署，每次应用程序更新，用户都必须重新安装整个应用程序；使用 ClickOnce 部署，则可以自动提供更新，只有更改过的应用程序部分才会被下载，然后从新的并行文件夹重新安装完整的、更新后的应用程序。

(2) 对用户的计算机的影响。使用 Windows Installer 部署时，应用程序通常依赖于共享组件，这就有可能发生版本冲突；而使用 ClickOnce 部署时，每个应用程序都是独立的，不会干扰其他应用程序。

(3) 安全权限。Windows Installer 部署要求管理员权限并且只允许受限制的用户安装；而 ClickOnce 部署允许非管理用户安装应用程序，并且仅授予应用程序所需要的那些代码访问安全权限。

ClickOnce 部署方式出现之前，Windows Installer 部署的这些问题，有时会使开发人员决定创建 Web 应用程序，牺牲了 Windows 窗体丰富的用户界面和响应性来换取安装的便利。现在，利用 ClickOnce 部署的 Windows 应用程序，则可以集这两种技术的优势于一身。

ClickOnce 部署与 Windows Installer 部署的功能比较，如表 8-2 所示。

**表 8-2　ClickOnce 部署与 Windows Installer 部署的功能比较**

| 功　　能 | ClickOnce | Windows Installer |
| --- | --- | --- |
| 自动更新 | 是 | 是 |
| 安装后回滚 | 是 | 否 |
| 从 Web 更新 | 是 | 否 |
| 授予的安全权限 | 仅授予应用程序所必需的权限(更安全) | 默认授予“完全信任”权限(不够安全) |
| 要求的安全权限 | Internet 或 Intranet 区域(为 CD-ROM 安装提供完全信任) | 管理员 |
| 应用程序和部署清单签名 | 是 | 否 |
| 安装时用户界面 | 单次提示 | 多部分向导 |
| 即需安装程序集 | 是 | 否 |

续表

| 功　能 | ClickOnce | Windows Installer |
| --- | --- | --- |
| 安装共享文件 | 否 | 是 |
| 安装驱动程序 | 否 | 是(自定义操作) |
| 安装到全局程序集缓存 | 否 | 是 |
| 为多个用户安装 | 否 | 是 |
| 向"开始"菜单添加应用程序 | 是 | 是 |
| 向"启动"组添加应用程序 | 否 | 是 |
| 注册文件类型 | 是 | 是 |
| 安装时注册表访问 | 受限 | 是 |
| 二进制文件修补 | 否 | 是 |
| 应用程序安装位置 | ClickOnce 应用程序缓存 | Program Files 文件夹 |

#### 8.2.3.3 选择部署策略

表 8-2 将 ClickOnce 部署的功能与 Windows Installer 部署的功能进行了比较,程序管理人员应根据不同的应用,选择不同的部署策略。选择部署策略时有几个因素要考虑:应用程序类型、用户的类型和位置、应用程序更新的频率以及安装要求。

大多数情况下,ClickOnce 部署为最终用户提供更好的安装体验,而要求开发人员花费的精力更少。ClickOnce 部署大大简化了安装和更新应用程序的过程,但是不具有 Windows Installer 部署可提供的更大灵活性,在某些情况下必须使用 Windows Installer 部署。

ClickOnce 部署的应用程序可自行更新,对于要求经常更改的应用程序而言是最好的选择。虽然 ClickOnce 应用程序最初可以通过 CD-ROM 安装,但是用户必须具有网络连接才能利用更新功能。

使用 ClickOnce 时,要使用发布向导打包应用程序并将其发布到网站或网络文件共享;用户直接从该位置一步安装和启动应用程序。而使用 Windows Installer 时,要向解决方案添加安装项目以创建分发给用户的安装程序包;用户运行该安装文件并按向导的步骤安装应用程序。

**【说明】** .NET 中的部署工具旨在处理典型的企业部署需求,这些工具未涵盖所有可能的部署方案。对于更高级的部署方案,可能需要考虑使用第三方部署工具或软件分发工具,如 Systems Management Server(SMS)。

#### 8.2.3.4 Windows Installer 部署

Windows Installer 部署可以创建要分配给用户的安装程序包。用户通过向导来运行安装文件和步骤来安装应用程序。这是通过将安装项目完成到用户的解决方案。在生成该项目时,将创建一个分发给用户的安装文件。

在 Visual Studio 2013 中,用户使用 InstallShield limited Edition 实现 Windows Installer 部署。在 Visual 2013 中使用 InstallShield limited Edition 制作 Windows 安装程序的主要步骤如下:

**1. 获取 InstallShield limited Edition**

如果第一次使用 InstallShield limited Edition 来制作安装程序,必须首先进行注册,以下载 InstallShield Limited Edition。在完成下面的过程之后,InstallShield limited Edition 项目模板出现在 Visual Studio 中。



(1) 在菜单栏上,选择“文件”|“新建”|“项目”命令,在“新建项目”对话框中选择“其他类型项目”下的“安装和部署”,如图 8-21 所示。

图 8-21　启用 InstallShield limited Edition

(2) 在图 8-21 中,选择启用 InstallShield limited Edition,输入项目名称和保存路径,然后单击“确定”按钮,进入如图 8-22 所示的下载界面。

**InstallShield Limited Edition for Visual Studio**

通过 InstallShield? Limited Edition for Visual Studio*,您可以:

- 为使用 Visual Studio 生成的应用程序生成灵活的安装项目
- 利用简单的设计环境和项目助手快速开始项目
- 利用安装必备条件和自定义操作
- 对安装程序进行数字签名

InstallShield Limited Edition for Visual Studio 取代了 Visual Studio 安装程序提供的功能。首先,请将您的现有 Visual Studio 部署项目!

**如何获得 InstallShield Limited Edition for Visual Studio**

**步骤 1:** 确认您的计算机具有网络连接。

**步骤 2:** 转到下载网站。

**步骤 3:** 注册以下载解决方案,然后进行安装或保存以部署到 Team Foundation Server。

**步骤 4:** 安装之后,您将需要重新启动 Visual Studio 才能访问“安装和部署”类别下的 “InstallShield Limited Edition”项目类型。

* InstallShield Limited Edition 随 Visual Studio 2010 及更高版本附带。

图 8-22　获取 InstallShield limited Edition

执行步骤(2),转到下载网站,输入注册信息获取注册码,然后下载和激活 InstallShield limited Edition。在完成上述过程后,InstallShield limited Edition 项目模板就会出现在 Visual Studio 中。

**2. 使用 InstallShield limited Edition 制作安装程序**

(1) 注册成功后,重新启动 Visual Studio 2013,新建"安装和部署"项目,进入 Project Assistant 界面,如图 8-23 所示。

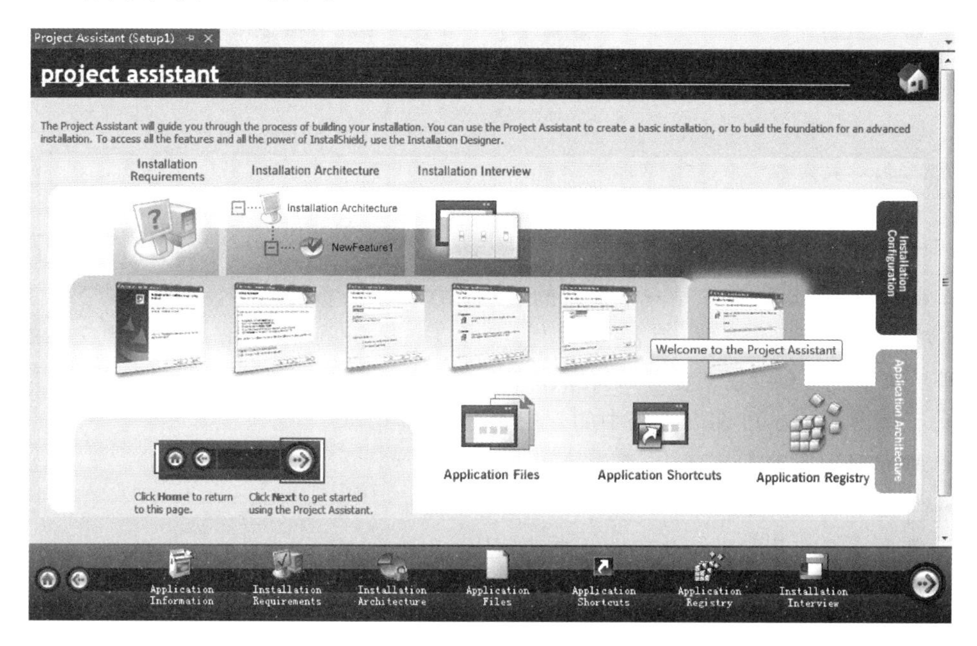


图 8-23 Project Assistant 界面

(2) 在 Project Assistant 界面中,依次完成应用程序信息、安装条件、应用程序文件、设置应用程序快捷键、注册表和本地化操作后,生成应用程序安装包。

### 8.2.4 拓展与提高

查阅相关资料,了解和掌握应用程序部署的相关知识,掌握 ClickOnce 部署和 Windows Installer 部署的特点,完成以下任务:

(1) 利用 ClickOnce 部署完成学生成绩管理系统。

(2) 利用 Windows Installer 完善学生成绩管理系统的部署。

## 8.3 知识点提炼

(1) 为了降低程序的耦合性,在分布式系统中通常采用三层结构,也就是说一个复杂的应用程序通常由表示层、业务逻辑层和数据访问层组成。各层之间相互独立,通过实体来进行数据通信。

(2) 在数据库应用程序中,通常将连接字符串存储在应用程序配置文件 app.config 中,在应用程序中读取连接字符串来创建数据库连接。

(3) 在 Visual Studio 2013 中通过建立类库项目来实现三层结构。

(4) 应用程序完成后,要进行部署。在 Visual Studio 2013 中可采用 ClickOnce 部署和 Windows Installer 部署。

# 第9章 文件与数据流技术

一个完整的应用程序，通常都会涉及对系统和用户的信息进行存储、读取和修改等操作。有效地对文件进行操作是一个良好的应用程序必须具备的内容。C# 提供了强大的文件操作功能，利用 System. IO 命名空间中的类可以非常方便地编写程序来实现文件的操作和管理。本章详细介绍在 C# 中如何操作文件及文件夹。通过阅读本章内容，读者可以：

- 了解 System. IO 命名空间中的常用类。
- 掌握 File 类和 Directory 类的使用。
- 掌握 FileInfo 类和 DirectoryInfo 类的使用。
- 掌握文件的基本操作及文件流类的使用。
- 读写文本文件和二进制文件。

## 9.1 System. IO 命名空间

### 9.1.1 任务描述：数据备份的实现

在 6.3 节完成了数据备份的界面设计，本任务编写代码实现学生管理系统数据备份功能，如图 9-1 所示。

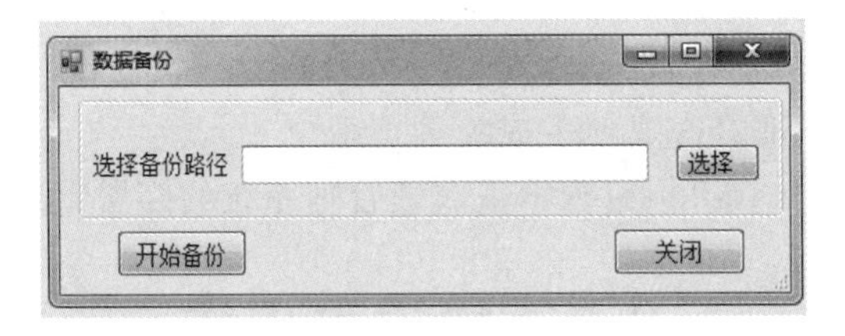


图 9-1 数据备份

### 9.1.2 任务实现

（1）启动 Visual Studio 2013，打开学生成绩管理系统项目 GradeManagement。在 Visual Studio .NET IDE 环境的解决方案管理器中打开数据库备份窗体 DBBachupForm。

（2）在数据库备份窗体中，添加“开始备份”按钮的单击事件代码。主要代码如下：

```
private void btnBack_Click(object sender, EventArgs e)
{
    if (backuppath == "")
    {
```

```
            MessageBox.Show("请选择数据备份路径", "提示");
            return;
        }
        //连接字符串
        string strConn = System.Configuration.ConfigurationManager.ConnectionStrings
["student"].ConnectionString.ToString();

        SqlConnection conn = new SqlConnection(strConn);
        try
        {
            this.Cursor = Cursors.WaitCursor;

            //如果存在指定文件,则删除
            if (File.Exists (backuppath))
            {
                File.Delete(backuppath);
            }
            //构造 SQL 命令
             string strSQL = string.Format ( "backup database [db_Student] to disk = '{0}'",
backuppath );
            SqlCommand cmd = new SqlCommand(strSQL, conn);
            conn.Open();
            cmd.ExecuteNonQuery();
            MessageBox.Show("数据库备份成功!", "数据备份");
        }
        catch(Exception ex)
        {
            MessageBox.Show(ex.Message);
        }
        finally
        {
            conn.Close();
            this.Cursor = Cursors.Arrow;
        }
```

## 9.1.3 知识链接

### 9.1.3.1 System.IO 命名空间概述

在 Windows 应用程序中,经常会读取文件中的数据,也会把处理后的数据存放到文件中,这就需要对外存上的文件进行输入输出(I/O)处理。例如:一名财务人员将单位的工资报表进行保存,应用程序就会将数据以.xls 文件形式保存到硬盘上。而另一位在家休假的员工想浏览旅游期间拍摄的照片,应用程序就会读取存放在硬盘上的.bmp 文件。第三位员工要保留与好友的聊天记录,应用程序就会将会话文本以.txt 文件形式保存到硬盘上,如图 9-2 所示。

为了简化程序开发者的工作,.NET 框架为用户提供了 System.IO 命名空间,它包含许多用于进行文件和数据流操作的类。下面我们首先讨论文件和数据流的区别。文件是一些

图 9-2 文件应用的例子

具有永久存储及特定顺序的字节组成的一个有序的、具有名称的集合。因此,对于文件,人们常会想到目录路径、磁盘存储、文件和目录名等方面。相反,流提供一种向后备存储器写入字节和从后备存储器读取字节的方式,后备存储器可以为多种存储媒介之一。正如除磁盘外存在多种后备存储器一样,除文件流之外也存在多种流。例如,还存在网络流、内存流和磁带流等。

System.IO 命名空间包含允许在数据流和文件上进行同步和异步读取及写入的类型。表 9-1 给出了 System.IO 命名空间中常用的类及其说明。

**表 9-1 System.IO 命名空间中常用的类及其说明**

| 类 | 说　明 |
|---|---|
| BinaryReader | 用特定的编码将基元数据类型读作二进制值 |
| BinaryWriter | 以二进制形式将基元类型写入流,并支持用特定的编码写入字符串 |
| BufferedStream | 给另一流上的读写操作添加一个缓冲层。无法继承此类 |
| Directory | 公开用于创建、移动和枚举通过目录和子目录的静态方法。无法继承此类 |
| DirectoryInfo | 公开用于创建、移动和枚举目录和子目录的实例方法。无法继承此类 |
| File | 提供用于创建、复制、删除、移动和打开文件的静态方法,并协助创建 FileStream 对象 |
| FileInfo | 提供创建、复制、删除、移动和打开文件的实例方法,并且帮助创建 FileStream 对象无法继承此类 |
| FileStream | 公开以文件为主的 Stream,既支持同步读写操作,也支持异步读写操作 |
| FileSystemInfo | 为 FileInfo 和 DirectoryInfo 对象提供基类 |
| DriveInfo | 提供对有关驱动器的信息的访问 |
| Path | 对包含文件或目录路径信息的 String 实例执行操作。这些操作是以跨平台的方式执行的 |
| Stream | 提供字节序列的一般视图 |
| StreamReader | 实现一个 TextReader,使其以一种特定的编码从字节流中读取字符 |
| StreamWriter | 实现一个 TextWriter,使其以一种特定的编码向流中写入字符 |
| StringReader | 实现从字符串进行读取的 TextReader |
| StringWriter | 实现一个用于将信息写入字符串的 TextWriter。该信息存储在基础 StringBuilder 中 |
| TextReader | 表示可读取连续字符系列的读取器 |
| TextWriter | 表示可以编写一个有序字符系列的编写器。该类为抽象类 |

### 9.1.3.2 File 类和 Directory 类

File 类和 Directory 类分别用来对文件和各种目录进行操作，这两个类都可以被实例化，但不能被其他类继承。

**1. File 类**

File 类支持对文件的基本操作，包括用于创建、复制、删除、移动和打开文件的静态方法，并协助创建 FileStream 对象。File 类常用方法及其说明如表 9-2 所示。

**表 9-2 File 类常用方法及其说明**

| 方法 | 说明 |
|---|---|
| AppendAllText | 打开一个文件，向其中追加指定的字符串，然后关闭该文件。如果文件不存在，此方法创建一个文件，将指定的字符串写入文件，然后关闭该文件 |
| AppendText | 创建一个 StreamWriter，它将 UTF-8 编码文本追加到现有文件或新文件（如果指定文件不存在） |
| Copy | 将现有文件复制到新文件 |
| Create(String) | 在指定路径中创建或覆盖文件 |
| Delete | 删除指定的文件 |
| Exists | 确定指定的文件是否存在 |
| GetAttributes | 获取在此路径上的文件的 FileAttributes |
| GetCreationTime | 返回指定文件或目录的创建日期和时间 |
| GetLastAccessTime | 返回上次访问指定文件或目录的日期和时间 |
| GetLastWriteTime | 返回上次写入指定文件或目录的日期和时间 |
| Move | 将指定文件移到新位置，并提供指定新文件名的选项 |
| Open(String, FileMode) | 打开指定路径上的 FileStream，具有读/写访问权限 |
| ReadAllBytes | 打开一个文件，将文件的内容读入一个字符串，然后关闭该文件 |
| OpenRead | 打开现有文件以进行读取 |
| OpenText | 打开现有 UTF-8 编码文本文件以进行读取 |
| OpenWrite | 打开一个现有文件或创建一个新文件以进行写入 |

在 File 类中的方法均为静态方法，若只想执行一个操作，使用 File 类中方法的效率要比使用 FileInfo 类中方法的效率更高。但 File 类中的静态方法都执行安全检查，若打算多次重复某个对象，可以考虑改用 FileInfo 类中的相应方法。

**【例 9.1】** 创建一个 Windows 应用程序 Chapter0901，在默认窗体上放置一个文本框，用于输入文件名，再放置一个按钮，单击按钮，用于创建文件。

主要代码如下：

```
private void button1_Click(object sender, EventArgs e)
{
    if (textBox1.Text == string.Empty)
     {
        MessageBox.Show("文件名不能为空!", "信息提示");
     }
      else
      {
        if (File.Exists(textBox1.Text))
```

```
                MessageBox.Show("该文件已经存在", "信息提示");
            else
                File.Create(textBox1.Text);
        }
    }
```

程序的运行结果如图 9-3 所示。

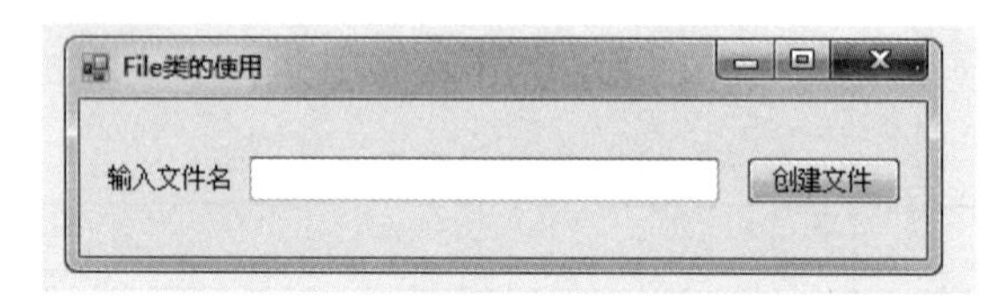


图 9-3 程序的运行结果

**2. Directory 类**

Directory 类用于文件夹的典型操作,如复制、删除、移动和重命名等,也可以将其用于获取或设置与目录的创建、访问以及写入操作相关的信息。Directory 类常用方法及其说明如表 9-3 所示。

**表 9-3 Directory 类常用方法及其说明**

| 方 法 | 说 明 |
| --- | --- |
| CreateDirectory | 创建指定路径中的所有目录 |
| Delete | 删除指定的目录 |
| Exists | 确定给定路径是否引用磁盘上的现有目录 |
| GetCreationTime | 获取目录的创建日期和时间 |
| GetCurrentDirectory | 获取应用程序的当前工作目录 |
| GetDirectories | 获取指定目录中子目录的名称 |
| GetFiles | 返回指定目录中文件的名称 |
| GetFileSystemEntries | 返回指定目录中所有文件和子目录的名称 |
| GetLastAccessTime | 返回上次访问指定文件或目录的日期和时间 |
| GetLastWriteTime | 返回上次写入指定文件或目录的日期和时间 |
| GetParent | 检索指定路径的父目录,包括绝对路径和相对路径 |
| Move | 将文件或目录及其内容移到新位置 |
| SetCurrentDirectory | 将应用程序的当前工作目录设置为指定的目录 |
| SetLastAccessTime | 设置上次访问指定文件或目录的日期和时间 |
| SetLastWriteTime | 设置上次写入目录的日期和时间 |

**【例 9.2】** 创建一个 Windows 应用程序 Chapter0902,在默认的窗体中添加一个 TextBox 控件和一个 Button 控件,用前者输入文件夹名称,用后者创建文件夹。

主要代码如下:

```
if (textBox1.Text == string.Empty)
{
    MessageBox.Show("文件夹名称不能为空!", "信息提示");
}
else
```

```
{
    if (Directory.Exists(textBox1.Text))
     {
      MessageBox.Show("该文件夹已经存在", "信息提示");
     }
     else
      {
        Directory.CreateDirectory(textBox1.Text);
      }
//返回指定目录中文件的名称
  string[] fileName = new string[] { };
  fileName = Directory.GetFiles("D:\\软件工程");
   //遍历该目录下的文件
  foreach (string strV in fileName)
      MessageBox.Show(strV, "文件信息显示");
}
```

程序的运行结果如图 9-4 所示。

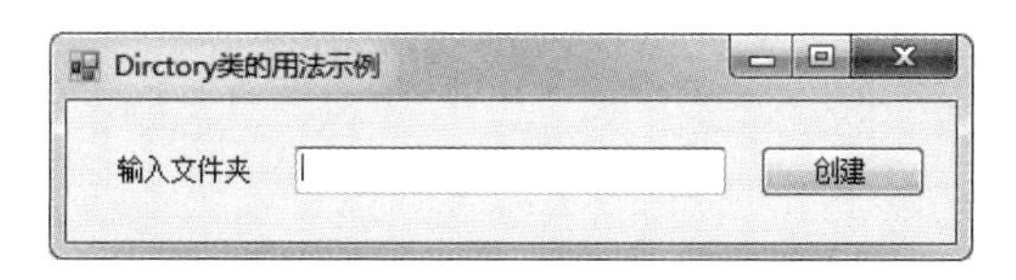


图 9-4　程序的运行结果

#### 9.1.3.3　FileInfo 类和 DirectoryInfo 类

**1. FileInfo 类**

FileInfo 类和 File 类的许多方法调用都是相同的，前者没有静态方法，因此该类中的方法仅可以用于实例化对象，后者中的方法全是静态方法。若要在对象上进行单一操作，一般使用后者提供的方法；若要在对象（文件上）执行几种操作，则建议使用实例化 FileInfo 的对象，再用其提供的非静态方法。

FileInfo 类的常用方法与 File 类基本相同，此处仅仅介绍 FileInfo 类的常用属性，如表 9-4 所示。

**表 9-4　FileInfo 类常用属性及其说明**

| 属　　性 | 说　　明 |
| --- | --- |
| Attributes | 获取或设置当前 FileSystemInfo 的 FileAttributes |
| CreateionTime | 获取或设置当前 FileSystemInfo 对象的创建时间 |
| Exists | 获取指示文件是否存在的值 |
| Extension | 获取表示文件扩展名部分的字符串 |
| FullName | 获取目录或者文件的完整路径 |
| Length | 获取当前文件的大小 |
| Name | 获取文件名 |

【例 9.3】 创建一个控制台程序 Chapter0903 来说明 FileInfo 类的基本用法。

主要代码如下：

```
string filepath = @"f:\test\fileinfo.txt";
FileInfo myfile = new FileInfo(filepath);
myfile.Create();                                    //创建文件
string fileextension = myfile.Extension;            //获取文件的扩展名
Console.WriteLine(fileextension);
//检索文件的全部路径并输出
string fullpath = myfile.FullName;
Console.WriteLine(fullpath);
//获取上次访问该文件的时间并输出
string lasttime = myfile.LastAccessTime.ToString() ;
Console.WriteLine(lasttime);
Console.WriteLine(myfile.Directory);                //获取目录
Console.WriteLine(myfile.Length.ToString());        //获取文件大小
//删除文件
FileInfo filedel = new FileInfo(@"g:\tu.doc");
if (filedel.Exists)
{
filedel.Delete();
}
else
{
 Console.WriteLine("文件不存在");
}
```

**2. DirectoryInfo 类**

DirectoryInfo 类与 Directory 类的不同点在于 DirectoryInfo 类必须被实例化后才能使用,而 Directory 类则只提供了静态方法。实际编程中,如果多次使用某个对象,一般用 DirectoryInfo 类；如果仅执行某一个操作,则使用 Directory 类提供的静态方法效率更高一些。DirectoryInfo 类的构造函数形式如下：

```
public DirectoryInfo(string path);
```

其中,参数 path 表示目录所在的路径。表 9-5 列出了 DirectoryInfo 类的主要属性。

**表 9-5 DirectoryInfo 类的主要属性**

| 属　性 | 说　明 |
|---|---|
| Attributes | 获取或设置当前 FileSystemInfo 的 FileAttributes。例如：<br>DirectoryInfo d=new DirectoryInfo(@"c:\\MyDir")；<br>d. Attributes=FileAttributes. ReadOnly; |
| Exists | 获取指示目录是否存在的布尔值 |
| FullName | 获取当前路径的完整目录名 |
| Parent | 获取指定子目录的父目录 |
| Root | 获取根目录 |
| CreationTime | 获取或设置当前目录创建时间 |
| LastAccessTime | 获取或设置上一次访问当前目录的时间 |
| LastWriteTime | 获取或设置上一次写入当前目录的时间 |

【例 9.4】 创建一个 Windows 应用程序 Chapter0904，通过调用 DirectoryInfo 类的相关属性和方法创建一个文件夹。

主要代码如下：

```
if (textBox1.Text == string.Empty)
        MessageBox.Show("文件夹名称不能为空!", "信息提示");
else
{
  DirectoryInfo dinfo = new DirectoryInfo(textBox2.Text);    //实例化 DirectoryInfo 类对象
  if (dinfo.Exists)
        MessageBox.Show("该文件夹已经存在!", "信息提示");
   else
        dinfo.Create();
}
```

### 9.1.4 拓展与提高

利用 MSDN 以及其他资源，深入了解.NET 中 System.IO 名字空间中各个类的含义和用法，了解类之间的继承关系，为后续课程的学习奠定基础。

## 9.2 文件和目录管理

### 9.2.1 任务描述：文件信息浏览

在实际软件开发过程中，经常需要对文件及文件夹进行操作，如读写、移动、复制和删除文件，创建、移动、删除和遍历文件夹等。本任务实现显示文件信息的操作，如图 9-5 所示。

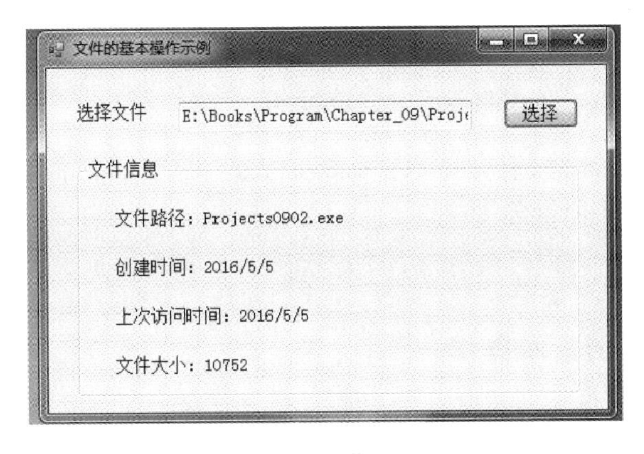


图 9-5 文件信息显示

### 9.2.2 任务实现

(1) 启动 Visual Studio 2013，新建 Windows 应用项目 Project0902。在默认的窗体中，添加 5 个 Label 控件、一个 TextBox 控件、一个 Button 控件和一个 GroupBox 控件以及一个 openFileDialog 控件，其中 Label 控件用来显示提示信息，TextBox 控件用来保存选择的文件名称。

(2) 为"选择"按钮添加单击事件的处理方法如下：

```
private void button1_Click(object sender, EventArgs e)
    {
        this.openFileDialog1.FilterIndex = 1;
        this.openFileDialog1.FileName = "";
        this.openFileDialog1.Filter = "所有文件(*.*)|*.*";

        if(openFileDialog1.ShowDialog () == DialogResult.OK)
        {
            textBox1.Text = openFileDialog1.FileName.ToString();
            textBox1.ReadOnly = true;
        }
        string filePath = textBox1.Text.Trim();

        FileInfo finfo = new FileInfo(filePath);                //新建文件对象

        string strCtime, strAtime, strLWtime, strName, strFName, strDName, strISRead;
        long lgLength;
        //获取文件信息
        strCtime = finfo.CreationTime.ToShortDateString();      //获取文件创建时间
        strAtime = finfo.LastAccessTime.ToShortDateString();    //获取上次访问该文件时间
        strLWtime = finfo.LastWriteTime.ToShortDateString();    //获取上次写入文件时间
        strName = finfo.Name;                                   //获取文件名称
        strFName = finfo.FullName;                              //获取文件的完整目录
        strDName = finfo.DirectoryName;                         //获取该文件的完整路径
        strISRead = finfo.IsReadOnly.ToString();                //获取文件是否只读
        lgLength = finfo.Length;                                //获取文件长度
        //显示文件信息
        label2.Text = "文件路径：" + strName;
        label3.Text = "创建时间：" + strCtime;
        label4.Text = "上次访问时间：" + strAtime;
        label5.Text = "文件大小：" + Convert.ToString(lgLength);
    }
```

## 9.2.3 知识链接

### 9.2.3.1 文件的基本操作

对文件的基本操作大体包括判断文件是否存在、创建文件、复制文件、移动文件、删除文件以及获取文件基本信息。在C#应用程序中,可以使用.NET类库中的File类和FileInfo类来实现文件的一些基本操作,包括打开文件、创建文件、删除文件、复制文件、移动文件、设置文件属性以及判断文件是否存在等操作。

**1. 打开文件**

打开文件可以使用File类的Open()方法来实现,该方法用于打开指定路径上的FileStream对象,并具有读/写权限。该方法声明如下：

```
public static FileStream Open(string path,FileMode mode);
```

其中，参数 path 表示要打开文件的路径。参数 mode 为 FileMode 的枚举之一，用来说明打开文件的方式。下列代码打开存放在 c:\tempuploads 目录下名称为 newFile. txt 的文件，并在该文件中写入 hello。

```
FileStream.TextFile = File.Open(@"c:\tempuploads\newFile.txt",FileMode.Append);
byte [] Info = {(byte)'h',(byte)'e',(byte)'l',(byte)'l',(byte)'o'};
TextFile.Write(Info,0,Info.Length);
TextFile.Close();
```

**2. 创建文件**

创建文件可以使用 File 类的 Create()方法。该方法声明如下：

```
public static FileStream Create(string path);
```

由于 File 类的 Create()方法默认向所有用户授予对新文件的完全读/写访问权限，因此文件是用读/写访问权限打开的，必须关闭后才能由其他应用程序打开，所以需要使用 FileStream 类的 Close()方法将所创建的文件关闭。下列代码演示如何在 c:\tempuploads 下创建名为 newFile. txt 的文件。

FileStream NewText＝File. Create(@"c:\tempuploads\newFile. txt")；

NewText. Close()；

**3. 删除文件**

删除文件可以使用 File 类的 Delete()方法。该方法声明如下：

```
public static void Delete(string path);
```

下列代码演示如何删除 c:\tempuploads 目录下的 newFile. txt 文件。

```
File.Delete(@"c:\tempuploads\newFile.txt");
```

**4. 复制文件**

可以采用 File 类的 Copy()方法实现文件的复制操作。该方法声明如下：

```
public static void Copy(string sourceFileName,string destFileName,bool overwrite);
```

由于 Copy()方法的 OverWrite 参数设为 true，因此如果 BackUp. txt 文件已经存在，将会被复制过去的文件所覆盖。下列代码将 c:\tempuploads\newFile. txt 复制到 c:\tempuploads\BackUp. txt。

```
File.Copy(@"c:\tempuploads\newFile.txt",@"c:\tempuploads\BackUp.txt",true);
```

**5. 移动文件**

移动文件可使用 File 类的 Move()方法。该方法声明如下：

```
public static void Move(string sourceFileName,string destFileName);
```

**注意**：只能在同一个逻辑盘下进行文件转移。如果试图将 c 盘下的文件转移到 d 盘，将发生错误。下列代码可以将 c:\tempuploads 下的 BackUp. txt 文件移动到 c 盘根目录下。

```
File.Move(@"c:\tempuploads\BackUp.txt",@"c:\BackUp.txt");
```

**6. 设置文件属性**

用户可以使用File类的SetAttributes()方法来设置文件的各种属性。该方法声明如下：

```
public static void SetAttributes(string path,FileAttributes fileAttributes);
```

下列代码可以设置文件c:\tempuploads\newFile.txt的属性为只读、隐藏。

```
File.SetAttributes(@"c:\tempuploads\newFile.txt",
                          FileAttributes.ReadOnly|FileAttributes.Hidden);
```

文件除了常用的只读和隐藏属性外，还有Archive(文件存档状态)，System(系统文件)，Temporary(临时文件)等。关于文件属性的详细情况请参看MSDN中FileAttributes的描述。

**7. 判断文件是否存在**

用户可以使用File类的Exist()方法来判断指定的文件是否存在。该方法声明如下：

```
public static bool Exists(string path);
```

下列代码判断是否存在c:\tempuploads\newFile.txt文件。若存在，先复制该文件，然后其删除，最后将复制的文件移动；若不存在，则先创建该文件，然后打开该文件并进行写入操作，最后将文件属性设为只读、隐藏。

```
if(File.Exists(@"c:\tempuploads\newFile.txt"))                //判断文件是否存在
{
   CopyFile();                                                 //复制文件
   DeleteFile();                                               //删除文件
   MoveFile();                                                 //移动文件
}
else
{
   MakeFile();                                                 //生成文件
   OpenFile();                                                 //打开文件
   SetFile();                                                  //设置文件属性
}
```

### 9.2.3.2 目录的基本操作

对目录进行操作时，主要用到.NET类库中提供的Directory类和DirectoryInfo类。用户可以使用这两个类中的方法实现目录的基本操作，如创建目录、设置目录属性移动和删除目录等。

**1. 创建目录**

创建目录可采用Directory类的CreateDirectory()方法。该方法声明如下：

```
public static DirectoryInfo CreateDirectory(string path);
```

下列代码演示在c:\tempuploads文件夹下创建名为NewDirectory的目录。

```
private void MakeDirectory()
{
```

```
    Directory.CreateDirectory(@"c:\tempuploads\NewDirectoty");
}
```

**2. 设置目录属性**

在C#应用程序中，可以使用DirectoryInfo类的Atttributes()方法来设置文件夹的属性。下列代码设置c:\tempuploads\NewDirectory文件夹为只读、隐藏。与文件属性相同，目录属性也是使用File类的Attributes()方法进行设置。

```
private void SetDirectory()
{
  DirectoryInfo NewDirInfo = new DirectoryInfo(@"c:\tempuploads\NewDirectoty");
  NewDirInfo.Atttributes = FileAttributes.ReadOnly|FileAttributes.Hidden;
}
```

**3. 删除目录**

删除目录可以使用Directory类的Delete()方法。该方法声明如下：

```
public static void Delete(string path,bool recursive);
```

Delete()方法的第二个参数为bool类型，它可以决定是否删除非空目录。如果该参数值为true，将删除整个目录，即使该目录下有文件或子目录；若为false，则仅当目录为空时才可删除。下列代码可以将c:\tempuploads\BackUp目录删除。

```
private void DeleteDirectory()
{
//删除c:\tempuploads\BackUp下所有文件和目录
  Directory.Delete(@"c:\tempuploads\BackUp",true);
}
```

**4. 移动目录**

移动目录可以使用Directory类的Move()方法。该方法声明如下：

```
public static void Move(string sourceDirName,string destDirName);
```

下列代码将目录c:\tempuploads\NewDirectory移到c:\tempuploads\BackUp。

```
private void MoveDirectory()
{
  Directory.Move(@"c:\tempuploads\NewDirectory",@"c:\tempuploads\BackUp");
}
```

**5. 获取当前目录下的所有子目录**

获取当前目录下的所有子目录可以使用Directory类的GetDirectories()方法。该方法声明如下：

```
public static string[] GetDirectories(string path);
```

下列代码读出c:\tempuploads\目录下的所有子目录，并将其存储到字符串数组中。

```
private void GetDirectory()
{
```

```
    string [] Directorys;
    Directorys = Directory.GetDirectories (@"c:\tempuploads");
}
```



**6. 获取当前目录下的所有文件**

获取当前目录下的所有文件可使用 Directory 类的 GetFiles()方法。该方法声明如下：

```
public static string[] GetFiles(string path);
```

下列代码读出 c:\tempuploads\目录下的所有文件，并将其存储到字符串数组中。

```
private void GetFile()
{
    string [] Files;
    Files = Directory. GetFiles (@"c:\tempuploads");
}
```

**7. 判断目录是否存在**

判断目录是否存在可使用 Directory 类的 Exists()方法。该方法声明如下：

```
public static bool Exists( string path;);
```

下列代码判断是否存在 c:\tempuploads\NewDirectory 文件。若存在，先获取该目录下的子目录和文件，然后将其移动，最后将移动后的目录删除。若不存在，则先创建该目录，然后将目录属性设为只读、隐藏。

```
if(Directory.Exists(@"c:\tempuploads\NewDirectory"))    //判断目录是否存在
{
    GetDirectory();                                     //获取子目录
    GetFile();                                          //获取文件
    MoveDirectory();                                    //移动目录
    DeleteDirectory();                                  //删除目录
}
else
{
    MakeDirectory();                                    //生成目录
    SetDirectory();                                     //设置目录属性
}
```

### 9.2.3.3 综合示例——文件夹遍历

**【例 9.5】** 创建 Windows 窗体应用程序 Chapter0905，在默认窗体中添加一个 FolderBrowserDialog 控件、一个 TextBox 控件、一个 Button 控件和一个 ListView 控件，其中，FolderBrowserDialog 控件用来显示“浏览文件夹”对话框，TextBox 控件用来显示选择的文件夹路径及名称，Button 控件用来打开“浏览文件夹”对话框并获取选择文件夹中的子文件夹及文件。ListView 控件用来显示选择的文件夹中的子文件夹及文件信息。程序的运行结果如图 9-6 所示。

图 9-6 文件综合示例运行效果图

主要代码如下：

```
private void button1_Click(object sender, EventArgs e)
{
 //初始化 ListView 控件
 listView1.View = View.Details;
 listView1.GridLines = true;
//为 ListView 控件添加列头
listView1.Columns.Add("文件名", 120, HorizontalAlignment.Left);
listView1.Columns.Add("路径", 180, HorizontalAlignment.Left);
listView1.Columns.Add("大小", 80, HorizontalAlignment.Left);
listView1.Columns.Add("创建时间", 80, HorizontalAlignment.Left);
//添加文件
listView1.Items.Clear();
if (folderBrowserDialog1.ShowDialog() == DialogResult.OK)
    textBox1.Text = folderBrowserDialog1.SelectedPath;
//实例化 DirectoryInfo 对象
DirectoryInfo dinfo = new DirectoryInfo(textBox1.Text);
//获取指定目录下的所有子目录及文件类型
FileSystemInfo[] fsinfos = dinfo.GetFileSystemInfos();
foreach(FileSystemInfo fsinfo in fsinfos)
if (fsinfo is DirectoryInfo)//判断是否是文件夹
 {
   //使用获取的文件夹名称实例化 DirectoryInfo 对象
   DirectoryInfo dirinfo = new DirectoryInfo(fsinfo.FullName);
   //为 ListView 控件添加文件夹信息
   listView1.Items.Add(dirinfo.Name);
   listView1.Items[listView1.Items.Count - 1].SubItems.Add(dirinfo.FullName);
   listView1.Items[listView1.Items.Count - 1].SubItems.Add("");
   listView1. Items [ listView1. Items. Count  1 ]. SubItems. Add ( dirinfo. CreationTime.
ToShortDateString());
```

```
        }
        else
        {
         //使用获取的文件名称实例化 FileInfo 对象
         FileInfo finfo = new FileInfo(fsinfo.FullName);
        //为 ListView 控件添加文件信息
          listView1.Items.Add(finfo.Name);
          listView1.Items[listView1.Items.Count - 1].SubItems.Add(finfo.FullName);
          listView1.Items[listView1.Items.Count - 1].SubItems.Add(finfo.Length.ToString());
          listView1.Items[listView1.Items.Count - 1].SubItems.Add(finfo.CreationTime.
ToShortDateString());
          }
    }
```

### 9.2.4 拓展与提高

System.IO 命名空间中包含了与文件系统相关的类,如与驱动器、目录、文件和路径相关的类,它们是 DriveInfo、DirectoryInfo、Directory、FileInfo、File、Path 和 FileSystemInfo 等。请结合课程内容,借助网络资源,了解和掌握其他相关类的用法。

## 9.3 数 据 流

### 9.3.1 任务描述:文件分割器

文件分割器主要是为了解决实际生活中携带大文件的问题,由于存储介质容量的限制,大的文件往往不能够一下子复制到存储介质中,这只能通过分割程序把大的文件分割成多个可携带的小文件,分步复制这些小文件,从而实现携带大文件的目的。而合并器的作用则能够把这些分割的小文件重新合并,恢复原来的文件。本情景实现一个简单的文件分割器,如图 9-7 所示。

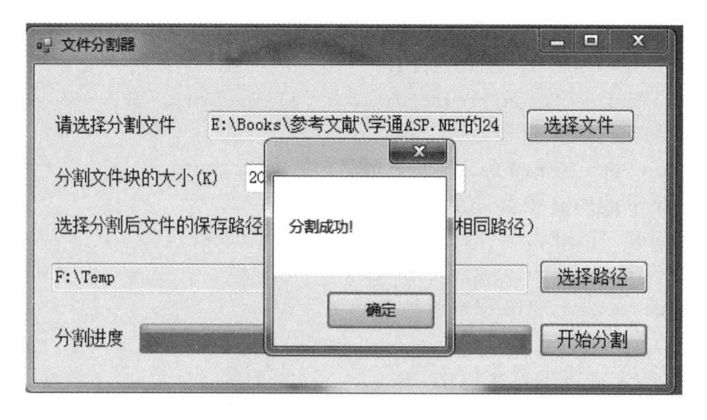


图 9-7 文件分割器

### 9.3.2 任务实现

(1) 启动 Visual Studio 2013,新建 Windows 应用项目 Project0903。在默认的窗体中,添加 4 个 Label 控件、3 个 TextBox 控件、3 个 Button 控件、一个进度条 ProgressBar 控件、

一个打开文件对话框 openFileDialog1 和一个文件夹浏览对话框 folderBrowserDialog1。其中 3 个 TextBox 控件分别用以显示 OpenFileDialog 组件选择后的文件和输入分割后小文件存放的目录以及分割文件的大小，ProgressBar 控件用以显示文件分割的进度，OpenFileDialog 组件，用于选择要分割的大文件。

(2) 为“选择文件”按钮添加单击事件处理方法，代码如下：

```
private void button1_Click(object sender, EventArgs e)
{
    openFileDialog1.Title = "请选择要分割的文件名称";
    DialogResult drTemp = openFileDialog1.ShowDialog();
    if (drTemp == DialogResult.OK && openFileDialog1.FileName != string.Empty)
    {
        textBox1.Text = openFileDialog1.FileName;
        button3.Enabled = true;
    }
}
```

(3) 为“选择路径”按钮添加单击事件处理方法，代码如下：

```
private void button2_Click(object sender, EventArgs e)
{
    if (string.IsNullOrEmpty(textBox2.Text))
    {
            MessageBox.Show("请输入文件分割块大小!");
    }
    if (folderBrowserDialog1.ShowDialog() == DialogResult.OK)
    {
            textBox4.Text = folderBrowserDialog1.SelectedPath;
    }
}
```

(4) 为“开始分割”按钮添加单击事件处理方法，代码如下：

```
private void button3_Click(object sender, EventArgs e)
  {
    //根据选择来设定分割的小文件的大小
    int iFileSize = Int32.Parse (textBox2.Text) * 1024 ;
    //如果计算机存在存放分割文件的目录,则全部删除此目录所有文件
    //反之则在计算机创建目录
    if (Directory.Exists (textBox4.Text) )
        Directory.Delete (textBox4.Text,true ) ;
      Directory.CreateDirectory (textBox4.Text) ;
      //以文件的全路对应的字符串和文件打开模式来初始化 FileStream 文件流实例
      FileStream SplitFileStream = new FileStream (textBox1.Text, FileMode.Open ) ;
      BinaryReader SplitFileReader = new BinaryReader ( SplitFileStream ) ;
      //以 FileStream 文件流来初始化 BinaryReader 文件阅读器
      byte [ ] TempBytes ;
    //每次分割读取的最大数据
      int iFileCount = ( int ) (SplitFileStream.Length / iFileSize ) ;
    //小文件总数
    progressBar1.Maximum = iFileCount ;
```

```
    if ( SplitFileStream.Length % iFileSize != 0 )
        iFileCount++;
    string [ ] TempExtra = textBox1.Text.Split ('.' ) ;
    /* 循环将大文件分割成多个小文件 */
for ( int i = 1 ; i <= iFileCount ; i++)
{
//确定小文件的文件名称
string sTempFileName = textBox4.Text + "\\" + i.ToString().PadLeft(4,'0') + "." + TempExtra
[TempExtra.Length - 1];
//根据文件名称和文件打开模式来初始化 FileStream 文件流实例
FileStream TempStream = new FileStream(sTempFileName, FileMode.OpenOrCreate);
//以 FileStream 实例来创建、初始化 BinaryWriter 书写器实例
BinaryWriter TempWriter = new BinaryWriter (TempStream ) ;
TempBytes = SplitFileReader.ReadBytes ( iFileSize ) ;        //从大文件中读取指定大小数据
TempWriter.Write ( TempBytes ) ;                             //把此数据写入小文件
TempWriter.Close ( ) ;                                       //关闭书写器,形成小文件
TempStream.Close ( ) ;                                       //关闭文件流
progressBar1.Value = i - 1 ;
}
SplitFileReader.Close ( ) ;                                  //关闭大文件阅读器
SplitFileStream.Close ( ) ;
MessageBox.Show ( "分割成功!" ) ;
progressBar1.Value = 0 ;
}
```

### 9.3.3 知识链接

#### 9.3.3.1 数据流的概念

数据流(Stream)是对串行传输数据的一种抽象表示,是对输入/输出的一种抽象。数据有来源和目的地,衔接两者的就是串流对象。用比喻的方式来说,数据就像水,串流对象就像水管,通过水管的衔接,水由一端流向另一端,如图 9-8 所示。从应用程序的角度来说,如果将数据从来源取出,可以试用输入(读)串流,把数据储存在内存缓冲区;如果将数据写入目的地,可以使用输出(写)串流,把内存缓冲区的数据写入目的地。

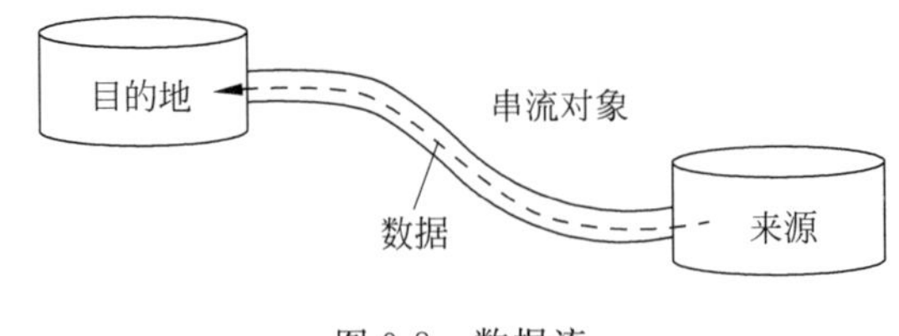


图 9-8 数据流

当希望通过网络传输数据,或者对文件数据进行操作时,首先需要将数据转化为数据流。典型的数据流和某个外部数据源相关,数据源可以是文件、外部设备、内存、网络套接字等。根据数据源的不同,.Net 提供了多个从 Stream 类派生的子类,每个类代表一种具体的数据流类型,如和磁盘文件直接相关的文件流类 FileStream,和套接字相关的网络流类 NetworkStream 以及和内存相关的内存流类 MemoryStream 等。

流中包含的数据可能来自内存、文件或 TCP/IP 套接字。流包含以下几种可应用于自身的基本操作，如读取、写入和查找。

- 读取：将数据从流传输到数据结构(如字符串或字节数组中)。
- 写入：将数据从数据源传输到流中
- 查找：重新设置流的当前位置，以便随机读写。但并不是所有的流类型都支持查找，如网络流类没有当前位置的概念，就不支持查找。

在.NET Framework 中，流由 Stream 类来表示，该类构成了所有其他流的抽象类，不能直接创建 Stream 类的实例，但是必须使用它实现其中的一个类。Stream 是虚拟类，它以及它的派生类都提供了 Read()和 Write()方法，可以支持在字节级别上对数据进行读写。Read()方法从当前字节流读取字节放至内存缓冲区，Write()方法把内存缓冲区的字节写入当前流中。仅支持字节级别的数据处理会给开发人员带来不便。如果应用程序需要将字符数据写入到流中，则需要先将字符数据转化为字节数组之后才能调用 Write()方法写入流。因此，除了 Stream 及其派生类的读写方法之外，.Net Framework 同样提供了其他多种支持流读写的类。

#### 9.3.3.2 文件流类

在 C#中，文件流类 FileStream 公开以文件为主的 Stream，它表示在磁盘或网络路径上指向文件的流。一个 FileStream 类的实例实质上代表一个磁盘文件，它通过 Seek 方式进行对文件的访问，也同时包含了流的标准输入、输出及标准错误。FileStream 类默认对文件的打开方式是同步的，但它同样很好地支持异步操作。表 9-6 给出了 FileStream 类的常用属性及其说明。

**表 9-6 FileStream 类的常用属性及其说明**

| 属 性 | 说 明 |
|---|---|
| CanRead | 获取一个值，该值指示当前流是否支持读取 |
| CanSeek | 获取一个值，该值指示当前流是否支持查找 |
| CanTimeout | 获取一个值，该值确定当前流是否可以超时 |
| CanWrite | 获取一个值，该值指示当前流是否支持写入 |
| IsAsync | 获取一个值，该值指示 FileStream 是异步打开还是同步打开 |
| Length | 获取用字节表示的流长度 |
| Name | 获取传递给构造函数的 FileStream 的名称 |
| Position | 获取或设置此流的当前位置 |
| ReadTimeout | 获取或设置一个值(以毫秒为单位)，该值确定流在超时前尝试读取多长时间 |
| WriteTimeout | 获取或设置一个值(以毫秒为单位)，该值确定流在超时前尝试写入多长时间(继承自 Stream) |

FileStream 类的常用方法及其说明如表 9-7 所示。

**表 9-7 FileStream 类的常用方法及其说明**

| 方 法 | 说 明 |
|---|---|
| BeginRead | 开始异步读操作 |
| BeginWrite | 开始异步写操作 |

续表

| 方　法 | 说　明 |
|---|---|
| Close | 关闭当前流并释放与之关联的所有资源(如套接字和文件句柄) |
| EndRead | 等待挂起的异步读取操作完成 |
| EndWrite | 结束异步写入操作,在 I/O 操作完成之前一直阻止 |
| Lock | 防止其他进程读取或写入 FileStream |
| Read | 从流中读取字节块并将该数据写入给定缓冲区中 |
| ReadByte | 从文件中读取一个字节,并将读取位置提升一个字节 |
| Seek | 将该流的当前位置设置为给定值[重写 Stream. Seek(Int64, SeekOrigin)] |
| SetLength | 将该流的长度设置为给定值[重写 Stream. SetLength(Int64)] |
| ToString | 返回表示当前对象的字符串(继承自 Object) |
| Unlock | 允许其他进程访问以前锁定的某个文件的全部或部分 |
| Write | 将字节块写入文件流[重写 Stream. Write(Byte[], Int32, Int32)] |
| WriteByte | 将一个字节写入文件流的当前位置[重写 Stream. WriteByte(Byte)] |

要使用 FileStream 类操作文件,需要先实例化一个 FileStream 类对象。创建 FileStream 对象的方式不是单一的,除了用 File 对象的 Create()方法或 Open()方法外,也可以采用类 FileStream 的构造函数。创建文件流对象的常用方法如下:

(1) 使用 File 对象的 Create()方法。

```
FileStream mikecatstream = File.Create("c:\\mikecat.txt");
```

(2) 使用 File 对象的 Open()方法。

```
FileStream mikecatstream = File.Open("c:\\mikecat.txt", FileMode.OpenOrCreate, FileAccess.
Write);
```

(3) 使用类 FileStream 的构造函数。

```
FileStream mikecatstream = new FileStream ( " c: \ \ mikecat. txt", FileMode. OpenOrCreate,
FileAccess.Write);
```

类 FileStream 的构造函数提供了 15 种重载,最常用的有 3 种,如表 9-8 所示。

**表 9-8　类 FileStream 的 3 种常用的构造函数**

| 名　称 | 说　明 |
|---|---|
| FileStream(string FilePath, FileMode) | 使用指定的路径和创建模式初始化 FileStream 类的新实例 |
| FileStream(string FilePath, FileMode, FileAccess) | 使用指定的路径、创建模式和读/写权限初始化 FileStream 类的新实例 |
| FileStream(string FilePath, FileMode, FileAccess, FileShare) | 使用指定的路径、创建模式、读/写权限和共享权限创建 FileStream 类的新实例 |

在构造函数中使用的 FilePath, FileMode, FileAccess, FileShare 分别是指使用指定的路径、创建模式、读/写权限和共享权限。下面介绍 FileMode,FileAccess 和 FileShare。它们三个都是 System.IO 命名空间中的枚举类型,如表 9-9 所示。

表 9-9　枚举类型 FileMode、FileAccess 和 FileShare

| 名称 | 取　　值 | 说　　明 |
| --- | --- | --- |
| FileMode | Append、Create、CreateNew、Open、OpenOrCreate 和 Truncate | 指定操作系统打开文件的方式 |
| FileAccess | Read、ReadWrite 和 Write | 定义用于控制对文件的读访问、写访问或读/写访问的常数 |
| FileShare | Inheritable、None、Read、ReadWrite 和 Write | 包含用于控制其他 FileStream 对象对同一文件可以具有的访问类型的常数 |

下面的示例演示了使用 FileStream 类从随机文件中读取数据、向随机文件中写入数据。主要代码如下：

```
static void Main(string[] args)
{
    byte[] byData = new byte[200];
    char[] charData = new Char[200];

    Console.WriteLine("\n 从文件中读取数据示例.读取数据如下:");
    Console.WriteLine("-------------------------------------------------");
    try
    {
        FileStream aFile = new FileStream("Program.cs", FileMode.Open);
        aFile.Seek(135, SeekOrigin.Begin);          //文件指针移动到文件的第 135 个字节
        aFile.Read(byData, 0, 200);                 //200 个字节读入到 byData 字节数组中
    }
    catch (IOException e)
    {
        Console.WriteLine(e.ToString());
    }
    //将字节流转成字符
    Decoder d = Encoding.UTF8.GetDecoder();
    d.GetChars(byData, 0, byData.Length, charData, 0);
    //输出字符
    Console.WriteLine(charData);
    Console.WriteLine("-------------------------------------------------");

    Console.WriteLine("\n 向文件中写入数据示例程序开始");
    try
    {
       charData = "My pink half of the drainpipe.".ToCharArray();
        byData = new byte[charData.Length];
        Encoder e = Encoding.UTF8.GetEncoder();
        e.GetBytes(charData, 0, charData.Length, byData, 0, true);

       FileStream aFile = new FileStream("Temp.txt", FileMode.Create);
        aFile.Seek(0, SeekOrigin.Begin);            //移动文件指针到文件开始位置
        aFile.Write(byData, 0, byData.Length);     //写入数据到文件
    }
```

```
        catch (IOException ex)
        {
            Console.WriteLine(ex.ToString());
        }
        Console.ReadKey();
    }
```

程序的运行结果如图 9-9 所示。

图 9-9　文件读写示例程序

### 9.3.3.3　文本文件的读写

文本文件的写入与读取主要是通过 StreamWriter 类和 StreamReader 类来实现。StreamWriter 类是专门用来处理文本的类,可以方便地向文本文件中写入字符串,同时也负责重要的转换和处理向 FileStream 对象的写入工作。StreamWriter 类的常用属性及其说明如表 9-10 所示。

**表 9-10　StreamWriter 类的常用属性及其说明**

| 名　　称 | 说　　明 |
| --- | --- |
| Encoding | 获取将输出写入到其中的 Encoding |
| FormatProvider | 获取控制格式设置的对象 |
| NewLine | 获取或设置由当前 TextWriter 使用的行结束符字符串 |

StreamWriter 类的常用方法及其说明如表 9-11 所示。

**表 9-11　StreamWriter 类的常用方法及其说明**

| 名　　称 | 说　　明 |
| --- | --- |
| Close | 关闭当前的 StringWriter 和基础流 |
| Write | 将数据写入流中 |
| WriteLine | 写入重载参数指定的某些数据,后跟行结束符 |

StreamReader 类是专门用来读取文本文件的类。StreamReader 可以从底层 Stream 对象创建 StreamReader 对象的实例,且能指定编码规范参数。创建 StreamReader 对象后,它提供了许多用于读取和浏览字符数据的方法。该类的常用方法如表 9-12 所示。

表 9-12　StreamReader 类的常用方法及其说明

| 名　称 | 说　明 |
|---|---|
| Close | 关闭 StreamReader 对象和基础流,并释放与读取器关联的所有系统资源 |
| Read | 读取输入流中的下一个字符或下一组字符 |
| ReadBlock | 从当前流中读取最大数量的字符并从索引开始将该数据写入数据缓冲器 |
| ReadLine | 从当前流中读取一行字符并将数据作为字符串返回 |
| ReadToEnd | 从流的当前位置到末尾读取流 |

下面通过具体实例说明如何使用 StreamReader 和 StreamWriter 类来读取和写入文本文件。

**【例 9.6】** 创建一个 Windows 应用程序 Chapter0906,在默认窗体上添加一个 SaveFileDialog 和一个 OpenFileDialog 控件,一个 TextBox 控件和 2 个 Button 控件。TextBox 控件用来输入要写入文件中的内容,或用来显示文件中已有的内容。Button 控件用来执行相应的操作。

主要代码如下:

```
private void button1_Click(object sender,EventArgs e)
  {
  if (textBox1.Text == string.Empty)
    {
      MessageBox.Show("写入文件的内容不能为空", "信息提示");
    }
  else
  {
    //设置保存文件的格式
    SaveFileDialog saveFile = new SaveFileDialog();
    saveFile.Filter = "文本文件(*.txt)|*.txt";
    if (saveFile.ShowDialog() == DialogResult.OK)
    {
      //使用"另存为"对话框输入的文件名实例化 StreamWriter 对象
      StreamWriter sw = new StreamWriter(saveFile.FileName, true);
      //向创建的文件中写入内容
    sw.WriteLine(textBox1.Text);
    sw.Close();
    textBox1.Text = string.Empty;
    }
  }
}

private void button2_Click(object sender,EventArgs e)
{
//设置打开文件的格式
  OpenFileDialog OpenFile = new OpenFileDialog();
  OpenFile.Filter = "文本文件(*.txt)|*.txt";
  if (OpenFile.ShowDialog() == DialogResult.OK)
  {
      textBox1.Text = string.Empty;
```

```
            //使用"打开"对话框中选择的文件实例化 StreamReader 对象
            StreamReader sr = new StreamReader(OpenFile.FileName);
            //调用 ReadToEnd 方法选择文件中的全部内容
            textBox1.Text = sr.ReadToEnd();
            //关闭当前文件
            sr.Close();
        }
    }
```

#### 9.3.3.4 二进制文件的读写

二进制文件的写入与读取通过 BinaryWriter 类和 BinaryReader 类来实现。BinaryWriter 类以二进制形式将基元写入流，并支持用特定的编码写入字符串，其常用方法及其说明如表 9-13 所示。

**表 9-13 BinaryWriter 类的常用方法及其说明**

| 名　称 | 说　明 |
|---|---|
| Close | 关闭当前的 BinaryWriter 和基础流 |
| Write | 将值写入流，有很多重载版本，适用于不同的数据类型 |
| Flush | 清除缓存区 |
| Seek | 设置当前流中的位置 |

BinaryReader 类用特定的编码将基元数据类型读作二进制值，其常用方法及其说明如表 9-14 所示。

**表 9-14 BinaryReader 类的常用方法及其说明**

| 名　称 | 说　明 |
|---|---|
| Close | 关闭当前阅读器及基础流 |
| PeekChar | 返回下一个可用的字符，并且不提升字节或字符的位置 |
| Read | 从基础流中读取字符，并根据所使用的编码和从流中读取的特定字符，提升流的当前位置 |
| ReadByte | 从当前流中读取下一个字节，并使流的当前位置提升一个字节 |
| ReadBytes | 从当前流中读取指定的字节数以写入字节数组中，并将当前位置前移相应的字节数 |
| ReadChar | 从当前流中读取下一个字符，并根据所使用的 Encoding 和从流中读取的特定字符，提升流的当前位置 |
| ReadChars | 从当前流中读取指定的字符数，并以字符数组的形式返回数据，然后根据所使用的 Encoding 和从流中读取的特定字符，将当前位置前移 |
| ReadInt32 | 从当前流中读取 4 字节有符号整数，并使流的当前位置提升 4 个字节 |
| ReadInt64 | 从当前流中读取 8 字节有符号整数，并使流的当前位置向前移动 8 个字节 |
| ReadString | 从当前流中读取一个字符串。字符串有长度前缀，一次 7 位地被编码为整数 |

下面举例说明如何使用 BinaryReader 类和 BinaryWriter 类来实现二进制文件的读写。

**【例 9.7】** 创建一个 Windows 应用程序，在默认窗体上添加一个 OpenFileDialog 控件、一个 SaveFileDialog 控件，一个 TextBox 控件和两个 Button 控件。其中，SaveFileDialog 控件用来显示“另存为”对话框，OpenFileDialog 控件用来显示“打开”对话框，TextBox 控件用来输入要写入二进制文件的内容和显示选中二进制文件的内容，Button 控件分别用来显示读取或写入操作。

主要代码如下：

```
private void button1_Click(object sender,EventArgs e)
 {
 //设置打开文件的格式
 OpenFileDialog OpenFile = new OpenFileDialog();
 OpenFile.Filter = "二进制文件(*.dat)|*.dat";
 if (OpenFile.ShowDialog() == DialogResult.OK)
  {
     textBox1.Text = string.Empty;
     //使用"打开"对话框中选择的文件实例化 StreamReader 对象
     FileStream myStream = new FileStream(OpenFile.FileName, FileMode.Open, FileAccess.Read);
     //使用 FileStream 对象实例化 BinaryReader 二进制写入流
     BinaryReader myReader = new BinaryReader(myStream);
     if (myReader.PeekChar() != -1)
      {
      //以二进制方式读取文件内容
      textBox1.Text = Convert.ToString(myReader.ReadInt32());
      }
     //关闭当前二进制读取流
      myReader.Close();
     //关闭当前文件流
      myStream.Close();
     }
  }
  //文件写入主要代码
  private void button1_Click(object sender,EventArgs e)
  {
   if (textBox1.Text == string.Empty)
    MessageBox.Show("要写入的文件内容不能为空!","信息提示");
   else
   {
   //设置打开文件的格式
    SaveFileDialog SaveFile = new SaveFileDialog();
    SaveFile.Filter = "二进制文件(*.dat)|*.dat";
    if (SaveFile.ShowDialog() == DialogResult.OK)
    {
     //使用"另存为"对话框中选择的文件实例化 StreamReader 对象
     FileStream myStream = new FileStream(SaveFile.FileName, FileMode.OpenOrCreate,
FileAccess.ReadWrite);
     //使用 FileStream 对象实例化 BinaryReader 二进制写入流
     BinaryWriter myWriter = new BinaryWriter(myStream);
     myWriter.Write(textBox1.Text);
     myStream.Close();
     myWriter.Close();
     textBox1.Text = string.Empty;
    }
  }
}
```

### 9.3.4 拓展与提高

复习本节内容,编写程序实现文件合并器。实现合并文件的思路是首先获得要合并文件所在的目录,然后确定所在目录的文件数目,最后通过循环按此目录文件名称的顺序读取文件,形成数据流,并使用BinaryWriter再不断追加,循环结束即合并文件完成。

## 9.4 知识点提炼

(1) File类和FileInfo类都可以对文件进行创建、复制、删除、移动、打开、读取、获取文件的基本信息等操作。

(2) File类支持对文件的基本操作,包括提供用于创建、复制、删除、移动和打开文件的静态方法,并协助创建FileStream对象。由于所有的File类的方法都是静态的,因此如果只想执行一个操作,使用File类方法的效率比使用相应的FileInfo实例方法可能更高。

(3) Directory类和DirectoryInfo类都可以对目录进行创建、移动、浏览目录及其子目录等操作。

(4) Directory类用于目录的典型操作,如复制、移动、重命名、创建、删除等。另外,也可以将其用于获取和设置于目录的创建、访问以及写入相关时间信息。

(5) 数据流提供了一种向后备存储写入字节和从后备存储读取字节的方式,它是在.NET Framework中执行读写文件操作时的一种非常重要的介质。

(6) StreamWriter类和StreamReader类用来实现文本文件的写入和读取。利用StreamWriter对象可以方便地向文本文件中写入字符串。

(7) BinaryWriter类和BinaryReader类用来实现二进制文件的写入和读取。可以利用这两个类可以实现图片数据的存取操作。

# 第 10 章　图形图像处理技术

应用程序界面是用户与应用程序交互的重要途径，是吸引用户的一个重要因素。为了方便用户绘制用户屏幕，实现一些特殊的功能，.NET 提供了 GDI＋来实现图形图像处理。本章主要介绍利用 C＃进行图形图像处理的基本知识。通过阅读本章内容，读者可以：

- 了解什么是 GDI＋技术。
- 理解 Graphics 类及常用画图对象。
- 了解画刷和画刷类型。
- 了解基本的图像处理。
- 掌握图像的输入与保存过程。

## 10.1　GDI＋绘图基础

### 10.1.1　任务描述：实现图形验证码

验证码是 Completely Automated Public Turing test to tell Computers and Humans Apart(CAPTCHA，全自动区分计算机和人类的图灵测试)的缩写，是一种区分用户是计算机还是人的公共全自动程序，可以防止恶意破解密码、刷票、论坛灌水，有效防止某个黑客对某一个特定注册用户用特定程序暴力破解方式进行不断的登录尝试。本任务完成学生成绩管理系统登录验证码的设计，如图 10-1 所示。

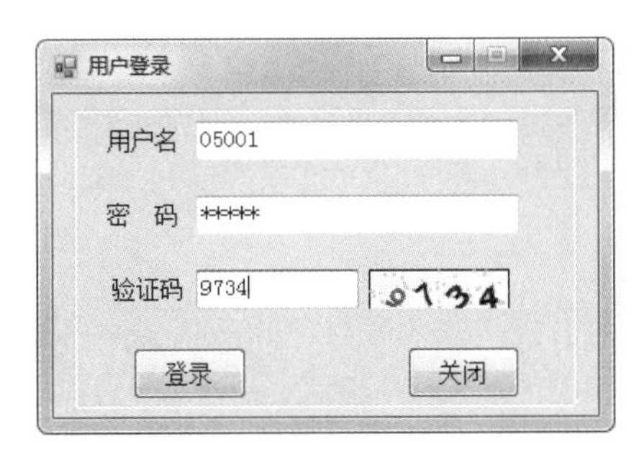


图 10-1　登录验证码设计

### 10.1.2　任务实现

(1) 启动 Visual Studio 2013，打开学生成绩管理系统项目 GradeManagement，打开登录窗体 LoginForm。在登录窗体中添加一个 Label 控件、一个 TextBox 控件和一个

PictureBox 控件,其中 PictureBox 控件用来显示图形验证码。

(2) 在窗体中添加更新验证码方法、生成随机验证码方法和随机码图片方法。主要代码如下:



```
//更新验证码方法
private void UpdateVerifyCode()
{
    strVerifyCode = CreateRandomCode(iVerifyCodeLength);
    CreateImage(strVerifyCode);
}
//生成随机验证码方法
private string CreateRandomCode(int iLength)
{
    int rand;
    char code;
    string randomCode = String.Empty;
    //生成一定长度的验证码
    System.Random random = new Random();
    for (int i = 0; i < iLength; i++)
    {
        rand = random.Next();

        if (rand % 3 == 0)
        {
            code = (char)('A' + (char)(rand % 26));
        }
        else
        {
            code = (char)('0' + (char)(rand % 10));
        }

        randomCode += code.ToString();
    }
    return randomCode;
}
///生成随机码图片方法
private void CreateImage(string strVerifyCode)
{
    try
    {
    int iRandAngle = 45;                              //随机转动角度
    int iMapWidth = (int)(strVerifyCode.Length * 21);
    Bitmap map = new Bitmap(iMapWidth, 28);           //创建图片背景

     Graphics graph = Graphics.FromImage(map);
     graph.Clear(Color.AliceBlue);                    //清除画面,填充背景
     graph.DrawRectangle(new Pen(Color.Black, 0), 0, 0, map.Width - 1, map.Height - 1);
                                                      //画一个边框
     graph.SmoothingMode = System.Drawing.Drawing2D.SmoothingMode.AntiAlias;        //模式
```

```
        Random rand = new Random();
        //背景噪点生成
       Pen blackPen = new Pen(Color.LightGray, 0);
       for (int i = 0; i < 50; i++)
        {
           int x = rand.Next(0, map.Width);
           int y = rand.Next(0, map.Height);
           graph.DrawRectangle(blackPen, x, y, 1, 1);
        }
        //验证码旋转,防止机器识别
        char[] chars = strVerifyCode.ToCharArray();       //拆散字符串成单字符数组
        //文字距中
        StringFormat format = new StringFormat(StringFormatFlags.NoClip);
        format.Alignment = StringAlignment.Center;
        format.LineAlignment = StringAlignment.Center;
       //定义颜色
       Color[] c = { Color.Black, Color.Red, Color.DarkBlue, Color.Green, Color.Orange,
Color.Brown, Color.DarkCyan, Color.Purple };
        //定义字体
        string[] font = { "Verdana", "Microsoft Sans Serif", "Comic Sans MS", "Arial", "宋体" };
        for (int i = 0; i < chars.Length; i++)
        {
            int cindex = rand.Next(7);
            int findex = rand.Next(5);
            Font f = new System.Drawing.Font(font[findex], 13, System.Drawing.FontStyle.Bold);
          Brush b = new System.Drawing.SolidBrush(c[cindex]);
          Point dot = new Point(16, 16);
          float angle = rand.Next(-iRandAngle, iRandAngle);      //转动的度数

       graph.TranslateTransform(dot.X, dot.Y);                   //移动光标到指定位置
       graph.RotateTransform(angle);
       graph.DrawString(chars[i].ToString(), f, b, 1, 1, format);
       graph.RotateTransform(-angle);                            //转回去
       graph.TranslateTransform(2, -dot.Y);                      //移动光标到指定位置
     }
    pbVerifyCode.Image = map;
   }
  catch (ArgumentException)
   {
       MessageBox.Show("创建图片错误.");
   }
}
```

(3) 修改“登录”按钮单击事件,添加如下代码:

```
if (CheckUser(name, passwd) == true)                   //检查用户名和密码
 {
      if(strVerifyCode == code)                        //验证码正确
      {
        //与第7章用户登录代码相同
      }
```

```
else
{
 MessageBox.Show("验证码错误", "验证信息", MessageBoxButtons.OK, MessageBoxIcon.Error);
}
}
```



## 10.1.3 知识链接

### 10.1.3.1 什么是 GDI+

在 Windows 操作系统下,绝大多数具备图形界面的应用程序都离不开 GDI。GDI 是 Graphics Device Interface 的缩写,含义是图形设备接口,它的主要任务是负责系统与绘图程序之间的信息交换,处理所有 Windows 程序的图形输出。利用 GDI 所提供的众多函数可以方便地在屏幕、打印机及其他输出设备上输出图形、文本等操作。GDI 的出现使程序员无须关心硬件设备及设备驱动,就可以将应用程序的输出转化为硬件设备上的输出,实现了程序开发者与硬件设备的隔离,大大方便了开发工作。

GDI+(Graphics Device Interface Plus)是已有版本 GDI 的继承者,使得应用程序开发人员在输出屏幕和打印机信息的时候无须考虑具体显示设备的细节,只需调用 GDI+库输出的类的一些方法即可完成图形操作,真正的绘图工作由这些方法交给特定的设备驱动程序来完成。GDI+使得图形硬件和应用程序相互隔离,从而使开发人员编写设备无关的应用程序变得非常容易。

从本质上来看,GDI+为开发者提供了一组实现与各种设备(例如监视器,打印机及其他具有图形化能力但不及涉及这些图形细节的设备)进行交互的库函数。GDI+的本质在于,它能够替代开发人员实现与如显示器及其他外部设备的交互。而从开发者角度来看,要实现与这些设备的直接交互却是一项艰巨的任务。

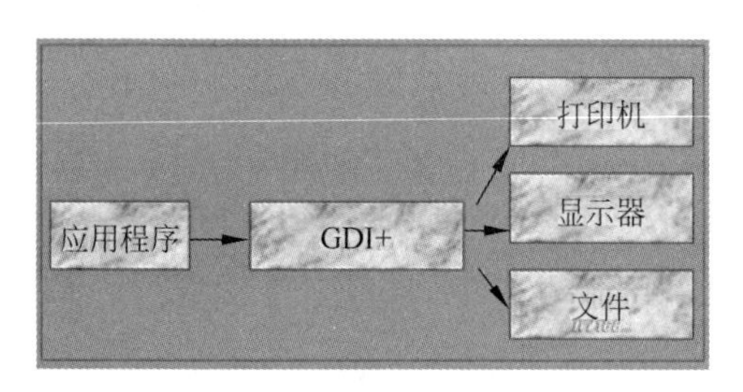


图 10-2 GDI+担当着重要的中介作用

图 10-2 展示了 GDI+在开发人员与上述设备之间起着重要的中介作用。其中,GDI+为我们"包办"了几乎一切——示把一个简单的字符串 HelloWorld 打印到控制台,到绘制直线、矩形,甚至是打印一个完整的表单等。

那么,GDI+是如何工作的呢?为了弄清这个问题,让我们来分析一个示例——绘制一条线段。实质上,一条线段就是从一个开始位置($X_0$,$Y_0$)到一个结束位置($X_n$,$Y_n$)的一系列像素点的集合。为了画出这样的一条线段,设备(在本例中指显示器)需要知道相应的设备坐标或物理坐标。然而,开发人员不是直接告诉该设备,而是调用 GDI+的 drawLine()方法,然后,由 GDI+在内存(即视频内存)中绘制一条从点 $A$ 到点 $B$ 的直线。GDI+读取点 $A$ 和点 $B$ 的位置,然后把它们转换成一个像素序列,并且指示监视器显示该像素序列。简言之,GDI+把设备独立的调用转换成了一个设备可理解的形式;或者实现相反方向的转换。

在.NET 中,使用 GDI+类库中的类进行图像处理时,需要引入相应名字空间。表 10-1 列出了 GDI+基类的主要命名空间及其说明。

表 10-1　GDI+基类的主要命名空间

| 命名空间 | 说　明 |
|---|---|
| System. Drawing | 包含与基本绘图功能有关的大多数类、结构、枚举和委托 |
| System. Drawing. Drawing2D | 为大多数高级 2D 和矢量绘图操作提供了支持，包括消除锯齿、几何转换和图形路径 |
| System. Drawing. Imaging | 帮助处理图像(位图、GIF 文件等)的各种类 |
| System. Drawing. Printing | 把打印机或打印预览窗口作为输出设备时使用的类 |
| System. Drawing. Design | 一些预定义的对话框、属性表和其他用户界面元素，与在设计期间扩展用户界面相关 |
| System. Drawing. Text | 对字体和字体系列执行更高级操作的类 |

#### 10.1.3.2　Graphics 类

Graphics 类封装一个 GDI+绘图图面，提供将对象绘制到显示设备的方法，Graphics 与特定的设备上下文关联。画图方法都被包括在 Graphics 类中，在画任何对象(例如 Circle，Rectangle)时，我们首先要创建一个 Graphics 类实例，这个实例相当于建立了一块画布，有了画布才可以用各种画图方法进行绘图。

绘图程序的设计过程一般分为两个步骤：

(1) 创建 Graphics 对象；

(2) 使用 Graphics 对象的方法绘图、显示文本或处理图像。

通常我们使用下述 3 种方法来创建一个 Graphics 对象。

**1. 利用控件或窗体的 Paint 事件中的 PainEventArgs 来创建 Graphics 对象**

PaintEventArgs 是一个派生自 EventArgs 的类，一般用于传送有关事件的信息。PaintEventArgs 有另外两个属性，其中比较重要的是 Graphics 实例，它们主要用于优化绘制窗口中需要绘制的部分。在窗体或控件的 Paint 事件中接收对图形对象的引用，作为 PaintEventArgs(PaintEventArgs 指定绘制控件所用的 Graphics)的一部分，在为控件创建绘制代码时，通常会使用此方法来获取对图形对象的引用。利用该方式创建 Graphics 对象的例子如下：

```
//窗体的 Paint 事件的响应方法
private void form1_Paint(object sender, PaintEventArgs e)
{
    Graphics g = e.Graphics;
}
```

也可以直接重载控件或窗体的 OnPaint 方法，具体代码如下：

```
protected override void OnPaint(PaintEventArgs e)
{
    Graphics g = e.Graphics;
}
```

**注意**：Paint 事件在重绘控件时发生。

**2. 调用某控件或窗体的 CreateGraphics 方法创建 Graphics 对象**

窗体和控件类都有一个 CreateGraphics 方法，通过该方法可以在程序中生成此窗体或控件所对应的 Graphics 对象。这种方法一般应用于对象已经存在的情况下。例如：

```
Graphics g = this.CreateGraphics();
```



**3. 调用 Graphics 类的 FromImage 静态方法来创建 Graphics 对象**

用 Image 的任何派生类均可以生成相应的 Graphics 对象，这种方法一般适用于在 C# 中对图像进行处理的场合。例如：

```
//名为 g1.jpg 的图片位于当前路径下
Image img = Image.FromFile("g1.jpg");                //建立 Image 对象
Graphics g = Graphics.FromImage(img);                //创建 Graphics 对象
```

有了一个 Graphics 的对象引用后，就可以利用该对象的成员进行各种各样图形的绘制，表 10-2 列出了 Graphics 类的常用方法及其说明。

**表 10-2 Graphics 类的常用方法及其说明**

| 名　称 | 说　明 | 名　称 | 说　明 |
|---|---|---|---|
| DrawArc | 画弧 | DrawPolygon | 画多边形 |
| DrawBezier | 画立体的贝塞尔曲线 | DrawRectangle | 画矩形 |
| DrawBeziers | 画连续立体的贝塞尔曲线 | DrawString | 绘制文字 |
| DrawClosedCurve | 画闭合曲线 | FillEllipse | 填充椭圆 |
| DrawCurve | 画曲线 | FillPath | 填充路径 |
| DrawEllipse | 画椭圆 | FillPie | 填充饼图 |
| DrawImage | 画图像 | FillPolygon | 填充多边形 |
| DrawLine | 画线 | FillRectangle | 填充矩形 |
| DrawPath | 通过路径画线和曲线 | FillRectangles | 填充矩形组 |
| DrawPie | 画饼形 | FillRegion | 填充区域 |

### 10.1.3.3 辅助绘图对象

**1. Color 结构**

在自然界中，颜色大都由透明度(A)和三基色(R,G,B)组成。在 GDI+中，通过 Color 结构封装对颜色的定义。Color 结构中，除了提供(A,R,G,B)以外，还提供许多系统定义的颜色，如 Pink(粉色)，另外还提供许多静态成员，用于对颜色进行操作。Color 结构的基本属性及其说明如表 10-3 所示。

**表 10-3 Color 结构的基本属性及其说明**

| 名　称 | 说　明 |
|---|---|
| A | 获取此 Color 结构的 alpha 分量值，取值(0～255) |
| B | 获取此 Color 结构的蓝色分量值，取值(0～255) |
| G | 获取此 Color 结构的绿色分量值，取值(0～255) |
| R | 获取此 Color 结构的红色分量值，取值(0～255) |
| Name | 获取此 Color 结构的名称，将返回用户定义的颜色的名称或已知颜色的名称(如果该颜色是从某个名称创建的)，对于自定义的颜色，将返回 RGB 值 |

Color 结构的基本(静态)方法及其说明如表 10-4 所示。

表 10-4　Color 结构的基本方法及其说明

| 名　称 | 说　明 |
|---|---|
| FromArgb | 从四个 8 位 ARGB 分量(alpha、红色、绿色和蓝色)值创建 Color 结构 |
| FromKnowColor | 从指定的预定义颜色创建一个 Color 结构 |
| FromName | 从预定义颜色的指定名称创建一个 Color 结构 |

Color 结构变量可以通过已有颜色构造,也可以通过 RGB 建立。例如:

```
Color clr1 = Color.FromArgb(122,25,255);
Color clr2 = Color.FromKnowColor(KnowColor.Brown);   //KnownColor 为枚举类型
Color clr3 = Color.FromName("SlateBlue");
```

**2. Font 类**

Font 类定义特定文本格式,包括字体、字号和字形属性。Font 类的常用构造函数如下:

```
public Font(string 字体名,float 字号,FontStyle 字形);
public Font(string 字体名,float 字号);
```

下例是定义一个 Font 对象的代码:

```
FontFamily fontFamily = new FontFamily("Arial");
Font font = new Font(fontFamily,16,FontStyle.Regular,GraphicsUnit.Pixel);
```

Font 类的常用属性及其说明如表 10-5 所示。

表 10-5　Font 类的常用属性及其说明

| 名　称 | 说　明 |
|---|---|
| Bold | 是否为粗体 |
| FontFamily | 字体成员 |
| Height | 字体高 |
| Italic | 是否为斜体 |
| Name | 字体名称 |
| Size | 字体尺寸 |
| SizeInPoints | 获取此 Font 对象的字号,以磅为单位 |
| Strikeout | 是否有删除线 |
| Style | 字体类型 |
| Underline | 是否有下画线 |
| Unit | 字体尺寸单位 |

**3. Rectangle 结构**

Rectangle 结构存储四个整数来表示一个矩形的位置和大小。矩形结构通常用来在窗体上画矩形,除了利用它的构造函数构造矩形对象外,还可以使用 Rectangle 结构的属性成员,其属性成员及其说明如表 10-6 所示。Retangle 结构的构造函数如下:

```
//用指定的位置和大小初始化 Rectangle 类的新实例.
public Retangle(Point,Size);                    //Size 结构存储一个有序整数对,通常为
```

```
矩形的宽度和高度
public Rectangle(int,int,int,int);
```



**表 10-6　Rectangle 结构属性成员及其说明**

| 名　　称 | 说　　明 | 名　　称 | 说　　明 |
|---|---|---|---|
| Bottom | 底端坐标 | Size | 矩形尺寸 |
| Height | 矩形高 | Top | 矩形顶端坐标 |
| IsEmpty | 测试矩形宽和高是否为 0 | Width | 矩形宽 |
| Left | 矩形左边坐标 | X | 矩形左上角顶点 X 坐标 |
| Location | 矩形的位置 | Y | 矩形左上角顶点 Y 坐标 |
| Right | 矩形右边坐标 | | |

**4. Point 和 PointF 结构**

从概念上讲,Point 完全等价于一个二维矢量,包含两个公共整型属性,表示它与某个特定位置的水平和垂直距离(在屏幕上)。例如,为了从点 *A* 到点 *B*,需要水平移动 20 个单位,并向下垂直移动 10 个单位,可以创建一个 Point 结构来表示它们:

```
Point ab = new Point(20, 10);
Console.WriteLine("Moved {0} across, {1} down", ab.X, ab.Y);
```

X 和 Y 都是读写属性,也可以在 Point 中设置这些值:

```
Point ab = new Point();
ab.X = 20;
ab.Y = 10;
Console.WriteLine("Moved {0} across, {1} down", ab.X, ab.Y);
```

注意,按照惯例,水平和垂直坐标表示为 x 和 y(小写),但相应的 Point 属性是 X 和 Y(大写),因为在 C# 中,公共属性的一般约定是名称以大写字母开头。

PointF 与 Point 相同,但 X 和 Y 属性的类型是 float,而不是 int。PointF 用于坐标不是整数值的情况。

**5. Size 和 SizeF 结构**

与 Point 和 PointF 一样,Size 也有两个变体。Size 结构用于 int 类型,SizeF 用于 float 类型,除此之外,Size 和 SizeF 是完全相同的。下面主要讨论 Size 结构。

在许多情况下,Size 结构与 Point 结构是相同的,它也有两个整型属性,表示水平和垂直距离,主要区别是这两个属性的名称不是 X 和 Y,而是 Width 和 Height。例如:

```
Size ab = new Size(20,10);
Console.WriteLine("Moved {0} across, {1} down", ab.Width, ab.Height);
```

严格地讲,Size 在数学上与 Point 表示的含义相同;但在概念上它们使用的方式略有不同。Point 用于说明实体在什么地方,而 Size 用于说明实体有多大。然而,Size 和 Point 是紧密相关的,目前甚至支持它们之间的显式转换:

```
Point point = new Point(20, 10);
Size size = (Size) point;
Point anotherPoint = (Point) size;
```

#### 10.1.3.4 基本绘图工具

在GDI+中,用于绘图的基本工具有两个,一个是Pen类(画笔),另一个是Brush类(画刷)。画笔可用于绘制线条、曲线以及勾勒形状轮廓。画刷可与Graphics对象一起用来创建实心形状和呈现文本的对象。

**1. Pen类**

Pen类用来绘制指定宽度和样式的直线。使用DashStyle属性绘制几种虚线,可以使用各种填充样式(包括纯色和纹理)来填充Pen类绘制的直线,填充模式取决于画笔或用作填充对象的纹理。使用画笔时,需要先实例化一个画笔对象。

1) Pen类构造函数的使用方法

Pen类的构造函数有四种,使用方法如下。

(1) 创建某一颜色的Pen对象:public Pen(Color)

(2) 创建某一刷子样式的Pen对象:public Pen(Brush)

(3) 创建某一刷子样式并具有相应宽度的Pen对象:public Pen(Brush,float)

(4) 创建某一颜色和相应宽度的Pen对象:public Pen(Color,float)

下例演示了如何创建一直基本的蓝色画笔:

```
Pen pn = new Pen(Color.Blue);
Pen pn = new Pen(Color.Blue,100);
```

2) Pen常用的属性

Pen类常用的属性及其含义如下:

(1) Alignment属性:用来获取或设置此Pen对象的对齐方式。

(2) Color属性:用来获取或设置此Pen对象的颜色。

(3) Width属性:用来获取或设置此Pen对象的宽度。

(4) DashStyle属性:用来获取或设置通过此Pen对象绘制的虚线的样式。

(5) DashCap属性:用来指定虚线两端风格,是一个DashCap枚举型的值。

(6) StartCap属性:用来获取或设置通过此Pen对象绘制的直线起点的帽样式。

(7) EndCap属性:用来获取或设置通过此Pen对象绘制的直线终点的帽样式。

(8) PenType属性:用来获取用此Pen对象绘制的直线的样式。

**2. Brush类**

Brush类是一个抽象的基类,因此它不能被实例化,我们总是用它的派生类进行实例化一个画刷对象,当我们对图形内部进行填充操作时就会用到画刷。

1) SolidBrush

SolidBrush(单色画刷)是一种一般的画刷,通常只用一种颜色去填充GDI+图形,其构造函数如下:

```
public SolidBrush(Color.Color);
```

下列代码演示SolidBrush的用法。

```
protected override void OnPaint(PaintEventArgs e)
{
```

```
    Graphics g = e.Graphics;
    SolidBrush sdBrush1 = new SolidBrush(Color.Red);
    SolidBrush sdBrush2 = new SolidBrush(Color.Green);
    SolidBrush sdBrush3 = new SolidBrush(Color.Blue);
    g.FillEllipse(sdBrush2, 20, 40, 60, 70);
    Rectangle rect = new Rectangle(0, 0, 200, 100);
    g.FillPie(sdBrush3, 0, 0, 200, 40, 0.0f, 30.0f );
    PointF point1 = new PointF(50.0f, 250.0f);
    PointF point2 = new PointF(100.0f, 25.0f);
    PointF point3 = new PointF(150.0f, 40.0f);
    PointF point4 = new PointF(250.0f, 50.0f);
    PointF point5 = new PointF(300.0f, 100.0f);
    PointF[ ] curvePoints = {point1, point2, point3, point4,point5 };
    g.FillPolygon(sdBrush1, curvePoints);
}
```

程序的运行结果如图 10-3 所示。

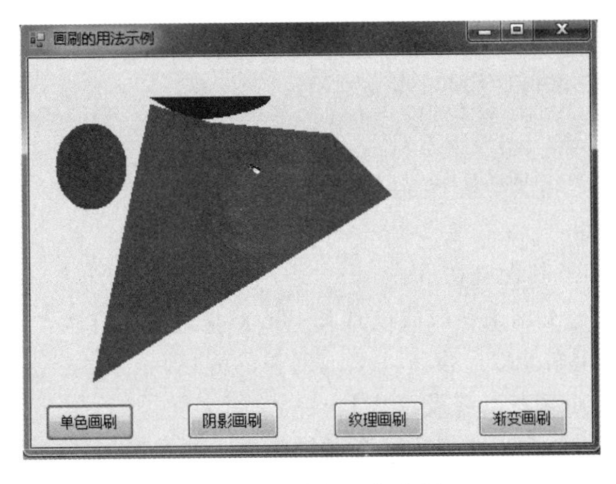


图 10-3　SolidBrush 应用

2) HatchBrush

HatchBrush(阴影画刷)类位于 System. Drawing. Drawing2D 命名空间中。HatchBrush 有前景色和背景色,以及 6 种阴影。前景色定义线条的颜色,背景色定各线条之间间隙的颜色。HatchBrush 类有两个构造函数:

- public HatchBrush(HatchStyle,Color forecolor);
- public HatchBrush(HatchStyle,Color forecolor,Color backcolor);

HatchStyle 枚举值指定可用于 HatchBrush 对象的不同图案。HatchStyle 的主要成员及其说明如表 10-7 所示。

**表 10-7　HatchStyle 的主要成员及其说明**

| 名　　称 | 说　　明 |
|---|---|
| BackwardDiagonal | 从右上到左下的对角线的线条图案 |
| Cross | 指定交叉的水平线和垂直线 |

续表

| 名　称 | 说　明 |
|---|---|
| DarkDownwardDiagonal | 指定从顶点到底点向右倾斜的对角线，其两边夹角比 ForwardDiagonal 小 50%，宽度是其 2 倍。此阴影图案不是锯齿消除的 |
| DarkHorizontal | 指定水平线的两边夹角比 Horizontal 小 50%并且宽度是 Horizontal 的 2 倍 |
| DarkUpwardDiagonal | 指定从顶点到底点向左倾斜的对角线，其两边夹角比 BackwardDiagonal 小 50%，宽度是其 2 倍，但这些直线不是锯齿消除的 |
| DarkVertical | 指定垂直线的两边夹角比 Vertical 小 50%并且宽度是其 2 倍 |
| DashedDownwardDiagonal | 指定虚线对角线，这些对角线从顶点到底点向右倾斜 |
| DashedHorizontal | 指定虚线水平线 |
| DashedUpwardDiagonal | 指定虚线对角线，这些对角线从顶点到底点向左倾斜 |
| DashedVertical | 指定虚线垂直线 |
| DiagonalBrick | 指定具有分层砖块外观的阴影，它从顶点到底点向左倾斜 |
| DiagonalCross | 交叉对角线的图案 |
| Divot | 指定具有草皮层外观的阴影 |
| ForwardDiagonal | 从左上到右下的对角线的线条图案 |
| Horizontal | 水平线的图案 |
| HorizontalBrick | 指定具有水平分层砖块外观的阴影 |
| LargeGrid | 指定阴影样式 Cross。 |
| LightHorizontal | 指定水平线，其两边夹角比 Horizontal 小 50% |
| LightVertical | 指定垂直线的两边夹角比 Vertical 小 50% |
| Max | 指定阴影样式 SolidDiamond |
| Min | 指定阴影样式 Horizontal |
| NarrowHorizontal | 指定水平线的两边夹角比阴影样式 Horizontal 小 75%（或者比 LightHorizontal 小 25%） |
| NarrowVertical | 指定垂直线的两边夹角比阴影样式 Vertical 小 75%（或者比 LightVertica 小 25%） |
| OutlinedDiamond | 指定互相交叉的正向对角线和反向对角线，但这些对角线不是锯齿消除的 |
| Percent05 | 指定 5%阴影。前景色与背景色的比例为 5：100 |
| Percent90 | 指定 90%阴影。前景色与背景色的比例为 90：100 |
| Plaid | 指定具有格子花呢材料外观的阴影 |
| Shingle | 指定带有对角分层鹅卵石外观的阴影，它从顶点到底点向右倾斜 |

下列代码显示了 HatchBrush 的用法。

```
protected override void OnPaint(PaintEventArgs e)
{
  Graphics g = e.Graphics;
  HatchBrush hBrush1 = new HatchBrush(HatchStyle.DiagonalCross, Color.Chocolate, Color.Red);
  HatchBrush hBrush2 = new HatchBrush(HatchStyle.DashedHorizontal,
  Color.Green, Color.Black);
  HatchBrush hBrush3 = new HatchBrush(HatchStyle.Weave,
  Color.BlueViolet, Color.Blue);
  g.FillEllipse(hBrush1, 20, 80, 60, 20);
  Rectangle rect = new Rectangle(0, 0, 200, 100);
  g.FillPie(hBrush3, 0, 0, 200, 40, 0.0f, 30.0f );
```

```
    PointF point1 = new PointF(50.0f, 250.0f);
    PointF point2 = new PointF(100.0f, 25.0f);
    PointF point3 = new PointF(150.0f, 40.0f);
    PointF point4 = new PointF(250.0f, 50.0f);
    PointF point5 = new PointF(300.0f, 100.0f);
    PointF[] curvePoints = {point1, point2, point3, point4, point5 };
    g.FillPolygon(hBrush2, curvePoints);
}
```

程序的运行效果如图 10-4 所示。

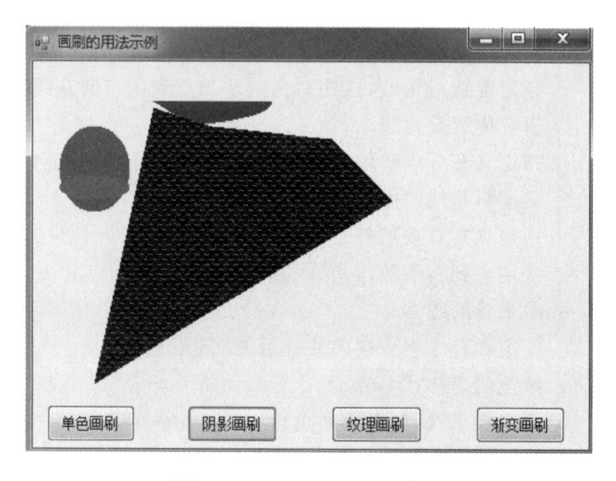


图 10-4　HatchBrush 应用

3) TextureBrush

TextureBrush(纹理画刷)拥有图案,并且通常使用它来填充封闭的图形。为了对它初始化,可以使用一个已经存在的别人设计好的图案,或使用常用的设计程序设计自己的图案,同时应该使图案存储为常用图形文件格式,如.bmp 格式文件。这里有一个设计好的位图,被存储为 Papers.bmp 文件。

下列代码演示了 TextureBrush 的用法。

```
private void Form1_Paint(object sender, PaintEventArgs e)
{
    Graphics g = e.Graphics;
    //根据文件名创建原始大小的 bitmap 对象
    Bitmap bitmap = new Bitmap("D:\\mm.jpg");
    //将其缩放到当前窗体大小
    bitmap = new Bitmap(bitmap, this.ClientRectangle.Size);
    TextureBrush myBrush = new TextureBrush(bitmap);
    g.FillEllipse(myBrush, this.ClientRectangle);
}
```

程序的运行结果如图 10-5 所示。

4) 渐变画刷

渐变画刷类似于实心画刷,因为它也是基于颜色的,与实心画刷不同的是:渐变画刷使用两种颜色。它的主要特点是:在使用过程中,一种颜色在一端,而另外一种颜色在另一

图 10-5　TexttureBursh 应用

端，在中间，两种颜色融合产生过渡或衰减的效果。

渐变画刷有两种：线性画刷（LinearGradientBrush 和路径画刷（PathGradientBrush）。其中 LinearGradientBrush 可以显示线性渐变效果，而 PathGradientBrush 是路径渐变的可以显示比较具有弹性的渐变效果。

（1）LinearGradientBrush 类。

LinearGradientBrush 类构造函数如下：

```
public LinearGradientBrush(Point point1,Point point2,Color color1,Color color2)
```

参数说明：

point1：表示线性渐变起始点的 Point 结构。

point2：表示线性渐变终结点的 Point 结构。

color1：表示线性渐变起始色的 Color 结构。

color2：表示线性渐变结束色的 Color 结构。

示例代码如下：

```
private void Form1_Paint(object sender, PaintEventArgs e)
{
  Graphics g = e.Graphics;
  LinearGradientBrush myBrush = new LinearGradientBrush(this.ClientRectangle, Color.White,
Color.Blue, LinearGradientMode.Vertical);
  g.FillRectangle(myBrush, this.ClientRectangle);
}
```

（2）PathGradientBrush 类。

PathGradientBrush 类的构造函数如下：

```
public PathGradientBrush (GraphicsPath path);
```

参数说明：

path：GraphicsPath，定义此 PathGradientBrush 填充的区域。

示例代码如下：

```
private void Form1_Paint(object sender, PaintEventArgs e)
{
  Graphics g = e.Graphics;
  Point centerPoint = new Point(150, 100);
  int R = 60;
  GraphicsPath path = new GraphicsPath();
  path.AddEllipse(centerPoint.X - R,centerPoint.Y - R,2 * R,2 * R);
  PathGradientBrush brush = new PathGradientBrush(path);
   //指定路径中心点
   brush.CenterPoint = centerPoint;
   //指定路径中心的颜色
  brush.CenterColor = Color.Red;
  //Color 类型的数组指定与路径上每个顶点的颜色
  brush.SurroundColors = new Color[] { Color.Plum };
  g.FillEllipse(brush,centerPoint.X - R,centerPoint.Y - R,2 * R,2 * R);
  centerPoint = new Point(350, 100);
  R = 20;
  path = new GraphicsPath();
  path.AddEllipse(centerPoint.X - R,centerPoint.Y - R,2 * R,2 * R);
  path.AddEllipse(centerPoint.X - 2 * R,centerPoint.Y - 2 * R,4 * R,4 * R);
  path.AddEllipse(centerPoint.X - 3 * R,centerPoint.Y - 3 * R,6 * R,6 * R);
  brush = new PathGradientBrush(path);
  brush.CenterPoint = centerPoint;
  brush.CenterColor = Color.Red;
  brush.SurroundColors = new Color[] { Color.Black, Color.Blue, Color.Green };
  g.FillPath(brush, path);
}
```

程序的运行结果如图 10-6 所示。

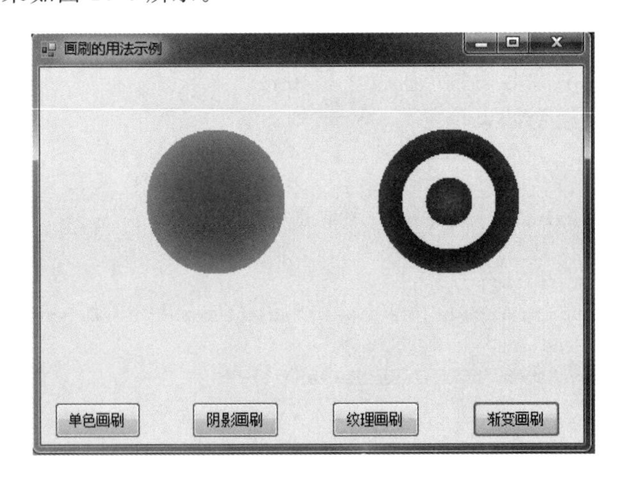


图 10-6　PathGradientBrush 应用

### 10.1.4　拓展与提高

查阅相关资料，了解 GDI+类库中绘图相关类的方法，熟练掌握画笔和画刷的用法，为后续学习奠定基础。

# 10.2　常用图形绘制

## 10.2.1　任务描述：绘制学生成绩统计图

在学生成绩管理系统中，需要对成绩进行统计。为了能够直观地查看这些数据，通常采用图表来显示数据。本情景实现学生成绩统计柱状图的绘制，如图 10-7 所示。

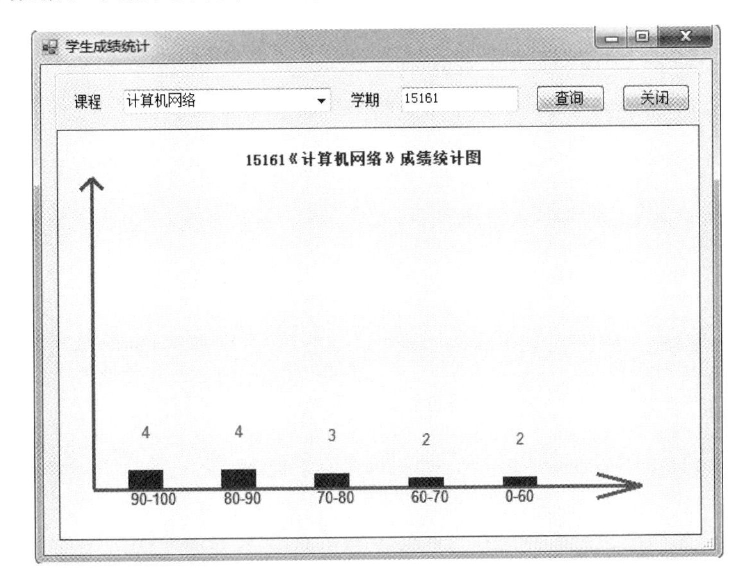


图 10-7　学生成绩统计

## 10.2.2　任务实现

(1) 启动 Visual Studio 2013，打开学生成绩管理系统项目 GradeManagement，在项目中添加一个窗体，并将窗体命名为 GradeStatistics。在窗体中添加 2 个 Label 控件、2 个 Button 控件、一个 Panel 控件、一个 ComboBox 控件和一个 TextBox 控件。其中，Panel 控件用来绘制图形，ComboBox 控件用来选择课程，TextBox 控件用来输入学期。

(2) 在 GradeStatistics.cs 文件中定义 3 种方法：GetTable()、CreateTable() 和 DrawTable()。GetTable()方法用来统计各分数段学生的人数，代码如下：

```
//从数据库读取数据
private DataTable GetTable(string sql)
{
//从配置文件中读取连接字符串
string strConn = ConfigurationManager.ConnectionStrings [ " student"]. ConnectionString.
ToString();
using (SqlConnection conn = new SqlConnection (strConn))
  {
      DataSet ds = new DataSet();
      SqlDataAdapter da = new SqlDataAdapter(sql, conn);
      da.Fill(ds);
```

```
            return ds.Tables[0];
        }
    }
```



(3) CreateTable()和 DrawTable 方法根据具体数据绘制柱形图，其中 CreateTable 方法用来绘制坐标轴。画图之前需要定义画笔、画刷和 Graphics 对象，以便完成图形绘制，代码如下：

```
//定义变量
Graphics g;
Font font = new Font("Arial", 10, FontStyle.Regular);
Font font1 = new Font("宋体", 10, FontStyle.Bold);
Brush Bbrush = Brushes.Blue;
SolidBrush Wfill = new SolidBrush(Color.Blue);          //定义单色画刷用于填充图形
```

绘制坐标轴，代码如下：

```
private void CreateTable()                                //绘制坐标轴
{
  g = this.panel1.CreateGraphics();                       //创建 Graphics 类对象
  g.Clear(Color.White);                                   //清空图片背景色

  LinearGradientBrush brush = new LinearGradientBrush(new Rectangle(0, 0, this.panel1.Width,
this.panel1.Height), Color.Blue, Color.BlueViolet, 1.2f, true);

  g.FillRectangle(Brushes.WhiteSmoke, 0, 0, this.panel1.Width, this.panel1.Height);
  g.DrawString(this.txtTerm.Text + "«" + this.cmbCourse.Text + "»" + "成绩统计图",
font1, brush, new PointF(160, 20));
  //画图片的边框线
  g.DrawRectangle(new Pen(Color.Blue), 0, 0, this.panel1.Width - 1, this.panel1.Height - 1);

  Pen Rpen = new Pen(Color.Red,3);                                    //画笔定义
  //绘制 Y 轴
  g.DrawLine(Rpen, new Point(30, 40), new Point(30,300));             //Y 坐标
  g.DrawLine(Rpen, new Point(30, 40), new Point(20, 50));             //Y 坐标,左箭头
  g.DrawLine(Rpen, new Point(30, 40), new Point(40, 50));             //Y 坐标,右箭头
  //绘制 X 轴
  g.DrawLine(Rpen, new Point(30, 300), new Point(500, 300));          //X 坐标
  g.DrawLine(Rpen, new Point(460,290), new Point(500,300));           //X 坐标,上箭头
  g.DrawLine(Rpen, new Point(460,310), new Point(500,300));           //X 坐标,下箭头
    }
```

(4) DrawTable()方法用来绘制成绩柱形图，代码如下：

```
private void DrawTable()
{
  string[] result = new string[]{ "90 - 100", "80 - 90", "70 - 80", "60 - 70", "0 - 60" };
  //x 轴
  for (int i = 0; i < 5; i++)
   {
      g.DrawString(result[i], font, Bbrush, 60 + i * 80,300);
   }
```

```
//获取数据
 int[] count = new int[5];
string strSQL = "select COUNT(*) AS count from [tb_Grade] where grade>=90 and grade<=100";
    DataTable dt1 = GetTable(strSQL);

    if (dt1.Rows.Count == 0)
    {
      count[0] = 0;
    }
   else
   {
    count[0] = Convert.ToInt32(dt1.Rows[0][0].ToString());
   }

  strSQL = "select COUNT(*) AS count from [tb_Grade] where grade>=80 and grade<90";
   DataTable dt2 = GetTable(strSQL);
   if (dt2.Rows.Count == 0)
    {
      count[1] = 0;
    }
   else
    {
    count[1] = Convert.ToInt32(dt2.Rows[0][0].ToString());
    }

   strSQL = "select COUNT(*) AS count from [tb_Grade] where grade>=70 and grade<80";
   DataTable dt3 = GetTable(strSQL);
   if (dt3.Rows.Count == 0)
    {
       count[2] = 0;
    }
    else
    {
       count[2] = Convert.ToInt32(dt3.Rows[0][0].ToString());
     }

    strSQL = "select COUNT(*) AS count from [tb_Grade] where grade>=60 and grade<70";
    DataTable dt4 = GetTable(strSQL);
    if (dt4.Rows.Count == 0)
    {
       count[3] = 0;
    }
    else
    {
       count[3] = Convert.ToInt32(dt4.Rows[0][0].ToString());
    }

   strSQL = "select COUNT(*) AS count from [tb_Grade] where grade>=0 and grade<60";
   DataTable dt5 = GetTable(strSQL);
   if (dt5.Rows.Count == 0)
   {
```

```
            count[4] = 0;
        }
        else
        {
            count[4] = Convert.ToInt32(dt5.Rows[0][0].ToString());
        }

        //绘制柱状图
        for (int i = 0; i < 5; i++)
         {
            //填充图形
          Rectangle rect = new Rectangle(60 + i * 80, 300 - count[i] * 40/10, 30, count[i] * 40/10);
         g.FillRectangle(Wfill, rect);
         //显示数量
         g.DrawString(count[i].ToString(), font, Brushes.Red, 70 + i * 80, 260 - count[i] *
40 / 10);
         }
}
```

(5) 为窗体添加 Load 事件用来绑定课程，为按钮添加单击事件实现柱形图绘制，代码如下：

```
//窗体 Load 事件
private void GradeStatistics_Load(object sender, EventArgs e)
{
   string strSQL = string.Format("select [cid],[cname] from [tb_Course]");
   this.cmbCourse.DataSource = GetTable(strSQL);
   this.cmbCourse.DisplayMember = "cname";
   this.cmbCourse.ValueMember = "cid";
   }
//"查询"按钮单击事件代码
private void button1_Click(object sender, EventArgs e)
   {
        CreateTable();                      //绘制坐标抽
        DrawTable();                        //绘制柱形图
   }
```

## 10.2.3 知识链接

Graphics 对象可提供绘制各种线条和形状的方法。可以用纯色、透明色、自定义的渐变色块或图像来填充图形的内部。可使用 Pen 对象创建线条、非闭合的曲线和轮廓形状。若要填充矩形或闭合曲线等区域，则需要 Brush 对象。本节介绍如何使用 Pen 对象、Brush 对象以及 Graphics 对象绘制基本图形和填充图形。

### 10.2.3.1 绘制直线

要使用 GDI+绘制直线，需要创建 Graphics 对象和 Pen 对象。Graphics 对象提供能实际进行绘制的方法，Pen 对象存储属性，如线条颜色、宽度和线型。要绘制直线，可调用 Graphics 对象的 DrawLine()方法，Pen 对象作为参数之一被传递到 DrawLine()方法。下面绘制一条从点(4, 2)到点(12, 6)的直线，代码如下：

```
myGraphics.DrawLine(myPen, 4, 2, 12, 6);
```

DrawLine()方法是 Graphics 类的重载方法，因此可以通过多种方法为其提供参数。例如，可以构造两个 Point 对象并把它们作为参数传递给 DrawLine()方法，代码如下：

```
Point myStartPoint = new Point(4, 2);
Point myEndPoint = new Point(12, 6);
myGraphics.DrawLine(myPen, myStartPoint, myEndPoint);
```

在构造 Pen 对象时可以指定某些属性。例如，利用 Pen 构造函数可以指定颜色和宽度。下面绘制一条从(0, 0)到(60, 30)宽度为 2 的蓝线，代码如下：

```
Pen myPen = new Pen(Color.Blue, 2);
myGraphics.DrawLine(myPen, 0, 0, 60, 30);
```

Pen 对象也公开属性，例如 DashStyle 可用于指定直线的特性。下面绘制一条从(100, 50)到(300, 80)的点画线代码如下：

```
myPen.DashStyle = DashStyle.Dash;
myGraphics.DrawLine(myPen, 100, 50, 300, 80);
```

可以利用 Pen 对象的属性来为直线设置更多属性，如 StartCap 和 EndCap 属性指定线条两端的外观，两端可以是平的、正方形的、圆形的、三角形的或自定义形状；LineJoin 属性可用于指定连接的线相互间是斜接的(连接时形成锐角)、斜切的、圆形的还是截断的。

下列代码演示了使用 Pen 绘制线条。

```
Graphics MyGraphics = label1.CreateGraphics();

Pen pen1 = new Pen(Color.Red, 6f);
//设置起始线帽样式
pen1.StartCap = System.Drawing.Drawing2D.LineCap.RoundAnchor;
MyGraphics.DrawLine(pen1, 20, 20, 20, 100);

Pen pen2 = new Pen(Color.Red, 6f);
//设置结束线帽样式
pen2.EndCap = System.Drawing.Drawing2D.LineCap.ArrowAnchor;
MyGraphics.DrawLine(pen2, 20, 100, 120, 100);
```

#### 10.2.3.2 绘制矩形

由于矩形具有轮廓和封闭区域，因此 C# 提供两类绘制矩形的方法，一类用于绘制矩形的轮廓，另一类用于填充矩形的封闭区域。

若要绘制矩形，需要 Graphics 对象和 Pen 对象。Graphics 对象提供 DrawRectangle()方法，Pen 对象存储属性(例如线宽和颜色)。将 Pen 对象作为参数之一传递给 DrawRectangle()方法。DrawRectangle()方法可以绘制由坐标对、宽度和高度指定的矩形，其语法如下：

```
public voidDrawRectangle(Pen pen, int x, int y, int width, int height);
```

下列示例绘制了一个左上角位于(100, 50)，宽度为 80，高度为 40 的矩形。

```
myGraphics.DrawRectangle(myPen, 100, 50, 80, 40);
```

DrawRectangle()方法是 Graphics 类的一个重载方法,因此,有数种为其提供参数的方式。例如,可构造 Rectangle 对象并将 Rectangle 对象作为参数传递给 DrawRectangle()方法:

```
Rectangle myRectangle = new Rectangle(100, 50, 80, 40);
myGraphics.DrawRectangle(myPen, myRectangle);
```

下列代码说明了如何在窗体上绘制矩形。

```
protected override void OnPaint(PaintEventArgs e)
{
Graphics g = e.Graphics ;
Rectangle rect = new Rectangle(50, 30, 100, 100);
LinearGradientBrush lBrush = new LinearGradientBrush ( rect, Color. Red, Color. Yellow,
LinearGradientMode.BackwardDiagonal);
g.FillRectangle(lBrush, rect);
}
```

程序的运行结果如图 10-8 所示。

图 10-8 程序的运行结果

#### 10.2.3.3 绘制椭圆和弧线

椭圆由其边框指定。若要绘制椭圆,需要有 Graphics 对象和 Pen 对象。Graphics 对象提供 DrawEllipse()方法,Pen 对象存储用于呈现椭圆的线条属性,如宽度和颜色。Pen 对象作为参数之一传递给 DrawEllipse()方法。传递给 DrawEllipse()方法的其余参数指定椭圆的边框。下列绘制了一个椭圆:边框的宽度为 80,高度为 40,左上角位于(100, 50)。

```
myGraphics.DrawEllipse(myPen, 100, 50, 80, 40);
```

DrawEllipse()方法是一种 Graphics 类的重载方法,因此可以通过多种方式为它提供参数。例如,可以构造 Rectangle 并将 Rectangle 作为参数传递给 DrawEllipse()方法:

```
Rectangle myRectangle = new Rectangle(100, 50, 80, 40);
myGraphics.DrawEllipse(myPen, myRectangle);
```

下列代码演示了如何利用 GDI+绘制椭圆。

```
protected override void OnPaint(PaintEventArgs e)
{
Graphics g = e.Graphics ;
Pen pn = new Pen( Color.Blue, 100 );
Rectangle rect = new Rectangle(50, 50, 200, 100);
g.DrawEllipse( pn, rect );
}
```

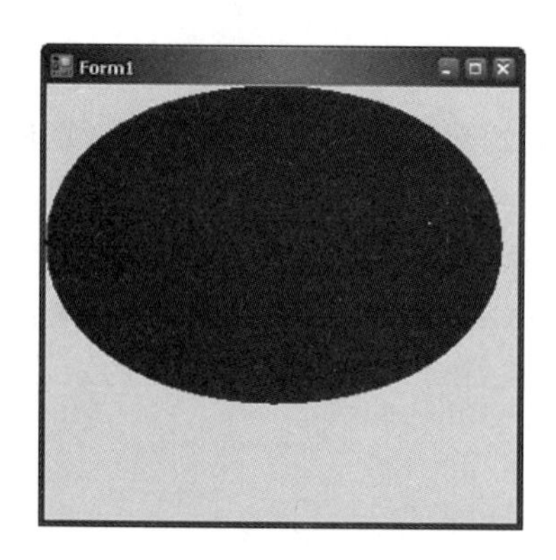


图 10-9 椭圆的画法

程序的运行结果如图 10-9 所示。

弧线是椭圆的一部分。若要绘制弧线,可调用 Graphics 类的 DrawArc()方法。除了 DrawArc()方法需要有起始角度和仰角以外,DrawEllipse()方法的参数与 DrawArc()方法的参数相同。下列示例绘制了一个起始角为 30 度、仰角为 180 度的弧线。

```
myGraphics.DrawArc(myPen, 100, 50, 140, 70, 30, 180);
```

下列代码演示了如何绘制弧线。

```
Graphics MyGraphics = label1.CreateGraphics();
Rectangle myrectangle = new Rectangle(10, 10, 250, 130);
Pen rpen = new Pen(Color.Black);
//绘制弧形外接矩形
MyGraphics.DrawRectangle(rpen, myrectangle);
//绘制弧形外接椭圆
MyGraphics.DrawEllipse(rpen, myrectangle);
Pen pen = new Pen(Color.Red, 4f);
//绘制弧形,度数从 130°到 180°
MyGraphics.DrawArc(pen, myrectangle, 130, 180);
```

#### 10.2.3.4 绘制多边形

多边形是有三条或更多直边的闭合图形。例如,三角形是有三条边的多边形,矩形是有四条边的多边形,五边形是有五条边的多边形。

若要绘制多边形,需要 Graphics 对象、Pen 对象和 Point(或 PointF)对象数组。Graphics 对象提供 DrawPolygon()方法;Pen 对象存储用于呈现多边形的线条属性,例如宽度和颜色;Point 对象数组存储将由直线连接的点。Pen 对象和 Point 对象数组作为参数传递给 DrawPolygon()方法。

下列示例绘制了一个三条边的多边形。请注意,myPointArray 中只有三个点:(0, 0)、(50, 30)和(30, 60)。DrawPolygon()方法通过绘制一条从(30, 60)回到起点(0, 0)的直线来自动闭合多边形。

```
Point[] myPointArray = { new Point(0, 0), new Point(50, 30), new Point(30, 60) };
myGraphics.DrawPolygon(myPen, myPointArray);
```

#### 10.2.3.5 输出文本

Graphics 类的 DrawString()方法用于绘制文本。绘制时至少需要说明所要绘制的文本内容、所使用的字体、绘制文本的画刷以及开始绘制的坐标点,必要时还可以指定绘制字符串的格式。方法的重载形式如下:

```
public void DrawString(string, Font, Brush, PiontF);
public void DrawString(string, Font, Brush, RectangleF);
public void DrawString(string, Font, Brush, PiontF,String)Format;
public void DrawString(string, Font, Brush, RectangleF, StringFormate);
public void DrawString(string, Font, Brush, float, float);
public void DrawString(string, Font, Brush, float, float, StringFormat);
```

如果在方法中存在 RectangleF 类型的参数,那么实际上是设置了一个矩形的绘制边界,文本的显示被限制在矩形边界以内,必要时还会自动换行。而 StringFormat 是在 System.Drawing 命名空间中定义的一个类,它封装了文本布局信息,比如文本对齐方式、行间距等。

下列代码创建了 4 个不同的 Brush 对象和 Font 对象,并调用不同重载形式的 DrawString 方法在窗体上绘制文本。

```
private void Form1_Paint(object sender, System.Windows.Forms.PaintEventArgs e)
{
  //不使用样式,在当前窗体上绘制文字
  Graphics g = e.Graphics;
  Brush brush = new SolidBrush(Color.LawnGreen);
  Font font = new Font("楷体 GB-2312",25,FontStyle.Bold);
  g.DrawString("Hello World!",font,brush,20,20);
  brush.Dispose();
  font.Dispose();
  brush = new SolidBrush(Color.RosyBrown);
  font = new Font("Timers New Roman",40,FontStyle.Regular);
  g.DrawString("Hello World!",font,brush,20,60);
  brush.Dispose();
  font.Dispose();
  brush = new SolidBrush(Color.Red);
  font = new Font("黑体",30,FontStyle.Regular);
  g.DrawString("Hello World!",font,brush,new Rectangle(20,140,400,60));
  brush.Dispose();
  font.Dispose();
}
```

程序的运行结果如图 10-10 所示。

细心观察的话,会发现上面绘制的文本字符带有明显的锯齿。要提高文本的输出质量,需要使用反锯齿算法。所幸.NETFramework 已经封装了该算法,开发人员不需要再去关注这种复杂算法的细节,只需要为 Graphics 对象的 TextRenderingl-lint 属性设置相关的值,以后在调用 DrawString()方法时,输出的文本就实现了反锯齿化。该属性对应 TextRenderingHint 枚举类型,枚举在 SystemDrawingText 命名空间中定义,不同的取值分别代表了不同的反锯齿算法。因此,只需要在上例中的代码之前插入下面代码即可消除锯齿现象。

图 10-10　绘制文本程序的运行结果

```
e.Graphics.TextRenderingHint = System.Drawing.Text.TextRenderingHint.AntiAlias;
```

### 10.2.4　拓展与提高

(1) 在.NET 环境中,除了可以用 GDI+绘制图形外,微软从.NET 3.5 开始提供了一个绘图控件 MS Chart,可以绘制精美的专业统计图。查阅相关资料,了解和掌握 Chart 控件的用法,提高图形软件的开发能力。参考网站:https://code.msdn.microsoft.com/mschart。

(2) .NET 环境下开源的绘图软件很多,利用这些开源软件可以开发专业性图形处理软件。OxyPlot 是一个.NET 跨平台的绘图组件,其官方网站:http://oxyplot.org/。

# 10.3 图像处理

## 10.3.1 任务描述:简单图片浏览器

在 Windows 系统中,利用图片浏览器可以实现打开、保存和编辑图片等功能。本任务参照 Windows 系统提供的图片浏览器功能,制作一个简单的图片浏览器,实现图片的打开、拉伸、旋转等基本功能,如图 10-11 所示。

图 10-11 简单图片浏览器

## 10.3.2 任务实现

(1) 启动 Visual Studio 2013,新建 Windows 窗体应用项目 Project1003,修改默认窗体的标题为"简单图片浏览器",并在默认窗体中添加一个图片控件和 5 个按钮控件。

(2) 添加"打开"按钮单击事件处理程序,代码如下:

```
private void button1_Click(object sender, EventArgs e)
{
        OpenFileDialog openFile = new OpenFileDialog();
        openFile.Filter = "*.jpg;*.bmp|*.jpg;*.bmp;";

        if (openFile.ShowDialog() == DialogResult.OK)
        {
            Bitmap srcBitmap = new Bitmap(openFile.FileName);
            this.pictureBox1.Image = new Bitmap(srcBitmap,
                                this.pictureBox1.Width,this.pictureBox1.Height);
```

```
        }
}
```



(3) 添加“拉伸”按钮单击事件处理程序，代码如下：

```
private void button2_Click(object sender, EventArgs e)
{
        if(pictureBox1.Image != null)
        {
            Graphics g = this.pictureBox1.CreateGraphics();
            g.Clear(this.BackColor);

            for (int x = 0; x <= this.pictureBox1.Width; x++)
            {
                g.DrawImage(this.pictureBox1.Image, 0, 0, x, this.pictureBox1.Height);
            }
        }
}
```

(4) 添加“旋转”按钮单击事件处理程序，代码如下：

```
private void button3_Click(object sender, EventArgs e)
{
    if (pictureBox1.Image != null)
    {
        pictureBox1.Image.RotateFlip(RotateFlipType.Rotate270FlipXY);
        pictureBox1.Refresh();
    }
}
```

(5) 添加“放大”按钮单击事件处理程序，代码如下：

```
private void button5_Click(object sender, EventArgs e)
{
 Image myImage = pictureBox1.Image;
 Bitmap myBitmap = new Bitmap(myImage, myImage.Width * 2, myImage.Height * 2);
 pictureBox1.Image = myBitmap;
}
```

(6) 添加“退出”按钮单击事件处理程序，代码如下：

```
private void button4_Click(object sender, EventArgs e)
 {
     this.Close();
}
```

## 10.3.3 知识链接

### 10.3.3.1 图像处理概述

#### 1. 图像文件的类型

GDI+支持的图像格式有 bmp、gif、jpeg、exif、png、tiff、icon、wmf、emf 等，几乎涵盖了

所有的常用图像格式，使用 GDI+可以显示和处理多种格式的图像文件。

**2. 图像类**

GDI+提供了 Image、Bitmap 和 Metafile 等类用于图像处理，为用户进行图像格式的加载、变换和保存等操作提供了方便。

1）Image 类

该类是为 Bitmap 和 Metafile 的类提供功能的抽象基类。

2）Metafile 类

该类定义图形图元文件，图元文件包含描述一系列图形操作的记录，这些操作可以被记录（构造）和被回放（显示）。

3）Bitmap 类

该类封装 GDI+位图，此位图由图形图像及其属性的像素数据组成，Bitmap 类是用于处理由像素数据定义的图像的对象，它属于 System. Drawing 命名空间，该命名空间提供了对 GDI+基本图形功能的访问。Bitmap 类常用属性和方法及其说明如表 10-8 所示。

**表 10-8　Bitmap 常用属性和方法及其说明**

| 名　　称 | 说　　明 |
|---|---|
| 公共属性 | |
| Height | 获取此 Image 对象的高度 |
| RawFormat | 获取此 Image 对象的格式 |
| Size | 获取此 Image 对象的宽度和高度 |
| Width | 获取此 Image 对象的宽度 |
| 公共方法 | |
| GetPixel | 获取此 Bitmap 中指定像素的颜色 |
| MakeTransparent | 使默认的透明颜色对此 Bitmap 透明 |
| RotateFlip | 旋转、翻转或者同时旋转和翻转 Image 对象 |
| Save | 将 Image 对象以指定的格式保存到指定的 Stream 对象 |
| SetPixel | 设置 Bitmap 对象中指定像素的颜色 |
| SetPropertyItem | 将指定的属性项设置为指定的值。 |
| SetResolution | 设置此 Bitmap 的分辨率 |

Bitmap 类有多种构造函数，因此可以通过多种形式建立 Bitmap 对象。例如：

（1）从指定的现有图像建立 Bitmap 对象。

```
Bitmap box1 = new Bitmap(pictureBox1.Image);
```

（2）从指定的图像文件建立 Bitmap 对象，其中“C:\\MyImages\\TestImage. bmp”是已存在的图像文件。

```
Bitmap box2 = new Bitmap("C:\\MyImages\\TestImage.bmp");
```

（3）从现有的 Bitmap 对象建立新的 Bitmap 对象。

```
Bitmap box3 = new Bitmap(box1);
```

#### 10.3.3.2 图像加载和显示

可以使用GDI+显示以文件形式存在的图像。图像文件可以是bmp、gif、jpeg、png和tiff等多种格式。如果要将一个图像文件中的图像加载并将其显示在屏幕上,则需要Bitmap对象和Graphics对象。具体实现步骤如下:

(1) 创建一个Bitmap对象,指明要显示的图像文件。Bitmap类支持bmp、gif、jpeg、png和tiff等多种文件格式。

(2) 创建一个Graphics对象,表示要使用的绘图平面。

(3) 调用Graphics对象的DrawImage方法显示这个图像文件中的图像。

Bitmap类有很多重载的构造函数函数,最简单的一个如下:

```
Public Bitmap(string filename);
```

可以利用该构造函数创建Bitmap对象,例如:

```
Bitmap bitmap = new Bitmap(@"E:\Grapes.jpg");
```

Graphics类的DrawImage()方法用于在指定位置显示原始图像或者缩放后的图像,该方法的重载形式非常多,最常用的格式如下:

```
public void DrawImage(Image image, int x, int y, int width, int height);
```

该方法在x、y坐标处显示指定大小的图像。利用这个方法可以直接显示缩放后的图像。下列代码从jpeg文件创建Bitmap对象,然后绘制该位图,其左上角位于(20, 20)。

```
Bitmap bitmap = new Bitmap(@"E:\Grapes.jpg");
e.Graphics.Drawlmage(bitmap,20,20);
```

**【说明】** 如果需要对处理过的绘制图像进行保存或者转换为其他格式,可以使用Bitmap类的Save()方法实现。例如:

```
Bitmap box1 = new Bitmap(pictureBox1.Image);
SaveFileDialog sfdlg = new SaveFileDialog();
sfdlg.Filter = "bmp文件(*.BMP)|*.BMP|All File(*.*)|*.*";
sfdlg.ShowDialog();
box1.Save(sfdlg.FileName,System.Drawing.Imaging.ImageFormat.Jpeg);
```

#### 10.3.3.3 图像裁切和缩放

Graphics类提供了几个DrawImage()方法,其中的某些方法可用于裁切和缩放图像。下面以一个实例来说明如何对整个图像进行裁切。

本实例从磁盘文件Grapes.jpg创建一个Image对象,按照其原始尺寸绘制整个图像然后调用Graphics对象的一个DrawImage()方法,以便在大于原始图像的目标矩形中绘制该图像的一部分。

DrawImage()方法通过查看源矩形来确定要绘制图像的哪部分,由第三、第四、第五和第六个参数指定。在本例中,图像在宽度和高度上均被裁切为原始尺寸的75%。

DrawImage()方法通过查看目标矩形来确定在何处绘制裁切后的图像以及裁切后的图

像的大小,目标矩形由第二个参数指定。在本例中,目标矩形在宽度和高度上都比原始图像大 30%。代码如下:

```
Image image = new Bitmap(@"e:\Grapes.jpg");
//从窗体的左上角(0,0)的位置开始绘制图像
e.Graphics.DrawImage(image, 0, 0);
//从窗体的(150, 20)位置开始绘制一个比图像大 30% 的矩形,说明在该矩形中缩放图像
int width = image.Width;
int height = image.Height;
RectangleF destinationRect = new RectangleF(150, 20, 1.3f * width, 1.3f * height);
//绘制一个矩形,说明在矩形的位置图像将要被缩放
RectangleF sourceRect = new RectangleF(0, 0, 0.75f * width, 0.75f * height);
e.Graphics.DrawImage( image, destinationRect, sourceRect, GraphicsUnit.Pixel);
```

原始图像和缩放、裁切后的图像如图 10-12 所示。

图 10-12 原始图像和缩放、裁切后的图像

#### 10.3.3.4 图像旋转、反射和扭曲

可以通过指定原始图像的左上角、右上角和左下角的目标点来旋转、反射和扭曲图像,这 3 个目标点确定将原始矩形图像映射为平行四边形的仿射变形。

例如,假设原始图像是一个矩形,其左上角、右上角和左下角分别位于(0, 0)、(100, 0)和(0, 50)。现在假设将这 3 个点按表 10-9 所示映射到目标点。

表 10-9 图像旋转对比坐标

| 原 始 点 | 目 标 点 |
|---|---|
| 左上角(0,0) | (200,20) |
| 右上角(100,0) | (110,100) |
| 左下角(0,50) | (250,30) |

原始图像映射为平行四边形的图像。原始图像被扭曲、反射、旋转和平移。沿着原始图像上边缘的 $x$ 轴被映射到通过(200, 20)和(110, 100)的直线,沿着原始图像左边缘的 $y$ 轴被映射到通过(200, 20)和(250, 30)的直线。

下列代码生成旋转扭曲后的图像。

```
//旋转扭曲后的左上点、右上点、右下点的坐标点
Point[] destinationPoints = { new Point(250, 20),        //左上点
                              new Point(180, 130),       //右上点
```

```
                        new Point(300, 20)};              //右下点
    //原始图像
    Image image = new Bitmap(@"e:\rose.jpg");
    //在窗体左上点(10,20)的位置绘制原图
    e.Graphics.DrawImage(image, 10, 20);
    //按照旋转扭曲后的坐标点,绘制变形的图像
    e.Graphics.DrawImage(image, destinationPoints);
```

**【说明】** 可以利用多种方式创建 Image 对象。Image 对象是一个基类,一般使用其派生类 Bitmap 来构造 Image 对象。例如:

```
    Image image = new Bitmap(@"e:\Grapes.jpg");
```

构造 Image 对象可以使用已知路径的图片文件,也可以通过文件流读取图片文件创建对象,还可以通过已有的 Image 对象或改变其大小创建一个新的 Image 对象。

### 10.3.4 拓展与提高

查找相关资料,进一步掌握 C# 中的图形图像处理技术,参考 Windows 系统中的绘图工具,完善基于 C# 的图片浏览器程序。

## 10.4 知识点提炼

(1) Graphics 类是 GDI+的核心,Graphics 对象表示 GDI+绘图画面,提供将对象绘制到显示设备的方法。

(2) Pen 类主要用于绘制线条或者线条组合成的其他几何形状。

(3) Brush 类主要用于填充几何图形,如将正方形和圆形填充其他颜色。Brush 类是一个抽象基类,不能进行实例化。

(4) 调用 Graphics 类中的 DrawLine()方法,结合 Pen 对象可以绘制直线。

(5) 通过 Graphics 类中的 DrawRectangle()方法可以绘制矩形。该矩形由坐标对、宽度和高度指定。

(6) 通过 Graphics 类中的 DrawEllipse()方法可以轻松绘制椭圆。该椭圆由坐标对、宽度和高度指定。

(7) Graphics 类的 DrawString()方法用于绘制文本。绘制时至少需要说明所要绘制的文本内容、所使用的字体、绘制文本的画刷以及开始绘制的坐标点,必要时还可以指定绘制字符串的格式。

(8) 可以使用 GDI+显示以文件形式存在的图像。图像文件可以是 bmp、gif、jpeg、png 和 tiff 等多种格式。如果要将一个图像文件中的图像加载并将其显示在屏幕上,则需要 Bitmap 对象和 Graphics 对象。

# 第11章 多线程和网络编程

随着社会的快速发展,因特网正逐渐普及到全民的日常生活当中,网络已经逐渐成为人们工作和生活中必不可少的一部分。作为.NET平台下的主流开发语言,C#提供了多线程机制来提高程序的执行速度,完成网络程序开发的需要。通过阅读本章内容,读者可以:

- 了解线程的基本概念。
- 掌握线程的基本操作。
- 了解网络编程相关的类。
- 掌握套接字编程的基本方法。

## 11.1 多线程编程技术

### 11.1.1 任务描述:多线程自动更新界面

在开发数据库应用程序时,有时候需要不断更新数据库,又要同时修改前台界面,这时就需要使用多线程技术。本任务利用多线程技术编写一个多线程自动更新界面程序,如图11-1所示。单击“查询”按钮可以手动刷新,勾选“开启自动刷新”复选框后,可以决定是否自动刷新,“暂停”和“继续”按钮用于模拟窗体失去焦点的情况,单击“暂停”按钮后,如果当前开启了自动刷新,则暂停自动刷新,单击“继续”按钮后,如果当前开启了自动刷新,则启用自动刷新。

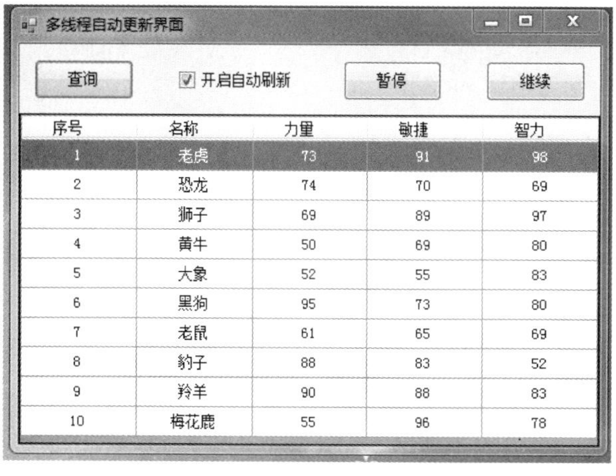

图11-1 多线程自动更新界面

### 11.1.2 任务实现



(1) 启动 Visual Studio 2013,新建 Windows 窗体应用项目 Project1101。

(2) 更改默认窗体的 Text 属性为“多线程自动更新界面”,并在默认窗体中添加 3 个 Button 控件,分别用来启动查询、暂停和继续;添加一个 CheckBox 和 DataGridView 控件,用来选择是否开启自动刷新和显示数据。

(3) 将窗体后台代码修改为以下代码:

```
public partial class FormMain : Form
{
  Thread thrRefresher;                                    //线程声明
  AutoResetEvent areRefresher = new AutoResetEvent(false);    //控制线程的暂停和继续
  bool bSign = bSignAlive = true;                         //控制标志
  //窗体装入事件
  private void FormMain_Load(object sender, EventArgs e)
  {                                                       //创建线程
      thrRefresher = new Thread(new ThreadStart(KeepOnRefreshData));
      chkAutoRefresh.Checked = true;
  }
  //查询按钮单击事件响应函数
  private void btnRefresh_Click(object sender, EventArgs e)
  {
      dgvData.DataSource = GetNewData();                  //读取数据
  }
  //复选框改变事件函数
  private void chkAutoRefresh_CheckedChanged(object sender, EventArgs e)
  {
      //用于线程刷新模式的启动和暂停
      if (chkAutoRefresh.Checked)
      {
          bSign = true;
          //第一次勾选时启动进程
          if (thrRefresher.ThreadState == ThreadState.Unstarted)
          {
              thrRefresher.Start();                       //开始线程
              areRefresher.Set();
          }
          areRefresher.Set();
      }
      else
      {
          bSign = false;
      }
  }
  //用于线程调用:不断刷新 dgv
  private void KeepOnRefreshData()
  {
      while (true)
      {
```

```
            //如果外部窗体关闭,则从内部终止线程
            if (!bSignAlive)
            {
                break;
            }
            RefreshData(dgvData, GetNewData());
            //执行一次后暂停一个信息获取周期的时间
             if (bSignAlive)
             {
                    Thread.Sleep(100);
                }
            //如果接收到暂停标志,则暂停线程
            if (!bSign)
            {
                areRefresher.WaitOne();
            }
        }
    }
    //定义委托
    private delegate void RefreshDataDelegate(DataGridView dgv, DataTable dt);
    private void RefreshData(DataGridView dgv, DataTable dt)
    {
        if (this.InvokeRequired)
        {
            this.Invoke(new RefreshDataDelegate(this.RefreshData), dgv, dt);
        }
        else
        {
            dgv.DataSource = dt;
        }
    }
   //获取数据
    private DataTable GetNewData()
    {
        DataTable dt = new DataTable();
        dt.Columns.Add("序号");
        dt.Columns.Add("名称");
        dt.Columns.Add("力量");
        dt.Columns.Add("敏捷");
        dt.Columns.Add("智力");
        //随机数
        Random random = new Random(DateTime.Now.Millisecond);
       //生成数据表
        dt.Rows.Add("1", "老虎",
            random.Next(50, 100), random.Next(50, 100), random.Next(50, 100));
        dt.Rows.Add("2", "恐龙",
            random.Next(50, 100), random.Next(50, 100), random.Next(50, 100));
        dt.Rows.Add("3", "狮子",
            random.Next(50, 100), random.Next(50, 100), random.Next(50, 100));
        dt.Rows.Add("4", "黄牛",
            random.Next(50, 100), random.Next(50, 100), random.Next(50, 100));
```

```
        dt.Rows.Add("5", "大象",
            random.Next(50, 100), random.Next(50, 100), random.Next(50, 100));
        dt.Rows.Add("6", "黑狗",
            random.Next(50, 100), random.Next(50, 100), random.Next(50, 100));
        dt.Rows.Add("7", "老鼠",
            random.Next(50, 100), random.Next(50, 100), random.Next(50, 100));
        dt.Rows.Add("8", "豹子",
            random.Next(50, 100), random.Next(50, 100), random.Next(50, 100));
        dt.Rows.Add("9", "羚羊",
            random.Next(50, 100), random.Next(50, 100), random.Next(50, 100));
        dt.Rows.Add("10", "梅花鹿",
           random.Next(50, 100), random.Next(50, 100), random.Next(50, 100));
        return dt;
    }
    //暂停按钮单击事件响应函数
    private void btnLeave_Click(object sender, EventArgs e)
    {
        if (chkAutoRefresh.Checked)
        {
            bSign = false;
        }
    }
    //继续按钮单击事件
    private void btnReturn_Click(object sender, EventArgs e)
    {
        if (chkAutoRefresh.Checked)
        {
            bSign = true;
            areRefresher.Set();
        }
    }
    //窗体关闭事件
    private void FormMain_FormClosing(object sender, FormClosingEventArgs e)
    {
        bSignAlive = false;
        areRefresher.Set();
        thrRefresher.Join();                        //等待子线程结束
    }
```

### 11.1.3 知识链接

#### 11.1.3.1 多线程编程基础

Windows是一个多任务的系统,如果你使用的是Windows 2000及其以上版本,你可以通过任务管理器查看当前系统运行的程序和进程。什么是进程呢?当一个程序开始运行时,它就是一个进程,进程包括运行中的程序和程序所使用到的内存及系统资源。而一个进程又是由多个线程所组成的,线程是程序中的一个执行流,每个线程都有自己的专有寄存器(栈指针、程序计数器等),但代码区是共享的,即不同的线程可以执行同样的函数。多线程是指程序中包含多个执行流,即在一个程序中可以同时运行多个不同的线程来执行不同的任务，也就是说允许单个程序创建多个并行执行的线程来完成各自的任务。浏览器就是一个很好的多线程的例子，在浏览器中你可以在下载 Java 小应用程序或图像的同时滚动页面，在访问新页面时，播放动画和声音、打印文件等。

进程和线程可以用一个比喻来加深理解。假设有一个公司，公司里有很多各司其职的员工，那么可以认为这个正常运作的公司就是一个进程，而公司里的员工就是线程。一个公司至少有一个员工，同理，一个进程至少包含一个线程。在公司里，可以一个员工干所有的事，但是效率显然很低，一个人的公司也不可能做大；一个程序中也可以只用一个线程去做事，但是像一个人的公司一样，效率很低，如果做大程序，效率更低——事实上现在几乎没有单线程的商业软件。公司的员工越多，老板就得发越多的薪水给他们，还得耗费大量精力去管理他们，协调他们之间的矛盾和利益；程序也是如此，线程越多耗费的资源也越多，需要 CPU 时间去跟踪线程，还得解决诸如死锁、同步等问题。总之，如果不想你的公司被称为“皮包公司”，就得多几个员工；如果不想让你的程序显得稚气，就在程序里引入多线程。

在 .NET 程序中对线程进行操作，需要使用 Thread 类，该类位于 System. Threading 命名空间中。System. Threading 命名空间提供了所有与多线程机制有关的类和接口，其中 Thread 类用于创建线程，ThreadPool 类用于管理线程池等，此外还提供解决了线程执行安排、死锁、线程间通信等实际问题的机制。如果在应用程序中使用多线程，就必须引用命名空间。

System. Threading. Thread 类是创建并控制线程，设置其优先级并获取其状态最为常用的类。它有很多方法和属性。表 11-1 列出了 Thread 类的常用属性、方法及其说明。

**表 11-1　Thread 类的常用属性、方法及其说明**

| 属　　性 | 说　　明 |
|---|---|
| CurrentContext | 获取线程正在其中执行的当前上下文 |
| CurrentThread | 获取当前正在运行的线程 |
| IsAlive | 获取指示当前线程的执行状态的值 |
| IsBackground | 获取或设置一个值，该值指示某个线程是否为后台线程 |
| Name | 获取或设置线程的名称 |
| Priority | 获取或设置指示线程的调度优先级的值 |
| ThreadState | 获取一个值，该值包含当前线程的状态 |
| **方　　法** | **说　　明** |
| Abort | 在调用此方法的线程上引发 ThreadAbortException，以开始终止此线程的过程。调用此方法通常会终止线程 |
| Start | 启动线程的执行，导致操作系统将当前实例的状态更改为 ThreadState. Running |
| Suspend | 该方法并不终止未完成的线程，它仅仅挂起线程，以后还可恢复。或者如果线程已挂起，则不起作用 |
| Resume | 恢复被 Suspend()方法挂起的线程的执行 |
| Join | 阻塞调用线程，直到某个线程终止时为止 |
| Sleep | 将当前线程阻塞指定的毫秒数 |

### 11.1.3.2　线程的基本操作

创建一个线程后，就可以对线程进行各种操作。线程的常用操作主要有启动线程、终止线程、合并线程、暂停线程等。

**1. 启动线程**

通过提供一个委托,表示该线程是在其类构造函数中执行的方法来启动一个线程。然后,可以调用 Start()方法开始执行。Thread 构造函数可以采用两个委托类型,具体取决于是否可以将参数传递给要执行的方法。

(1) 如果该方法不具有任何参数,则传递 ThreadStart 委托给的构造函数。它的常用格式如下:

```
public delegate void ThreadStart();
```

下列示例创建并启动执行的线程 ExecuteInForeground()方法。该方法显示一些线程属性、有关信息,然后执行循环半秒钟后暂停并显示已用的秒数。线程执行时至少在五秒钟内,则循环结束,并且该线程将终止执行。

```
public class Example
{
    public static void Main()
    {
        var th = new Thread(ExecuteInForeground);
        th.Start();
        Thread.Sleep(1000);
        Console.WriteLine("Main thread ({0}) exiting…",
                          Thread.CurrentThread.ManagedThreadId);
    }

    private static void ExecuteInForeground()
    {
        DateTime start = DateTime.Now;
        var sw = Stopwatch.StartNew();
        Console.WriteLine("Thread {0}: {1}, Priority {2}",
                          Thread.CurrentThread.ManagedThreadId,
                          Thread.CurrentThread.ThreadState,
                          Thread.CurrentThread.Priority);
        do {
            Console.WriteLine("Thread {0}: Elapsed {1:N2} seconds",
                              Thread.CurrentThread.ManagedThreadId,
                              sw.ElapsedMilliseconds / 1000.0);
            Thread.Sleep(500);
        } while (sw.ElapsedMilliseconds <= 5000);
        sw.Stop();
    }
}
```

(2) 如果该方法具有参数,则传递 ParameterizedThreadStart 委托给的构造函数。它的基本格式如下:

```
public delegate void ParameterizedThreadStart(object obj);
```

然后,执行该委托的方法可以强制转换为适当的类型。下列示例的代码等同于前面的代码，只不过它将调用 Thread（ParameterizedThreadStart）构造函数。此版本的 ExecuteInForeground()方法只有一个参数表示的近似毫秒所要执行的循环数。

```
public class Example
{
    public static void Main()
    {
        var th = new Thread(ExecuteInForeground);
        th.Start(4500);
        Thread.Sleep(1000);
        Console.WriteLine("Main thread ({0}) exiting…",
                          Thread.CurrentThread.ManagedThreadId);
    }

    private static void ExecuteInForeground(Object obj)
    {
        int interval;
        try {
            interval = (int) obj;
        }
        catch (InvalidCastException) {
            interval = 5000;
        }
        DateTime start = DateTime.Now;
        var sw = Stopwatch.StartNew();
        Console.WriteLine("Thread {0}: {1}, Priority {2}",
                          Thread.CurrentThread.ManagedThreadId,
                          Thread.CurrentThread.ThreadState,
                          Thread.CurrentThread.Priority);
        do {
            Console.WriteLine("Thread {0}: Elapsed {1:N2} seconds",
                              Thread.CurrentThread.ManagedThreadId,
                              sw.ElapsedMilliseconds / 1000.0);
            Thread.Sleep(500);
        } while (sw.ElapsedMilliseconds <= interval);
        sw.Stop();
    }
}
```

**2. 终止线程**

线程启动后，当不需要某个线程继续执行时，有两种方法可以终止线程。

第一种方法是事先设置一个布尔型字段，在其他线程中通过修改该布尔变量的值表示是否需要终止该线程。在该线程中，循环判断该布尔变量的值，以确定是否退出线程。这是结束线程比较理想的方式，实际应用中一般使用这种方法。

第二种方法是调用 Thread 类的 Abort()方法，该方法强行终止指定线程。使用 Abort()方法来终止线程时，系统在结束线程前要进行代码清理等工作，因此，线程并不会立即结束，可能会出现类似假死机的现象。为了解决这个问题，可以在主线程中调用子线程的 Join()方法，并在 Join()方法中指定主线程等待子线程结束的等待时间。

**3. 合并线程**

Join()方法用于把指定线程合并到当前线程中。如果一个线程 t1 在执行的过程中需要等待另一个线程 t2 结束才能继续执行,可以在 t1 的代码中调用 Join()方法。例如:

```
t2.Join();
```

这样 t1 在执行到 Join 语句后就处于暂停状态,直到 t2 结束后才会继续执行。但是,假如 t2 一直不结束,那么 t1 也无法继续执行,为此,可以在调用 t2 的 Join()方法时指定一个暂停时间。这样,线程 t1 就不会一直等待下去。例如,如果希望 t1 只等待 100 毫秒,然后不管 t2 是否结束。t1 都继续。可使用下列语句:

```
t2.Join(100);
```

**4. 暂停线程**

在多线程应用程序中,有时候需要暂停线程执行一段时间,以便其他的线程能够使用 CPU 的剩余时间。为此,可调用 Thraed 类的静态方法 Sleep()。例如,下列语句让当前线程暂停 1 秒:

```
Thread.Sleep(1000);
```

### 11.1.3.3 跨线程调用控件

由于 Windows 窗体控件本质上不是线程安全的。因此如果有两个或多个线程适度操作某一控件的状态,则可能会迫使该控件进入一种不一致的状态,还可能出现其他与线程相关的 Bug,包括争用和死锁的情况。于是在调试器中运行应用程序时,如果创建某控件的线程之外的其他线程试图调用该控件,则调试器会引发一个无效操作异常(InvalidOperationException)。这是因为 C#控件默认是线程安全的,即在访问控件时需要首先判断是否跨线程,如果是跨线程的直接访问,在运行时会抛出异常。但是,在应用程开发过程,可能经常需要跨线程调用控件,例如在窗体控件中将线程处理的数据显示出来,那么,如何解决这个问题?解决这个问题通常可以使用委托和 BackgroundWorker 组件。下面主要介绍使用委托来实现从另一个线程访问控件的方法。

为了让不是创建控件的线程共享该控件的对象,.NET 的每个控件都提供了一个 Invoke()方法,该方法利用委托实现其他线程对该控件的操作。具体做法是,首先查询控件的 InvokeRequired 属性的值,如果该属性的值为 true,说明访问该控件的线程不是当前线程,此时就需要利用委托来访问控件。例如:

```
if (label2.InvokeRequired)
{
 //当一个控件的 InvokeRequired 属性值为 true 时,说明有一个创建它以外的线程想访问它
  Action<string> actionDelegate = (x) => { this.label2.Text = x.ToString(); };
 //或者
 //Action<string> actionDelegate = delegate(string txt) { this.label2.Text = txt; };
  this.label2.Invoke(actionDelegate, str);
}
else
{
```

```
        this.label2.Text = str.ToString();
    }
```

下面通过一个具体例子说明如何启动线程和终止线程，以及如何实现在不同的线程中向同一控件输出内容。

**【例 11.1】** 新建 Windows 应用程序 Chapter1101，在默认窗体中添加 2 个 Button 控件和一个 RichTextBox 控件。在程序中添加一个类，并声明两个方法 Method1 和 Method2，其中 Method1 不停地输出 A，Method2 不停地输出 B。在窗体中启动线程执行 Method1 和 Method2，并在 RichTextBox 控件中显示输出字符串。

主要代码如下：

```
public partial class Form1 : Form
{
    Thread thread1, thread2;
    Class1 cl;
    private delegate void AddMessageDelegate(string msg);
    public void AddMessage(string msg)
    {
        if (this.richTextBox1.InvokeRequired)
        {
            Action< string > actionDelegate = (x) => { this.richTextBox1.AppendText(x.
ToString()); };
            this.richTextBox1.Invoke(actionDelegate, msg);
        }
        else
        {
            this.richTextBox1.AppendText (msg);
        }
    }
    public Form1()
    {
        InitializeComponent();
        cl = new Class1(this);
    }

    private void button1_Click(object sender, EventArgs e)
    {
        richTextBox1.Clear();
        cl.isStop = false;
        thread1 = new Thread(cl.Method1);
        thread1.IsBackground = true;

        thread2 = new Thread(cl.Method2);
        thread1.IsBackground = true;
        thread1.Start("线程 A 开始执行!\n");
        thread2.Start();
    }

    private void button2_Click(object sender, EventArgs e)
```

```
        {
            c1.isStop = true;
            thread1.Join(0);
            thread2.Join(0);
        }
    }
    //类 Class1 的定义
    class Class1
    {
        public volatile bool isStop;
        private Form1 form1;

        public Class1 (Form1 form1)
        {
            this.form1 = form1;
        }

        public void Method1(Object obj)
        {
            string str = obj as string;
            form1.AddMessage(str);

            while (isStop == false)
            {
                Thread.Sleep(100);
                form1.AddMessage("A");
            }
            form1.AddMessage("\n 线程 A 已被终止!\n");
        }
        public void Method2()
        {
             while (isStop == false)
            {
                Thread.Sleep(100);
                form1.AddMessage("B");
            }
             form1.AddMessage("\n 线程 B 已被终止!\n");
        }
    }
```

编译并执行该程序,单击“启动线程”按钮后,观察线程执行时输出的内容,等一会儿单击“终止线程”按钮,程序的运行结果如图 11-2 所示。

从运行结果可以看出,两个具有相同优先级的线程同时执行时,在 richTextBox1 中添加的字符个数基本相同。

采用多线程编程可以提高程序的执行效率,但是也带来了资源共享的问题,如死锁和资源争用。为此,需要线程同步机制来协调线程的执行顺序,以确保在系统上同时运行的多个线程不会出现死锁和逻辑错误。关于线程同步和其他高级多线程编程基础,这里就不再介

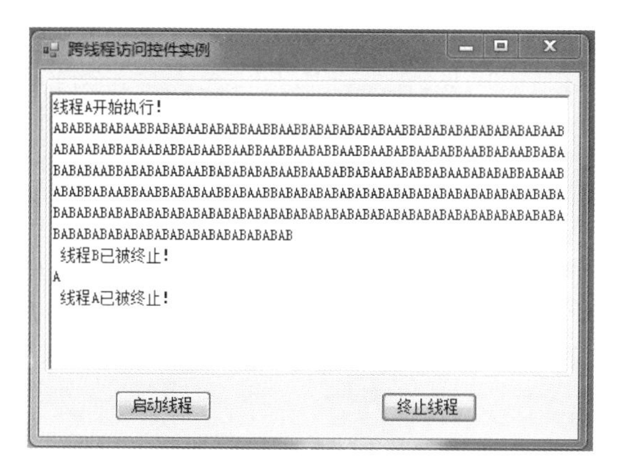


图 11-2　程序 Chapter1101 的运行结果

绍,读者可参考其他相关资料。

### 11.1.4　拓展与提高

查找相关资料,理解和掌握 C# 多线程编程的基本技术,并完成下列问题:

(1) 在处理大量数据时,由于 CPU 工作繁忙,若还进行其他操作,可能会造成计算机的临时假死,这时,可以创建一个子线程来专门处理并显示数据,这样就可以在读取数据的同时进行其他操作。请编写程序使用线程检索数据库中数据并将其显示到 DataGridView 控件中。

(2) 编写程序使用线程来遍历文件夹。

## 11.2　网络编程基础

### 11.2.1　任务描述:设计点对点聊天程序

网络的快速发展使得信息交流的速度和方式发生巨大变化,聊天程序则是其中最常见的信息交换方式,常见的聊天程序一般都需要将信息通过服务器发送给对方。本任务实现一个点对点聊天程序,如图 11-3 所示。该程序把本机作为服务器,可以直接将信息发送给对方。

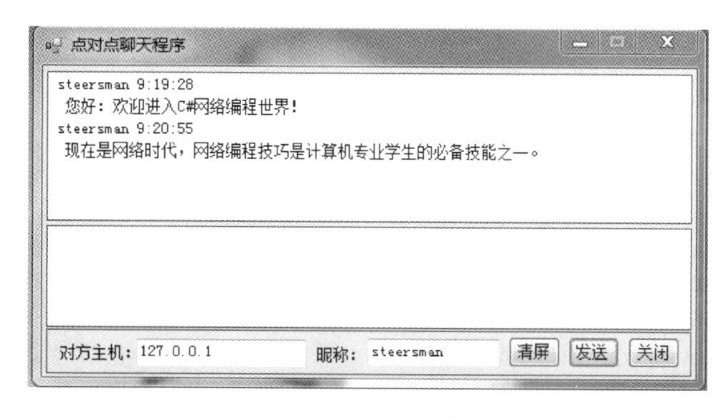


图 11-3　点对点聊天程序

### 11.2.2 任务实现

(1) 启动 Visual Studio 2013,新建一个 Windows 窗体应用项目 Project1102。

(2) 更改默认窗体 Form1 的 Name 属性为 frmMain,Text 属性为“点对点聊天程序”,在该窗体添加 2 个 SplitContainer 控件,用来分隔窗体;添加 2 个 RichTextBox 控件,分别用来输入聊天信息和显示聊天信息;添加 2 个 TextBox 控件,分别用来输入对方主机和昵称;添加 3 个 Button 控件,分别用来清空聊天记录、发送消息和退出程序。

(3) 修改窗体后台代码,实现相应功能。主要代码如下:

```
public partial class frmMain : Form
{
  public frmMain()
  {
      InitializeComponent();
  }

  private Thread td;                                        //创建线程
  private TcpListener tcpListener = null;                   //创建 TcpListener 对象
  //窗体装入事件
  private void frmMain_Load(object sender, EventArgs e)
  {
      td = new Thread(new ThreadStart(this.StartListen));   //创建线程开始执行监听
      td.Start();
  }
  //单击"关闭"按钮退出应用程序
  private void button3_Click(object sender, EventArgs e)
  {
      Application.Exit();
  }
  //发送按钮单击事件处理函数
  private void button2_Click(object sender, EventArgs e)
  {
      try
      {
          //定义消息格式
          string message = " " + txtName.Text + " " + DateTime.Now.ToLongTimeString() + "\n"
                      + " " + this.rtbSend.Text + "\n";
          TcpClient client = new TcpClient(txtIP.Text,888); //创建 TCPClient 对象
          NetworkStream netstream = client.GetStream();     //创建网络流
          //将数据写入对象
          StreamWriter wstream = new StreamWriter(netstream, Encoding.Default);
          wstream.Write(message);                           //将消息写入网络流
          wstream.Flush();                                  //释放网络流对象
          wstream.Close();                                  //关闭网络流对象
          client.Close();                                   //关闭 TCPClient
          rtbContent.AppendText(message);                   //将发送的消息添加到文本框
          rtbContent.ScrollToCaret();                       //自动滚动文本框的滚动条
          rtbSend.Clear();                                  //清空发送消息文本框
      }
```

```
        catch (Exception ex)
        {
            MessageBox.Show(ex.Message);
        }
    }
    //开始侦听方法
    private void StartListen()
    {
        //创建一个 IPAddress 对象,用来表示网络 IP 地址
        IPAddress[] ip = Dns.GetHostAddresses(Dns.GetHostName()); //获取主机名
        IPAddress ipaddress = ip[1];
        tcpListener = new TcpListener(ipaddress,888);           //初始化 TCPListener 对象
        tcpListener.Start();                                    //开始 TCPListerner 侦听
        while (true)
        {
            TcpClient tclient = tcpListener.AcceptTcpClient();  //接受连接请求
            NetworkStream nstream = tclient.GetStream();        //获取数据流
            byte[] mbyte = new byte[1024];                      //建立缓存
            int i = nstream.Read(mbyte, 0, mbyte.Length);       //将数据流写入缓存
            string message = Encoding.Default.GetString(mbyte, 0, i);

        }
    }
    private delegate void AddMessageDelegate(string message);    //定义委托
    public void AddMessage(string message)
    {
        if (this.rtbContent.InvokeRequired)
        {
            AddMessageDelegate d = AddMessage;
            rtbContent.Invoke(d, message);
        }
        else
        {
            rtbContent.AppendText(message);
        }
        rtbContent.ScrollToCaret();
    }
    //窗体关闭事件处理函数
    private void frmMain_FormClosed(object sender, FormClosedEventArgs e)
    {
        if (this.tcpListener != null)
        {
            tcpListener.Stop();
        }
        if (td != null)
        {
            if (td.ThreadState == ThreadState.Running)
            {
                td.Abort();
            }
        }
```

```
        }
        //单击"清屏"按钮,清除聊天内容
        private void button1_Click(object sender, EventArgs e)
        {
            rtbContent.Clear();
        }

        private void rtbSend_KeyPress(object sender, KeyPressEventArgs e)
        {
            if (e.KeyChar == '\r')
            {
                button2_Click(sender,e);
            }
        }
    }
}
```

### 11.2.3 知识链接

为了简化网络编程,.NET Framework 提供了相应的类,这些类按照功能被分配到不同的命名空间中。在这些命名空间中,System.NET 和 System. Net. Sockets 这两个命名空间提供了网络编程中用到的大多数类。

#### 11.2.3.1 IP 地址转换和域名解析

System. Net 命名空间为当前网络上使用的多种协议提供了简单的编程接口。开发人员利用这个命名空间下提供的类,能够编写符合标准网络协议的网络应用程序,不需要考虑所用协议的具体细节,就能很快实现所需要的功能。下面对 System. Net 命名空间中的主要类等进行简单介绍。

**1. IP 地址转换相关类**

在 Internet 中,每台联网的计算机都有唯一的标识符,该标识符称为 IP 地址。目前,IP 地址有 IPv4 和 IPv6 两种编码方案。两者的主要区别在于编码的长度不同,IPv4 每个 IP 地址有 32 位,而 IPv6 每个 IP 地址有 128 位,彻底解决了 IPv4 地址不足的问题。

在 System. Net 命名空间中,有几个与 IP 地址有关的类:提供网络协议 IP 地址的 IPAddress 类,包含 IP 地址和端口号的 IPEndPoint 类以及为 Internet 主机提供信息容量的 IPHostEntry 类。

1) IPAddress 类

IPAddress 类提供了对 IP 地址转换。处理等功能。它的构造函数有如下两个:

- public IPAddress(byte[] address)。用指定为 Byte 数组的地址初始化 IPAddress 类的新实例。如果 address 的长度为 4,则 IPAddress(byte[]address)构造一个 IPv4 地址;否则,构造范围为 0 的 IPv6 地址。例如:

```
byte[] ipArray = new byte[]{143,24,20,36};
IPAddress localIP = new IPAddress(ipArray);
```

- public IPAddress(long newAddress)。用指定为 Int64 的地址初始化 IPAddress 类的新实例。例如,Big-Endian 格式的值 0x2414188f 可能为 IP 地址 143.24.20.36。

在应用程序的开发过程中，通常不采用 IPAddress 的构造函数来生成 IPAddress 的实例，而是采用 IPAddress 类提供的静态方法 Parse( )方法将 IP 地址字符串转换为 IPAddress 的实例。例如：

```
try
{
  IPAddress address = IPAddress.Parse("143.24.20.36");
 }
 catch(ArgumentNullException e)
 {
   Console.WriteLine("ArgumentNullException caught!!!");
}
```

表 11-2 列出了 IPAddress 类常用的字段、属性和方法及其说明。

**表 11-2　IPAddress 类常用的字段、属性和方法及其说明**

| 字　段 | 说　明 |
|---|---|
| Any | 提供一个 IP 地址，指示服务器应该监听所有网络接口上的客户端活动。只读 |
| Broadcast | 提供 IP 广播地址。只读 |
| LoopBack | 提供 IP 回环地址。只读 |
| None | 提供指示不应使用任何网络接口的 IP 地址。只读 |
| **属　性** | **说　明** |
| Address | 网际协议(IP)地址 |
| AddressFamily | 获取 IP 地址的地址族 |
| IsIPV6LinkLocal | 获取地址是否为 IPv6 连接本地地址 |
| IsIPv6SiteLocal | 获取地址是否为 IPv6 站点的本地地址 |
| IsIPv6Multicast | 获取地址是否为 IPv6 多路广播全局地址 |
| ScopeId | 获取或设置 IPv6 地址范围标识符 |
| **方　法** | **说　明** |
| GetAddressBytes | 字节数组形式提供 IPAddress 的副本 |
| IsLoopBack | 指示指定的 IP 地址是否是环回地址 |
| Parse | 将 IP 地址字符串转换为 IPAddress 实例 |
| TryParse | 确定字符串是否为有效的 IP 地址 |

2) IPEndPoint 类

在 Internet 中，TCP/IP 使用一个网络地址和一个服务端口号来唯一标识设备。网络地址标识网络上的特定设备；端口号标识要连接到的该设备上的特定服务。IPEndPoint 类包含应用程序连接到主机上的服务所需要的主机和本地或远程端口的信息。通过组合服务的主机 IP 地址和端口号，IPEndPoint 类形成到服务的连接点。IPEndPoint 类有两个很有用的构造函数：

```
public IPEndPoint(long, int);
public IPEndPoint(IPAddress, int);
```

它们的作用就是用指定的地址和端口号初始化 IPEndPoint 类的新实例。例如：

```
IPAddress localIP = IPAddress.Parse("192.168.1.1");
IPEndPoint iep = new IPEndPoint(localIP,6500);
```

3) IPHostEntry 类



IPHostEntry 为 Internet 主机地址信息提供容器类,它将一个域名系统(Domain Name System,DNS)主机名与一组别名和一组匹配的 IP 地址关联,一般 Dns 类一起使用。该类常用属性有 AddressList 属性和 HostName 属性。AddressList 属性用于获取或设置与主机关联的 IP 地址列表,是一个 IPAddress 类型的数组,包含了指定主机的所有 IP 地址;HostName 属性则包含了服务器的主机名。

在 Dns 类中,有一个专门获取 IPHostEntry 对象的方法,通过 IPHostEntry 对象,可以获取本地或远程主机的相关 IP 地址。例如:

```
listBox1.Items.Add("网易所用的服务器 IP 地址有: ");
IPAddress[] ip = Dns.GetHostEntry("www.163.com").AddressList;
listBox1.Items.AddRange(ip);
listBox1.Items.Add("本机 IP 地址为: ");
ip = Dns.GetHostEntry(Dns.GetHostName()).AddressList;
listBox1.Items.AddRange(ip);
```

**2. 域名解析**

在计算机网络中,通信双方必须指定双方计算机的 IP 地址。IP 地址虽然能够唯一地标识网络上的计算机,但它是数字的,不便于记忆和使用,因而现在又用字符型的名字来标识它,这个字符型地址称为域名地址,简称域名(Domanin Name)。将域名转换为对应的 IP 地址的过程成为域名解析。域名解析是由 DNS 完成的。为了实现域名解析,在 Internet 中存在一些装有域名系统的域名服务器,上面分层次存放许多域名到 IP 地址转换的映射表。

Dns 类是一个静态类,提供了方便的域名解析功能,它从 Internet 域名系统检索关于特定主机的信息。利用该类提供的一些静态方法,可以获得本地或者远程主机的域名和 IP 地址。在 IPHostEntry 类的实例中返回来自 DNS 查询的主机消息。如果指定的主机在 DNS 数据库中有多个入口,则 IPHostEntry 包含多个 IP 地址和别名。Dns 类的常用方法及其说明如表 11-3 所示。

**表 11-3　Dns 类的常用方法及其说明**

| 方　法 | 说　明 |
|---|---|
| GetHostAddresses | 返回指定主机的网际协议(IP)地址 |
| GetHostEntry | 将主机名或 IP 地址解析为 IPHostEntry 实例 |
| GetHostName | 获取本地计算机的主机名 |
| GetHostByAddress | 根据 IP 地址创建 IPHostEntry 实例 |

下列示例在 DNS 数据库中查询关于主机 www.contoso.com 的信息。

```
IPHostEntry hostInfo = Dns.GetHostByName("www.contoso.com");
```

**【例 11.2】** IP 地址转换综合示例。新建 Windows 应用程序 Chapter1102,在默认的窗体中添加 2 个 ListBox 控件和 2 个 Button 控件,单击相应的按钮在 ListBox 中显示本机和远程主机的信息。

主要代码如下：

```
//获取本地主机 IP
private void button1_Click(object sender, EventArgs e)
{
    listBoxLocalInfo.Items.Clear();
    string name = Dns.GetHostName();
    listBoxLocalInfo.Items.Add("本机主机名：" + name);
    IPHostEntry me = Dns.GetHostEntry(name);
    listBoxLocalInfo.Items.Add("本机所有 IP 地址：");
    foreach (IPAddress ip in me.AddressList)
    {
        listBoxLocalInfo.Items.Add(ip);
    }
    IPAddress localip = IPAddress.Parse("127.0.0.1");
    IPEndPoint iep = new IPEndPoint(localip, 80);
    listBoxLocalInfo.Items.Add("IP 端点：" + iep.ToString());
    listBoxLocalInfo.Items.Add("IP 端口：" + iep.Port);
    listBoxLocalInfo.Items.Add("IP 地址：" + iep.Address);
    listBoxLocalInfo.Items.Add("IP 地址族：" + iep.AddressFamily);
    listBoxLocalInfo.Items.Add("可分配端口最大值：" + IPEndPoint.MaxPort);
    listBoxLocalInfo.Items.Add("可分配端口最小值：" + IPEndPoint.MinPort);
}
//获取远程主机信息
private void button2_Click(object sender, EventArgs e)
{
    this.listBoxRemoteInfo.Items.Clear();
    this.listBoxRemoteInfo.Items.Add("许昌学院官网的 IP 地址是：");
    IPHostEntry remoteHost = Dns.GetHostEntry("www.xcu.edu.cn");
    IPAddress[] remoteIP = remoteHost.AddressList;
    IPEndPoint iep;
    foreach (IPAddress ip in remoteIP)
    {
        iep = new IPEndPoint(ip, 80);
        listBoxRemoteInfo.Items.Add(iep);
    }
}
```

程序的运行结果如图 11-4 所示。

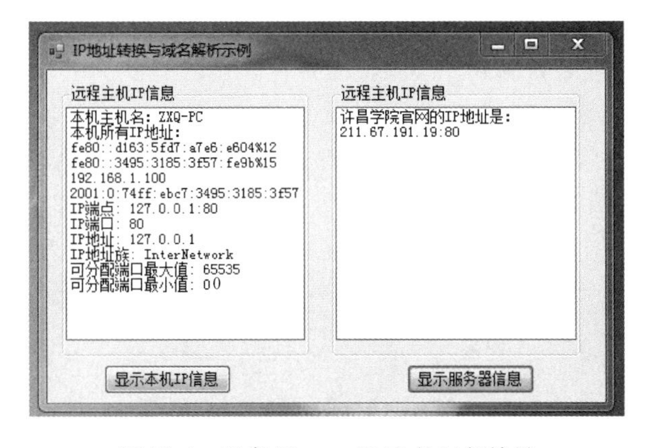


图 11-4　程序 Chapter1102 的运行效果

#### 11.2.3.2 套接字编程

在 TCP/IP 网络模型中，用户编写的网络应用程序都位于应用层，而 TCP 是属于传输层的协议，那么在应用层如何使用传输层的服务(消息发送或者文件上传、下载)？在应用层和传输层之间，使用套接字(Sockets)来进行分离。套接字是支持 TCP/IP 通信的基本单元，是不同主机之间的进程通信的端点。它像传输层为应用层开的一个小口，应用程序通过这个小口向远程发送数据，或者接收远程发来的数据；而这个小口以内，也就是数据进入这个口之后，或者数据从这个口出来之前，开发人员是不知道也不需要知道的，开发人员也不会关心它如何传输，这属于网络其他层次的工作。举个例子，如果想写封邮件发给远方的朋友，那么如何写信、将信打包，属于应用层，信怎么写、怎么打包完全由我们做主；而当我们将信投入邮筒时，邮筒的那个口就是套接字，在进入套接字后，就是传输层、网络层等(邮局、公路交管或者航线等)其他层次的工作。我们从来不会去关心信是如何从许昌发往北京的，我们只知道写好了投入邮筒就可以了。图 11-5 描述了套接字编程的基本原理。

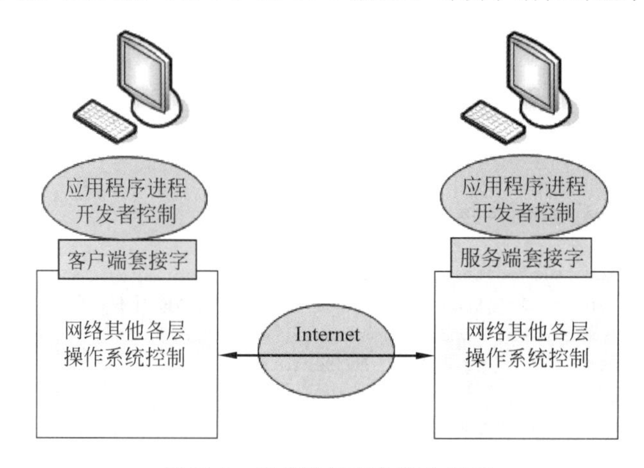


图 11-5　套接字编程的基本原理

**注意**：在图 11-5 中，两个主机是对等的，但是按照约定，将发起请求的一方称为客户端，将另一端称为服务端。可以看出两个程序之间的对话是通过套接字这个出入口来完成的，实际上套接字包含的最重要的也就是两个信息：连接至远程的本地的端口信息(本机地址和端口号)，连接到的远程的端口信息(远程地址和端口号)。注意上面词语的微妙变化，一个是本地地址，一个是远程地址。

在 C# 中使用套接字编程，需要使用 System.Net.Sockets 命名空间中的 Sockets 类。该类提供了一套丰富的属性和方法，用于管理连接，实现套接字接口；同时，它还定义了绑定、连接网络端点所需要的各种方法，并提供处理端点连接传输等细节所需要的功能。

使用套接字编程时，首先创建 Socket 对象的实例，这可以通过 Socket 类的构造方法来实现：

```
public Socket(AddressFamily addressFamily,SocketType socketType,ProtocolType protocolType);
```

其中，addressFamily 参数指定 Socket 使用的寻址方案，socketType 参数指定 Socket 的类型，protocolType 参数指定 Socket 使用的协议。下列语句创建一个 Socket，它可用于在基于 TCP/IP 的网络(如 Internet)上通信。

```
Socket temp = new Socket(AddressFamily.InterNetwork, SocketType.Stream, ProtocolType.Tcp);
```

若要使用 UDP 而不是 TCP,需要更改协议类型,如下所示:

```
Socket temp = new Socket(AddressFamily.InterNetwork, SocketType.Dgram, ProtocolType.Udp);
```

一旦创建 Socket,在客户端,可以通过 Connect()方法连接到指定的服务器[你可以在 Connect()方法前使用 Bind()方法绑定端口,就是以指定的端口发起连接,如果不事先绑定端口号的话,系统会默认在 1024～5000 随机绑定一个端口号],并通过 Send()方法向远程服务器发送数据,而后可以通过 Receive()方法从服务端接收数据;而在服务器端,你需要使用 Bind()方法绑定所指定的接口使 Socket 与一个本地终结点相连,并通过 Listen()方法侦听该接口上的请求,当侦听到用户端的连接时,调用 Accept 完成连接的操作,创建新的 Socket 以处理传入的连接请求。使用完 Socket 后,使用 Close()方法关闭 Socket。

下面通过一个简单的例子来说明如何利用 Sokets 来实现面向连接的通信。

**【例 11.3】** 编写控制台程序,利用同步的 Socket 实现客户端和服务器的消息通信。其中,服务器可以与多个客户端通信,并随时接受客户端发过来的消息。

(1) 编写客户端程序。启动 Visual Studio 2013,创建一个名为 SocketClient 的控制台应用程序。修改 Program.cs 的代码为如下代码:

```
class Program
{
 private static byte[] result = new Byte[1024];
 static void Main(string[] args)
 {
    //服务器 IP 地址
    IPAddress ip = IPAddress.Parse("127.0.0.1");
    Socket clientSocket = new Socket(AddressFamily.InterNetwork, SocketType.Stream,
ProtocolType.Tcp);
    try
    {
        clientSocket.Connect(new IPEndPoint(ip, 8889));
        Console.WriteLine("连接服务器成功");
    }
    catch
    {
        Console.WriteLine("连接服务器失败,请按 Enter 键退出");
        return;
    }
    //通过 clientSocket 接收数据
    int receiveLength = clientSocket.Receive(result);
    Console.WriteLine("接收服务器消息:{0}",Encoding.ASCII.GetString(result, 0, receiveLength));
    //通过 clientSocket 发送数据
    for (int i = 0; i < 10; i++)
    {
        try
        {
```

```
            Thread.Sleep(1000);
            string sendMessage = "client send Message Hello" + DateTime.Now;
            clientSocket.Send(Encoding.ASCII.GetBytes(sendMessage));
            Console.WriteLine("向服务器发送消息:{0}", sendMessage);
        }
        catch
        {
            clientSocket.Shutdown(SocketShutdown.Both);
            clientSocket.Close();
            break;
        }
    }
    Console.WriteLine("发送完毕,按 Enter 键退出");
    Console.ReadLine();
    }
}
```

(2) 编写服务端程序。启动 Visual Studio 2013,创建一个名为 SocketServer 的控制台应用程序。修改 Program.cs 的代码为如下代码:

```
class Program
 {
private static byte[] result = new Byte[1024];
private static int myprot = 8889;
static Socket serverSocket;
static void Main(string[] args)
{
    //服务器 IP 地址
    IPAddress ip = IPAddress.Parse("127.0.0.1");
    serverSocket = new Socket(AddressFamily.InterNetwork, SocketType.Stream,ProtocolType.Tcp);
    serverSocket.Bind(new IPEndPoint(ip, myprot));
    serverSocket.Listen(10);
    Console.WriteLine("启动监听{0}成功", serverSocket.LocalEndPoint.ToString());
    //通过 clientsocket 发送数据
    Thread myThread = new Thread(ListenClientConnect);
    myThread.Start();
    Console.ReadLine();
}
///<summary>
///接收连接
///</summary>
  private static void ListenClientConnect()
  {
    while (true)
    {
        Socket clientsocket = serverSocket.Accept();
        clientsocket.Send(Encoding.ASCII.GetBytes("Server Say Hello"));
        Thread receiveThread = new Thread(ReceiveMessage);
        receiveThread.Start(clientsocket);
    }
   }
```

```
    ///< summary >
    ///接收信息
    ///</summary >
    ///< param name = "clientSocket">包含客户机信息的套接字</param >
    private static void ReceiveMessage(Object clientSocket)
    {
      Socket myClientSocket  =  (Socket)clientSocket;
      while (true)
      {
          try
          {
              //通过 clientsocket 接收数据
              int receiveNumber  =  myClientSocket.Receive(result);
              Console.WriteLine("接收客户端{0}消息{1}",myClientSocket.RemoteEndPoint.ToString(),
                                  Encoding.ASCII.GetString(result, 0, receiveNumber));
          }
          catch (Exception ex)
          {
              Console.WriteLine(ex.Message);
              myClientSocket.Shutdown(SocketShutdown.Both);
              myClientSocket.Close();
              break;
          }
      }
    }
}
```

(3) 首先运行服务器程序,然后运行客户端程序,可以看到如图 11-6 所示的运行效果。

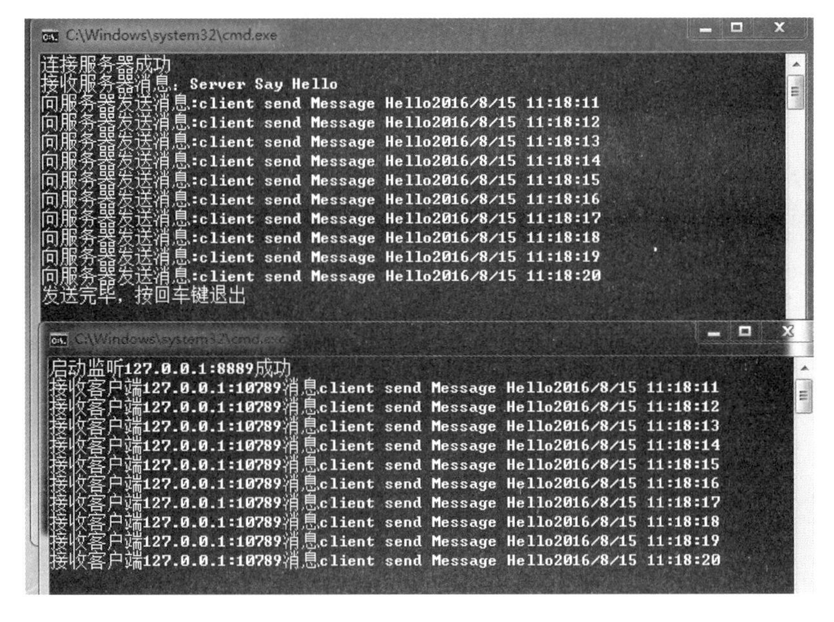


图 11-6　程序的运行效果

#### 11.2.3.3　TcpClient 类和 TcpListener 类

在.NET 中,尽管我们可以直接对套接字编程,但是.NET 提供了两个类将对套接字的编程进行封装,使我们的使用能够更加方便,这两个类是 TcpClient 和 TcpListener,它与套接字的关系如图 11-7 所示。

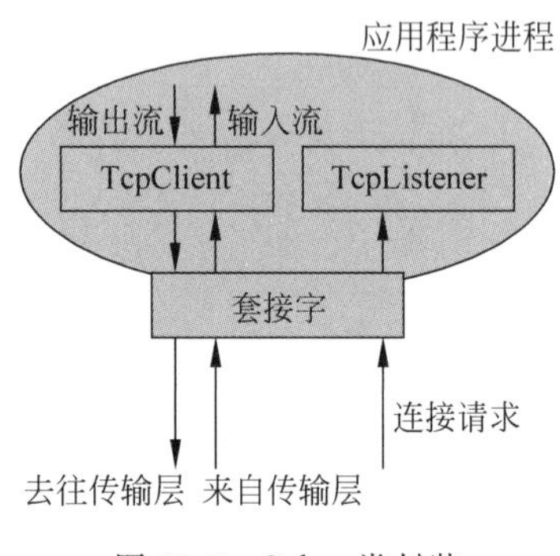


图 11-7　Soket 类封装

从图 11-7 中可以看出 TcpClient 和 TcpListener 对套接字进行了封装。从中也可以看出,TcpListener 用于接受连接请求,而 TcpClient 则用于接收和发送流数据。图 11-7 表示,TcpListener 持续地保持对端口的侦听,一旦收到一个连接请求后,就可以获得一个 TcpClient 对象,而对于数据的发送和接收都由 TcpClient 去完成。此时,TcpListener 并没有停止工作,它始终持续地保持对端口的侦听状态。

使用 TcpClient 类和 TcpListener 类来编写网络应用程序的一般步骤如下:

**1. 服务器端对端口进行监听**

如果想要与外界进行通信,首先开启对端口的侦听,这就像为计算机打开了一个“门”,所有向这个“门”发送的请求(“敲门”)都会被系统接收到。在 C# 中,首先使用本机 IP 地址和端口号创建一个 System. Net. Sockets. TcpListener 类型的实例,然后在该实例上调用 Start()方法,从而开启对指定端口的侦听。相关代码如下:

```
IPAddress ip = new IPAddress(new byte[] { 127, 0, 0, 1 });
TcpListener listener = new TcpListener(ip, 8500);
listener.Start();                                //开始侦听
```

**2. 客户端与服务端连接**

当服务器开始对端口侦听以后,便可以创建客户端与它建立连接。这一步是通过在客户端创建一个 TcpClient 类型实例完成。每创建一个新的 TcpClient 便相当于创建了一个新的套接字 Socket 去与服务端通信,.NET 会自动为这个套接字分配一个端口号,上面说过,TcpClient 类不过是对 Socket 进行了一个包装。创建 TcpClient 类型实例时,可以在构造函数中指定远程服务器的地址和端口号。这样在创建的同时,就会向远程服务端发送一个连接请求(“握手”),一旦成功,则两者间的连接就建立起来了。也可以使用重载的无参数构造函数创建对象,然后再调用 Connect()方法,在 Connect()方法中传入远程服务器地址和端口号,来与服务器建立连接。相关代码如下:

```
TcpClient client = new TcpClient();
try
{
    client.Connect("localhost", 8500);        //与服务器连接
}
catch (Exception ex)
  {
      Console.WriteLine(ex.Message);
```

```
        return;
    }
```

**3. 服务端获取客户端连接**

服务器端开始侦听以后,可以在 TcpListener 实例上调用 AcceptTcpClient()来获取与一个客户端的连接,它返回一个 TcpClient 类型实例。此时它所包装的是由服务端去往客户端的 Socket,而我们在客户端创建的 TcpClient 则是由客户端去往服务端的。这个方法是一个同步方法(或者称为阻断方法,Block Method),意思是,当程序调用它以后,它会一直等待某个客户端连接,然后才会返回,否则就会一直等下去。这样,在调用它以后,除非得到一个客户端连接,不然不会执行接下来的代码。相关代码如下:

```
TcpClient remoteClient = listener.AcceptTcpClient();      //获取一个连接,中断方法
```

在实际的编程中,为了能够获取多个客户端连接,通常将 AcceptTcpClient()放到循环结构中。相关代码如下:

```
while (true) {
    //获取一个连接,同步方法
    TcpClient remoteClient = listener.AcceptTcpClient();
    //打印连接到的客户端信息
    Console.WriteLine("Client Connected!{0} <-- {1}",
        remoteClient.Client.LocalEndPoint, remoteClient.Client.RemoteEndPoint);
}
```

**4. 服务端与客户端通信**

在与服务端的连接建立以后,我们就可以通过此连接来发送和接收数据。端口与端口之间以流(Stream)的形式传输数据,因为几乎任何对象都可以保存到流中,所以实际上可以在客户端与服务端之间传输任何类型的数据。对客户端来说,往流中写入数据,即为向服务器传送数据;从流中读取数据,即为从服务端接收数据。对服务端来说,往流中写入数据,即为向客户端发送数据;从流中读取数据,即为从客户端接收数据。下面以客户端发送数据,服务器端接收数据并输出来具体说明。

1) 服务器端程序

在服务器端,可以在 TcpClient 上调用 GetStream()方法来获得连接到远程计算机的流,然后从流中读出数据并保存在缓存中,随后使用 Encoding.Unicode.GetString()方法从缓存中获取到实际的字符串。相关代码如下:

```
TcpClient remoteClient = listener.AcceptTcpClient();          //获取一个连接,中断方法
//打印连接到的客户端信息
Console.WriteLine("Client Connected!{0} <-- {1}",
       remoteClient.Client.LocalEndPoint, remoteClient.Client.RemoteEndPoint);
NetworkStream streamToClient = remoteClient.GetStream();      //获得流,并写入 buffer 中
do {
    byte[] buffer = new byte[BufferSize];
    int bytesRead = streamToClient.Read(buffer, 0, BufferSize);
    Console.WriteLine("Reading data, {0} bytes…", bytesRead);
    string msg = Encoding.Unicode.GetString(buffer, 0, bytesRead);      //获得请求的字符串
```

```
    Console.WriteLine("Received: {0}", msg);
} while (true);
```

2) 客户端端程序



客户端程序与服务端类似,它先获取连接服务器端的流,将字符串保存缓存中,再将缓存写入流。写入流这一过程,相当于将消息发往服务端。相关代码如下:

```
NetworkStream streamToServer = client.GetStream();
byte[ ] buffer = Encoding.Unicode.GetBytes(msg);            //获得缓存
streamToServer.Write(buffer, 0, buffer.Length);              //发往服务器
```

当然,服务端向客户端发送数据,客户端接收数据并处理的过程大致相同。读者可参考上面的例子自行完成。

通过前面的介绍,读者应该对使用 TcpClient 类和 TcpListener 类进行 C# 网络编程有了一个初步的认识,可以编写简单的网络应用程序了。在实际的网络应用程序中,服务器可能要同时为多个客户提供及时响应,这时就需要多线程和异步编程。

### 11.2.4 拓展与提高

查找资料,了解和掌握 C# 网络编程的基本知识,编写程序输入局域网开始地址和结束地址,然后单击“开始”按钮开始扫描局域网 IP 地址,并将扫描结果显示在列表中。为防止假死现象,可以创建一个子线程来完成 IP 地址扫描。

## 11.3 知识点提炼

(1) 在.NET 程序中对线程进行操作,需要使用 Thread 类,该类位于 System. Threading 命名空间中的。System. Threading 命名空间提供了所有与多线程机制有关类和接口,其中 Thread 类用于创建线程,ThreadPool 类用于管理线程池。

(2) 创建一个线程后,就可以对线程进行各种操作。线程的常用操作主要有启动线程、终止线程、合并线程、暂停线程等。

(3) System. Net 命名空间为当前网络上使用的多种协议提供了简单的编程接口。开发人员利用这个命名空间下提供的类,能够编写符合标准网络协议的网络应用程序,不需要考虑所用协议的具体细节,就能很快实现所需要的功能。

(4) 在 C# 中使用套接字编程,需要使用 System. Net. Sockets 命名空间中 Sockets 类。该类提供了一套丰富的属性和方法,用于管理连接,实现套接字接口,同时,它还定义了绑定、连接网络端点所需要的各种方法,并提供处理端点连接传输等细节所需要的功能。

(5) .NET 提供了 TcpClient 和 TcpListener 类对套接字的编程进行了一个封装,能够更加方便地使用 Socket 编程。

# 第12章 WPF编程——让你的代码炫起来

WPF(Windows Presentation Foundation)应用程序的关键设计思想是将界面描述与实现有效分离,从而让美工(界面设计)和开发人员(代码实现)可同步工作。开发在 Windows 7 操作系统上的运行的桌面应用程序时,使用 WPF 应用程序能够发挥最大的运行性能。本章主要学习 WPF 应用程序开发的基础知识。通过阅读本章内容,读者可以:

- 了解 WPF 应用程序和 XAML 标记。
- 了解 WPF 应用程序的生命周期。
- 了解 WPF 常用控件的用法。
- 了解数据绑定的原理和用法。

## 12.1 WPF 应用程序开发入门

### 12.1.1 任务描述:用户登录

在 Windows 应用程序中,可能希望在主窗体显示之前先显示另一个登录窗口。用户关闭登录窗口后显示主窗体。本情景实现一个 WPF 登录窗口,如图 12-1 所示。

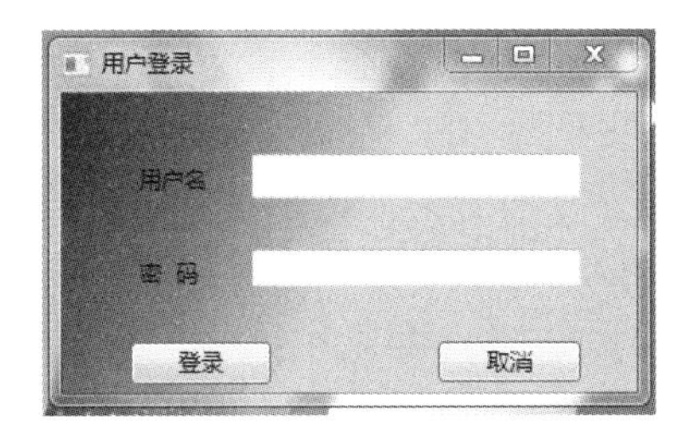


图 12-1 用户登录窗口设计

### 12.1.2 任务实现

(1) 启动 Visual Studio 2013,在主窗口选择"文件"|"新建"|"项目"命令,打开"新建项目"对话框,在显示的窗体的左侧选择 Visual C# 节点,在中间窗格选择"WPF 应用程序"项目类型,将位置改为希望存放项目的文件夹位置(例如 E:\Books\Program\Chapter_12),名称和解决方案名称文本框均改为 Project1201,其他设置保持不变,单击"确定"按钮。

(2) 从工具箱向窗体设计界面中拖放 2 个 Label 控件、一个 TextBox 控件、一个 PasswordBox 控件和 2 个 Button 控件,并按照图 12-1 设计好控件的位置(注意:WPF 设计默认采用拆分模式,上方是设计界面,下方是 XMAL 代码)。

(3) 修改 MainWindow.xaml，将其代码改为下列代码：

```
<Window x:Class = "Project1201.MainWindow"
        xmlns = "http://schemas.microsoft.com/winfx/2006/xaml/presentation"
        xmlns:x = "http://schemas.microsoft.com/winfx/2006/xaml"
        Title = "用户登录" Height = "192" Width = "320.151" WindowStartupLocation = "CenterScreen">
    <Grid>
        <Grid.Background>
            <LinearGradientBrush>
                <GradientStop Offset = "0" Color = "Blue"></GradientStop>
                <GradientStop Offset = "0.5" Color = "LightBlue"></GradientStop>
            </LinearGradientBrush>
        </Grid.Background>
        <Grid.RowDefinitions>
            <RowDefinition Height = "8 * "/>
            <RowDefinition Height = "19 * "/>
        </Grid.RowDefinitions>
        <Label Content = "用户名" HorizontalAlignment = "Left" Margin = "36, 31, 0, 0"
VerticalAlignment = "Top" RenderTransformOrigin = "0.467, - 0.424" Grid.RowSpan = "2"/>
        <TextBox Name = "txtName" HorizontalAlignment = "Left" Height = "23" Margin = "101,31,0,0"
TextWrapping = "Wrap" Text = "" VerticalAlignment = "Top" Width = "173" Grid.RowSpan = "2"/>
        <Label Content = "密 码" HorizontalAlignment = "Left" VerticalAlignment = "Top" Margin =
"36,34,0,0" Grid.Row = "1"/>
        <PasswordBox HorizontalAlignment = "Left" Margin = "101, 34, 0, 0" Grid.Row = "1"
VerticalAlignment = "Top" Width = "173" PasswordChar = " * " Name = "txtPass"/>
        <Button Name = "btnLogin" Content = "登录" HorizontalAlignment = "Left" Margin = "36,
82,0,0" Grid.Row = "1" VerticalAlignment = "Top" Width = "75" Height = "22" />
        <Button Name = "btnCancel" Content = "取消" HorizontalAlignment = "Left" Margin =
"199,82,0,0" Grid.Row = "1" VerticalAlignment = "Top" Width = "75" />
    </Grid>
</Window>
```

(4) 在属性窗体中，单击闪电图标，为“登录”和“取消”按钮分别添加 Click 事件，自动在 MainWindow.xaml.cs 中添加相应的代码。

```
//登录按钮 Click 事件处理方法
private void btnLogin_Click(object sender, RoutedEventArgs e)
{
    string name = this.txtName.Text.Trim(); //获取用户名
    string pass = this.txtPass.Password.ToString(); //获取用户密码
    //如果用户和密码为 adminhe 123456
    if (name.Equals("admin") && pass.Equals("123456"))
    {
        MessageBox.Show("用户名和密码正确!", "登录提示");
    }
    else
    {
          MessageBox.Show("用户名和密码错误!", "登录提示");
    }
  }
//取消按钮单击事件
private void btnCancel_Click(object sender, RoutedEventArgs e)
```

```
{
    this.Close();
}
```

## 12.1.3 知识链接

### 12.1.3.1 什么是 WPF

WPF 为 Windows Presentation Foundation 的首字母缩写，中文译为“Windows 呈现基础”，是微软的新一代图形引擎系统，由 .NET Framework 3.0 开始引入，与 Windows Communication Foundation 及 Windows Workflow Foundation 并行为新一代 Windows 操作系统以及 WinFX 的三个重大应用程序开发类库。

WPF 是微软新一代图形系统，运行在 .NET Framework 3.0 及以上版本下，为用户界面、2D/3D 图形、文档和媒体提供了统一的描述和操作方法。基于 DirectX 9/10 技术的 WPF 不仅带来了前所未有的 3D 界面，而且其图形向量渲染引擎也大大改进了传统的 2D 界面，比如 Vista 中的半透明效果的窗体等都得益于 WPF。程序员在 WPF 的帮助下，要开发出媲美 Mac 程序的酷炫界面已不再是遥不可及的奢望。WPF 相对于 Windows 客户端的开发来说，向前跨出了巨大的一步，它提供了超丰富的 .NET UI 框架，集成了矢量图形，丰富的流动文字支持，3D 视觉效果和强大无比的控件模型框架。WPF 的核心理念是以数据驱动 UI。传统的 GUI 界面都是由 Windows 消息通过事件传递给程序，程序根据不同的操作来表达出不同的数据体现在 UI 界面上，在某种程度上来说，这样数据受到很大的限制。WPF 中是数据驱动 UI，数据是核心，处于主动，UI 从属于数据并表达数据，是被动的。WPF 数据第一，控件第二。

使用 WPF 技术开发产品，程序的“皮”，也就是 UI，是使用 XAML 来“画”出来的；而程序的“瓤”，也就是功能逻辑，可以由程序员来选择使用 C#/VB.NET/C++.NET 等语言来实现。

对于程序员来说，C#/VB.NET/C++ 已经是耳熟能详。XAML 是什么呢？简言之，XAML（读音为 zamel，近似于“咋没有”）是微软为构建下一代应用程序界面而创建的一种新的基于 XML 的描述性语言，它可对 WPF 程序的所有界面元素进行定制，从而构成具有 WPF 风格的界面，并最终形成一个组织良好的 XML 文档。由于它最后会被编译成 .NET 后台代码，因此它能够同后台进行逻辑处理的 .NET 语言如 C#、J#、C++、VB 等协同工作，其工作性质类似于 ASP.NET 中的 HTML。同 HTML 一样，XAML 既可以直接编码，也可以由专门的工具生成。而且，XAML 不像 HTML 和 XHTML 那样只能在 Web 开发领域，XAML 对于 Web 开发和桌面开发是“通吃”的，从 Web 程序改成桌面程序或者反过来，所付出的工作量惊人地小，而且由于 UI 与逻辑完全分离，逻辑代码几乎不用改动——这意味着两种开发的边界渐渐消失，两类设计人员和程序员将会染指“彼岸”、拿到更多的项目、挣更多的钱。

WPF 之前，无论是 Win32 API 编程、使用 MFC 编程还是 Windows Form 编程，美工（设计人员）设计出来的界面都需要由程序员使用 Visual Studio 来实现。程序员不是美工，VS 也比不过 PS……越俎代庖永远是高效分工的大敌。如今，为了支持 WPF 程序设计，微软推出了专门的、使用 XAML 进行 UI 设计工具——Expression Studio，使用它就像使用 PhotoShop 和 Dreamweaver 一样，设计出来的结果保存为 XAML 文件，程序员可以直接拿来用；当 UI 有变更时，程序员只消用新版 XAML 文件替换旧版即可。

实际上，大多数 WPF 程序将同时包含 XAML 代码和程序代码，首先使用 XAML 定义程序界面，然后再用.NET 语言编写相应的逻辑代码。跟 ASP.NET 类似，逻辑代码既可以直接嵌入 XAML 文件中，也可以将它保存为独立的代码文件。尽管 XAML 并非设计 WPF 程序所必需，按照传统方式使用程序代码来实现界面依然有效，但是如果使用 XAML，界面设计和逻辑设计可以完全分离，不但使程序的开发和维护更加方便，而且在团队开发中，可以使程序员专注于业务逻辑的实现，而将界面设计交由专业人员来完成，从而使各类人员在项目中各尽其能，各展其长，开发出功能强大、界面一流的 WPF 程序。

### 12.1.3.2 XAML 语法

XAML 是一种声明性标记语言，如同应用于.NET Framework 编程模型一样，XAML 简化了为.NET Framework 应用程序创建 UI 的过程。可以在声明性 XAML 标记中创建可见的 UI 元素，然后使用代码隐藏文件(通过分部类定义与标记相连接)，将 UI 定义与运行时逻辑相分离。XAML 直接以程序集中定义的一组特定后备类型表示对象的实例化。这与大多数其他标记语言不同，后者通常是与后备类型系统没有此类直接关系的解释语言。XAML 实现了一个工作流，通过此工作流，各方可以采用不同的工具来处理应用程序的 UI 和逻辑。

为了帮助读者理解 XAML 的用法，下面先给出一个简单的利用 XAML 构造应用程序 UI 的示例。该示例的运行结果如图 12-2 所示。相关代码如下：

```
    <Window x:Class = "Chapter1101.MainWindow"
        xmlns = "http://schemas.microsoft.com/winfx/2006/xaml/presentation"
        xmlns:x = "http://schemas.microsoft.com/winfx/2006/xaml"
        Title = "MainWindow" Height = "210" Width = "365">
    <Grid>
        <Label Content = "用户名: " HorizontalAlignment = "Left" VerticalAlignment = "Top"
Margin = "36,56,0,0"/>
        <TextBox HorizontalAlignment = " Left" Height = " 23" Margin = " 119, 59, 0, 0"
TextWrapping = "Wrap" Text = "TextBox" VerticalAlignment = "Top" Width = "190"/>
    </Grid>
</Window>
```

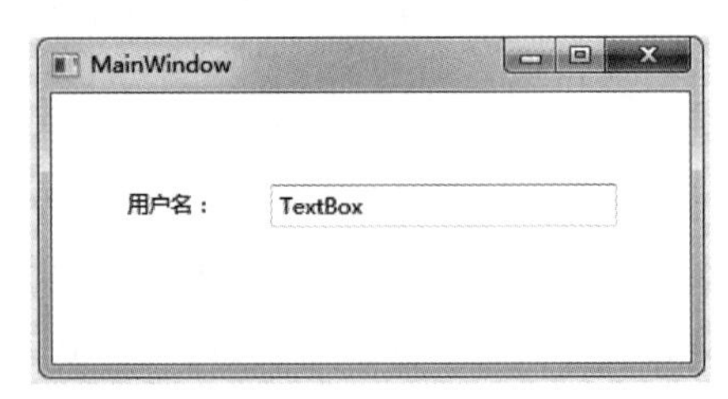


图 12-2 XAML 程序的运行结果

#### 1. XAML 根元素和命名空间

一个 XAML 文件只能有一个根元素，这样才能成为格式正确的 XML 文件和有效的 XAML 文件。通常，应选择属于应用程序模型一部分的元素(例如，为页面选择 Window 或 Page，为外部字典选择 ResourceDictionary，或为应用程序定义根选择 Application)。上面的示例演示 WPF 页面的典型 XAML 文件的根元素，其中的根元素为 Window。

根元素还包含属性 xmlns 和 xmlns:x。这些属性向 XAML 处理器指明哪些命名空间包含标记将要引用的元素的元素定义。XAML 文件几乎总是在其根元素中声明一个默认 XAML 命名空间。默认 XAML 命名空间定义了无须使用前缀来限定即可声明哪些元素。例如,如果声明一个元素< Balloon />,XAML 分析器期望一个 Balloon 元素存在并且在默认的 XAML 命名空间中是有效的。相反,如果 Balloon 不在已定义的默认 XAML 命名空间中,就必须使用一个前缀限定该元素名称,例如< party:Balloon />。该前缀表明该元素存在于与默认命名空间不同的 XAML 命名空间中,你必须将一个 XAML 命名空间映射到前缀 party,然后才能使用此元素。XAML 命名空间适用于在其上声明它们的特定元素,也适用于该元素在 XAML 结构中包含的任何元素。出于此原因,XAML 命名空间几乎总是在 XAML 文件的根元素上声明,以充分利用这种继承性。

在大多数 XAML 文件的根元素中,有两个 xmlns 声明。第一个声明将一个 XAML 命名空间映射为默认命名空间:

```
xmlns = "http://schemas.microsoft.com/winfx/2006/xaml/presentation"
```

该命名空间用于映射 System. Windows. Markup 命名空间中的类型,也定义了 XAML 编译器或解析器中的一些特殊的指令,而且它也是其他使用 XAML 作为 UI 定义标记格式的预处理器微软技术中使用的相同 XAML 命名空间标识符。使用相同的标识符是经过深思熟虑的,在将以前定义的 UI 迁移到使用 C++、C#或 Visual Basic 的 Windows 运行时应用时很有用。

第二个声明映射 XAML 定义的语言元素的一个独立的 XAML 命名空间,(通常)将它映射到"x:"前缀:xmlns:x=http://schemas. microsoft. com/winfx/2006/xaml,其目的是为了通过 X:前缀编程构造来声明可被其他 XAML 和 C#代码引用的对象。

**2. 声明对象**

在 XAML 代码中,一个 Element(元素)通常是一个 Object(对象),在代码中映射对应.NET 类。简单理解,在 XAML 中声明一个 Element 元素,也就是对相应公共语言运行类库进行一次实例化操作。

XAML 代码声明一个元素对象,必须由一个开始标签<元素对象>和一个结束标签</元素对象>构成,基本语法如下:

```
<元素对象></元素对象>
```

例如,在 XAML 中声明一个文本框,代码如下:

```
< TextBox ></TextBox >
```

上述代码中开始标签< TextBox >是实例化对象名称,结束标签</TextBox >是对应开始标签中的元素对象名称。

在 Windows 8 和 Silverlight 的 XAML 语法中,支持略缩式元素结束标签。其语法格式如下:

```
< TextBox />
```

该语法格式省略</TextBox >结束标签,使用/符号作为元素结束符。

值得注意的是,XAML 中 Elements(元素)和 Attributes(特性)名称是字符大小写敏感型,也就是大写和小写字符命名具有不同的含义。在上述代码中,如果使用< textbox >,XAML 语法解析器将返回错误信息,无法对 textbox 元素进行实例化。

**3. 设置属性**

在面向对象程序开发中,属性是指对象的属性。在开发过程中,对象属性也是最重要、最常用的概念。在 XAML 代码中,允许开发人员声明"元素对象",不同的"元素对象"对应着多个对象属性。例如,一个 TextBox 文本框,有背景属性、宽度属性、高度属性等。为了适应实际项目的需求,XAML 提供三种方法设置属性,分别是:

1) 通过 Attribute 特性设置对象属性

在 XAML 代码中,允许在开始标签的对象名后使用 Attributes(特性)定义一个或者多个对象元素的属性,实现属性赋值操作。其语法结构如下:

```
<元素对象 属性名 = "属性值" 属性名 = "属性值" …></元素对象>
```

例如:

```
< Canvas Width = "150" Height = "150" Background = "Red"/>
```

或者

```
< Canvas Width = "150" Height = "150" Background = "Red">
</Canvas >
```

由于元素对象属性名在开始标签内部,因此这种表达方式也被称为内联属性。

2) 通过 Property 属性元素设置对象属性

使用 XAML 的 Attribute 特性可以简单快捷地设置对象的属性,其属性值局限于简单的字符形式。在实际项目中,经常会遇到复合型控件或者自定义控件引用较为复杂的对象属性,以达到个性化的效果。对此 Attribute 特性无法支持,从而引入 Property 属性元素的概念。

在传统.NET 开发语言中,调用一个对象属性,可以简单地使用以下格式实现:

```
元素对象.属性 = 属性值
```

例如,在 C#代码中,调用一个按钮的内容属性,代码为:

```
Button.Content  =  "XAML 实例教程系列";
```

而在 XAML 代码中,其调用方法类似于.NET 开发语言属性使用方法。其语法格式为:

```
<元素对象>
  <元素对象.属性>
     <属性设置器 属性值 = "">
  </元素对象.属性>
</元素对象>
```

其中,属性设置器可以设置为较为复杂的对象元素,例如布局控件元素、自定义控件元素等。

下列代码演示如何在 WPF 应用程序中组合使用特性语法和属性语法,其中属性语法针对的是 Button 的 ContexMenu 属性。

```
< Button Background = "Blue" Foreground = "Red" Content = "快捷菜单" >
   < Button.ContextMenu >
       < ContextMenu >
         < MenuItem >快捷菜单 1 </MenuItem >
         < MenuItem >快捷菜单 2 </MenuItem >
       </ ContextMenu >
   </Button.ContextMenu >
</Button >
```

3）通过隐式数据集设置对象属性

通过学习 Property 属性元素，可以了解到 XAML 的元素对象属性，不仅包含单一对象属性，同时还支持复杂属性，属性值可以为简单的字符数据类型，同时也可以是一个数据集。

为了简化 XAML 代码复杂性，提高代码易读性，XAML 提供隐式数据集设置对象属性方法。例如，在 XAML 中为一个 ComboBox 组合框赋值，传统代码如下：

```
< ComboBox >
   < ComboBox.Items >
       < ComboBoxItem Content = "XAML 示例 1" />
       < ComboBoxItem Content = "XAML 示例 2" />
       < ComboBoxItem Content = "XAML 示例 3" />
  </ComboBox.Items >
</ComboBox >
```

在以上代码中，使用了< ComboBox.Items >属性赋值 ComboBoxItem 内容，使用隐式数据集设置对象属性方法，可以修改以上代码为：

```
< ComboBox Width = "220" Height = "40" >
      < ComboBoxItem Content = "XAML 示例 1" />
      < ComboBoxItem Content = "XAML 示例 2" />
       < ComboBoxItem Content = "XAML 示例 3" />
</ComboBox >
```

对比以上代码可以看出< ComboBox.Items >被删除后，< ComboBox >仍旧可以对 ComBoxItem 进行赋值操作。其运行结果和使用 Property 属性元素属性赋值相同。

另一个隐式数据集属性赋值的例子是利用 XAML 代码直接生成渐变背景效果，实现方法是使用 GradientStop 对象集合来填充 LinearGradientBrush 画刷的 GradientStops 属性。每一个 GradientStop 对象都有一个偏移值和颜色属性，可以用普通的属性语法来提供这两个值，代码如下：

```
< Rectangle Width = "200" Height = "150">
    < Rectangle.Fill >
       < LinearGradientBrush >
           < LinearGradientBrush.GradientStops >
               < GradientStop Offset = "0.0" Color = "Gold"/>
               < GradientStop Offset = "1.0" Color = "Green"/>
           </LinearGradientBrush.GradientStops >
        </LinearGradientBrush >
    </Rectangle.Fill >
</Rectangle >
```

**4. 事件(Events)**

XAML 和其他开发语言类似，具有事件机能，帮助管理用户输入，执行不同的行为。根据用户不同的操作，执行不同的业务逻辑代码。例如，用户输入日期，单击按钮确认，移动鼠标等操作都可以使用事件进行管理。

在传统应用中，一个对象激活一个事件被称为 Event Sender(事件发送者)，而事件所影响的对象则称为 Event Receiver(事件接收者)。例如，在 Windows Forms 应用开发中，对象事件的 sender 和 receiver 永远是同一个对象。简单来说，如果单击一个按钮对象，这个按钮对象激活 Click 事件，同时该对象后台代码将接收事件，并执行相关逻辑代码。

事件在 XAML 中基础语法如下：

```
<元素对象 事件名称 = "事件处理"/>
```

例如，使用按钮控件的 Click 事件，响应按钮单击效果，代码如下：

```
< Button Click = "Button_Click"/>
```

其中，Button_Click 连接后台代码中的同名事件处理程序：

```
private void Button_Click(object sender, RoutedEventArgs e)
{
    事件处理
}
```

当添加事件处理程序特性时，Visual Studio 的智能感知功能可提供极大的帮助。一旦输入等号(例如，在< Button >元素中输入"Click＝"之后)，Visual Studio 会显示一个包含在代码隐藏类中的所有合适的事件处理程序的下拉列表。如果需要创建一个新的事件处理程序来处理这一事件，只需从列表顶部选择< New Event Handler >选项。此外，也可以使用 Properties 窗口的 Events 选项卡来关联和创建事件处理程序。

### 12.1.3.3 WPF 应用程序的生命周期

WPF 应用程序和传统的 WinForm 类似，同样需要一个 Application 来统领一些全局的行为和操作，并且每个 Domain (应用程序域)中只能有一个 Application 实例存在，该实例称为单例。WPF 应用程序实例化 Application 类之后，Application 对象的状态会在一段时间内频繁变化。在此时间段内，Application 会自动执行各种初始化任务。当 Application 初始化任务完成后，WPF 应用程序的生存期才真正开始。

在 Visual Studio 2013 中创建一个 WPF 应用程序，使用 App. xaml 文件定义启动应用程序。XAML 从严格意义上说并不是一个纯粹的 XML 格式文件，它更像是一种 DSL (Domain Specific Language，领域特定语言)，它的所有定义都会由编译器最后编译成代码。App. xaml 文件默认内容如图 12-3 所示。

在 App. xmal 文件中，代码 x:Class＝"FirstWPF. App"作用相当于创建了一个名为 App 的 Application 对象。而根节点 Application 的 StartupUri 属性指定了启动的窗口(StartupUri＝"MainWindow. xaml")，这就相当于创建了一个 MainWindow 类型的对象，然后调用其 Show()方法。此时可能会有读者问，按理说这个程序应该有个 Main()函数，为何在此看不到呢？程序如何创建 Application？其实，这一切都归功于 App. xaml 文件的一

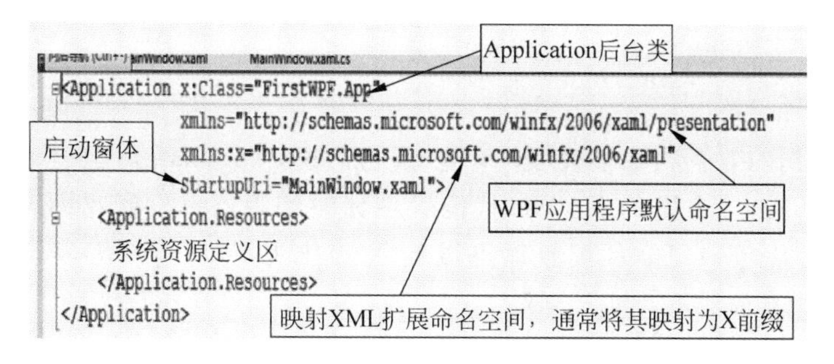


图 12-3　App. xaml 文件内容

个属性“生成操作”(BuildAction)，如图 12-4 所示。

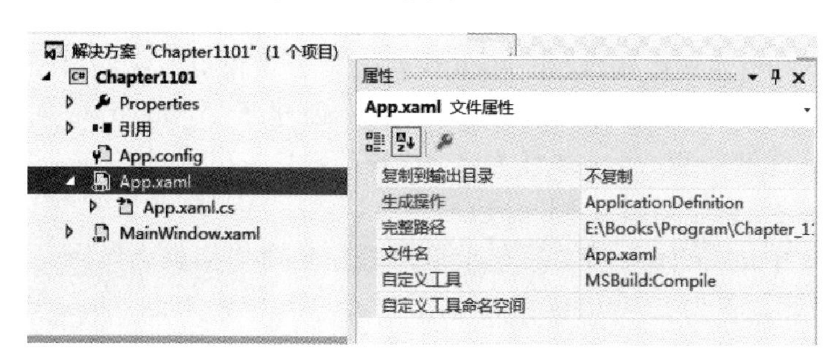


图 12-4　App. xaml 文件的属性

“生成操作”属性指定了程序生成的方式，默认为 ApplicationDefinition。对于 WPF 程序来说，如果指定了 BuildAction 为 ApplicationDefinition 之后，WPF 会自动创建 Main()函数，并且自动检测 Application 定义文件，根据定义文件自动创建 Application 对象并启动它(当然它会根据 StartupUri 创建 MainWindow 并显示)。

既然如此，可将 BuildAction 设置为无(None)，然后在应用程序中自定义 Main()函数来实现 WPF 应用程序的启动。为此，需要在应用程序中添加一个类 Program. cs 类，代码如下：

```
using System;
using System.Windows;

namespace Chapter1101
{
  static class Program
  {
  [STAThread]
   static void Main()
   {
    //定义 Application 对象作为整个应用程序入口
    Application App = new Application();
   //指定 Application 对象的 MainWindow 属性为启动窗体,然后调用无参数的 Run()方法
    MainWindow mw = new MainWindow();
    App.MainWindow = mw;
    mw.Show();
```

```
        App.Run();
    }
}
```



运行之后看到的效果和之前完全一样。换句话说,App.xaml 文件和上面代码起到的效果是相同的,事实上,上面的 XAML 代码在编译时编译器也会做出同样的解析,这也是 WPF 设计的一个优点——很多东西都可以在 XAML 中实现而不需要编写过多的代码。App.xaml 的工作具体如下:

- 创建 Application 对象,并且设置其静态属性 Current 为当前对象。
- 根据 StartupUri 创建并显示 UI。
- 设置 Application 的 MainWindow(主窗口)属性。
- 调用 Application 对象的 Run()方法,并保持一直运行直到应用关闭。

在 Winform 中有主窗体概念,在 WPF 中也同样有主窗口。主窗口是一个顶级窗口,它不包含或者不从属于其他窗口。默认情况下,创建了 Application 对象之后会设置 Application 对象的 MainWindow 属性为第一个窗口对象来作为程序的主窗口。当然,这个属性在程序运行的任何时刻都是可以修改的。

在 Winform 中,主窗体关闭之后整个应用程序生命周期就会结束,这里不妨试试在 WPF 中是否如此。首先在应用程中添加另一个 Window 对象 OtherWindow,然后在 MainWindow 中放一个按钮,单击按钮显示 OtherWindow,运行效果如图 12-5 所示。

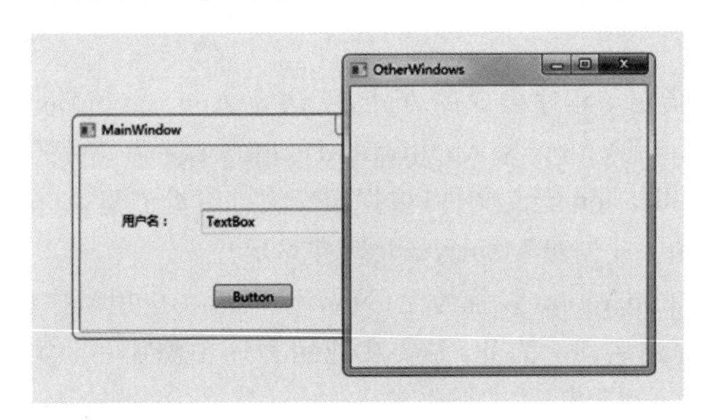


图 12-5 添加窗体

现在单击关闭 MainWindow 之后我们发现 OtherWindow 并未关闭,当然 Application 并未结束。这是不是说明 Application 关闭同 Winform 不同呢[当然可以调用 Application.Current.Exit()退出应用]? 在 WPF 中 Application 的关闭模式同 Winform 确实不同,WPF 中应用程序的关闭模式有三种,它由 Application 对象的 ShutdownMode 属性来决定。ShutdownMode 的枚举值如下:

- OnLastWindowClose:当应用程序最后一个窗口关闭后则整个应用结束。
- OnMainWindowClose:当主窗口关闭后则应用程序结束。
- OnExplicitShutdown:只用通过调用 Application.Current.Shutdown()才能结束应用程序。

默认情况下 ShutdownMode 值是 OnLastWindowClose,因此当 MainWindow 关闭后应用程序没有退出,如果要修改它可以将光标放到 App.xaml 中的 XAML 编辑窗口中,然后修改属性窗口中的 ShutdownMode，也可以在 XAML 中或者程序中设置 ShutdownMode 属性。

图 12-6 描述了 WPF 应用应用的生命周期，其中值得一提的是 Run()方法后会调用应用程序的 Starup(启动)事件，而已激活、已停用分别对应 Activated 和 Deactivate 事件。DispatcherUnhandledException 用来将事件路由到正确位置的对象，包括未处理的异常，可以用它来处理程序其他部分未处理的异常或者一些操作(例如保存当前文档)。当关闭、注销或者重新启动时则会触发 SessionEnding 事件，SessionEnding 事件中的 SessionEndingCancelEventArgs 的 ReasonSessionEnding 属性可以指示是执行了注销还是关闭(这是一个枚举属性)。

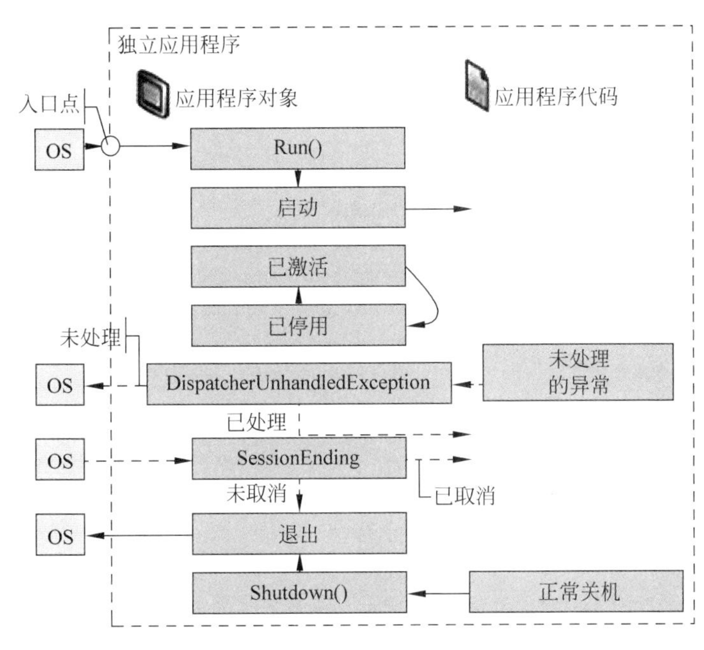


图 12-6 WPF 应用程序的生命周期

### 12.1.4 拓展与提高

(1) 借助网络(https://msdn.microsoft.com/zh-cn/library/system.windows.application.aspx)，了解和掌握 Application 类的常用属性、方法和事件，掌握 WPF 应用程序的生命周期。

(2) 查阅相关资料，了解 XML 的语法结构，在此基础上掌握 XMAL 的基本语法，了解 XAML 事件处理机制以及其他主题，提高 WPF 应用程序的设计能力。

(3) 查阅相关资料，了解 WPF 的常用属性、方法和事件，理解 WPF 的生命周期。

## 12.2 使用 WPF 控件编程

### 12.2.1 任务描述：计算器程序

在 Windows 系统中，计算器是一个常用的工具。本情景实现一个基于 WPF 技术的简单计算器程序,如图 12-7 所示。



## 12.2.2 任务实现

(1) 启动 Visual Studio 2013,在主窗口选择"文件"|"新建"|"项目"命令,打开"新建项目"对话框,在显示的窗体的左侧选择 Visual C# 节点,在中间窗格选择"WPF 应用程序"项目类型,将位置改为希望存放项目的文件夹位置(例如 E:\Books\Program\Chapter_12),名称和解决方案名称文本框均改为 Project1202,其他设置保持不变,单击"确定"按钮。

(2) 修改 MainWindow.xaml,完成应用程序 UI 设计。MainWindow.xaml 的主要代码如下(其他代码可以参考配套源程序):

图 12-7 计算器程序

```
    <Window x:Class = "Project1202.MainWindow"
        xmlns = "http://schemas.microsoft.com/winfx/2006/xaml/presentation"
        xmlns:x = "http://schemas.microsoft.com/winfx/2006/xaml"
        Title = " 计 算 器 V2. 0"  Height  = " 300"  Width  = " 260"  ResizeMode  = " NoResize"
WindowStartupLocation = "CenterScreen" >
        <Grid Width = "250" Height = "280" Background = "Black">
        <TextBox Width = "230" Height = "50" HorizontalAlignment = "Left" VerticalAlignment
 = "Top" Margin = "10,10" Name = "txtShow" Background = "Black" BorderThickness = "1,1,1,1"
BorderBrush = "White">
            <TextBox.Foreground>
                <SolidColorBrush  Color  =  "  { StaticResource  { x:  Static  SystemColors.
WindowColorKey}}"/>
            </TextBox.Foreground>
        </TextBox>
      //其他按钮的布局基本相同,限于篇幅,这里省略
    </Grid>
</Window>
```

(3) 在后台文件 MainWindow.xaml.cs 添加相应的事件处理方法,完成 UI 与后台的交互,主要代码如下:

```
//清空按钮 click 事件处理方法
private void btnClearAll_Click_1(object sender, RoutedEventArgs e)
{
    if (txtShow.Text.Length != 0)
    {
        txtShow.Text = "";
    }
}
//删除按钮单击事件处理方法
private void btnClearLeft_Click_1(object sender, RoutedEventArgs e)
{
    if (txtShow.Text.Length > 0)
```

```
    {
        txtShow.Text = txtShow.Text.Substring(0, txtShow.Text.Length - 1);
    }
}
//退出按钮单击事件处理方法
private void btnExit_Click_1(object sender, RoutedEventArgs e)
{
    Application.Current.Shutdown();
}
//数字按钮 0～9,符号按钮 +、-、*,单击事件函数
  private void Button_Click_1(object sender, RoutedEventArgs e)
  {
   Button btn = sender as Button;
    txtShow.Text += btn.Content;
}
 //按钮 = 单击事件
   private void Button_Click_Result(object sender, RoutedEventArgs e)
   {
        try
        {
            //是否符合规范
            if (IsCorrect(txtShow.Text))
            {
                Result(txtShow.Text);
            }
            else
            {
                txtShow.Text = "不符合规范";
            }
        }
        catch (Exception ex)
        {
            txtShow.Text = ex.Message;
        }
    }
   ///判断是否符合规范
   public bool IsCorrect(string str)
   {
     bool isCorrect = false;
     char[] txtArr = str.ToCharArray();
     int length = txtArr.Length;
     //首尾必须为数字
  if (Char.IsNumber(txtArr[0]) && Char.IsNumber(txtArr[length - 1]))
  {
      int num = 0;
     foreach (char item in txtArr)
     {
       if (item.Equals('+') || item.Equals('-') || item.Equals('*') || item.Equals('/'))
       {
            num += 1;
       }
```

```
        }
        //排除不含操作符和含有多个操作符的可能
        if (num != 1)
        {
            isCorrect = false;
        }
        else
        {
            isCorrect = true;
        }
    }
    else
    {
        isCorrect = false;
    }
        return isCorrect;
}
//计算方法
public void Result(string str)
{
    int index = 0;                                    //运算符位置
    string operate;                                   //操作符

    if (str.Contains("+"))
    {
        index = str.IndexOf("+");
    }
    else if (str.Contains("-"))
    {
        index = str.IndexOf("-");
    }
    else if (str.Contains("*"))
    {
        index = str.IndexOf("*");
    }
    else if (str.Contains("/"))
    {
        index = str.IndexOf("/");
    }

    operate = str.Substring(index, 1);
    int length = str.ToCharArray().Length - index - 1;
    double p1 = Convert.ToDouble(str.Substring(0, index));
    double p2 = Convert.ToDouble(str.Substring(index + 1, length));
    switch (operate)
    {
        case "+":
            txtShow.Text += " = " + (p1 + p2);
            break;
        case "-":
            txtShow.Text += " = " + (p1 - p2);
```

```
            break;
        case "*":
            txtShow.Text += " = " + (p1 * p2);
            break;
         case "/":
            if (p2 == 0)
             {
                txtShow.Text += "除数不能为0";
             }
             else
             {
                txtShow.Text += " = " + (p1 / p2);
             }
             break;
    }
}
```

## 12.2.3 知识链接

### 12.2.3.1 WPF 控件模型

UI 是让用户能够观察数据和操作数据，为了让用户观察数据，需要用 UI 来显示数据。为了让用户可以操作数据，需要使用 UI 来响应用户的操作。在 WPF 程序中，那些能够展示数据，响应用户操作的 UI 元素称为控件(Control)。控件所展示的数据称为控件的数据内容，控件在响应用户的操作之后会执行自己的一些方法或以事件的方式通知应用程序，称为控件的行为。在 WPF 应用程序中，控件扮演着双重角色，是数据和行为的载体。

为了理解各个控件的模型，先了解 WPF 中的内容模型。内容模型就是每一族的控件都含有一个或者多个元素作为其内容(其下面的元素可能是其他控件)。把符合某类内容模型的元素称为一个族，每个族用它们共同的基类来命名。

**1. ContentControl 族**

ContentControl 族控件均派生自 ContentControl 类，它们内容属性的名称为 Content，只能有单一元素充当其内容。下列代码在按钮中放置一个图片：

```
<Button Margin = "5">
      <Image Source = "Images/DVD.png" Width = "48" Height = "48" />
</Button>
```

ContentControl 族包含的控件如表 12-1 所示。

**表 12-1　ContentControl 族包含的控件**

| Button | ButtonBase | CheckBox | ComboBoxItem |
| --- | --- | --- | --- |
| ContentControl | Frame | GridViewColumnHeader | GroupItem |
| Label | ListBoxItem | ListViewItem | NavigationWindow |
| RadioButton | ScrollViewer | StatusBarItem | ToggleButton |
| ToolTip | UserControl | Window | RepeatButton |

**注意**：在 Content 中只能放置一个控件。如果需要放置多个控件，可以放置一个容器，然后再在容器中放置多个控件。

**2. HeaderedContentControl 族**



HeaderedContentControl 族控件均派生自 HeaderedContentControl 类，HeaderedContentControl 是 ContentControl 的派生类，可以显示带标题的数据，内容属性为 Content 和 Header，这两个属性都只能容纳一个元素。下列代码说明 GroupBox 的用法：

```
<GroupBox Margin="42,0,96,26">
    <GroupBox.Header>
        <Label Content="我是标题"/>
    </GroupBox.Header>
    <Button HorizontalAlignment="Left" Width="117" Height="45">
        <TextBox Text="测试"/>
    </Button>
</GroupBox>
```

ContentControl 族包含的控件有 Expender，GroupBox，HeaderedContentControl，TabItem。

**3. ItemsControl 族**

从 ItemsControl 族继承的控件包含一个对象集合，用于显示列表化的数据，内容属性为 Items 或 ItemsSource，每种 ItemsControl 都对应有自己的条目容器(Item Container)。

1）使用 ItemsSource 属性

使用 ItemSource 属性，需将其绑定到一个实现 IEnumerable 接口的类型的实例上，系统会枚举其成员作为 ItemsControl 的 Item。下列代码将数据源赋给 ListBox 的 ItemsSource：

```
IList<TextBlock> txtblocks = new List<TextBlock>();
listBox1.ItemsSource = txtblocks;
```

2）使用 Items 属性

随 WPF 附带的每个 ItemsControl 具有一个对应的类，该类代表 ItemsControl 中的一个项。

表 12-2 列出了随 WPF 附带的 ItemsControl 对象及其相应的项容器。

**表 12-2　ItemsControl 对象及其相应的项容器**

| ItemsControl 对象 | 对应的项容器(Item Container) |
| --- | --- |
| ComboBox | ComboBoxItem |
| ContextMenu | MenuItem |
| ListBox | ListBoxItem |
| ListView | ListViewItem |
| Menu | MenuItem |
| StatusBar | StatusBarItem |
| TabControl | TabItem |
| TreeView | TreeViewItem |

**4. HeaderedItemsControl 族**

HeaderedItemsControl 族控件从 ItemsControl 类继承。HeaderedItemsControl 定义 Header 属性，该属性遵从相同的规则，因为 HeaderedContentControl. WPF 的 Header 属性附带三个从 HeaderedItemsControl 继承的控件：MenuItem、ToolBar、TreeViewItem。

HeaderedItemsControl 模型可以理解为如下结构：一个 HeaderedItemsControl 包含一个 Items 集合、每一个 Item 集合包含一个 Header 属性、一个子 Items 集合。下面以 TreeView 和 TreeViewItem 为例来简单说明：

```
<TreeView Height = "233" Name = "treeView1" Width = "204">
    <TreeViewItem IsExpanded = "True">
        <TreeViewItem.Header>
            Tree Node A
        </TreeViewItem.Header>
        <TreeViewItem.Items>
            <TextBlock Text = "Node A - 1" />
            <Button Content = "Node A - 2" />
        </TreeViewItem.Items>
    </TreeViewItem>
    <TreeViewItem>
        <TreeViewItem.Header>
            Tree Node B
        </TreeViewItem.Header>
        <TreeViewItem.Items>
            <TextBlock Text = "Node B - 1" />
            <Button Content = "Node B - 2" />
        </TreeViewItem.Items>
    </TreeViewItem>
</TreeView>
```

### 12.2.3.2 WPF 布局系统

布局(Layout)是 WPF 界面开发中一个很重要的环节。所谓布局，即确定所有控件的大小和位置，是一种递归进行的父元素和子元素交互的过程。为了同时满足父元素和子元素的需要，WPF 采用了一种包含测量(Measure)和排列(Arrange)两个步骤的解决方案。在测量阶段，容器遍历所有子元素，并询问子元素它们所期望的尺寸。在排列阶段，容器在合适的位置放置子元素。

当然，元素未必总能得到最合适的尺寸，有时容器没有足够大的空间以适应所含的元素。在这种情况下，容器为了适应可视化区域的尺寸，就必须剪裁不能满足要求的元素。在后面可以看到，通常可通过设置最小窗口尺寸来避免这种情况。

WPF 使用面板(Panel)来控制用户界面的布局。面板就是一个容器，里面可以放置 UI 元素。面板中也可以嵌套面板。面板要负责计算其子元素的尺寸、位置和维度。WPF 常用的布局控件主要有 Grid、StackPanel、Canvas、DockPanel、WrapPanel 等，它们都继承自 Panel 抽象类。表 12-3 列出了 WPF 常用的面板的含义及其说明。

表 12-3 WPF 常用的面板的含义及其说明

| 名　称 | 用　法 | 说　明 |
| --- | --- | --- |
| Canvas | 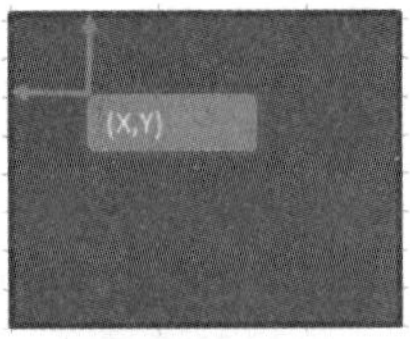 | 最基本的面板，只是一个存储控件的容器，它不会自动调整内部元素的排列及大小，各种元素依据屏幕坐标确定位置 |
| DockPanel | 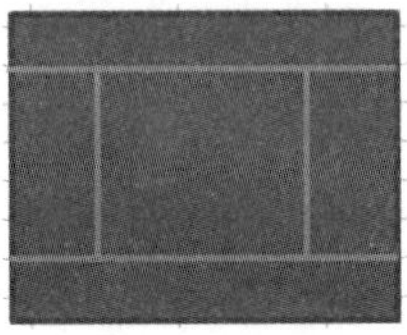 | 可指定元素的排列停靠方式，每个子元素的排列方式可以不同 |
| Grid | | 使子元素按照纵横网格排列。使用 Grid，首先定义行数和列数，然后将元素添加到相应的单元格。放置在 Grid 面板中的控件元素都必须显示采用附加属性语法定义其放置所在的行和列 |
| StackPanel | 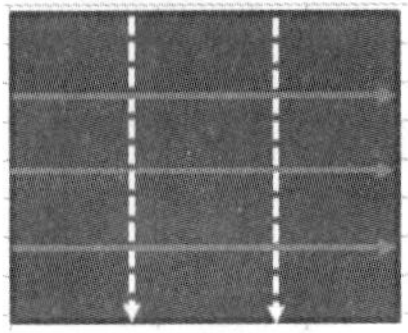 | 将控件按照行或列来顺序排列，但不会换行。通过设置面板的 Orientation 属性设置了两种排列方式：横排(Horizontal，默认的)和竖排(Vertical) |
| WrapPanel | 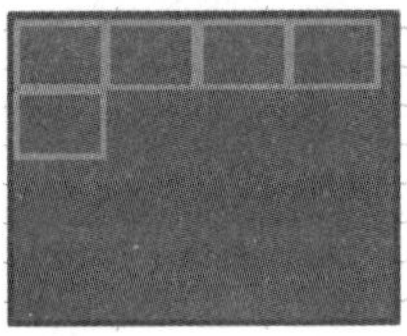 | 使子元素按照水平或垂直方向排列，在行或列处换行或列，依旧按照水平或垂直方向从左到右或从上到下排列 |

在设计 UI 时，WPF 提供了一些属性用于精确定位元素，其中最常用的有 3 个：对齐(Alignment)、外边距(Margin)和内边距(Pading)，具体用法如表 12-4 所示。

表 12-4 布局控件的常用属性

| 名　称 | 说　明 |
| --- | --- |
| Alignment | HorizontalAlignment 和 VerticalAlignment 属性描述应如何在父元素的已分配布局空间中定位子元素。通过将这些属性结合使用，可以精确地定位子元素。例如，DockPanel 的子元素可以指定 4 种不同的水平对齐方式：Left、Right 或 Center，或者 Stretch 以填充可用空间。类似的值可用于垂直定位 |
| Margin | 描述元素与其子级或同级之间的距离。可通过使用 Margin="20"这样的语法使 Margin 值统一。利用此语法，将向元素应用 20 个与设备无关的像素的统一 Margin。Margin 值也可以采用 4 个不同值的形式，每个值描述应用于左端、顶端、右端和底端(按该顺序应用)的不同边距，比如 Margin="0,10,5,25"。通过恰当地使用 Margin 属性，将可以非常精确地控制元素的呈现位置，以及元素的邻近元素和子项的呈现位置 |
| Pading | 在大多数方面类似于 Margin，只有少数元素公开该属性，用于将子元素的有效大小增大指定的厚度 |

HorizontalAlignment、Margin、Padding 和 VerticalAlignment 提供了创建复杂的用户界面必不可少的定位控制。可以利用每个属性的作用来更改子元素定位，从而能够灵活地创建动态的应用程序和用户体验。

下列 XAML 代码演示了本节中论述的各个概念。程序首先添加一个装饰控件 Border 来绘制边框和背景。由于在 Border 中只能有一个子控件，因此添加一个 Grid 面板用来放置其他子控件。

```
<Window x:Class = "Chapter1203.MainWindow"
    xmlns = "http://schemas.microsoft.com/winfx/2006/xaml/presentation"
    xmlns:x = "http://schemas.microsoft.com/winfx/2006/xaml"
    Title = "MainWindow" Height = "350" Width = "525">
    <Border Background = "LightBlue" BorderBrush = "Black"
      BorderThickness = "2" CornerRadius = "45" Padding = "25">
    <Grid Background = "White" ShowGridLines = "True">
        <Grid.ColumnDefinitions>
            <ColumnDefinition Width = "Auto"/>
            <ColumnDefinition Width = " * "/>
            <ColumnDefinition Width = "Auto"/>
        </Grid.ColumnDefinitions>

<StackPanel Grid.Column = "0" Grid.Row = "0" HorizontalAlignment = "Left"
    Name = "StackPanel1" VerticalAlignment = "Top">
  <TextBlock FontSize = "18" HorizontalAlignment = "Center"
    Margin = "0,0,0,15">StackPanel1 </TextBlock>
       <Button Margin = "0,10,0,10">Button 1 </Button>
       <Button Margin = "0,10,0,10">Button 2 </Button>
        <Button Margin = "0,10,0,10">Button 3 </Button>
        <TextBlock>ColumnDefinition.Width = "Auto"</TextBlock>
        <TextBlock>StackPanel.HorizontalAlignment = "Left"</TextBlock>
        <TextBlock>StackPanel.VerticalAlignment = "Top"</TextBlock>
        <TextBlock>StackPanel.Orientation = "Vertical"</TextBlock>
         <TextBlock>Button.Margin = "0,10,0,10"</TextBlock>
  </StackPanel>

  <StackPanel Grid.Column = "1" Grid.Row = "0" HorizontalAlignment = "Stretch"
    Name = "StackPanel2" VerticalAlignment = "Top" Orientation = "Vertical">
  <TextBlock FontSize = "18" HorizontalAlignment = "Center"
    Margin = "0,0,0,15">StackPanel2 </TextBlock>
       <Button Margin = "10,0,10,0">Button 4 </Button>
       <Button Margin = "10,0,10,0">Button 5 </Button>
       <Button Margin = "10,0,10,0">Button 6 </Button>
    <TextBlock HorizontalAlignment = "Center">
                ColumnDefinition.Width = " * "</TextBlock>
   <TextBlock HorizontalAlignment = "Center">
            StackPanel.HorizontalAlignment = "Stretch"</TextBlock>
   <TextBlock HorizontalAlignment = "Center">
      StackPanel.VerticalAlignment = "Top"</TextBlock>
   <TextBlock HorizontalAlignment = "Center">
        StackPanel.Orientation = "Horizontal"</TextBlock>
```

```
            <TextBlock HorizontalAlignment = "Center">
                    Button.Margin = "10,0,10,0"</TextBlock>
        </StackPanel>

        <StackPanel Grid.Column = "2" Grid.Row = "0" HorizontalAlignment = "Left"
                    Name = "StackPanel3" VerticalAlignment = "Top">
                      <TextBlock FontSize = "18" HorizontalAlignment = "Center"
                      Margin = "0,0,0,15"> StackPanel3 </TextBlock>
                      <Button Margin = "10"> Button 7 </Button>
                      <Button Margin = "10"> Button 8 </Button>
                      <Button Margin = "10"> Button 9 </Button>
                      <TextBlock> ColumnDefinition.Width = "Auto"</TextBlock>
                      <TextBlock> StackPanel.HorizontalAlignment = "Left"</TextBlock>
                      <TextBlock> StackPanel.VerticalAlignment = "Top"</TextBlock>
                      <TextBlock> StackPanel.Orientation = "Vertical"</TextBlock>
                      <TextBlock> Button.Margin = "10"</TextBlock>
                </StackPanel>
            </Grid>
        </Border>
    </Window>
```

编译之后,前面的应用程序将生成类似于图 12-8 所示的 UI。可以在元素之间的间距中一目了然地看到各个属性值的效果,并且各列中元素的重要属性值显示在 TextBlock 元素内。

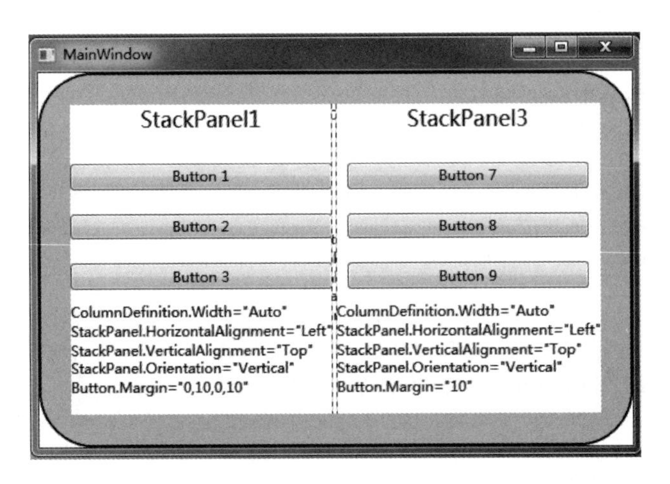


图 12-8　WPF 控件精确定位

#### 12.2.3.3　WPF 基本控件

**1. Button 控件**

Button 控件(按钮控件)是最基本的控件之一。按钮上除了显示一般的文字之外,还可以显示图像或者同时显示图像和文字。Button 控件最熟悉的就是单击(Click)事件。此外,Button 控件有一个重要的属性 ClickMode,通过它可以指定以下 3 种不同的单击按钮模式:

- Release: Button 被按下然后释放时发生单击事件。

• Hover：鼠标悬停在按钮上方引发单击事件。
• Press：当单击按钮时引发单击事件。

例如，假设有下面的 Button 的 XAML 描述，ClickMode 的属性为 ClickMode. Hover：

```
<Button Content = "Hover" ClickMode = "Hover" Click = "Button_Click" />
```

这样，光标悬停在 Button 控件的任何地方，Click 事件都会触发，这对于创建自定义样式、模板和动画是非常有帮助的。

除此之外，Button 控件还有两个重要的属性：IsCancel 和 IsDefault。IsCancel 表示按钮是一个取消按钮，用户可以在任意位置按下 Esc 键触发该按钮。IsDefault 表示按钮是当前默认按钮，用户可以按下 Enter 键触发该按钮。考虑下面两个 Button 控件的 XAML 描述：

```
<Button Content = "确定" IsDefault = "True" Click = "btnOk_Click" />
<Button Content = "取消" IsCancel = "True" Click = "btnCancel_Click" />
```

除了 Button 按钮之外，WPF 还提供了另外两种类型的按钮控件：ToggleButton 和 RepeateButton。

ToggleButton 的 UI 与 Button 的 UI 在默认情况下完全相同，而不同之处在于，当被单击时它会保持被按下的状态。为此，ToggleButton 提供了 IsCheck 属性，当用户单击 UI 元素，它的值在 true 和 false 之间进行切换。此外，ToggleButton 提供了两个事件(Checked 和 Unchecked)，它们用来拦截状态的转换。下列 XAML 代码描述 ToggleButton 的用法：

```
<ToggleButton Name = "toggleOnOffButton"
   Checked =  "toggleOnOffButtonPressed"
    Unchecked = "toggleOnOffButtonPressed"
 </ ToggleButton >
```

在后置的代码文件中添加事件处理程序(toggleOnOffButtonPressed)，把 Content 属性的值更新为适当的文本，代码如下：

```
private void toggleOnOffButtonPressed(object sender, RoutedEventArgs e)
{
   if (toggleOnOffButton.IsChecked == true)
         toggleOnOffButton.Content  =  "On";
    else
       toggleOnOffButton.Content  =  "Off";
}
```

RepeatButton 和 Button 类似，但 RepeatButton 从按下按钮到释放按钮的时间段内会自动重复引发其 Click 事件。它触发 Click 事件的频率取决 Delay 和 Interval 属性的值(两个属性的值以毫秒为单位)，其中，Delay 属性可指定事件的开始时间，Interval 属性可控制重复的间隔时间。利用 RepeatButton 按钮的功能可以实现调节按钮的功能。具体如何实现，读者可以自行思考。

**2. CheckBox 控件和 RadioButton 控件**

CheckBox 控件是 ToggleButton 的一种类型，一般用于让用户在一组选项中做出选择，可以选择一个或者多个。下列 XAML 代码给出了 CheckBox 控件的用法：

```
<StackPanel>
    <!-- CheckBox类型 -->
    <CheckBox Name = "chkInfo">旅游</CheckBox>
    <CheckBox Name = "chkInfo">运动</CheckBox>
</StackPanel>
```



RadioButton控件是另一类型的ToggleButton,和CheckBox控件类型不一样,它天生就能使相同的容器(如StackPanel、Grid或者其他容器)中所有的RadioButton互斥,即只能从多个选项中选择一个。如果希望在一个容器中出现多个RadioButton类型,它们分属于不同的物理组合,可以在RadioButton类型的开始元素中设置GroupName属性。思考下列代码的输出结果:

```
<StackPanel>
    <!—选择颜色的RadioButton类型 -->
    <Label FontSize = "20" Content = "请选择颜色" />
    <RadioButton GroupName = "Color">红色</ RadioButton>
    <RadioButton GroupName = "Color">绿色</ RadioButton>
    <RadioButton GroupName = "Color">蓝色</ RadioButton>
</StackPanel>
```

在实际的项目开发中,如果需要设计单选按钮或者复选框集合时,通常使用GroupBox控件将它们放在同一个容器中,以表明它们在同一个组中。

**3. ListBox控件和ComboBox控件**

WPF提供了包含一组可选项的类型,如ListBox和ComboBox,这两个类型都派生于ItemsControl抽象基类。此基类定义了名为Items的属性,它将返回一个用于保存子项的强类型ItemCollection对象。ItemCollection类型用来操作Object类型,因此它可以包含任何对象。例如,下面的XMAL代码演示了这两个控件的基本用法:

```
<!—简单的列表框 -->
  <ListBox Name = "lstCollege">
   <ListBoxItem>信息工程学院</ListBoxItem>
   <ListBoxItem>电子工程学院</ListBoxItem>
</ListBox>

<!—简单的组合框 -->
  <ComboBox Name = "cboCollege">
   <ComboBoxItem>信息工程学院</ ComboBoxItem>
   <ComboBoxItem>电子工程学院</ ComboBoxItem>
</ ComboBox>
```

通常,只有到运行时才知道包含在列表控件中的数据。例如,可能需要根据从数据库返回的值或者读取外部文件取的值来填充列表框中的数据项。这时,就需要使用ItemCollection类型的方法[Add()、Remove()等]来实现,相关代码如下:

```
lstCollege.Items.Add("工商学院");
lstCollege.Items.Add("新闻与传播学院");
```

填充ListBox或ComboBox类型之后,如何在运行时确定用户选择了哪个数据项?事实上，有 3 种方法来确定。如果只是想确定被选项的数值索引，可以使用 SelectedIndex 属性（它从 0 开始，值为 -1 时，表示没有选择）。如果希望获取类表中选择的对象，SelectedItem 属性更合适。最后，SelectedValue 可用来获取被选择对象的值（一般通过调用 ToString()来获取）。例如：

```
string data = string.Empty;
data += string.Format("SelectedIndex = {0}\n",lstCollege.SelectedIndex);
data += string.Format("SelectedItem = {0}\n",lstCollege.SelectedItem);
data += string.Format("SelectedValue = {0}\n",lstCollege.SelectedValue);
MessageBox.Show(data,"院系信息");
```

**4. TextBlock 控件和 Label 控件**

这两个控件都可以用来显示文本。一般情况下，当要显示一些简短的语句时，应使用 TextBlock 控件；如果显示的文本极少时，可以使用 Label 控件。

TextBlock 控件主要用于显示可格式化表示的只读文本，最常用的是 Text 属性。例如：

```
<TextBlock FontFamily = "Arial" FontSize = "20" Text = "TextBlock" />
```

Label 的内容模型是 Content，因此它还可以包含其他对象。一般将 Label 与 TextBox 一起使用，用于显示描述性信息、验证信息或输入指示信息。例如：

```
<Label Name = "ageLabel" >年龄：</Label >
```

**5. TextBox 控件、PasswordBox 控件和 RichTextBox 控件**

1）TextBox 控件

TextBox 控件用于显示或编辑纯文本字符。常用属性如下：

（1）Text：表示显示的文本；

（2）MaxLength：限制用户输入的字符数；

（3）TextWrapping：控制是否自动转到下一行，当其值为 Wrap 时，该控件可自动扩展以容纳多行文本；

（4）BorderThickness：边框宽度，如果不希望该控件显示边框，将其设置为 0 即可。

例如：

```
<TextBox Name = "ageTextBox" MaxLength = "5" SpellCheck.IsEnable = "True"
    Width = "60" BorderBrush = "#FF5ECD3D" AcceptReturn = "True"
    BorderThickness = "2" TextWrapping = "Wrap" Text = "多行文本"
</ TextBox >
```

TextBox 控件的常用事件是 TextChanged 事件。

2）PasswordBox 控件

PasswordBox 控件用于密码输入。常用属性如下：

（1）PasswordChar 属性：掩码，即不论输入什么字符，显示的都是用它指定的字符；

（2）Password 属性：输入的密码字符串；

（3）PasswordChanged 事件：当密码字符串改变时发生。

除了这两个属性之外，其他用法和 TextBox 控件相同。例如：

```
<PasswordBox Password = "abc" PasswordChar = " * "></PasswordBox>
```

3) RichTextBox 控件

RichTextBox 控件用于复杂格式的文本输入。当需要编辑已经设置好格式的文本、图像、表格或其他支持的内容时,可选择 RichTextBox 控件。

RichTextBox 控件常用事件也是 TextChanged 事件。

#### 12.2.3.4 菜单、工具栏和状态栏

**1. 创建菜单系统**

WPF 提供了两个菜单控件:Menu(用于主菜单)和 ContextMenu(用于关联其他元素的弹出菜单)。在 WPF 应用程序中,菜单系统是通过 Menu 类型来表示,菜单由 MenuItem 对象和 Separator 对象构成。每个菜单项 MenuItem 都有标题,而且可以包含 MenuItem 对象的集合(代表子菜单)。Separator 对象只显示一条分隔菜单项的水平线。当在 XAML 中创建菜单系统时,每个 MenuItem 都可以处理多种事件,最可能的事件是 Click 事件,它将会在用户选择子选项时触发。

下面是一个创建系统菜单的简单例子:

```
<Menu>
    <MenuItem Header = "文件">
        <MenuItem Header = "新建(_N)" Click = NewFile_Click />
        <MenuItem Header = "打开(_O)" Click = OpenFile_Click />
        <Separator />
        <MenuItem Header = "退出(_X)" Click = ExitFile_Click />
    </MenuItem>
</Menu>
```

在菜单系统中,<Separator />元素用于在菜单“退出”选项之前插入一个细的水平线。每个 MenuItem 的 Header 值包含嵌套的下画线标记(如_X)。这用于确定,当用户按 Alt 键时哪个字母会有下画线(用于键盘快捷键)。

完成菜单系统的创建以后,需要实现各种事件处理程序,为此需要更新后置的代码文件。例如:

```
protected void ExitFile_Click(Object sender,RoutedEventArgs arg)
{
  //关闭应用程序
  Application.Current.Shutdown();
}
```

**2. 创建工具栏**

工具栏(在 WPF 中使用 ToolBar 来表示)一般显示在窗口的上方,它可以由多个 Button、CheckBox、RadioButton、ComboBox 等排列组成。工具栏提供了一种替代方式来激活菜单选项。下列 XAML 代码定义了一个简单的工具栏:

```
<ToolBar DockPanel.Dock = "Top">
    <Button Content = "新建" Click = "NewFile_Click" />
    <Sepatator/>
```

```
<Button Content = "退出" Click = "ExitFile_Click" />
</ToolBar>
```

<ToolBar>类型包含两个 Button 类型，它们使用和菜单相同的代码文件来处理相同的事件。通过这样的方法，可以让处理程序为菜单项和工具栏按钮服务。另外，ToolBar 也可以放在 ToolBarTray 容器中。ToolBarTray 为一系列的 ToolBar 对象控制布局、固定和拖放操作。在一个 ToolBarTray 中可以放置多个 ToolBar，并可以通过拖动来调整 ToolBar 在容器中的排列顺序。

**3. 创建状态栏**

状态栏(StatusBar)一般显示在窗口下方，主要用于显示文本和图像指示器(并且有时可用于显示进度条)。在使用状态栏时，通常使用水平的 StackPanel 面板从左到右地放置状态栏的子元素。然而，应用程序使用按比例设置的状态栏项，或将某些项保持锁定在状态栏的右边，可使用 ItemsPanelTemplate 属性指示状态栏使用不同的面板来实现这种设计。下例使用 Grid 面板在状态栏左边放置了一个 TextBlock 元素，在右边放置了另外一个 TextBlock 元素。

```
<StatusBar Grid.Row = "1">
  <StatusBar.ItemsPanel>
    <ItemsPanelTemplate>
      <Grid>
         <Grid.ColumnDefinitions>
               <ColumnDefinition width = " * "></ColumnDefinition>
               <ColumnDefinition width = "Auto"></ColumnDefinition>
         </Grid.ColumnDefinitions>
       </Grid>
     </ItemsPanelTemplate>
   </StatusBar.ItemsPanel>
   <TextBlock> Left Side </TextBlock>
   <StatusBarItem Grid.Column = "1">
        <TextBlock> Right Side </TextBlock>
   </StatusBarItem>
</StatusBar>
```

### 12.2.4 拓展与提高

请结合学习内容和网络资源，思考下列问题：

(1) 如何理解 WPF 中的布局？常用的布局控件有哪些？各有什么特点？

(2) 如何在 WPF 开发中自定义控件？

(3) 如何定制 WPF 控件的样式来提升 UI 设计的效果？

## 12.3 数据绑定

### 12.3.1 任务描述

图 12-9 所示的界面为两个 TextBox 和一个 Slider 组成的 UI，当 Slider 的滑块移动时，上面那个 TextBox 里显示 Slider 的值；反过来，当在上面那个 TextBox 里输入合适的值

后，鼠标焦点移开后，Slider 的滑块也要滑到相应的位置上去。

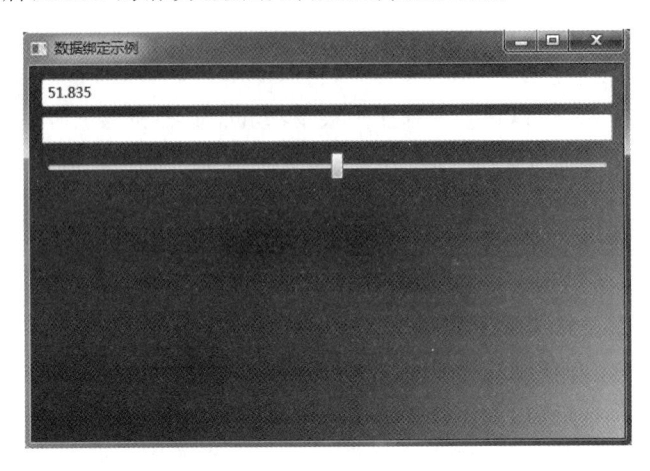


图 12-9　数据绑定示例

## 12.3.2　任务实现

(1) 启动 Visual Studio 2013，在主窗口选择“文件”|“新建”|“项目”命令，打开“新建项目”对话框，在显示的窗体的左侧选择 Visual C# 节点，在中间窗格选择“WPF 应用程序”项目类型，将位置改为希望存放项目的文件夹位置(例如 E:\Books\Program\Chapter_12)，名称和解决方案名称文本框均改为 Project1203，其他设置保持不变，单击“确定”按钮。

(2) 修改 MainWindow.xaml，完成应用程序 UI 设计。MainWindow.xaml 的主要代码如下(其他代码可以参考配套源程序)：

```
<Window x:Class = "Project1203.MainWindow"
  xmlns = "http://schemas.microsoft.com/winfx/2006/xaml/presentation"
  xmlns:x = "http://schemas.microsoft.com/winfx/2006/xaml"
  Title = "数据绑定示例" Height = "350" Width = "525"
            WindowStartupLocation = "CenterScreen">
  <Window.Background>
        <LinearGradientBrush StartPoint = "0,0" EndPoint = "1,1">
            <GradientStop Color = "Blue" Offset = "0.3"/>
            <GradientStop Color = "LightBlue" Offset = "1"/>
        </LinearGradientBrush>
  </Window.Background>
    <Grid>
     <TextBox Height = "23" Margin = "10,10,9,0" Name = "textBox1" VerticalAlignment = "Top"
          Text = "{Binding ElementName = slider1, Path = Value}"/>
    <TextBox Height = "23" Margin = "10,41,9,0" Name = "textBox2" VerticalAlignment = "Top" />
    <Slider Height = "21" Margin = "10,73,9,0" Name = "slider1"VerticalAlignment = "Top"
      Maximum = "100" />
  </Grid>
</Window>
```

## 12.3.3　知识链接

### 12.3.3.1　什么是数据绑定

数据绑定(Data Binding)，又称数据关联，就是在应用程序 UI 与业务逻辑之间建立连接的过程。如果绑定具有正确设置并且数据提供正确通知，则当数据更改其值时，绑定到数据的元素会自动反映更改。数据绑定可能还意味着如果元素中数据的外部表现形式发生更改，则基础数据可以自动更新以反映更改。例如，如果用户编辑 TextBox 元素中的值，则基础数据值会自动更新以反映该更改。

**1. 数据绑定的原理**

数据绑定主要包含两大模块，一是绑定目标，也就是 UI 界面这块，另一模块是绑定源，也就是给数据绑定提供数据的后台代码。然后这两大模块通过某种方式和语法关联起来，会互相影响或者只是一边对另一边产生影响，这就是数据绑定的基本原理。图 12-10 详细地描述了这一绑定的过程，不论要绑定什么元素，不论数据源的特性是什么，每个绑定都始终遵循图 12-10 所示的模型。

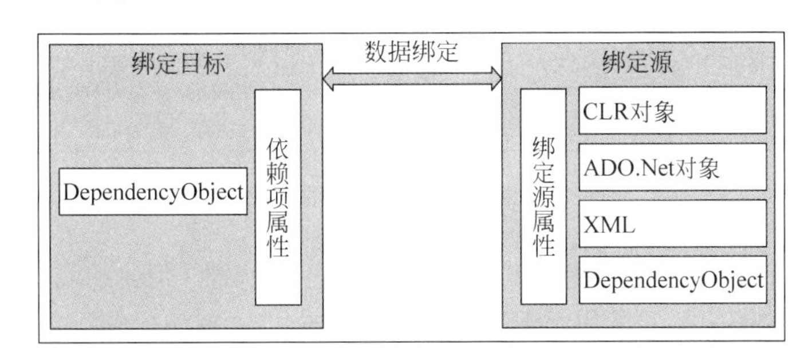


图 12-10　数据绑定模型

如图 12-10 所示，数据绑定实质上是绑定目标与绑定源之间的桥梁。该图演示以下基本的数据绑定概念：

通常，每个绑定都具有 4 个组件：绑定目标对象、目标属性、绑定源，以及要使用的绑定源中的值的路径。例如，如果要将 TextBox 的内容绑定到 Employee 对象的 Name 属性，则目标对象是 TextBox，目标属性是 Text 属性，要使用的值是 Name，源对象是 Employee 对象。

绑定源又称数据源，充当数据中心的角色，是数据绑定的数据提供者，可以理解为最底下的数据层。数据源是数据的来源和源头，它可以是一个 UI 元素对象或者某个类的实例，也可以是一个集合。

数据源作为一个实体可能保存着很多数据，具体关注它的哪个数值呢？这个数值就是路径(Path)。例如，要用一个 Slider 控件作为一个数据源，那么这个 Slider 控件会有很多属性，这些属性都是作为数据源来提供的，它拥有很多数据，除了 Value 之外，还有 Width、Height 等，这时候数据绑定就要选择一个最关心的属性来作为绑定的路径。例如，使用的数据绑定是为了监测 Slider 控件的值的变化，那么就需要把 Path 设为 Value。使用集合作为数据源的道理也是一样，Path 的值就是集合里面的某个字段。

数据将传送到哪里去？这就是数据的目标，也就是数据源对应的绑定对象。绑定目标对象一定是数据的接收者、被驱动者，但它不一定是数据的显示者。目标属性则是绑定目标对象的属性，这个很好理解。目标属性必须为依赖项属性。大多数 UIElement 对象的属性都是依赖项属性，而大多数依赖项属性(除了只读属性)默认情况下都支持数据绑定。注意，只有 DependencyObject 类型可以定义依赖项属性，所有 UIElement 都派生自

DependencyObject。

**2. 数据绑定模式**

从图 12-10 可以看出,数据绑定的数据流可以从数据目标流向数据源(例如,当用户编辑 TextBox 的值时,源值会发生更改)和/或(如果绑定源提供正确的通知)从绑定源流向绑定目标(例如,TextBox 内容会随绑定源中的更改而进行更新)。图 12-11 演示不同类型的数据流,可以通过设置绑定对象的 Mode 属性来控制数据的流向。

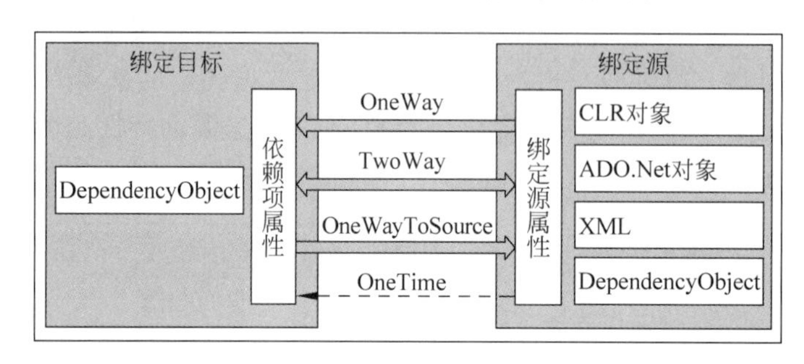


图 12-11 数据绑定的方式

OneWay 绑定导致对源属性的更改会自动更新目标属性,但是对目标属性的更改不会传播回源属性。此绑定类型适用于绑定的控件为隐式只读控件的情况。例如,可能绑定到如股票行情自动收录器这样的源,或许目标属性没有用于进行更改的控件接口(如表的数据绑定背景色)。如果无须监视目标属性的更改,则使用 OneWay 绑定模式可避免 TwoWay 绑定模式的系统开销。

TwoWay 绑定导致对源属性的更改会自动更新目标属性,而对目标属性的更改也会自动更新源属性。此绑定类型适用于可编辑窗体或其他完全交互式 UI 方案。大多数属性都默认为 OneWay 绑定,但是一些依赖项属性(通常为用户可编辑的控件的属性,如 TextBox 的 Text 属性和 CheckBox 的 IsChecked 属性)默认为 TwoWay 绑定。确定依赖项属性绑定在默认情况下是单向还是双向的编程方法是:使用 GetMetadata 获取属性的属性元数据,然后检查 BindsTwoWayByDefault 属性的布尔值。

OneWayToSource 绑定与 OneWay 绑定相反;它在目标属性更改时更新源属性。例如从 UI 重新计算源值。

OneTime 绑定未在图中显示,该绑定会导致源属性初始化目标属性,但不传播后续更改。这意味着,如果数据上下文发生了更改,或者数据上下文中的对象发生了更改,则更改会反映在目标属性中。如果使用的数据的当前状态的快照适于使用,或者这些数据是真正静态的,则适合使用此绑定类型。如果要使用源属性中的某个值初始化目标属性,并且事先不知道数据上下文,则也可以使用此绑定类型。此绑定类型实质上是 OneWay 绑定的简化形式,在源值不更改的情况下可以提供更好的性能。

**3. 更新数据源**

如果要实现数据源更改时,改变目标的值(即图 12-11 中的 OneWay 方式及 TwoWay 方式的由绑定源到绑定目标方向的数据绑定),需使数据源对象实现 System.ComponentModel 命名空间的 INotifyPropertyChanged 接口。INotifyPropertyChanged 接口中定义了一个 PropertyChanged 事件,在某属性值发生变化时引发此事件,即可通知绑定目标更改其显示的值。例如：

```
public class MyData : INotifyPropertyChanged
{
   public event PropertyChangedEventHandler PropertyChanged;
   private string _Name;
   public string Name
   {
      set
      {
          _Name = value;
          if (PropertyChanged != null)
          {
           //引发 PropertyChanged 事件,
           //PropertyChangedEventArgs 构造方法中的参数字符串表示属性
           PropertyChanged(this,new PropertyChangedEventArgs("Name"));
          }
      }
   }
```

TwoWay 或 OneWayToSource 绑定侦听目标属性的更改，并将这些更改传播回源，称为更新源。例如，可以编辑文本框中的文本以更改基础源值。但是，源值是在编辑文本的同时进行更新，还是在结束编辑文本并将鼠标指针从文本框移走后才进行更新呢？绑定的 UpdateSourceTrigger 属性确定触发源更新的原因。图 12-12 中右箭头的点演示 UpdateSourceTrigger 属性的角色。

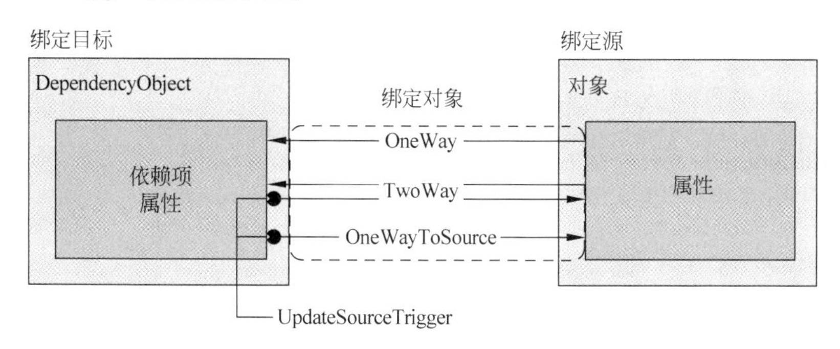


图 12-12　触发数据源更新的原因

如果 UpdateSourceTrigger 值为 PropertyChanged，则 TwoWay 或 OneWayToSource 绑定的右箭头指向的值会在目标属性更改时立刻进行更新。但是，如果 UpdateSourceTrigger 值为 LostFocus，则仅当目标属性失去焦点时，该值才会使用新值进行更新。

与 Mode 属性类似，不同的依赖项属性具有不同的默认 UpdateSourceTrigger 值。大多数依赖项属性的默认值都为 PropertyChanged，而 Text 属性的默认值为 LostFocus。这意味着，只要目标属性更改，源更新通常都会发生，这对于 CheckBox 和其他简单控件很有用。但对于文本字段，每次按键之后都进行更新会降低性能，用户也没有机会在提交新值之前使用 Back Space 键修改输入错误。这就是为什么 Text 属性的默认值是 LostFocus 而不是 PropertyChanged 的原因。

#### 12.3.3.2 创建数据绑定

WPF 使用绑定对象建立绑定，每个绑定通常都具有 4 个组件：绑定目标、目标属性、绑定源、要使用的源值的路径。数据源可以是任何修饰符为 public 的属性，包括控件属性、数据库、XML 或者 CLR 对象的属性。本节讨论如何设置绑定。

**1. 在 XAML 中声明绑定**

绑定是标记扩展。当使用绑定扩展来声明绑定时，声明包含一系列子句，这些子句跟在 Binding 关键字后面，并由逗号(,)分隔。绑定标记扩展的语法格式如下：

```
<object property = "{Binding declaration}" … />
```

其中：object 为绑定对象，一般为 WPF 元素；property 为目标属性，declaration 为绑定声明。绑定声明中的子句可以按任意顺序排列，因此有许多可能的组合。子句是名称＝值对，其中名称是 Binding 属性，值是要为该属性设置的值。

当在标记中创建绑定声明字符串时，必须将它们附加到目标对象的特定依赖项属性。下例演示如何通过使用绑定扩展并指定 Source、Path 和 UpdateSourceTrigger 属性来绑定 TextBox. Text 属性。

```
<TextBlock Text = "{Binding Source = {StaticResource myDataSource}, Path = PersonName}"/>
```

可以通过这种方法来指定 Binding 类的大部分属性。但是，在标记扩展不支持的情况下，例如，当属性值是不存在类型转换的非字符串类型时，需要使用对象元素语法。下面是对象元素语法和标记扩展使用的一个示例：

```
<TextBlock Name = myConvertedText
    Forground = "{Binding Path = TheData,
                Converter = {StaticResource MyConverterReference}}">
    <TextBlock.Text>
      <Binding path = "TheDate"
                Converter = {StaticResource MyConverterReference}}">
 </TextBlock.Text>
</TextBlock> t
```

实际上，用 Binding 类实现数据绑定时，不论采用哪种形式，其本质都是在绑定声明中利用 Binding 类提供的各种属性来描述绑定信息。表 12-5 列出 Binding 类的常用属性及其含义。

**表 12-5　Binding 类的常用属性及其含义**

| 属　　性 | 说　　明 |
|---|---|
| Mode | 获取或设置一个值，该值指示绑定的数据流方向。默认为 default |
| Path | 获取或设置绑定源的属性路径 |
| UpdateSourceTrigger | 获取或设置一个值，该值确定绑定源更新的执行时间 |
| Converter | 获取或设置要使用的转换器 |
| StringFormat | 获取或设置一个字符串，该字符串指定如果绑定值显示为字符串的格式，其用法类似于 ToString()方法中的格式化表示形式 |
| TargetNullValue | 获取或设置当源的值为 null 时在目标中使用的值 |

**2. 在代码中创建绑定**

指定绑定的另一种方法是在代码中直接为 Binding 对象设置属性。下例演示如何在代码中创建 Binding 对象并指定属性。

```
Binding binding = new Binding();                    //创建 Binding 对象
binding.Source = sliderFontSize;
binding.Path = new PropertyPath("Value");           //为 Binding 指定访问路径
binding.Mode = BindingMode.TwoWay;
//把数据源和目标连接在一起
lbtext.SetBinding(TextBlock.FontSizeProperty, binding);
```

### 12.3.3.3 数据转换

前面使用绑定将在 TextBox 和 Slider 之间建立关联：Slider 控件作为绑定源(Path 的 Value 属性)，TextBox 作为绑定目标(目标属性为 Text)。Slider 的 Value 属性是 Double 类型值，而 TextBox 的 Text 属性是 string 类型的值，在 C#这种强类型语言中却可以来往自如，是怎么回事呢?

原来绑定还有另外一种机制，称为数据转换，当绑定源端指定的 Path 属性值和绑定目标端指定的目标属性不一致的时候，可以添加数据转换器(Data Convert)。上面提到的问题实际上就是 double 和 stirng 类型相互转换的问题，因为处理起来比较简单，所以 WPF 类库就自己帮我们做了，但有些数据类型转换是 WPF 做不了的，例如下面的情况：

- 绑定源里面的值是 Y、N、X3 个值(可能是 Char 类型，string 类型或者自定义枚举类型)，UI 上对应的是 CheckBox 控件，需要把这 3 个值映射为它的 IsChecked 属性值(bool 类型)。
- 当 TextBox 里面必须有输入的内容时用于登录的 Button 才会出现，这是 string 类型与 Visibility 枚举类型或 bool 类型之间的转换(Binding 的 Model 将是 OneWay)。
- 绑定源里面的值有可能是 Male 或 FeMale(string 或枚举)，UI 是用于显示图片的 Image 控件，这时候需要把绑定源里面的值转换为对应的头像图片 URI(亦是 OneWay)。

当遇到这些情况，只能自己动手写转换器，方法是创建一个实现 IValueConverter 接口的类，然后实现 Convert()和 ConvertBack()方法。转换器可以将数据从一种类型更改为另一种类型，根据区域性信息转换数据，或修改表示形式的其他方面。

IValueConverter 定义如下：

```
public interface IValueConverter
{
   object Convert(object value, Type targetType, object parameters, CultureInfo culture);
   object ConvertBack(object value, Type targetType, object parameters, CultureInfo culture);
}
```

当数据从绑定源流向绑定目标时，Convert()方法将被调用；反之 ConvertBack()方法将被调用。

下列代码演示了如何将数据转换应用到绑定中的数据。当 bool 值为 true 的时候，在 UI 上就显示男，否则，就显示女。

```
[ValueConversion(typeof(bool), typeof(string))]
public class DateConverter : IValueConverter
{
  public object Convert(object value, Type targetType, object parameter, CultureInfo culture)
  {
      bool re = (bool)value;
      if (re)
       {
           return "男";
        }
        else
        {
           return "女";
        }
    }

 public object ConvertBack(object value, Type targetType,
                         object parameter, CultureInfo culture)
 {
   string strValue = value as string;
   if (strValue == "男")
   {
         return true;
   }
   if (strValue == "女")
   {
           return false;
        }
        return DependencyProperty.UnsetValue;
    }
}
```

一旦创建了转换器,即可将其作为资源添加到 XAML 文件。主要代码如下：

```
<Window.Resources>
    <local:DateConverter x:Key = "dateConverter"/>
</Window.Resources>
<StackPanel>
    <TextBlock x:Name = "tb" DataContext = "{Binding}" Text = "{Binding Path = Sex, Converter =
{StaticResource dateConverter}}" />
</StackPanel>
```

#### 12.3.3.4 数据绑定示例

下例演示了数据绑定的用法以及 4 种数据绑定模式的效果。

(1) 新建一个 WPF 应用程序 BasicWPFDataBinding。在解决方案中添加数据源类 MyData,具体代码如下：

```
public class MyData : INotifyPropertyChanged
{
  #region INotifyPropertyChanged Members
```

```
  public event PropertyChangedEventHandler PropertyChanged;
  #endregion

public MyData() { Name = "Tom"; }
private string _Name;
public string Name
{
   set
    {
       _Name = value;
      if (PropertyChanged != null)
      {
       //引发 PropertyChanged 事件,
      //PropertyChangedEventArgs 构造方法中的参数字符串表示属性名
       PropertyChanged(this, new PropertyChangedEventArgs("Name"));
       }
     }
      get {    return _Name;    }
   }
}
```

程序的运行效果如图 12-13 所示。

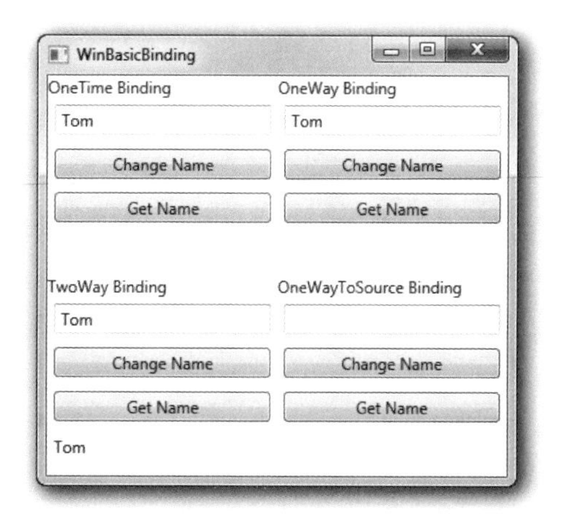


图 12-13　数据绑定示例

(2) 修改 UI 界面的 XAML 代码如下：

```
<Window x:Class = "BasicWPFDataBinding.WinBasicBinding"
     xmlns = "http://schemas.microsoft.com/winfx/2006/xaml/presentation"
     xmlns:x = "http://schemas.microsoft.com/winfx/2006/xaml"
     xmlns:c = "clr - namespace:BasicWPFDataBinding"
     Title = "WinBasicBinding" Height = "360" Width = "360">
<Grid>
     <Grid.ColumnDefinitions>
          <ColumnDefinition/>
          <ColumnDefinition/>
     </Grid.ColumnDefinitions>
```

```
<Grid.RowDefinitions>
    <RowDefinition/>
    <RowDefinition/>
</Grid.RowDefinitions>
<StackPanel Grid.Row="0" Grid.Column="0" x:Name="panelOneTime">
    <StackPanel.Resources>
        <c:MyData x:Key="myDataSourceA" />
    </StackPanel.Resources>
    <StackPanel.DataContext>
        <Binding Source="{StaticResource myDataSourceA}" />
    </StackPanel.DataContext>
    <TextBlock Text="OneTime Binding" />
    <TextBox Margin="5" Text="{Binding Path=Name, Mode=OneTime}" />
    <Button Margin="5" Content="Change Name"
  x:Name="btnOneTimeBindingChange" Click="btnOneTimeBindingChange_Click" />
    <Button Margin="5" Content="Get Name"
    x:Name="btnOnTimeBindingGet" Click="btnOnTimeBindingGet_Click" />
</StackPanel>
<StackPanel Grid.Row="0" Grid.Column="1" x:Name="panelOneWay">
    <StackPanel.Resources>
        <c:MyData x:Key="myDataSourceB" />
    </StackPanel.Resources>
    <StackPanel.DataContext>
        <Binding Source="{StaticResource myDataSourceB}" />
    </StackPanel.DataContext>
    <TextBlock Text="OneWay Binding" />
    <TextBox Margin="5" Text="{Binding Path=Name, Mode=OneWay}" />
    <Button Margin="5" Content="Change Name"
  x:Name="btnOneWayeBindingChange" Click="btnOneWayeBindingChange_Click" />
    <Button Margin="5" Content="Get Name"
           x:Name="btnOneWayBindingGet" Click="btnOneWayBindingGet_Click" />
</StackPanel>
<StackPanel Grid.Row="1" Grid.Column="0" x:Name="panelTwoWay">
    <StackPanel.Resources>
        <c:MyData x:Key="myDataSourceC" />
    </StackPanel.Resources>
    <StackPanel.DataContext>
        <Binding Source="{StaticResource myDataSourceC}" />
    </StackPanel.DataContext>
    <TextBlock Text="TwoWay Binding" />
    <TextBox Margin="5" Text="{Binding Path=Name, Mode=TwoWay,
            UpdateSourceTrigger=PropertyChanged}" />
    <Button Margin="5" Content="Change Name"
   x:Name="btnTwoWayBindingChange" Click="btnTwoWayBindingChange_Click" />
    <Button Margin="5" Content="Get Name" x:Name="btnTwoWayBindingGet"
           Click="btnTwoWayBindingGet_Click" />
    <TextBlock Margin="5" Text="{Binding Path=Name, Mode=OneWay}" />
</StackPanel>
<StackPanel Grid.Row="1" Grid.Column="1" x:Name="panelOneWayToSource">
    <StackPanel.Resources>
        <c:MyData x:Key="myDataSourceD" />
```

```
            </StackPanel.Resources>
            <StackPanel.DataContext>
                <Binding Source="{StaticResource myDataSourceD}" />
            </StackPanel.DataContext>
            <TextBlock Text="OneWayToSource Binding" />
            <TextBox Margin="5" Text="{Binding Path=Name, Mode=OneWayToSource,
                UpdateSourceTrigger=PropertyChanged}" />
            <Button Margin="5" Content="Change Name"
              x:Name="btnOneWayToSourceBindingChange"
              Click="btnOneWayToSourceBindingChange_Click" />
            <Button Margin="5" Content="Get Name"
                    x:Name="btnOneWayToSourceBindingGet"
                    Click="btnOneWayToSourceBindingGet_Click" />
            <TextBlock Margin="5" Text="{Binding Path=Name, Mode=OneWay}" />
        </StackPanel>
    </Grid>
</Window>
```

(3) 后台C#代码如下：

```
    public partial class WinBasicBinding : Window
    {
        public WinBasicBinding()
        {
            InitializeComponent();
        }
        #region OneTime 绑定
        private void btnOneTimeBindingChange_Click(object sender, RoutedEventArgs e)
        {
            MyData source = (MyData)(panelOneTime.DataContext);
            source.Name = "Jerry";
            MessageBox.Show(
                "myData.Name has been changed to Jerry",
                "System Information",
                MessageBoxButton.OK,
                MessageBoxImage.Information);
        }

        private void btnOnTimeBindingGet_Click(object sender, RoutedEventArgs e)
        {
            MyData source = (MyData)(panelOneTime.DataContext);

            string name = source.Name;

            MessageBox.Show(
                string.Format("myData.Name value is {0}.", name),
                    "System Information",
                MessageBoxButton.OK,
                MessageBoxImage.Information);
        }
        #endregion
```

```
#region OneWay 绑定
private void btnOneWayeBindingChange_Click(object sender, RoutedEventArgs e)
{
    MyData source = (MyData)(panelOneWay.DataContext);
    source.Name = "Jerry";

    MessageBox.Show(
        "myData.Name has been changed to Jerry",
        "System Information",
        MessageBoxButton.OK,
        MessageBoxImage.Information);
}

private void btnOneWayBindingGet_Click(object sender, RoutedEventArgs e)
{
    MyData source = (MyData)(panelOneWay.DataContext);

    string name = source.Name;

    MessageBox.Show(
        string.Format("myData.Name value is {0}.", name),
        "System Information",
        MessageBoxButton.OK,
        MessageBoxImage.Information);
}
#endregion

#region TwoWay 绑定
private void btnTwoWayBindingChange_Click(object sender, RoutedEventArgs e)
{
    MyData source = (MyData)(panelTwoWay.DataContext);
    source.Name = "Jerry";

    MessageBox.Show(
        "myData.Name has been changed to Jerry",
        "System Information",
        MessageBoxButton.OK,
        MessageBoxImage.Information);
}

private void btnTwoWayBindingGet_Click(object sender, RoutedEventArgs e)
{
    MyData source = (MyData)(panelTwoWay.DataContext);

    string name = source.Name;

    MessageBox.Show(
        string.Format("myData.Name value is {0}.", name),
        "System Information",
        MessageBoxButton.OK,
```

```
                MessageBoxImage.Information);
        }
        #endregion

        #region OneWayToSource 绑定
        private void btnOneWayToSourceBindingChange_Click(object sender, RoutedEventArgs e)
        {
            MyData source = (MyData)(panelOneWayToSource.DataContext);
            source.Name = "Jerry";

            MessageBox.Show(
                "myData.Name has been changed to Jerry",
                "System Information",
                MessageBoxButton.OK,
                MessageBoxImage.Information);
        }

        private void btnOneWayToSourceBindingGet_Click(object sender, RoutedEventArgs e)
        {
            MyData source = (MyData)(panelOneWayToSource.DataContext);

            string name = source.Name;

            MessageBox.Show(
                string.Format("myData.Name value is {0}.", name),
                "System Information",
                MessageBoxButton.OK,
                MessageBoxImage.Information);
        }
        #endregion
    }
}
```

### 12.3.4 拓展与提高

结合学习内容和网络资源，理解 WPF 数据绑定的基本概念和原理，掌握数据绑定编程的基本应用。在此基础上，利用 WPF 实现如下功能：

(1) 有 3 个员工，每个员工有自己的姓名和年龄等属性；

(2) WPF 页面用列表显示 3 个员工的详细信息；

(3) 选中列表中的一项，能在页面的下方显示当前选中员工的详细信息，同时这些详细信息又是可修改的，修改完毕后，列表中该员工的信息能动态更新。

学习资源链接：

http://www.cnblogs.com/luminji/archive/2011/01/22/1941855.html

https://msdn.microsoft.com/zh-cn/library/ms750612.aspx

http://www.codeproject.com/Articles/29054/WPF-Data-Binding-Part

http://www.codeproject.com/Tips/662209/WPF-Simple-Data-Converter-Example

## 12.4 知识点提炼

(1) WPF 是微软新一代图形系统,运行在.NET Framework 3.0 及以上版本下,为用户界面、2D/3D 图形、文档和媒体提供了统一的描述和操作方法。

(2) XAML 是一种声明性标记语言,简化了为.NET Framework 应用程序创建 UI 的过程。开发人员可以在声明性 XAML 标记中创建可见的 UI 元素,然后使用代码隐藏文件(通过分部类定义与标记相连接)将 UI 定义与运行时逻辑相分离。

(3) WPF 应用程序需要一个 Application 来统领一些全局的行为和操作。WPF 应用程序实例化 Application 类之后,Application 对象的状态会在一段时间内频繁变化。

(4) 在 WPF 程序中,那些能够展示数据、响应用户操作的 UI 元素称为控件(Control)。控件所展示的数据称为控件的"数据内容",控件在响应用户的操作之后会执行自己的一些方法或以事件的方式通知应用程序,称为控件的行为。

(5) WPF 常用的布局控件主要有 Grid、StackPanel、Canvas、DockPanel、WrapPanel 等,它们都继承自 Panel 抽象类。

(6) 数据绑定(Data Binding),又称数据关联,就是在应用程序 UI 与业务逻辑之间建立连接的过程。如果绑定具有正确设置并且数据提供正确通知,则当数据更改其值时,绑定到数据的元素会自动反映更改。

# 第13章 综合案例——学生成绩管理系统

为了提高学生成绩管理的效率，实现成绩管理的系统化、规范化和自动化，许多高校都利用计算机来进行学生成绩管理，因此，结合高校学生成绩管理流程，开发一个实用的学生成绩管理系统是非常有意义的。本章通过使用C# 4.0和SQL Server 2012开发一个学生成绩管理系统，使读者了解软件项目开发的流程，掌握利用C#进行桌面应用开发的关键技术，提高项目开发能力。通过阅读本章内容，读者可以：

- 了解和熟悉软件项目开发的完整过程。
- 掌握三层架构开发模式及其在C#应用程序的实现。
- 掌握如何利用ADO.NET技术访问SQL Server数据库。
- 了解和掌握数据库设计的方法。

## 13.1 学生成绩管理系统的分析与设计

### 13.1.1 系统概述

随着计算机技术的发展，计算机逐渐渗透到人们日常生活，成为人们学习、工作和娱乐的重要工具。目前，随着高校规模的扩张，学生成绩管理所涉及的数据量越来越大，越来越多，大多数学校不得不靠增加人力、物力、财力来进行学生成绩管理。但是，人工管理成绩档案存在效率低下、查找麻烦、可靠性差、保密性低等弊端。利用计算机进行学生成绩管理，实现学生成绩管理的规划化、系统化和数据共享，将是未来高校学生成绩管理工作的发展方向，因此，结合高校学生成绩管理的现状，开发一个高校通用的学生成绩管理系统是必要的。

本系统是一个基于C/S框架的桌面应用系统，主要由学生管理、院系管理、课程管理、成绩管理和系统管理等模块组成。各模块的具体功能如下：

1）学生管理模块

学生管理模块实现学生档案信息的录入、修改和查询等任务。

2）院系管理模块

院系管理模块主要实现院系信息的添加、修改和查询以及班级信息的添加、修改和查询等任务。

3）课程管理模块

课程管理模块主要负责课程信息的添加、修改和查询等任务。

4）成绩管理模块

成绩管理模块主要负责课程成绩的录入、修改、查询、统计以及学生成绩的查询、统计等任务。

5）系统管理模块

系统管理模块主要实现更改密码、数据的备份、恢复以及退出系统等任务。

学生成绩管理系统的功能结构如图13-1所示。

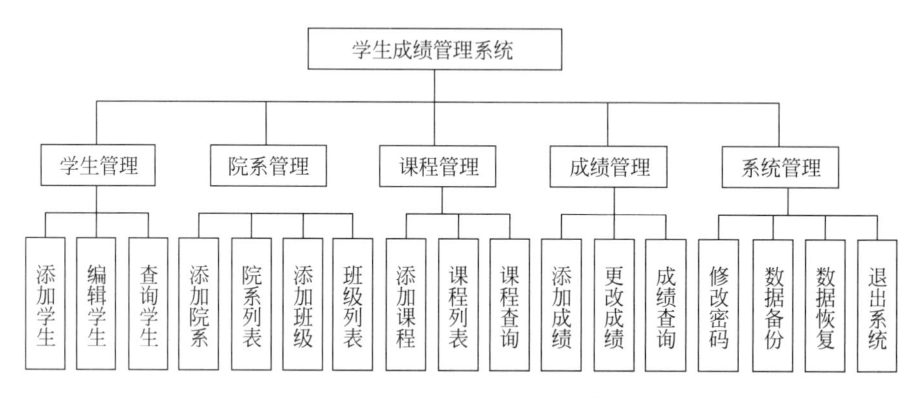


图13-1　学生成绩管理系统的功能结构

### 13.1.2　系统业务流程

为了保证系统安全,用户进入系统之前必须输入用户名和密码。只有合法的用户才能使用系统,从而达到保护数据安全的目的。图13-2给出了学生成绩管理系统的业务流程。

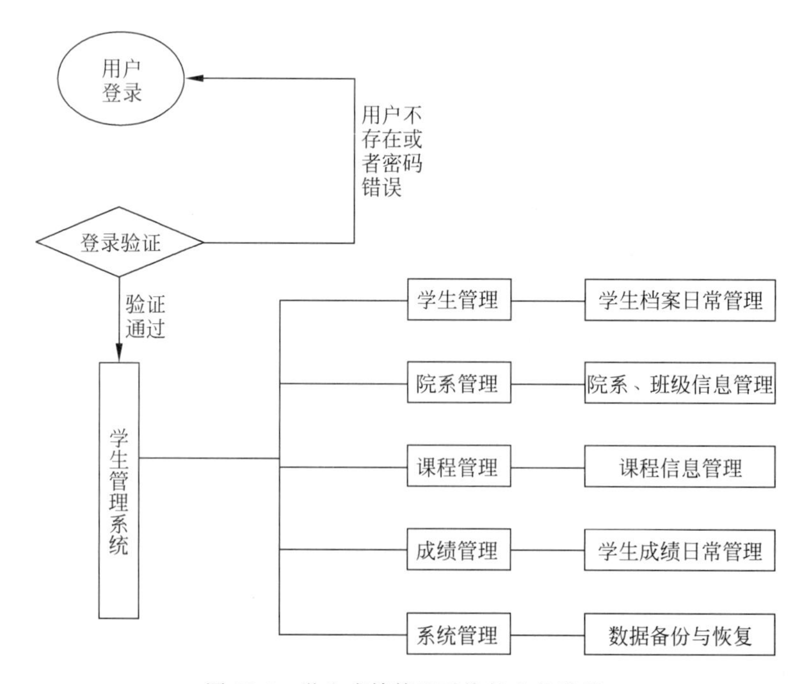


图13-2　学生成绩管理系统的业务流程

### 13.1.3 数据库设计

**1. 数据表结构**

结合学生成绩管理的功能，学生成绩管理系统需要 6 个表，分别用来存储学生成绩管理中涉及的相关数据。学生成绩管理系统中的数据表及其结构如下：

1）用户表(tb_User)

用户表用来存储用户的信息，包括用户名、用户真实姓名以及登录密码等，其详细结构如表 13-1 所示。

**表 13-1 用户表**

| 字段名称 | 数据类型 | 字段长度 | 说　　明 |
|---|---|---|---|
| UserID | char | 5 | 用户名 |
| UserName | nvarchar | 20 | 用户真实姓名 |
| UserPasswd | nvarchar | 30 | 登录密码 |

2）学生表(tb_Student)

学生表用来存储学生的档案信息，包括学生的学号、姓名、性别、出生日期、院系编号、班级编号和家庭住址等信息，其结构如表 13-2 所示。

**表 13-2 学生表**

| 字 段 名 称 | 数据类型 | 字段长度 | 说　　明 |
|---|---|---|---|
| StudentID | char | 11 | 学号(主键) |
| StudentName | nvarchar | 20 | 姓名 |
| Gender | nvarchar | 2 | 性别 |
| Birthday | nvarchar | 10 | 出生日期 |
| CollegeID | char | 2 | 院系编号 |
| ClassID | char | 6 | 班级编号 |
| Address | nvarchar | 100 | 家庭住址 |

3）院系表(tb_College)

院系表用来存储院系的基础信息，主要包括院系编号、名称等信息，其结构如表 13-3 所示。

**表 13-3 院系表**

| 字段名称 | 数据类型 | 字段长度 | 说　　明 |
|---|---|---|---|
| CollegeID | char | 2 | 院系编号(主键) |
| CollegeName | nvarchar | 50 | 院系名称 |

4）班级表(tb_Class)

班级表用来存储班级的基础信息，主要包括班级编号、名称和所在院系等信息，其结构如表 13-4 所示。

表 13-4 班级表

| 字段名称 | 数据类型 | 字段长度 | 说　　明 |
|---|---|---|---|
| ClassID | char | 6 | 班级编号(主键) |
| ClassName | nvarchar | 50 | 班级名称 |
| CollegeID | char | 2 | 所在院系(外键) |

5) 课程表(tb_Course)

课程表用来存储课程的基础信息,主要包括课程编号、名称、类型和描述等信息,其结构如表 13-5 所示。

表 13-5 课程表

| 字段名称 | 数据类型 | 字段长度 | 说　　明 |
|---|---|---|---|
| CourseID | char | 6 | 课程编号(主键) |
| CoursrName | nvarchar | 50 | 课程名称 |

6) 成绩表(tb_Grade)

成绩表用来存储学生成绩,主要包括编号、课程编号、学生学号、学期和成绩等信息,其结构如表 13-6 所示。

表 13-6 成绩表

| 字段名称 | 数据类型 | 字段长度 | 说　　明 |
|---|---|---|---|
| SID | char | 11 | 学号(外键) |
| CID | char | 6 | 课程编号(外键) |
| Result | nvarchar | 3 | 成绩 |
| Term | nvarchar | 5 | 学期 |

**2. 创建数据库**

学生成绩管理系统采用 SQL Server 2008 作为数据库。首先启动 SQL Server Management Studio,建立数据库 db_Student,然后在该数据库下建立相应的数据表。图 13-3 给出了最终的数据库关系图。

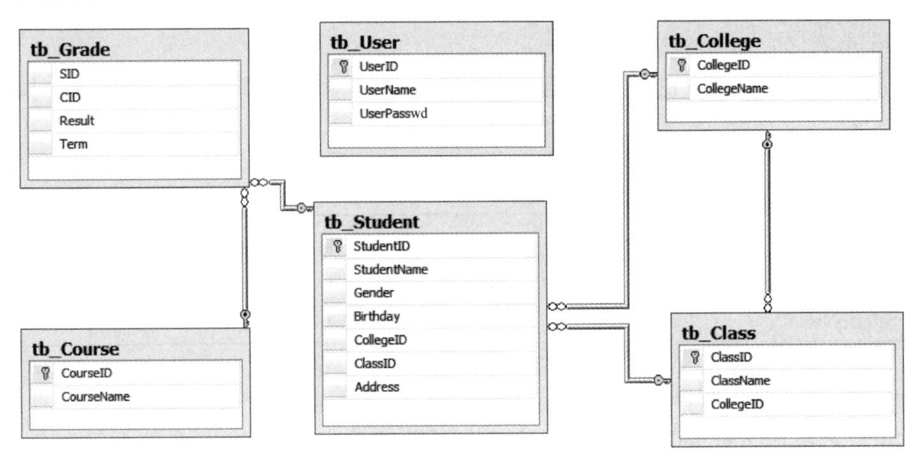


图 13-3 数据库关系图

## 13.2 学生成绩管理系统的实现

学生管理系统采用通用的三层架构。表现层用来存放与用户交互的界面，采用典型的WinForm应用程序；业务逻辑层用来存放针对具体问题对数据进行逻辑处理的代码；数据访问层用来存放对原始数据操作的代码，它封装了所有与数据库交互的操作，并为业务逻辑层提供数据服务。业务逻辑层和数据访问层通常以类库项目的形式存在，各层之间通过实体模型进行数据交流。

### 13.2.1 表示层的实现

表示层主要用于和用户的交互、接收用户请求或将用户请求的数据在界面上显示出来，是一个典型的WinForm窗体应用程序，所以界面的设计和WinForm的界面设计完全相同。

**1. 用户登录模块的设计与实现**

用户登录模块用于接收用户输入的用户名和密码，其设计界面如图13-4所示。用户名和密码验证通过后，进入主窗体，否则给出提示信息。它可以提高程序的安全性，保护数据资料不外泄。

图13-4 用户登录界面

当用户输入用户名和密码后，单击"登录"按钮进行登录。在"登录"按钮的单击事件中判断用户名和密码是否正确。如果正确，则进入本系统。登录模块的主要代码如下：

```
private void btnLogin_Click(object sender, EventArgs e)
{
    string id = this.txtName.Text.Trim();
    string pass = this.txtPasswd.Text.Trim();

     if (string.IsNullOrEmpty (id) || string.IsNullOrEmpty (pass))
     {
        MessageBox.Show("用户名或密码不能为空!", "登录提示");
        this.txtName.Focus();
     }
     else
     {
        GradeModel.User user = new GradeModel.User();      //创建用户实体对象
        user.UserID = id;
        user.UserPass = pass;
        user.UserName = "";
        //创建业务逻辑层对象
        GradeBLL.UserBLL userBLL = new GradeBLL.UserBLL();
        //调用业务逻辑层方法
         if (userBLL.Login (user))
```

```
            {
                this.DialogResult = DialogResult.OK;
            }
            else
            {
                MessageBox.Show("用户名或密码错误", "登录提示");
                return;
            }
        }
    }
```

**2. 系统主窗体的设计与实现**

主窗体是应用程序操作过程中必不可少的，它是人机交互的重要环节。通过主窗体，用户可以调用系统相关的子模块。在学生成绩管理系统中，当登录窗体验证成功后，用户将进入主窗体，主窗体提供了系统菜单栏和工具栏，通过它们调用系统中所有子窗体。主窗体的运行结果如图 13-5 所示。

图 13-5 学生成绩管理主窗体

主窗体是用户和系统交互的核心，主要通过菜单栏和工具栏联系其他功能模块，利用状态栏显示相关信息。菜单栏中的各项菜单调用相应的子窗体，下面以选择"学生管理"|"添加学生"命令为例进行说明，代码如下：

```
private void 添加学生ToolStripMenuItem_Click(object sender, EventArgs e)
{
    frmAddStudent student = new frmAddStudent();
    student.ShowDialog();                              //显示添加学生窗体
}
```

工具栏提供了一种直观的快捷访问菜单项的方式，只需要将其单击(Click)事件处理程序指定为某个菜单项的单击事件处理程序即可。状态栏通常用来显示系统的一些信息，本系统利用定时器在状态栏显示当前事件，主要代码如下：

```
private void timer1_Tick(object sender, EventArgs e)
{
    this.toolStripStatusLabel2.Text = DateTime.Now.ToString();
}
```

**3. 学生管理模块的实现**

学生管理模块主要用来添加、编辑、删除和查询学生的基本信息，包括添加学生、编辑学生和查询学生 3 个模块。

1）添加学生信息

添加学生模块用于录入学生的基本信息，其运行结构如图 13-6 所示。“提交”按钮的 Click 事件处理代码如下：

```
private void btnAdd_Click_1(object sender, EventArgs e)
{
    //建立学生实体
    GradeModel.Student student = new GradeModel.Student();
    //给学生实体赋值
    student.StudentID = this.cboClass.SelectedValue.ToString().Trim() + this.txtID.Text.Trim();
    student.StudentName = this.txtName.Text.Trim();
    student.Gender = this.rboMale.Checked ? "男" : "女";
    student.Birthday = this.txtBirthday.Text.Trim();
    student.CollegeID = this.cboCollege.SelectedValue.ToString().Trim();
    student.ClassID = this.cboClass.SelectedValue.ToString().Trim();
    student.Address = this.txtAddress.Text.Trim();
    //建立业务逻辑层对象
    GradeBLL.StudentBLL bllStudent = new GradeBLL.StudentBLL();
    //执行业务逻辑层方法
    if (bllStudent.AddStudent(student) > 0)
        MessageBox.Show("添加学生信息成功!", "添加学生");
    else
        MessageBox.Show("添加学生信息失败,请联系管理员!", "添加学生");
}
```

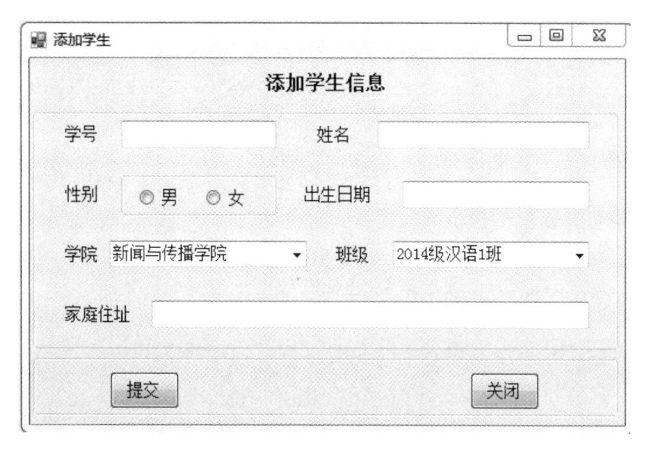


图 13-6　添加学生信息界面

2）编辑学生信息

编辑学生信息模块按照输入的学生学号在数据库中检索学生信息，并显示在窗体的界面中，单击“更新”按钮将修改后的数据写入数据库，单击“删除”按钮将学生从数据库中删除，运行结果如图 13-7 所示。

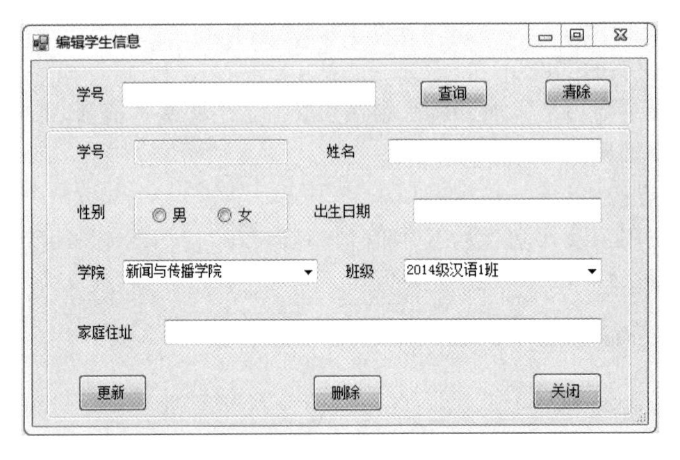


图 13-7　编辑学生信息界面

“更新”按钮的单击事件处理程序的主要代码如下：

```
private void btnUpdate_Click(object sender, EventArgs e)
{
    DialogResult result = MessageBox.Show("您确定要修改吗?", "提示",
                          MessageBoxButtons.YesNo, MessageBoxIcon.Information);
    if (result == DialogResult.Yes)                  //用户选择"确定"
    {
        //建立学生实体
        GradeModel.Student student = new GradeModel.Student();
        //学生实体赋值
        student.StudentID = this.txtID.Text.Trim();
        student.StudentName = this.txtName.Text.Trim();
        student.Gender = this.rboMale.Checked ? "男" : "女";
        student.Birthday = this.txtBirthday.Text.Trim();
        student.CollegeID = this.cboCollege.SelectedValue.ToString().Trim();
        student.ClassID = this.cboClass.SelectedValue.ToString().Trim();
        student.Address = this.txtAddress.Text.Trim();
        //生成学生管理对象
        GradeBLL.StudentBLL bllStudent = new GradeBLL.StudentBLL();
        //调用业务逻辑层的方法
        if (bllStudent.UpdateStudent(student) > 0)
            MessageBox.Show("修改学生信息成功!", "提示");
        else
            MessageBox.Show("修改学生信息失败!", "提示");
    }
}
```

“删除”按钮的单击事件处理函数的主要代码如下：

```
private void btnDelete_Click(object sender, EventArgs e)
{
  DialogResult result = MessageBox.Show("您确定要修改吗?", "提示",
                          MessageBoxButtons.YesNo, MessageBoxIcon.Information);

  if (result == DialogResult.Yes)                  //用户选择"确定"
  {
      //生成学生管理对象
      GradeBLL.StudentBLL bllStudent = new GradeBLL.StudentBLL();
      //调用业务逻辑层方法
      if (bllStudent.DeleteStudent (this.txtID.Text.Trim()) > 0)
          MessageBox.Show("删除学生成功!", "提示");
      else
          MessageBox.Show("删除学生失败!", "提示");
  }
}
```

3）查询学生信息

查询学生模块可以查询选择班级的学生详细信息，其运行效果如图 13-8 所示。当用户在左边的树形导航栏中选择一个班级后，在右边的表格中显示学生的详细信息。

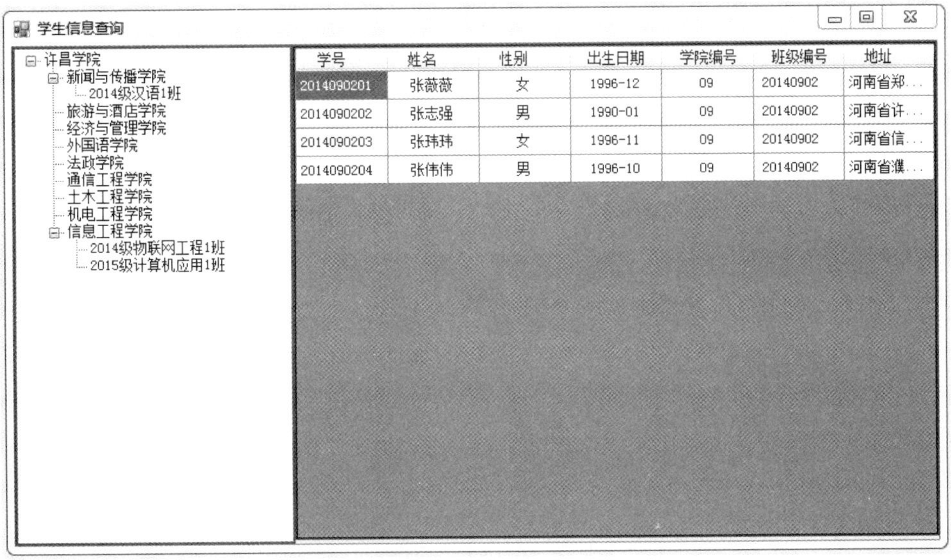

学生信息查询
许昌学院
新闻与传播学院
2014级汉语1班
旅游与酒店学院
经济与管理学院
外国语学院
法政学院
通信工程学院
土木工程学院
机电工程学院
信息工程学院
2014级物联网工程1班
2015级计算机应用1班
学号 姓名 性别 出生日期 学院编号 班级编号 地址
2014090201 张薇薇 女 1996-12 09 20140902 河南省郑...
2014090202 张志强 男 1990-01 09 20140902 河南省许...
2014090203 张玮玮 女 1996-11 09 20140902 河南省信...
2014090204 张伟伟 男 1996-10 09 20140902 河南省濮...


图 13-8　查询学生信息界面

查询学生模块的主要代码如下：

```
private void LoadTreeView()                      //建立树形导航栏
{
    TreeNode root = new TreeNode("许昌学院");
    root.Tag = "";
    this.tvwCollege.Nodes.Add(root);
    //生成院系列表
    GradeBLL.CollegeBLL bllCollege = new GradeBLL.CollegeBLL();
    List<GradeModel.College> listCollege = bllCollege.CollegeList();
```

```
            //遍历院系列表
            foreach(var col in listCollege )
            {
                //生成院系节点
                TreeNode collegeNodes = root.Nodes.Add(col.CollegeName);
                collegeNodes.Tag = col.CollegeID;
                //生成班级节点
                GradeBLL.ManageClass school = new GradeBLL.ManageClass();
                //获取班级列表
                List<GradeModel.School> schoolList = school.GetClassList(col.CollegeID);
                foreach(var sh in schoolList)
                {
                    //生成班级节点
                    TreeNode classNode = collegeNodes.Nodes.Add(sh.ClassName);
                    classNode.Tag = sh.ClassID;
                }
            }
        }
        //窗体装入事件
        private void frmInquiryStudent_Load(object sender, EventArgs e)
        {   //设置表格行对齐方式
            this.dataGridView1.RowsDefaultCellStyle.Alignment = DataGridViewContentAlignment.
    MiddleCenter;
            LoadTreeView();
            this.tvwCollege.ExpandAll();
        }
        //选择项目改变后引发事件处理程序
        private void tvwCollege_AfterSelect(object sender, TreeViewEventArgs e)
        {   //获取选择节点信息
            TreeNode nodes = e.Node.Parent as TreeNode;
            string name = e.Node.Text.ToString();
            string id = e.Node.Tag.ToString();
            //判断选择节点类型
            if (name.Equals("许昌学院") || nodes.Text.Equals("许昌学院"))
            {
                MessageBox.Show("请选择一个班级!", "提示");
            }
            else
            {
              //建立业务逻辑层对象,生成学生列表
                GradeBLL.StudentBLL bllStudent = new GradeBLL.StudentBLL();
                this.dataGridView1.DataSource = bllStudent.StudentList(id);
            }
        }
    }
```

**4. 成绩管理模块的实现**

成绩管理模块主要完成学生成绩的添加、修改和查询操作,包括添加成绩、修改成绩和查询成绩 3 个子模块。

1）添加成绩

添加成绩模块实现将指定学期某门课程的整体录入，运行结果如图 13-9 所示。添加成绩模块的主要代码如下：

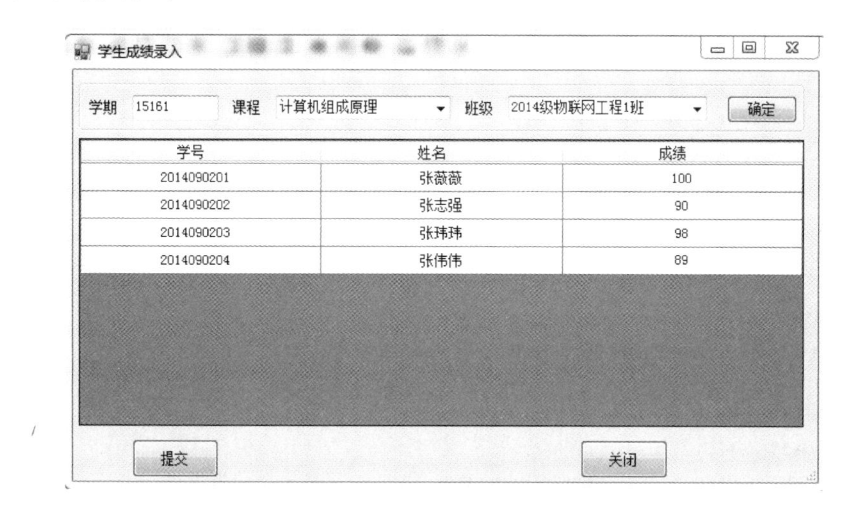


图 13-9　添加学生成绩界面

```
//提交按钮单击事件处理程序
private void button1_Click(object sender, EventArgs e)
{
    //建立成绩列表
    List<GradeModel.Grade> gradeList = new List<GradeModel.Grade>();
    //获取数据
    string term = this.textBox1.Text.Trim();
    string cid = this.comboBox1.SelectedValue.ToString().Trim(); //课程编号
    //遍历表格
    foreach(DataGridViewRow row in dgvGrade.Rows)
    {
        //读取单元格内容
        string sid = (string)(dgvGrade.Rows[row.Index].Cells[0].Value);
        string result = (string)(dgvGrade.Rows[row.Index].Cells[2].Value);
        //建立学生对象
        GradeModel.Grade model = new GradeModel.Grade();
        model.SID = sid;
        model.CID = cid;
        model.Result = result;
        model.Term = term;
        //将成绩添加到列表
        gradeList.Add(model);
    }
    //建立成绩管理实体
    GradeBLL.GradeBll bllGrade = new GradeBLL.GradeBll ();
    //调用业务逻辑层方法
    if (bllGrade.AddGrade(gradeList))
        MessageBox.Show("添加成绩成功!", "提示");
    else
```

```
            MessageBox.Show("添加成绩失败!","提示");
    }
    //确定按钮单击事件处理程序
    private void button3_Click(object sender, EventArgs e)
    {
        string classid = this.comboBox2.SelectedValue.ToString().Trim();
        //建立学生管理对象
        GradeBLL.StudentBLL bllStudent = new GradeBLL.StudentBLL();
        //获取学生列表
        List<GradeModel.Student> listStudent = bllStudent.StudentList(classid);
        //绑定学生
        this.dgvGrade.DataSource = listStudent;
    }
    //窗体装入事件
    private void frmAddGrade_Load(object sender, EventArgs e)
    {
        LoadCourse();
        LoadClass();
        this.dgvGrade.AutoGenerateColumns = false; //禁止自动生成列
    }
    //将课程信息添加到课程组合框
    private void LoadCourse()
    {
        //建立课程管理对象
        GradeBLL.CourseBll bllCourse = new GradeBLL.CourseBll ();
        //获取课程列表
        List<GradeModel.Course> listCourse = bllCourse.CourseList();
        //将课程绑定到课程组合框
        this.comboBox1.DataSource = listCourse;
        this.comboBox1.DisplayMember = "CourseName";
        this.comboBox1.ValueMember = "CourseID";
    }
    //将班级信息添加到班级组合框
    private void LoadClass()
    {
        //建立班级管理对象
        GradeBLL.ManageClass bllClass = new GradeBLL.ManageClass ();
        //获取班级列表
        List<GradeModel.School> listClass = bllClass.GetAllClassList ();
        //将班级绑定到班级组合框
        this.comboBox2.DataSource = listClass;
        this.comboBox2.DisplayMember = "ClassName";
        this.comboBox2.ValueMember = "ClassID";
    }
}
```

2) 修改成绩

修改成绩模块根据输入的学期和课程信息,查询课程的成绩并显示在表格中,运行结果如图 13-10 所示。

单击“确定”按钮,根据设置的查询条件查询学生成绩,并使用 DataGridView 控件进行

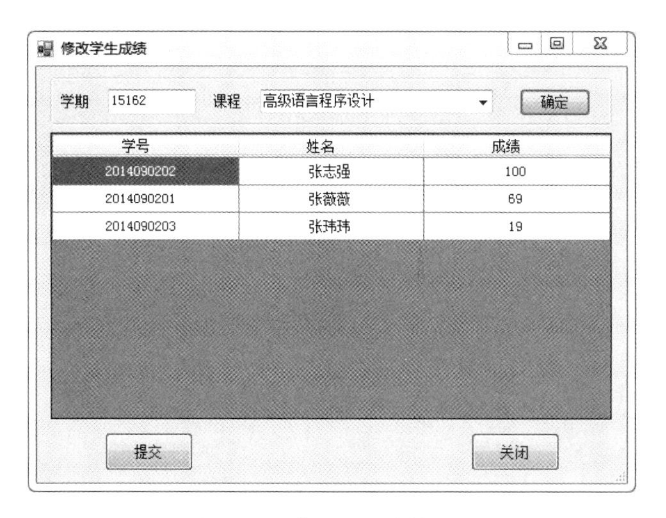


图 13-10 修改学生成绩界面

显示，单击“提交”按钮后将修改后的数据写入成绩表。该模块的主要代码如下：

```
//"提交"按钮单击事件
private void button1_Click(object sender, EventArgs e)
{
    //建立成绩列表
    List<GradeModel.Grade> gradeList = new List<GradeModel.Grade>();
    //获取数据
    string term = this.textBox1.Text.Trim();
    string cid = this.comboBox1.SelectedValue.ToString().Trim(); //课程编号
    //遍历表格
    foreach (DataGridViewRow row in dgvGrade.Rows)
    {
        //读取单元格内容
        string sid = (string)(dgvGrade.Rows[row.Index].Cells[0].Value);
        string result = (string)(dgvGrade.Rows[row.Index].Cells[2].Value);
        //建立学生对象
        GradeModel.Grade model = new GradeModel.Grade();
        model.SID = sid;
        model.CID = cid;
        model.Result = result;
        model.Term = term;
        //将成绩添加到列表
        gradeList.Add(model);
    }
    //建立成绩管理实体
    GradeBLL.GradeBll bllGrade = new GradeBLL.GradeBll();
    //调用业务逻辑方法修改成绩
    if (bllGrade.UpdateGrade(gradeList))
        MessageBox.Show("修改成绩成功!", "提示");
    else
        MessageBox.Show("修改成绩失败!", "提示");
}
```

```
        //确定按钮单击事件
        private void button3_Click(object sender, EventArgs e)
        {
            string term = this.textBox1.Text.Trim();
            string cid = this.comboBox1.SelectedValue.ToString().Trim();

            //建立成绩管理实体
            GradeBLL.GradeBll bllGrade = new GradeBLL.GradeBll();
            //绑定表格
            this.dgvGrade.DataSource = bllGrade.GradeTables(cid, term);
        }
        //窗体装入事件
        private void frmEditGrade_Load(object sender, EventArgs e)
        {
            this.dgvGrade.AutoGenerateColumns = false; //禁止自动生成列
             LoadCourse();
        }
        //将课程信息绑定到组合框
        private void LoadCourse()
        {
            //建立课程管理对象
            GradeBLL.CourseBll bllCourse = new GradeBLL.CourseBll();
            //获取课程列表
            List<GradeModel.Course> listCourse = bllCourse.CourseList();
            //将课程绑定到课程组合框
            this.comboBox1.DataSource = listCourse;
            this.comboBox1.DisplayMember = "CourseName";
            this.comboBox1.ValueMember = "CourseID";
        }
    }
```

3）查询成绩

查询成绩模块根据学生学号查找满足条件的学生的信息，运行结果如图 13-11 所示。

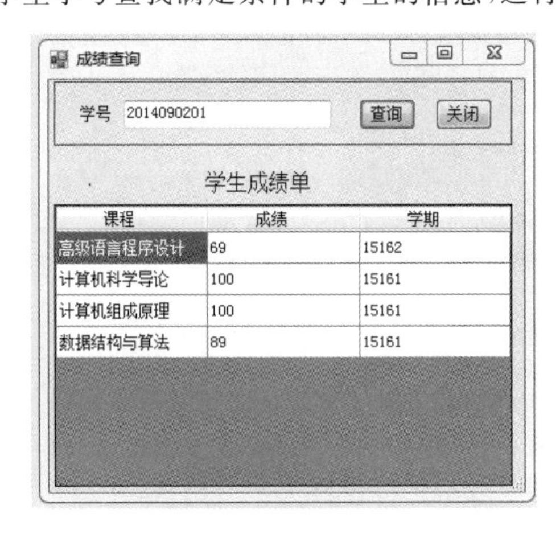


图 13-11　查询学生成绩界面

输入学生学号,单击"查询"按钮,根据学生学号在成绩表中查找相关信息,并显示在窗体相应的控件中。该模块的主要代码如下:

```
private void button1_Click(object sender, EventArgs e)
{
    string id = this.txtSID.Text.Trim();
    if (string.IsNullOrEmpty (id))
    {
        MessageBox.Show("学号不能为空!", "系统提示");
        return;
    }
    else
    {
        GradeBLL.GradeBll bllGrade = new GradeBLL.GradeBll();
        this.dataGridView1.DataSource = bllGrade.StudentGradeTablesByID(id);
    }
}
```

【说明】 限于篇幅,表示层其他模块就不再列举,读者可参照源程序自行查看。

### 13.2.2 业务逻辑层的实现

业务逻辑层是界面层和数据层的桥梁,它响应界面层的用户请求,执行任务并从数据层抓取数据,并将必要的数据传送给表示层。在学生成绩管理系统中,业务逻辑层是一个类库项目,由若干个类文件组成。

(1) 业务逻辑层的用户类 UserBLL 类的主要代码如下:

```
public class UserBLL
{
GradeDAL.User users = new User();                //创建数据访问层用户对象
public bool Login(GradeModel.User user)
{
    return users.Login(user);
}

public int UpdateUser(GradeModel.User user)
{
    return users.UpdateUser(user);
}
}
```

(2) 业务逻辑层的学生类 StudentBL 类的主要代码如下:

```
public class StudentBLL
{
GradeDAL.StudentDal bllStudent = new GradeDAL.StudentDal();

public GradeModel.Student GetStudentByID(string id)
{
    return bllStudent.GetStudentByID(id);
}
```

```
        public List<GradeModel.Student> StudentList(string cid)
        {
            return bllStudent.StudentList(cid);
        }

        public int AddStudent(GradeModel.Student student)
        {
            return bllStudent.AddStudent(student);
        }

        public int UpdateStudent(GradeModel.Student student)
        {
            return bllStudent.UpdateStudent(student);
        }

        public int DeleteStudent(string id)
        {
            return bllStudent.DeleteStudent(id);
        }
    }
```

(3) 业务逻辑层的院系类 CollegeBLL 类的主要代码如下：

```
    public class CollegeBLL
    {
    GradeDAL.CollegeDal bllCollege = new GradeDAL.CollegeDal ();
    public int AddCollege(GradeModel.College c)
   {
       return bllCollege.AddCollege(c);
   }
     public int UpdateCollege(GradeModel.College c)
   {
       return bllCollege.UpdateCollege(c);
   }

     public List<GradeModel.College> CollegeList()
     {
         return bllCollege.CollegeList();
     }

     public GradeModel.College GetCollege(string con)
     {
         return bllCollege.GetCollege(con);
     }

     public int DeleteCollege(string id)
     {
         GradeDAL.GradeDal dalGrade = new GradeDAL.GradeDal();

         object obj = "";
```

```
        if(Convert.ToInt32 (obj) == 0)
        {
            return bllCollege.DelteCollege(id);
        }
        else
        {
            return -1;
        }
    }
}
```

(4) 业务逻辑层的班级类 ManageClass 类的主要代码如下：

```
public class ManageClass
{
    GradeDAL.SchooDal dalSchool = new SchooDal();
    public int AddClass(GradeModel.School sl)
    {
        return dalSchool.AddClass(sl);
    }

    public int DeleteClass(string id)
    {
        GradeDAL.StudentDal student = new GradeDAL.StudentDal();

        object obj = student.CountStudentByClass(id);

        if (Convert.ToInt32(obj) == 0)
        {
            return dalSchool.DelteClass(id);
        }
        else
        {
            return -1;
        }
    }

    public int UpdataClass(GradeModel.School sl)
    {
        return dalSchool.UpdateClass(sl);
    }

    public List<GradeModel.School> GetClassList(string con)
    {
        return dalSchool.GetClassList(con);
    }

    public List<GradeModel.School> GetAllClassList()
    {
```

```
            return dalSchool.GetAllClass ();
        }
```

(5) 业务逻辑层的课程类 CourseBll 类的主要代码如下：

```
public class CourseBll
{
    GradeDAL.CourseDal dalCourse = new GradeDAL.CourseDal();

    public int AddCourse(GradeModel.Course c)
    {
        return dalCourse.AddCourse(c);
    }

    public int UpdateCourse(GradeModel.Course c)
    {
        return dalCourse.UpdateCourse(c);
    }

    public List<GradeModel.Course> CourseList()
    {
        return dalCourse.CourseList ();
    }

    public int DeleteCourse(string id)
    {
        GradeDAL.SchooDal dalSchool = new GradeDAL.SchooDal();

        object obj = dalSchool.GetClassByCollegeID(id);


        if (Convert.ToInt32(obj) == 0)
        {
            return dalCourse.DelteCourse(id);
        }
        else
        {
            return -1;
        }
    }
}
```

(6) 业务逻辑层的成绩类 GradeBll 类的主要代码如下：

```
public class GradeBll
{
    GradeDAL.GradeDal dalGrade = new GradeDAL.GradeDal();
    public bool AddGrade(List<GradeModel.Grade> list)
    {
        return dalGrade.AddGrade(list);
    }
```

```
    public bool UpdateGrade(List<GradeModel.Grade> list)
    {
        return dalGrade.UpdateGrade(list);
    }

    public DataTable GradeTables(string cid,string term)
    {
        return dalGrade.GradeTables(cid, term);
    }
    public DataTable StudentGradeTablesByID(string sid)
    {
        return dalGrade.StudentGradeTablesByID(sid);
    }
}
```

### 13.2.3 数据访问层的实现

数据访问层定义、维护数据的完整性、安全性，它响应逻辑层的请求，访问数据。这一层通常也是类库项目。

(1) 在数据访问层类库项目 GradeDAL 中添加 SQLHelper.cs，代码如下：

```
public class SQLHelper
{
    private static string connString =
      ConfigurationManager.ConnectionStrings["edu.xcu.GradeManagement"].ConnectionString;
    ///<summary>
    ///设置数据库连接字符串
    ///</summary>
    public static string ConnectionString
    {
        get { return connString; }
        set { connString = value; }
    }
 //其他代码省略，请读者参考源程序
}
```

(2) 在数据访问层类库项目 GradeDAL 中添加 User.cs，用于操作用户表，代码如下：

```
public class User
{
    //判断用户名和密码是否正确
    public bool Login(GradeModel.User user)
    {
        StringBuilder strSQL = new StringBuilder();
        strSQL.Append("select * from [tb_User] where UserID = @UserID and UserPass = @UserPass");
        SqlParameter[] para = { new SqlParameter("@UserID", user.UserID), new SqlParameter
("@UserPass", user.UserPass) };
        object obj = SQLHelper.ExecuteScalar(strSQL.ToString(), CommandType.Text, para);

        if (obj != null)
            return true;
```

```
        else
            return false;
    }
    //修改用户密码
    public int UpdateUser(GradeModel.User user)
    {
        StringBuilder strSQL = new StringBuilder();
        strSQL.Append("update [tb_User] set UserPass = @UserPass where UserID = @UserID");
        SqlParameter[] paras = { new SqlParameter("@UserID", user.UserID), new SqlParameter("@
UserPass", user.UserPass) };

        int rows = SQLHelper.ExecuteNonQuery(strSQL.ToString(), CommandType.Text, paras);

        return rows;
    }
}
```

(3) 在数据访问层类库项目 GradeDAL 中添加 StudentDal.cs,用于操作学生表,代码如下:

```
public class StudentDal
{
    //根据学号检索学生
    public GradeModel.Student GetStudentByID(string id)
    {
        //构造 SQL 命令
    string strSQL = string.Format("SELECT StudentID,StudentName,Gender,Birthday,CollegeID,
ClassID,Address FROM [tb_Student] WHERE StudentID = '{0}' ", id);
        //实例化学生对象
        GradeModel.Student student = new GradeModel.Student();

          using (SqlDataReader dr = SQLHelper.ExecuteReader(strSQL.ToString()))
        {
            //判断是否有数据
            if (dr.HasRows)
            {
                //循环读取数据
                dr.Read();

                student.StudentID = dr["StudentID"].ToString().Trim();
                student.StudentName = dr["StudentName"].ToString().Trim();
                student.Gender = dr["Gender"].ToString().Trim();
                student.Birthday = dr["Birthday"].ToString().Trim();
                student.CollegeID = dr["CollegeID"].ToString().Trim();
                student.ClassID = dr["ClassID"].ToString().Trim();
                student.Address = dr["Address"].ToString().Trim();
            }
        }

        return student;
    }
```

```
    public object CountStudentByClass(string cid)
    {
        string strSQL = string.Format("select count(*) from [tb_Student] where ClassID = @
ClassID");

        SqlParameter[] parameters = new SqlParameter[] { new SqlParameter("@ClassID",cid) };

        return SQLHelper.ExecuteScalar(strSQL, CommandType.Text, parameters);
    }
    //返回学生列表
    public List<GradeModel.Student> StudentList(string cid)
    {
    //创建一个学生集合
    List<GradeModel.Student> list = new List<GradeModel.Student>();
    //构造查询语句
  string strSQL = string.Format("SELECT StudentID,StudentName,Gender,Birthday,CollegeID,
ClassID,Address FROM [tb_Student] WHERE ClassID = '{0}'",cid);

        using (SqlDataReader dr = SQLHelper.ExecuteReader(strSQL))
        {
            //判断是否有数据
            if (dr.HasRows)
            {
                //循环读取数据
                while (dr.Read())
                {
                    //创建学生实体对象
                    GradeModel.Student stu = new GradeModel.Student();

                    stu.StudentID = dr["StudentID"].ToString();
                    stu.StudentName = dr["StudentName"].ToString();
                    stu.Gender = dr["Gender"].ToString();
                    stu.Birthday = dr["Birthday"].ToString();
                    stu.CollegeID = dr["CollegeID"].ToString();
                    stu.ClassID = dr["ClassID"].ToString();
                    stu.Address = dr["Address"].ToString();
                    //将学生对象添加到列表
                    list.Add(stu);
                }
            }
        }
        return list;
    }
    //删除学生
    public int DeleteStudent(string id)
    {
        string strSQL = string.Format("DELETE FROM [tb_Student] WHERE StudentID = @StudentID");
        SqlParameter[] parameters = new SqlParameter[] { new SqlParameter("@StudentID", id) };
        return SQLHelper.ExecuteNonQuery(strSQL.ToString(), CommandType.Text, parameters);
    }
```

```
    //添加学生
    public int AddStudent(GradeModel.Student student)
    {
        StringBuilder strSQL = new StringBuilder();

        strSQL.Append(" INSERT INTO [tb_Student](StudentID, StudentName, Gender, Birthday,
CollegeID,ClassID,Address)");
        strSQL.Append(" VALUES(@StudentID,@StudentName,@Gender,@Birthday,@CollegeID,
@ClassID,@Address)");

        SqlParameter[] parameters = new SqlParameter[] { new SqlParameter("@StudentID",
student.StudentID), new SqlParameter("@StudentName", student.StudentName), new SqlParameter
("@Gender", student.Gender), new SqlParameter("@Birthday", student.Birthday), new
SqlParameter("@ClassID", student.ClassID), new SqlParameter("@CollegeID", student.
CollegeID), new SqlParameter("@Address", student.Address) };

        return SQLHelper.ExecuteNonQuery(strSQL.ToString(), CommandType.Text, parameters);
    }
    //修改学生信息
    public int UpdateStudent(GradeModel.Student student)
    {
        //构造 SQL 语句
        StringBuilder strSQL = new StringBuilder();
        strSQL.Append("UPDATE [tb_Student] SET ");
        strSQL.Append("StudentName=@StudentName,Gender=@Gender,Birthday=@Birthday,");
        strSQL.Append("CollegeID=@CollegeID,ClassID=@ClassID,Address=@Address");
        strSQL.Append(" WHERE StudentID=@StudentID ");
        //参数数组
        SqlParameter[] parameters = new SqlParameter[] { new SqlParameter("@StudentID",
student.StudentID), new SqlParameter("@StudentName", student.StudentName), new SqlParameter
("@Gender", student.Gender), new SqlParameter("@Birthday", student.Birthday), new
SqlParameter("@ClassID", student.ClassID), new SqlParameter("@CollegeID", student.
CollegeID), new SqlParameter("@Address", student.Address) };
        //执行 SQL 语句
        return SQLHelper.ExecuteNonQuery(strSQL.ToString(), CommandType.Text, parameters);
    }
}
```

(4) 在数据访问层类库项目 GradeDAL 中添加 CollegeDal.cs,用于操作院系表,代码如下:

```
public class CollegeDal
{
    //添加院系
    public int AddCollege(GradeModel.College college)
    {
        StringBuilder SQL = new StringBuilder();
        SQL.Append("INSERT INTO [tb_College](CollegeID,CollegeName)");
        SQL.Append(" VALUES(@CollegeID,@CollegeName)");

        SqlParameter[] parameters = new SqlParameter[] { new SqlParameter("@CollegeID",
```

```
college.CollegeID), new SqlParameter("@CollegeName", college.CollegeName) };

        return SQLHelper.ExecuteNonQuery(SQL.ToString(), CommandType.Text, parameters);
    }
    //更改院系信息
    public int UpdateCollege(GradeModel.College college)
    {
        string strSQL = string.Format("UPDATE [tb_College] SET CollegeName = @CollegeName
WHERE CollegeID = @CollegeID");

        SqlParameter[] parameters = new SqlParameter[] { new SqlParameter("@CollegeID",
college.CollegeID), new SqlParameter("@CollegeName", college.CollegeName) };

        return SQLHelper.ExecuteNonQuery(strSQL.ToString(), CommandType.Text, parameters);
    }
    //删除院系
    public int DelteCollege(string id)
    {
        string strSQL = string.Format("DELETE FROM [tb_College] WHERE CollegeID = @CollegeID");

        SqlParameter[] parameters = new SqlParameter[] { new SqlParameter("@CollegeID", id) };

        return SQLHelper.ExecuteNonQuery(strSQL.ToString(), CommandType.Text, parameters);
    }
    //获取院系列表
    public List<College> CollegeList()
    {
        //创建院系集合
        List<College> listCollege = new List<College>();
        //构造 SQL 语句
        string strSQL = string.Format("SELECT [CollegeID],[CollegeName] FROM [tb_College]");

        using(SqlDataReader dr = SQLHelper.ExecuteReader (strSQL))
        {
            //判断是否有数据
            if (dr.HasRows)
            {
                //循环读取数据
                while(dr.Read())
                {
                    College col = new College();

                    col.CollegeID = dr["CollegeID"].ToString();
                    col.CollegeName = (string)(dr["CollegeName"]);

                    listCollege.Add(col);

                }
            }
        }
```

```
            return (listCollege.Count > 0? listCollege :null);
        }

        public GradeModel.College GetCollege(string con)
        {
            GradeModel.College depart = new College();

            StringBuilder strSQL = new StringBuilder();
            strSQL.Append("SELECT [CollegeID],[CollegeName] FROM [tb_College] WHERE 1 = 1");

            if (string.IsNullOrEmpty (con))
            {
                strSQL.Append(" AND " + con);
            }

            using (SqlDataReader dr = SQLHelper.ExecuteReader(strSQL.ToString()))
            {
                //判断是否有数据
                if (dr.HasRows)
                {
                    //循环读取数据
                    dr.Read();
                    depart.CollegeID = dr["CollegeID"].ToString();
                    depart.CollegeName = dr["CollegeName"].ToString();
                }
            }
            return depart;
        }
    }
```

(5) 在数据访问层类库项目 GradeDAL 中添加 CourseDal.cs,用于操作课程表,代码如下:

```
    public class CourseDal
    {
        //添加课程
        public int AddCourse(GradeModel.Course c)
        {
            StringBuilder SQL = new StringBuilder();
            SQL.Append("INSERT INTO [tb_Course](CourseID,CourseName)");
            SQL.Append(" VALUES(@CourseID,@CourseName)");

            SqlParameter[] parameters = new SqlParameter[] { new SqlParameter("@CourseID", c.
    CourseID), new SqlParameter("@CourseName",c.CourseName) };

            return SQLHelper.ExecuteNonQuery(SQL.ToString(), CommandType.Text, parameters);
        }
        //更改课程信息
        public int UpdateCourse(GradeModel.Course c)
        {
             string strSQL = string.Format("UPDATE [tb_Course] SET CourseName = @CourseName
```

```
WHERE CourseID = @CourseID");

        SqlParameter[] parameters = new SqlParameter[] { new SqlParameter("@CourseID", c.
CourseID), new SqlParameter("@CourseName", c.CourseName) };

        return SQLHelper.ExecuteNonQuery(strSQL.ToString(), CommandType.Text, parameters);
    }
    //删除课程
    public int DelteCourse(string id)
    {
        string strSQL = string.Format("DELETE FROM [tb_Course] WHERE CourseID = @CourseID");

        SqlParameter[] parameters = new SqlParameter[] { new SqlParameter("@CourseID", id) };

        return SQLHelper.ExecuteNonQuery(strSQL.ToString(), CommandType.Text, parameters);
    }
    //获取课程列表
    public List<GradeModel.Course> CourseList()
    {
        //创建课程集合
        List<GradeModel.Course> list = new List<GradeModel.Course>();
        //构造 SQL 语句
        string strSQL = string.Format("SELECT [CourseID],[CourseName] FROM [tb_Course]");

        using (SqlDataReader dr = SQLHelper.ExecuteReader(strSQL))
        {
            //判断是否有数据
            if (dr.HasRows)
            {
                //循环读取数据
                while (dr.Read())
                {
                    GradeModel.Course c = new GradeModel.Course();
                    c.CourseID = dr["CourseID"].ToString();
                    c.CourseName = dr["CourseName"].ToString();

                    list.Add(c);
                }
            }
        }

        return (list.Count > 0 ? list : null);
    }
}
```

(6) 在数据访问层类库项目 GradeDAL 中添加 GradeDal.cs,用于操作课程表,代码如下:

```
public class GradeDal
{
    public bool AddGrade(List<GradeModel.Grade> list)
```

```
    {
        //建立命令列表
        List<string> listSQL = new List<string>();
        //遍历成绩列表
        foreach (var grade in list)
        {
            //构建 SQL 命令
            string strSQL = string.Format("INSERT INTO [tb_Grade](SID,CID,Result,Term)
VALUES('{0}','{1}','{2}','{3}')", grade.SID, grade.CID, grade.Result, grade.Term);
            //将命令添加到列表
            listSQL.Add(strSQL);
        }

        return SQLHelper.ExecuteTransaction(listSQL);
    }
    //修改成绩
    public bool UpdateGrade(List<GradeModel.Grade> list)
    {
        //建立命令列表
        List<string> listSQL = new List<string>();
        //遍历成绩列表
        foreach (var grade in list)
        {
            //构建 SQL 命令
            string strSQL = string.Format("UPDATE [tb_Grade] SET Result = '{0}' WHERE SID =
'{1}' AND CID = '{2}' AND Term = '{3}'", grade.Result, grade.SID, grade.CID, grade.Term);
            //将命令添加到列表
            listSQL.Add(strSQL);
        }

        return SQLHelper.ExecuteTransaction(listSQL);
    }
    //获取成绩表
    public DataTable GradeTables(string cid, string term)
    {
        string strSQL = string.Format("SELECT [SID],[StudentName],[Result] FROM [tb_Grade]
INNER JOIN [tb_Student] ON SID = StudentID WHERE CID = '{0}' AND Term = '{1}'", cid, term);
        return SQLHelper.ExecuteDataTable(strSQL);
    }
    //获取指定学生成绩表
    public DataTable StudentGradeTablesByID(string sid)
    {
        string strSQL = string.Format("SELECT [CourseName],[Result],[Term] FROM [tb_Grade]
INNER JOIN [tb_Course] ON CID = CourseID WHERE SID = '{0}'", sid);
        return SQLHelper.ExecuteDataTable(strSQL);
    }
}
```

在三层架构中,各层之间通过实体对象进行数据传输,系统中通常需要建立模型层类库项目，然后向该类库项目中添加相应实体类，用来映射数据库中数据表或视图，用以描述对象。实体模型对象可以根据数据库中的表格结构自己书写，也可以通过工具（如微软的 ADO.NET Entity Framework）来自动根据数据库中的表格来生成，具体用法读者可参阅相关资料。

## 13.3 学生成绩管理系统的部署

学生成绩管理系统开发完成后，就可以对其进行打包和部署。Visual Studio 为部署 Windows 应用程序提供两种不同的策略：使用 ClickOnce 发布应用程序，或者使用 Windows Installer 技术通过传统安装来部署应用程序。这里选择 ClickOnce 来部署学生成绩管理系统，具体步骤如下：

(1) 在计算机上安装并配置 IIS（这里以 Windows 7 上 IIS7.0 为例），并建立空站点用来存放发布的文件，如图 13-12 所示。

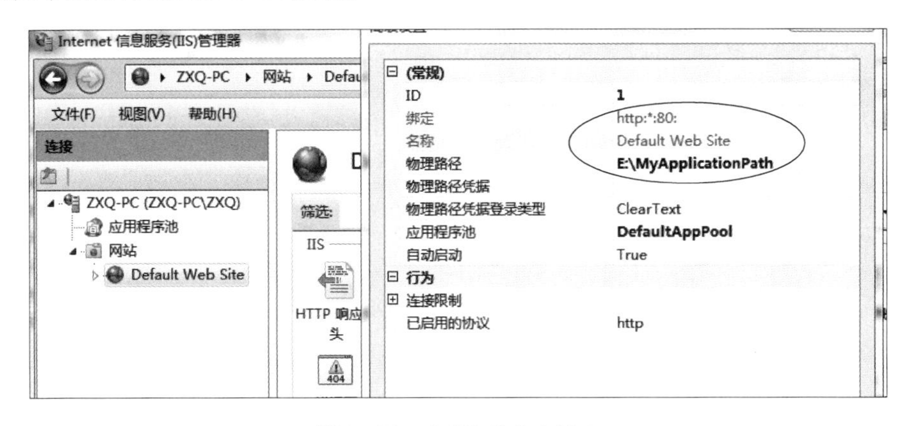


图 13-12 在 IIS 建立空站点

(2) 打开学生成绩管理系统项目，右击表示层项目 GradeManagement，在弹出的快捷菜单中选择“属性”命令，打开设置属性窗体，选中左侧的发布，并在右侧发布位置选择相应的位置，如图 13-13 所示。

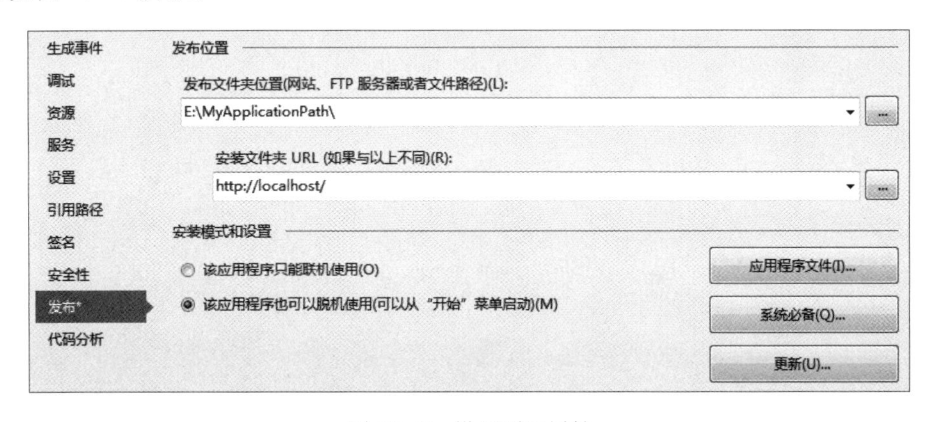


图 13-13 设置项目属性

在图 13-13 中,单击右边的相应按钮可以完成更新设置、系统必备以及其他选项的设置。设置完成后,单击“立即发布”按钮完成项目发布。

(3) 在本机上打开发布应用程序的网页,单击“安装”按钮进行项目的安装,如图 13-14 所示。

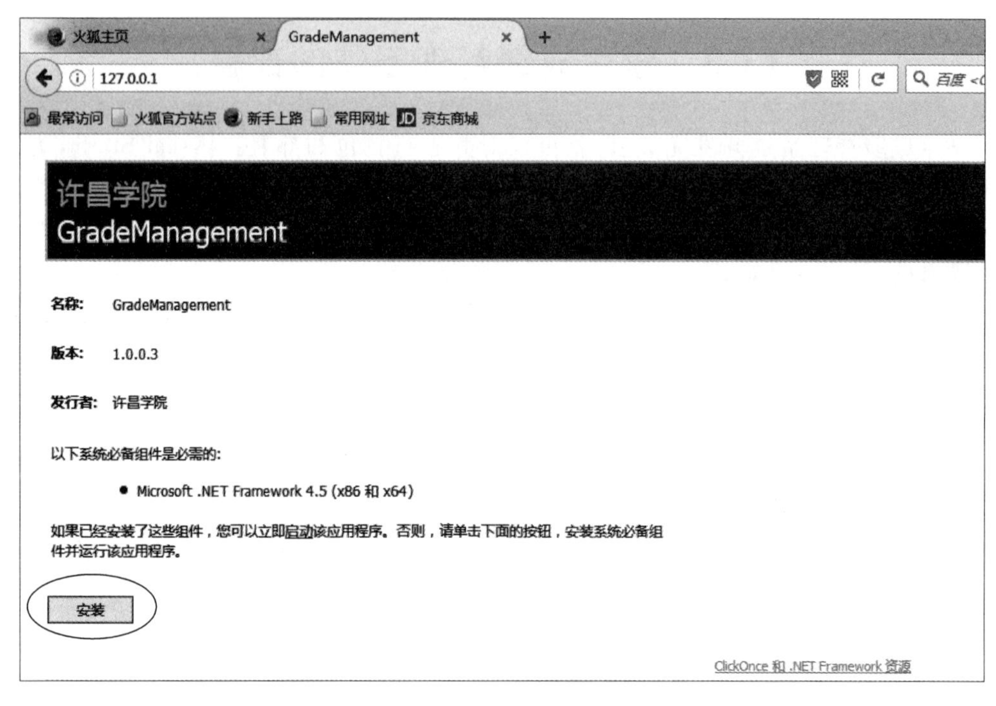


图 13-14 项目安装界面

# 参 考 文 献


[1] 明日科技. C#开发入门及项目实战[M]. 北京：清华大学出版社，2012.1.

[2] 胡学钢. C#应用开发与实践[M]. 北京：人民邮电出版社，2012.12.

[3] 周洪斌，温一军. C#数据库应用程序开发技术与案例教程[M]. 北京：机械工业出版社，2012.8.

[4] 王贤明，谷琼，胡智文. C#程序设计[M]. 北京：清华大学出版社，2012.8.

[5] 马骏. C#程序设计及应用教程[M]. 3版. 北京：人民邮电出版社，2014.1.

[6] NAGEL C. C#高级编程——C# 5.0 & .NET 4.5.1[M]. 9版. 北京：清华大学出版社，2014.10.

[7] WATSON K，HAMMER J V，REID J D，et al. C#入门经典[M]. 6版. 北京：清华大学出版社，2014.1.

[8] 马骏. C#网络应用编程[M]. 2版. 北京：人民邮电出版社，2012.2.

[9] C#技术中文学习网. http://www.studycs.com/html/index.html.

[10] 刘铁猛. 深入浅出 WPF[M]. 北京：中国水利水电出版社，2010.7.

# 图书资源支持

感谢您一直以来对清华版图书的支持和爱护。为了配合本书的使用，本书提供配套的素材，有需求的用户请到清华大学出版社主页(http://www.tup.com.cn)上查询和下载，也可以拨打电话或发送电子邮件咨询。

如果您在使用本书的过程中遇到了什么问题，或者有相关图书出版计划，也请您发邮件告诉我们，以便我们更好地为您服务。

**我们的联系方式：**

地　　址：北京海淀区双清路学研大厦 A 座 707

邮　　编：100084

电　　话：010－62770175－4604

资源下载：http://www.tup.com.cn

电子邮件：weijj@tup.tsinghua.edu.cn

QQ：883604(请写明您的单位和姓名)

扫一扫

资源下载、样书申请

新书推荐、技术交流

**用微信扫一扫右边的二维码，即可关注清华大学出版社公众号"书圈"。**